电子工程师自学宝典

嵌入设计篇

蔡杏山　编著

机 械 工 业 出 版 社

本书介绍了单片机入门实战、数制与 C51 语言基础、51 单片机编程软件的使用、LED 的单片机驱动电路与编程、LED 数码管的单片机驱动电路与编程、中断功能的使用与编程、定时器/计数器的使用与编程、按键电路与编程、双色 LED 点阵的使用与编程、液晶显示屏的使用与编程、步进电动机的使用与编程、串行通信与编程、I²C 总线通信与编程、A/D 与 D/A 转换电路与编程、51 单片机的硬件系统、电路绘图软件基础、电路原理图和图形的绘制、新元件及其封装的绘制与使用、手工设计印制电路板、自动设计印制电路板等内容。

本书具有基础起点低、内容由浅入深、语言通俗易懂、结构安排符合学习认知规律的特点。本书适合作为电子工程师嵌入设计的自学图书，也适合作为职业学校和社会培训机构的单片机设计和电路绘图教材。

图书在版编目（CIP）数据

电子工程师自学宝典. 嵌入设计篇/蔡杏山编著. —北京：机械工业出版社，2021.7

ISBN 978-7-111-68278-3

Ⅰ.①电…　Ⅱ.①蔡…　Ⅲ.①电子技术-自学参考资料②单片微型计算机-自学参考资料　Ⅳ.①TN②TP368.1

中国版本图书馆 CIP 数据核字（2021）第 090504 号

机械工业出版社（北京市百万庄大街 22 号　邮政编码 100037）
策划编辑：任　鑫　责任编辑：任　鑫
责任校对：陈　越　封面设计：马精明
责任印制：郜　敏
北京盛通商印快线网络科技有限公司印刷
2021 年 10 月第 1 版第 1 次印刷
184mm×260mm · 22 印张 · 598 千字
0001—1900 册
标准书号：ISBN 978-7-111-68278-3
定价：99.00 元

电话服务　　　　　　　　网络服务
客服电话：010-88361066　机　工　官　网：www.cmpbook.com
　　　　　010-88379833　机　工　官　博：weibo.com/cmp1952
　　　　　010-68326294　金　书　网：www.golden-book.com
封底无防伪标均为盗版　机工教育服务网：www.cmpedu.com

前 言

随着科学技术的快速发展，社会各领域的电子技术应用越来越广泛，这使得电子及相关行业需要越来越多的电子工程技术人才。对于电子技术初学者或略有一点基础的人来说，要想成为一名电子工程师或达到相同的技术程度，既可以在培训机构参加培训，也可以在职业学校进行系统的学习，还可以自学成才，不管是哪种情况，都需要一些合适的学习图书。选择好图书，不但可以让学习者轻松迈入专业技术的大门，而且能让学习者的技术水平迅速提高，快速成为本领域的行家里手。

"电子工程师自学宝典"是一套零基础起步、由浅入深、知识技能系统全面的电子技术学习图书，读者只要具有初中文化水平，通过系统地阅读本套书，就能很快达到电子工程师的技术水平。**本套书分为器件仪器篇、电路精解篇和嵌入设计篇三册**，其内容说明如下：

《**电子工程师自学宝典 器件仪器篇**》主要介绍电子技术基础、万用表的使用、电阻器、电容器、电感器与变压器、二极管、晶体管、晶闸管、场效应晶体管与 IGBT、继电器与干簧管、过电流与过电压保护器件、光电器件、电声器件与压电器件、显示器件、传感器、贴片元器件、集成电路、基础电路、无线电广播与收音机、电子操作技能、数字示波器、信号发生器、毫伏表与 Q 表。

《**电子工程师自学宝典 电路精解篇**》主要介绍电路分析基础、放大电路、集成运算放大器及应用、谐振与选频滤波电路、正弦波振荡器、调制与解调电路、变频与反馈控制电路、电源电路、数字电路基础与门电路、数制编码与逻辑代数、组合逻辑电路、时序逻辑电路、脉冲电路、D/A 与 A/D 转换电路、半导体存储器、电力电子电路、常用集成电路芯片及应用。

《**电子工程师自学宝典 嵌入设计篇**》主要介绍单片机入门实战、数制与 C51 语言基础、51 单片机编程软件的使用、LED 的单片机驱动电路与编程、LED 数码管的单片机驱动电路与编程、中断功能的使用与编程、定时器/计数器的使用与编程、按键电路与编程、双色 LED 点阵的使用与编程、液晶显示屏的使用与编程、步进电动机的使用与编程、串行通信与编程、I^2C 总线通信与编程、A/D 与 D/A 转换电路与编程、51 单片机的硬件系统、电路绘图软件基础、电路原理图和图形的绘制、新元件及其封装的绘制与使用、手工设计印制电路板、自动设计印制电路板。

"**电子工程师自学宝典**"主要有以下特点：

◆ **基础起点低**。读者只需具有初中文化程度即可阅读。

◆ **语言通俗易懂**。书中少用专业化的术语，遇到较难理解的内容用形象比喻来说明，尽量避免复杂的理论分析和烦琐的公式推导，图书阅读起来感觉会十分顺畅。

◆ **内容解说详细**。考虑到自学时一般无人指导，因此在编写过程中对书中的知识技能进行了详细的解说，让读者能轻松地理解所学内容。

◆ **采用图文并茂的表现方式**。书中大量采用直观形象的图表方式来表现内容，使阅读变得非常轻松，不易产生阅读疲劳。

◆ **内容安排符合认识规律**。图书按照循序渐进、由浅入深的原则来确定各章节内容的先后顺序，读者只需从前往后阅读图书，便会水到渠成。

◆ **突出显示知识要点**。为了帮助读者掌握书中的知识要点，书中用阴影和文字加粗的方法突出显示知识要点，指示学习重点。

◆ **视频资源配备齐全**。在重要知识点处，配备了相关的解说视频，通过扫描二维码即可观看，从而帮助读者加深理解、快速掌握。

◆ **网络免费辅导**。读者在阅读时遇到难以理解的问题，可以添加易天电学网微信号 etv100，获取有关辅导材料或向老师提问进行学习。

本书在编写过程中得到了许多教师的支持，在此一并表示感谢。由于编者水平有限，书中的错误和疏漏在所难免，望广大读者和同仁予以批评指正。

编　者

目 录

V

第 **1** 章

单片机入门实战

1.1 单片机简介

1.1.1 什么是单片机

单片机是一种内部集成了很多电路的 IC（又称集成电路）芯片，如图 1-1 所示。有的单片机引脚较多，有的引脚少，同种型号的单片机，可以采用直插式引脚封装，也可以采用贴片式引脚封装。

a) 直插式引脚封装　　　　　　　　　b) 贴片式引脚封装

图 1-1　几种常见单片机外形

单片机全称为单片微型计算机（**Single Chip Microcomputer**），由于单片机主要用于控制领域，所以又称为微型控制器（**Microcontroller Unit，MCU**）。**单片机与个人计算机都是由 CPU、存储器和输入/输出接口电路（I/O 接口电路）等组成的**，但两者又有所不同，个人计算机（PC）和单片机（MCU）的基本结构如图 1-2 所示。

从图 1-2 可以看出，个人计算机是将 CPU、存储器和输入/输出接口电路等安装在电路板（又称计算机主板）上，外部的输入/输出设备通过接插件与电路板上的输入/输出接口电路连接起来。单片机则是将 CPU、存储器和输入/输出接口电路等做在半导体硅片上，再接出引脚并封装起来构成集成电路，外部的输入/输出设备通过单片机的外部引脚与内部输入/输出接口电路连接起来。

与单片机相比，个人计算机具有性能高、功能强的特点，但其价格昂贵，并且体积大，所以在一些不是很复杂的控制方面，如电动玩具、缤纷闪烁的霓虹灯和家用电器等设备中，完全可以采用价格低廉的单片机进行控制。

图 1-2 个人计算机与单片机的基本结构

扫一扫看视频

1.1.2 单片机应用系统的组成及实例说明

1. 组成

单片机是一块内部包含有 **CPU**、**存储器和输入/输出接口**等电路的 **IC 芯片**，但单独一块单片机芯片是无法工作的，必须给它增加一些有关的外围电路组成单片机应用系统，才能完成指定的任务。典型的单片机应用系统的组成如图 1-3 所示。

图 1-3 典型的单片机应用系统的组成

2. 实例说明

图 1-4 是一种采用单片机控制的影碟机托盘检测及驱动电路。按键 S1、S2 为输入部件，与二极管 VD 构成单片机的输入电路；电动机 M 为输出部件，与 R1~R5 和 VT1~VT4 构成输出电路。

图 1-4 采用单片机控制的影碟机托盘检测及驱动电路

当按下"OPEN/CLOSE"键时，单片机 a 脚的高电平（一般为 3V 以上的电压，常用 1 或 H 表示）经二极管 VD 和闭合的按键 S2 送入 b 脚，触发单片机内部相应的程序运行，程序运行后从 e 脚输出低电平（一般为 0.3V 以下的电压，常用 0 或 L 表示），低电平经电阻 R3 送到 PNP 型晶体管 VT2 的基极，VT2 导通，+5V 电压经 R1、导通的 VT2 和 R4 送到 NPN 型晶体管 VT3 的基极，VT3 导通，于是有电流流过托盘电动机（电流途径是：+5V→R1→VT2 的发射极→VT2 的集电极→接插件的 3 脚→托盘电动机→接插件的 4 脚→VT3 的集电极→VT3 的发射极→地），托盘电动机运转，通过传动机构将托盘推出机器，当托盘出仓到位后，托盘检测开关 S1 断开，单片机的 c 脚变为高电平（出仓过程中 S1 一直是闭合的，c 脚为低电平），内部程序运行，使单片机的 e 脚变为高电平，晶体管 VT2、VT3 均由导通转为截止，无电流流过托盘电动机，电动机停转，托盘出仓完成。

在托盘上放好碟片后，再按压一次"OPEN/CLOSE"键，单片机 b 脚再一次接收到 a 脚送来的高电平，又触发单片机内部相应的程序运行，程序运行后从 d 脚输出低电平，低电平经电阻 R2 送到 PNP 型晶体管 VT1 的基极，VT1 导通，+5V 电压经 R1、VT1 和 R5 送到 NPN 型晶体管 VT4 的基极，VT4 导通，马上有电流流过托盘电动机（电流途径是：+5V→R1→VT1 的发射极→VT1 的集电极→接插件的 4 脚→托盘电动机→接插件的 3 脚→VT4 的集电极→VT4 的发射极→地），由于流过托盘电动机的电流反向，故电动机反向运转，通过传动机构将托盘收回机器，当托盘入仓到位后，托盘检测开关 S1 断开，单片机的 c 脚变为高电平（入仓过程中 S1 一直是闭合的，c 脚为低电平），内部程序运行，使单片机的 d 脚变为高电平，晶体管 VT1、VT4 均由导通转为截止，无电流流过托盘电动机，电动机停转，托盘入仓完成。

在图 1-4 中，检测开关 S1 和按键 S2 均为输入部件，与之连接的电路称为输入电路，托盘电动机为输出部件，与之连接的电路称为输出电路。

1.1.3　单片机的分类

设计生产单片机的公司很多，较常见的有 Intel 公司生产的 MCS-51 系列单片机、Atmel 公司生产的 AVR 系列单片机、MicroChip 公司生产的 PIC 系列单片机和美国德州仪器（TI）公司生产的 MSP430 系列单片机等。

扫一扫看视频

8051 单片机是 Intel 公司推出的最成功的单片机产品，后来由于 Intel 公司将重点放在 PC 芯片（如 8086、80286、80486 和奔腾 CPU 等）开发上，故将 8051 单片机内核使用权以专利出让或互换的形式转给世界许多著名 IC 制造厂商，如 Philips、NEC、Atmel、AMD、Dallas、Siemens、Fujutsu、OKI、华邦和 LG 等，这些公司在保持与 8051 单片机兼容基础上改善和扩展了许多功能，设计生产出了与 8051 单片机兼容的一系列单片机。**这种具有 8051 硬件内核且兼容 8051 指令的单片机称为 MCS-51 系列单片机，简称 51 单片机。**新型 51 单片机可以运行 8051 单片机的程序，而 8051 单片机可能无法正常运行新型 51 单片机为新增功能编写的程序。

51 单片机是目前应用最为广泛的单片机，由于生产 51 单片机的公司很多，故型号众多，但不同公司各型号的 51 单片机之间也有一定的对应关系。表 1-1 是部分公司的 51 单片机常见型号及对照表，对应型号的单片机功能基本相似。

表 1-1　部分公司的 51 单片机常见型号及对照表

STC 公司的 51 单片机	Atmel 公司的 51 单片机	Philips 公司的 51 单片机	Winbond 公司的 51 单片机
STC89C516RD	AT89C51RD2/RD+/RD	P89C51RD2/RD+，89C61/60X2	W78E516
STC89LV516RD	AT89LV51RD2/RD+/RD	P89LV51RD2/RD+/RD	W78LE516

（续）

STC 公司的 51 单片机	Atmel 公司的 51 单片机	Philips 公司的 51 单片机	Winbond 公司的 51 单片机
STC89LV58RD	AT 89LV51RC2/RC+/RC	P89LV51RC2/RC+/RC	W78LE58，W77LE58
STC89C54RC2	AT89C55，AT89S8252	P89C54	W78E54
STC89LV54RC2	AT89LV55	P87C54	W78LE54
STC89C52RC2	AT89C52，AT89S52	P89C52，P87C52	W78E52
STC89LV52RC2	AT89LV52，AT89LS52	P87C52	W78LE52
STC89C51RC2	AT89C51，AT89S51	P89C51，P87C51	W78E51

1.2　单片机应用系统开发实战

1.2.1　选择单片机的型号

1. 明确控制要求

扫一扫看视频

在开发单片机应用系统时，先要明确需要实现的控制功能，单片机硬件和软件开发都需围绕着要实现的控制功能进行。如果要实现的控制功能比较多，可一条一条列出来；若要实现的控制功能比较复杂，则需分析控制功能及控制过程，并明确表述出来（如控制的先后顺序、同时进行几项控制等），这样在进行单片机硬、软件开发时才会目标明确。

本项目的控制要求是：当按下按键时，LED（发光二极管）亮，松开按键时，LED 熄灭。

2. 选择合适型号的单片机

明确单片机应用系统要实现的控制功能后，再选择单片机种类和型号。单片机种类很多，不同种类型号的单片机结构和功能有所不同，软、硬件开发也有区别。

在选择单片机型号时，一般应注意以下几点：

1）选择自己熟悉的单片机。 不同系列的单片机内部硬件结构和软件指令或多或少有些不同，而选择自己熟悉的单片机可以提高开发效率，缩短开发时间。

2）在功能够用的情况下，考虑性能价格比。 有些型号的单片机功能强大，但相应的价格也较高，而选择单片机型号时功能足够即可，不要盲目选用功能强大的单片机。

目前市面上使用广泛的为 51 单片机，其中宏晶公司（STC）51 系列单片机最为常见，编写的程序可以在线写入单片机，无需专门的编程器，并且可反复擦写单片机内部的程序，另外价格低（5 元左右）且容易买到。

扫一扫看视频

1.2.2　设计单片机电路原理图

明确控制要求并选择合适型号的单片机后，接下来就是设计单片机电路，即给单片机添加工作条件电路、输入部件和输入电路、输出部件和输出电路等。图 1-5 是设计好的用一个按键控制一只发光二极管亮灭的单片机电路原理图，该电路采用了 STC 公司 8051 内核的 89C51 型单片机。

单片机是一种集成电路，普通的集成电路只需提供电源即可使内部电路开始工作，而要让单片机内部电路正常工作，除了需提供电源外，还需提供时钟信号和复位信号。电源、时钟信号和复位信号是单片机工作所必须的，提供这三者的电路称为单片机的工作条件电路。

图 1-5　用一个按键通过单片机控制一只发光二极管亮灭的电路原理图

对于STC89C5x系列单片机：
晶振X频率为4MHz时，C2、C3应为100pF
晶振X频率为6MHz时，C2、C3应为47~100pF
晶振X频率为12~25MHz时，C2、C3应为47pF

STC89C51 单片机的工作电源为 5V，电压允许范围为 3.8~5.5V。5V 电源的正极接到单片机的正电源脚（VCC、40 脚），负极接到单片机的负电源脚（VSS、20 脚）。晶振 X、电容 C2、C3 与单片机时钟脚（XTAL2-18 脚、XTAL1-19 脚）内部的电路组成时钟振荡电路，产生 12MHz 时钟信号提供给单片机内部电路，让内部电路有条不紊地按节拍工作。C1、R1 构成单片机复位电路，在接通电源的瞬间，C1 还未充电，C1 两端电压为 0V，R1 两端电压为 5V，5V 电压为高电平，它作为复位信号经复位脚（RST、9 脚）送入单片机，对内部电路进行复位，使内部电路全部进入初始状态。随着电源对 C1 充电，C1 上的电压迅速上升，R1 两端电压则迅速下降，当 C1 上充得电压达到 5V 时充电结束，R1 两端电压为 0V（低电平），单片机 RST 脚变为低电平，结束对单片机内部电路的复位，内部电路开始工作。如果单片机 RST 脚始终为高电平，内部电路则被钳在初始状态，无法工作。

按键 S 闭合时，单片机的 P1.2 脚（3 脚）通过 S 接地（电源负极），P1.2 脚输入为低电平，内部电路检测到该脚电平再执行程序，让 P0.3 脚（36 脚）输出低电平（0V），发光二极管 VD 导通，有电流流过 VD（电流途径是：5V 电源正极→R2→VD→单片机的 P0.3 脚→内部电路→单片机的 VSS 脚→电源负极），VD 点亮；按键 S 松开时，单片机的 P1.2 脚（3 脚）变为高电平（5V），内部电路检测到该脚电平再执行程序，让 P0.3 脚（36 脚）输出高电平，发光二极管 VD 截止（即 VD 不导通），VD 熄灭。

1.2.3　制作单片机电路

按控制要求设计好单片机电路原理图后，还要依据电路原理图将实际的单片机电路制作出来。制作单片机电路有两种方法：一种是用电路板设计软件（如 Protel 99 SE 软件）设计出与电路原理图相对应的 PCB 图（印制电路板图），再交给 PCB 厂商生产

扫一扫看视频

出相应的电路板，然后将单片机及有关元器件焊接上即可；另一种是使用万能电路板，将单片机及有关元器件焊接在电路板上，再按电路原理图的连接关系用导线或焊锡将单片机及元器件连接起来。前一种方法适合大批量生产，后一种方法适合少量制作实验，这里使用万能电路板来制作单片机电路。

图1-6是一个按键控制一只发光二极管亮灭的单片机电路元器件和万能电路板（又称洞洞板）。在安装单片机电路时，从正面将元器件引脚插入电路板的圆孔，在背面将引脚焊接好，由于万能电路板各圆孔间是断开的，故还需要按电路原理图连接关系，用焊锡或导线将有关元器件引脚连接起来，为了方便将单片机各引脚与其他电路连接，在单片机两列引脚旁安装了两排20脚的单排针，安装时将单片机各引脚与各自对应的排针脚焊接在一起，暂时不用的单片机引脚可不焊接。制作完成的单片机电路如图1-7所示。

图1-6　一个按键控制一只发光二极管亮灭的单片机电路元器件和万能电路板

图1-7　制作完成的单片机电路

1.2.4　用编程软件编写单片机控制程序

单片机是一种软件驱动的芯片，要让它进行某些控制就必须为其编写相应的控制程序。

Keil μVision2是一款最常用的 51 单片机编程软件,在该软件中可以使用汇编语言或 C 语言编写
单片机程序。下面将对该软件编程进行简略介绍。

1. 编写程序

在计算机屏幕桌面上执行"开始→程序→Keil μVision2",打开 Keil μVision2 软件,然后在
该软件中新建一个项目"一个按键控制一只 LED 亮灭.Uv2",再在该项目中新建一个"一个按
键控制一只 LED 亮灭.c"文件,如图 1-8 所示,然后在该文件中用 C 语言编写单片机控制程序
(采用英文半角输入),如图 1-9 所示,最后单击工具栏上的 ▦(编译)按钮,将当前 C 语言程
序转换成单片机能识别的程序,在软件窗口下方出现编译信息,如果出现"0 Error(s),
0 Warning(s)",表示程序编译通过,如图 1-10 所示。

图 1-8　新建一个项目并在该项目中新建一个"一个按键控制一只 LED 亮灭.c"文件

图 1-9　在"一个按键控制一只 LED 亮灭.c"文件中用 C 语言编写单片机程序

图 1-10　单击编译按钮将 C 语言程序转换成单片机可识别的程序

C 语言程序文件（.c）编译后会得到一个十六进制程序文件（.hex），如图 1-11 所示，利用专门的下载软件将该程序文件写入单片机，即可让单片机工作并进行相应的控制。

图 1-11　C 语言程序文件被编译后就得到一个可写入单片机的十六进制程序文件

扫一扫看视频

2. 程序说明

"一个按键控制一只 LED 亮灭 . c"文件的 C 语言程序说明如图 1-12 所示。在程序中，如果将"LED＝KEY"改成"LED＝!KEY"，即让 LED（P0.3 端口）的电平与 KEY（P1.2 端口）的反电平相同，这样当按键按下时 P1.2 端口为低电平，P0.3 端口则为高电平，LED 不亮。如果将程序中的"while（1）"改成"while（0）"，while 函数大括号内的语句"LED＝KEY"不会执行，即未将 LED（P0.3 端口）的电平与 KEY（P1.2 端口）对应起来，操作按键无法控制 LED 的亮灭。

图 1-12　"一个按键控制一只 LED 亮灭 . c"文件的 C 语言程序说明

1.2.5　计算机、下载器和单片机的连接

扫一扫看视频

1. 计算机与下载器的连接与驱动

计算机需要通过下载器（又称烧录器）才能将程序写入单片机。图 1-13 是一种常用的 USB 转 TTL 的下载器，使用它可以将程序写入 STC 单片机。

图 1-13　USB 转 TTL 的下载器及连接线

在将下载器连接到计算机之前，需要先在计算机中安装下载器的驱动程序，再将下载器插入计算机的 USB 接口，计算机才能识别并与下载器建立联系。

驱动程序安装完成后，将下载器的 USB 接口插入计算机的 USB 接口，计算机即可识别出下载器。如图 1-14 所示，打开设备管理器窗口，展开其中的"端口（COM 和 LPT）"项，可以看出下载器的连接端口为 COM3，下载器实际连接的为计算机的 USB 接口，COM3 端口是一个模拟端口，记下该端口的序号以便下载程序时选用。

2. 下载器与单片机的连接

USB 转 TTL 的下载器一般有 5 个引脚，分别是 3.3V 电源脚、5V 电源脚、TXD（发送数据）脚、RXD（接收数据）脚和 GND（接地）脚。

图 1-14　查看下载器与计算机的连接端口序号

下载器与 STC89C51 单片机的连接如图 1-15 所示。从图中可以看出，除了两者电源正、负引脚要连接起来外，下载器的 TXD（发送数据）脚与 STC89C51 单片机的 RXD（接收数据）脚（10 脚，与 P3.0 为同一个引脚），下载器的 RXD 脚与 STC89C51 单片机的 TXD 脚（11 脚，与 P3.1 为同一个引脚）。下载器与其他型号的 STC-51 单片机连接基本相同，只是对应的单片机引脚序号可能不同。

图 1-15　下载器与 STC89C51 单片机的连接

1.2.6　用烧录软件将程序写入单片机

扫一扫看视频

1. 将计算机、下载器与单片机电路连接起来

要将在计算机中编写并编译好的程序下载到单片机中，须先将下载器与计算机及单片机电路连接起来，如图 1-16 所示，然后在计算机中打开 STC-ISP 烧录软件，并将程序写入单片机。

图 1-16　计算机、下载器与单片机电路三者的连接

2. 打开烧录软件将程序写入单片机

STC-ISP 烧录软件只能烧写 STC 系列单片机，它分为安装版本和非安装版本，非安装版本使用更为方便。图 1-17 是 STC-ISP 烧录软件非安装中文版，双击 "STC_ISP_V483.exe" 文件，打开 STC-ISP 烧录软件。用 STC-ISP 烧录软件将程序写入单片机的操作如图 1-18 所示。需要注意的是，在单击软件中的 "Download/下载" 按钮后，计算机会反复往单片机发送数据，但单片机不会接收该数据，这时需要切断单片机的电源，几秒钟后再接通电源，单片机重新上电后会检测到计算机发送过来的数据，并将该数据接收并存到内部的程序存储器中，从而完成程序的写入。

图 1-17　打开非安装版本的 STC-ISP 烧录软件

a) 选择单片机型号

b) 打开要写入单片机的程序文件

c) 选择计算机与下载器连接的COM端口序号

图 1-18 用 STC-ISP 烧录软件将程序写入单片机的操作

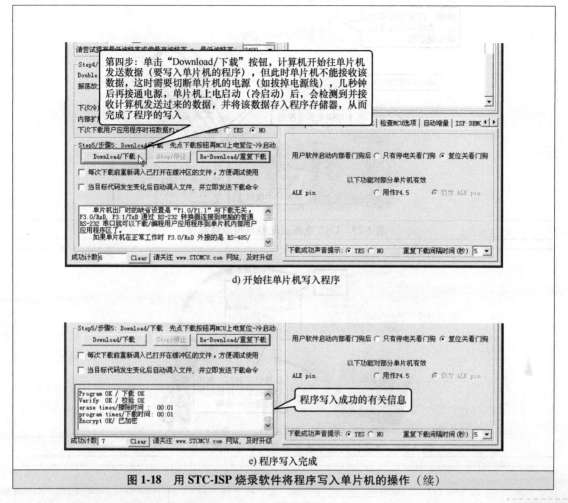

d) 开始往单片机写入程序

e) 程序写入完成

图 1-18 用 STC-ISP 烧录软件将程序写入单片机的操作（续）

1.2.7 单片机电路的通电与测试

程序写入单片机后，给单片机电路通电，测试其能否实现控制要求，如若不能，需要检查是单片机硬件电路的问题还是程序的问题并解决。

1. 用计算机的 USB 接口通过下载器为单片机供电

在给单片机供电时，如果单片机电路简单、消耗电流少，可通过下载器（需与计算机的 USB 接口连接）为单片机提供 5V 或 3.3V 电源，该电压实际来自计算机的 USB 接口，单片机通电后再进行测试。

2. 用 USB 电源适配器给单片机电路供电

如果单片机电路消耗电流大，需要使用专门的 5V 电源为其供电。图 1-19 是一种手机充电常见的 5V 电源适配器及数据线，该数据线一端为标准 USB 接口，另一端为 Micro USB 接口，在 Micro USB 接口附近将数据线剪断，可看见有四根不同颜色的线，分别是"红-电源线（VCC，5V+）""黑-地线（GND，5V-）""绿-数据正（DATA+）"和"白-数据负（DATA-）"，将绿、白线剪短不用，红、黑线剥掉绝缘层露出铜芯线，再将红、黑线分别接到单片机电路的电源正、负端，如图 1-20 所示。USB 电源适配器可以将 220V 交流电压转换成 5V 直流电压，如果单片机的供电不是 5V 而是 3.3V，可在 5V 电源线上再串接 3 个整流二极管，由于每个整流二极管电压降为 0.5~0.6V，故可得到 3.2~3.5V 的电压，如图 1-21 所示。

扫一扫看视频

13

图 1-19　USB 电源适配器与电源线制作

图 1-20　将正、负电源线接到单片机电路的电源正、负端

图 1-21　利用 3 只整流二极管可将 5V 电压降低成 3.3V 左右的电压

1. 用什么样的 USB 接口都可以下载程序到单片机吗

2. 由 USB 电源接口给单片机电路供电

第2章

数制与 C51 语言基础

2.1 数制与数制的转换

数制就是数的进位制。在日常生活中，人们经常会接触到 0、7、8、9、168、295 等数字，它们就是一种数制——十进制数。另外，数制还有二进制数和十六进制数等。

2.1.1 十进制数

十进制数有以下两个特点：

1）有 **10 个不同的数码**：0、1、2、3、4、5、6、7、8、9。任意一个十进制数均可以由这 10 个数码组成。

2）遵循"逢十进一"的计数原则。对于任意一个十进制数 N，它都可以表示成

$$N = a_{n-1} \times 10^{n-1} + a_{n-2} \times 10^{n-2} + \cdots + a_1 \times 10^1 + a_0 \times 10^0 + a_{-1} \times 10^{-1} + \cdots + a_{-m} \times 10^{-m}$$

式中，m 和 n 为正整数。

这里的 a_{n-1}，a_{n-2}，$\cdots$，a_{-m} 称为数码，10 称作基数，10^{n-1}，10^{n-2}，$\cdots$，10^{-m} 是各位数码的"位权"。

例如，根据上面的方法可以将十进制数 3259.46 表示成 $3259.46 = 3 \times 10^3 + 2 \times 10^2 + 5 \times 10^1 + 9 \times 10^0 + 4 \times 10^{-1} + 6 \times 10^{-2}$。

2.1.2 二进制数

1. 二进制数的特点

二进制数有以下两个特点：

1）有两个数码：**0 和 1**。任何一个二进制数都可以由这两个数码组成。

2）遵循"逢二进一"的计数原则。对于任意一个二进制数 N，它可以表示成

$$N = a_{n-1} \times 2^{n-1} + a_{n-2} \times 2^{n-2} + \cdots + a_0 \times 2^0 + a_{-1} \times 2^{-1} + \cdots + a_{-m} \times 2^{-m}$$

式中，m 和 n 为正整数。

这里的 a_{n-1}，a_{n-2}，$\cdots$，a_{-m} 称为数码，2 称作基数，2^{n-1}，2^{n-2}，$\cdots$，2^{-m} 是各位数码的"位权"。

例如，二进制数 11011.01 可表示为 $(11011.01)_2 = 1 \times 2^4 + 1 \times 2^3 + 0 \times 2^2 + 1 \times 2^1 + 1 \times 2^0 + 0 \times 2^{-1} + 1 \times 2^{-2}$。

2. 二进制数的四则运算

（1）加法运算

加法运算法则是"逢二进一"，即遇到"1+1"时就向相邻高位进 1。举例如下：

$$0+0=0 \quad 0+1=1 \quad 1+0=1 \quad 1+1=10$$

例如，求（1011）$_2$+（1011）$_2$，可以用与十进制数相同的竖式计算：

$$\begin{array}{r} 1011 \\ +\quad 1011 \\ \hline 10110 \end{array}$$

即（1011）$_2$+（1011）$_2$=（10110）$_2$。

（2）减法运算

减法运算法则是"借一当二"，即遇到"0-1"时，需向高位借1当"2"用。举例如下：

$$0-0=0 \quad 1-0=1 \quad 1-1=0 \quad 0-1=1$$

例如，求（1100）$_2$-（111）$_2$，有

$$\begin{array}{r} 1100 \\ -\quad 111 \\ \hline 101 \end{array}$$

即（1100）$_2$-（111）$_2$=（101）$_2$。

（3）乘法运算

乘法运算法则是"各数相乘，再作加法运算"。举例如下：

$$0\times0=0 \quad 1\times0=0 \quad 0\times1=0 \quad 1\times1=1$$

例如，求（1101）$_2$×（101）$_2$

$$\begin{array}{r} 1101 \\ \times\quad 101 \\ \hline 1101 \\ 1101 \\ \hline 1000001 \end{array}$$

即（1101）$_2$×（101）$_2$=（1000001）$_2$。

（4）除法运算

除法运算法则是"各数相除，再作减法运算"。举例如下：

$$0\div1=0 \quad 1\div1=1$$

例如，求（1111）$_2$÷（101）$_2$

$$\begin{array}{r} 11 \\ 101\,\overline{)\,1111} \\ \underline{101} \\ 101 \\ \underline{101} \\ 0 \end{array}$$

即（1111）$_2$÷（101）$_2$=（11）$_2$。

2.1.3　十六进制数

十六进制数有以下两个特点：

1）**有16个数码**：0、1、2、3、4、5、6、7、8、9、A、B、C、D、E、F，**这里的A、B、C、D、E、F分别代表**10、11、12、13、14、15。

2）遵循**"逢十六进一"**的计数原则。对于任意一个十六进制数 N，它都可以表示成

$$N=a_{n-1}\times16^{n-1}+a_{n-2}\times16^{n-2}+\cdots+a_0\times16^0+a_{-1}\times16^{-1}+\cdots+a_{-m}\times16^{-m}$$

式中，m 和 n 为正整数。

这里的 a_{n-1}，a_{n-2}，$\cdots$，a_{-m} 称为数码，16 称作基数，16^{n-1}，16^{n-2}，$\cdots$，16^{-m} 是各位数码的"位权"。

例如，十六进制数可表示为 $(3A6.D)_{16}=3\times16^2+10\times16^1+6\times16^0+13\times16^{-1}$。

2.1.4 二进制数与十进制数的转换

1. 二进制数转换成十进制数

二进制数转换成十进制数的方法是：将二进制数各位数码与位权相乘后求和，就能得到十进制数。

例如，$(101.1)_2=1\times2^2+0\times2^1+1\times2^0+1\times2^{-1}=4+0+1+0.5=(5.5)_{10}$

2. 十进制数转换成二进制数

十进制数转换成二进制数的方法是：采用除以 2 取余法，即将十进制数依次除以 2，并依次记下余数，一直除到商数为 0，最后把全部余数按相反次序排列，就能得到二进制数。

例如，将十进制数 $(29)_{10}$ 转换成二进制数，方法为

$$
\begin{array}{lll}
2\underline{\lfloor 29} & \text{余}1 & a_0 \ \text{低位}\\
2\underline{\lfloor 14} & \text{余}0 & a_1\\
2\underline{\lfloor 7} & \text{余}1 & a_2\\
2\underline{\lfloor 3} & \text{余}1 & a_3\\
2\underline{\lfloor 1} & \text{余}1 & a_4 \ \text{高位}\\
\quad 0 & &
\end{array}
$$

即 $(29)_{10}=(11101)_2$。

2.1.5 二进制数与十六进制数的转换

1. 二进制数转换成十六进制数

二进制数转换成十六进制数的方法是：从小数点起向左、右按 4 位分组，不足 4 位的，整数部分可在最高位的左边加"0"补齐，小数点部分不足 4 位的，可在最低位右边加"0"补齐，每组以其对应的十六进制数代替，将各个十六进制数依次写出即可。

例如，将二进制数 $(1011000110.111101)_2$ 转换为十六进制数，方法为

$$(1011000110.111101)_2$$
$$= (\underline{0010}\ \underline{1100}\ \underline{0110}\ .\ \underline{1111}\ \underline{0100})_2$$
$$\qquad\quad \downarrow \qquad \downarrow \qquad \downarrow \qquad\quad \downarrow \qquad \downarrow$$
$$= (\quad 2\quad\ \ C\quad\ \ 6\quad .\quad\ \ F\quad\ \ 4\ )_{16}$$
$$= (2C6.F4)_{16}$$

注意：十六进制的 16 位数码为 0、1、2、3、4、5、6、7、8、9、A、B、C、D、E、F，它们分别与二进制数 0000、0001、0010、0011、0100、0101、0110、0111、1000、1001、1010、1011、1100、1101、1110、1111 相对应。

2. 十六进制数转换成二进制数

十六进制数转换成二进制数的过程与上述方法相反。具体为：从左到右将待转换的十六进制数中的每个数依次用 4 位二进制数表示。

例如，将十六进制数 $(13AB.6D)_{16}$ 转换成二进制数，方法为

$$(\underline{1}\quad\underline{3}\quad\underline{A}\quad\underline{B}\quad.\quad\underline{6}\quad\underline{D})_{16}$$
$$\downarrow \quad \downarrow \quad \downarrow \quad \downarrow \qquad \downarrow \quad \downarrow$$
$$= (0001\ 0011\ 1010\ 1011\ .\ 0110\ 1101)_2$$
$$= (0001001110101011.01101101)_2$$

2.1.6　单片机中数的表示及运算

单片机中的数是以二进制表示的，分为有符号数和无符号数两种。

1. 有符号数的表示方法

有符号数是指有"+（正）""-（负）"符号的数。由于单片机采用二进制数，所以只有1和0两种数字，用"0"表示"+"，用"1"表示"-"。单片机中的数据一般只有8位，一般规定最高位为符号位，因为要用1位表示数的符号，所以只有7位用来表示数值，可以表示-127~+128。

有符号数的表示方法有3种：原码、反码和补码。同一有符号数，用3种表示方法得到的数是不同的。下面用3种方法来表示两个有符号数+1011101和-1011101。

（1）原码

用"1"表示"-"，用"0"表示"+"，其他各数保持不变，采用这种方法表示出来的数称为原码。

+1011101用原码表示是01011101，可写成 [01011101]原

-1011101用原码表示是11011101，可写成 [11011101]原

（2）反码

反码是在原码的基础上求得的。对于正的有符号数，其反码与原码相同；对于负的有符号数，其反码除符号位与原码相同外，其他各位数由原码各位数取反得到。

+1011101用反码表示是01011101，可写成 [01011101]反

-1011101用反码表示是10100010，可写成 [10100010]反

（3）补码

补码是在反码的基础上求得的。对于正的有符号数，其补码与反码、原码相同；对于负的有符号数，其补码除符号位与反码一致外，其他数由反码加1得到。

+1011101用补码表示是01011101，可写成 [01011101]补

-1011101用补码表示是10100011，可写成 [10100011]补

2. 有符号数的运算

用原码表示有符号数简单、直观，但在单片机中，如果采用原码进行减法运算，需要很复杂的硬件电路；如果用补码，可以将减法运算变为加法运算，从而省去减法器而简化硬件电路。

例：用二进制减法运算和补码加法运算分别计算35-21。

① 二进制减法运算：35-21 = 00100011-00010101 = 00001110

② 用补码加法运算：先将算式转换成补码形式，即35-21 = [+35]+[-21] = [00100011]原+[10010101]原 = [00100011]反+[11101010]反 = [00100011]补+[11101011]补，再对补码进行二进制加法运算：

$$
\begin{array}{r}
00100011 \\
+\ 11101011 \\
\hline
100001110
\end{array}
$$

从上面的运算过程可以看出，补码的符号也参与运算。在8位单片机中，由于数据长度只能有8位，上式结果有9位，第9位会自然丢失，补码加法的运算结果与二进制减法的运算结果是一样的，都是00001110 = 14。

由此可见，用补码的形式进行运算，可以将减法运算转换为加法运算，运算结果仍是正确的，所以单片机普遍采用补码的形式表示有符号数。

3. 无符号数的表示方法

无符号数因为不用符号位，8位全部用来表示数据，所以这种方法可以表示的数据范围是

0～255。8 位二进制数的不同表示方式的换算关系见表 2-1。

表 2-1　8 位二进制数的不同表示方式的换算关系

8 位二进制数	无 符 号 数	原　码	反　码	补　码
00000000	0	+0	+0	+0
00000001	1	+1	+1	+1
00000010	2	+2	+2	+2
⋮	⋮	⋮	⋮	⋮
01111100	124	+124	+124	+124
01111101	125	+125	+125	+125
01111110	126	+126	+126	+126
01111111	127	+127	+127	+127
10000000	128	-0	-127	-128
10000001	129	-1	-126	-127
10000010	130	-2	-125	126
⋮	⋮	⋮	⋮	⋮
11111100	252	-124	-3	-4
11111101	253	-125	-2	-3
11111110	254	-126	-1	-2
11111111	255	-127	-0	-1

从表 2-1 中可以看出，对于同一个二进制数，当采用不同的表示方式时，得到的数值是不同的，特别是大于 10000000 的有符号数。若想确切知道单片机中的二进制数所对应的十进制数是多少，先要了解该二进制数是有符号数还是无符号数，再换算出该二进制数对应的十进制数。

2.2　C51 语言基础

C51 语言是指 51 单片机编程使用的 C 语言，它与计算机 C 语言大部分相同，但由于编程对象不同，故两者也略有区别。本节主要介绍 C51 语言的基础知识，学习时若一时无法理解也没关系，在后续章节有大量的 C51 编程实例，可在学习这些实例时再到本节查看理解有关内容。

2.2.1　常量

常量是指程序运行时其值不会变化的量。常量类型有整型常量、浮点型常量（也称实型常量）、字符型常量和符号常量。

1. 整型常量

1）十进制数：编程时直接写出，如 0、18、-6。

2）八进制数：编程时在数值前加 "0" 表示八进制数，如 "012" 为八进制数，相当于十进制数的 "10"。

3）十六进制数：编程时在数值前加 "0x" 表示十六进制数，如 "0x0b" 为十六进制数，相当于十进制数的 "11"。

2. 浮点型常量

浮点型常量又称实数或浮点数。在 C 语言中可以用小数形式或指数形式来表示浮点型常量。

1）小数形式表示：由数字和小数点组成的一种实数表示形式，例如 0.123、.123、123.、0.0 等都是合法的浮点型常量。小数形式表示的浮点型常量必须要有小数点。

2）指数形式表示：这种形式类似数学中的指数形式。在数学中，浮点型常量可以用幂的形式来表示，如 2.3026 可以表示为 0.23026×10^1、2.3026×10^0、23.026×10^-1 等形式。在 C 语言中，则以"e"或"E"后跟一个整数来表示以"10"为底数的幂数。2.3026 可以表示为 0.23026E1、2.3026e0、23.026e-1。C 语言规定，字母 e 或 E 之前必须要有数字，且 e 或 E 后面的指数必须为整数，如 e3、5e3.6、.e、e 等都是非法的指数形式。在字母 e 或 E 的前后以及数字之间不得插入空格。

3. 字符型常量

字符型常量是用单引号括起来的单个普通字符或转义字符。

1）普通字符型常量：用单引号括起来的普通字符，如 'b'、'xyz'、'?' 等。字符型常量在计算机中是以其代码（一般采用 ASCII 代码）存储的。

2）转义字符型常量：用单引号括起来的前面带反斜杠的字符，如 '\n'、'\xhh' 等，其含义是将反斜杠后面的字符转换成另外的含义。表 2-2 列出一些常用的转义字符及含义。

表 2-2　一些常用的转义字符及含义

转 义 字 符	转义字符的意义	ASCII 代码
\n	回车换行	10
\t	横向跳到下一制表位置	9
\b	退格	8
\r	回车	13
\f	走纸换页	12
\\	反斜线符"\"	92
\'	单引号符	39
\"	双引号符	34
\a	鸣铃	7
\ddd	1~3 位八进制数所代表的字符	
\xhh	1~2 位十六进制数所代表的字符	

4. 符号常量

在 C 语言中，可以用一个标识符来表示一个常量，称之为符号常量。符号常量在程序开头定义后，在程序中可以直接调用，在程序中其值不会更改。**符号常量在使用之前必须先定义，其一般形式为**

#define 标识符 常量

例如，在程序开头编写"#define PRICE 25"，就将 PRICE 被定义为符号常量，在程序中，PRICE 就代表 25。

2.2.2　变量

变量是指程序运行时其值可以改变的量。每个变量都有一个变量名，变量名必须以字母或下划线"_"开头。在使用变量前需要先声明，以便程序在存储区域为该变量留出一定的空间，比如在程序中编写"unsigned char num＝123"，就声明了一个无符号字符型变量 num，程序会在存储区域留出一个字节的存储空间，将该空间命名（变量名）为 num，在该空间存储的数据

（变量值）为 123。

变量类型有位变量、字符型变量、整型变量和浮点型变量（也称浮点型变量）。

1）位变量（bit）：占用的存储空间为 1 位，位变量的值为 0 或 1。

2）字符型变量（char）：占用的存储空间为 1 个字节（8 位），无符号字符型变量的数值范围为 0~255，有符号字符型变量的数值范围为 -128~+127。

3）整型变量：可分为短整型变量（int 或 short）和长整型变量（long），短整型变量的长度（即占用的存储空间）为 2 个字节，长整型变量的长度为 4 个字节。

4）浮点型变量：可分为单精度浮点型变量（float）和双精度浮点型变量（double），单精度浮点型变量的长度（即占用的存储空间）为 4 个字节，双精度浮点型变量的长度为 8 个字节。由于浮点型变量会占用较多的空间，故单片机编程时尽量少用浮点型变量。

C51 变量的类型、长度和取值范围见表 2-3。

表 2-3　C51 变量的类型、长度和取值范围

变量类型	长度/bit	长度/B	取值范围
bit	1	…	0、1
unsigned char	8	1	0~255
signed char	8	1	-128~127
unsigned int	16	2	0~65 535
signed int	16	2	-32 768~32 767
unsigned long	32	4	0~4 294 967 295
signed long	32	4	-2 147 483 648~2 147 483 647
float	32	4	±1.176E-38~±3.40E+38（6 位数字）
double	64	8	±1.176E-38~±3.40E+38（10 位数字）

2.2.3　运算符

C51 语言的运算符可分为算术运算符、关系运算符、逻辑运算符、位运算符和复合赋值运算符。

1. 算术运算符

C51 语言的算术运算符见表 2-4。在进行算术运算时，按"先乘除模，后加减，括号最优先"的原则进行，即乘、除、模运算优先级相同，加、减优先级相同且最低，括号优先级最高，在优先级相同的运算时按先后顺序进行。

表 2-4　C51 语言的算术运算符

算术运算符	含义	算术运算符	含义
+	加法或正值符号	/	除法
-	减法或负值符号	%	模（相除求余）运算
*	乘法	^	乘幂
--	减 1	++	加 1

在 C51 语言编程时，经常会用到加 1 符号"++"和减 1 符号"--"，这两个符号使用比较灵活。常见的用法如下：

y＝x++（先将 x 赋给 y，再将 x 加 1）

y＝x--（先将 x 赋给 y，再将 x 减 1）

y＝++x（先将 x 加 1，再将 x 赋给 y）

y＝--x（先将 x 减 1，再将 x 赋给 y）

x＝x+1 可写成 x++或++x

x＝x-1 可写成 x--或--x

%为模运算，即相除取余数运算，例如 9%5 结果为 4。

^为乘幂运算，例如 2^3 表示 2 的 3 次方（2^3），2^表示 2 的 2 次方（2^2）。

2. 关系运算符

C51 语言的关系运算符见表 2-5。<、>、<=和>=运算优先级高且相同，==、!=运算优先级低且相同，例如"a>b!=c"相当于"（a>b）!=c"。

表 2-5　C51 语言的关系运算符

关系运算符	含　义	关系运算符	含　义
<	小于	>=	大于等于
>	大于	==	等于
<=	小于等于	!=	不等于

用关系运算符将两个表达式（可以是算术表达式、关系表达式、逻辑表达式或字符表达式）连接起来的式子称为关系表达式。关系表达式的运算结果为一个逻辑值，即真（1）或假（0）。

例如：a＝4、b＝3、c＝1，则有

a>b 的结果为真，表达式值为 1；

b+c<a 的结果为假，表达式值为 0；

（a>b）==c 的结果为真，表达式值为 1，因为 a>b 的值为 1，c 值也为 1；

d＝a>b，d 的值为 1；

f＝a>b>c，由于关系运算符的结合性为左结合，a>b 的值为 1，而 1>c 的值为 0，所以 f 值为 0。

3. 逻辑运算符

C51 语言的逻辑运算符见表 2-6。"&&""‖"为双目运算符，要求两个运算对象，"!"为单目运算符，只要有一个运算对象。&&、‖运算优先级低且相同，! 运算优先级高。

表 2-6　C51 语言的逻辑运算符

逻辑运算符	含　义
&&	与（AND）
‖	或（OR）
!	非（NOT）

与关系表达式一样，逻辑表达式的运算结果也为一个逻辑值，即真（1）或假（0）。

例如：a＝4、b＝5，则有!a 的结果为假，因为 a=4 为真（a 值非 0 即为真），!a 即为假（0）；a‖b 的结果为真（1）；!a&&b 的结果为假（0），因为! 优先级高于&&，故先运算!a 的结果为 0，而 0&&b 的结果也为 0。

在进行算术、关系、逻辑和赋值混合运算时，其优先级从高到低依次为：!（非）→算术运算符→关系运算符→&& 和 ‖→赋值运算符（＝）。

4. 位运算符

C51 语言的位运算符见表 2-7。位运算的对象必须是位型、整型或字符型数，不能为浮点型数。

表 2-7　C51 语言的位运算符

位运算符	含　义	位运算符	含　义
&	位与	^	位异或 （各位相异或，相同为 0，相异为 1）
|	位或	<<	位左移 （各位都左移，高位丢弃，低位补 0）
~	位非	>>	位右移 （各位都右移，低位丢弃，高位补 0）

位运算举例如下：

位与运算	位或运算	位非运算	位异或运算	位左移	位右移
00011001 & 01001101 = 00001001	00011001 | 01001101 = 01011101	~ 00011001 = 11100110	00011001 ^ 01001101 = 01010100	00011001<<1 所有位均左移 1 位，高位丢弃，低位补 0，结果为 00110010	00011001>>2 所有位均右移 2 位，低位丢弃，高位补 0，结果为 00000110

5. 复合赋值运算符

复合赋值运算符就是在赋值运算符 "=" 前面加上其他运算符，C51 语言常用的复合赋值运算符见表 2-8。

表 2-8　C51 语言常用的复合赋值运算符

运　算　符	含　义	运　算　符	含　义
+=	加法赋值	<<=	左移位赋值
-=	减法赋值	>>=	右移位赋值
*=	乘法赋值	&=	逻辑与赋值
/=	除法赋值	|=	逻辑或赋值
%=	取模赋值	^=	逻辑异或赋值

复合运算就是变量与表达式先按运算符运算，再将运算结果值赋给参与运算的变量。凡是双目运算（两个对象运算）都可以用复合赋值运算符去简化表达。

复合运算的一般形式为：变量　复合赋值运算符　表达式。例如，a+=28 相当于 a=a+28。

2. 2. 4　关键字

在 C51 语言中，会使用一些具有特定含义的字符串，称为 "关键字"，这些关键字已被软件使用，编程时不能将其定义为常量、变量和函数的名称。C51 语言关键字分两大类：由 ANSI（美国国家标准学会）标准定义的关键字和 Keil C51 编译器扩充的关键字。

1. 由 ANSI 标准定义的关键字

由 ANSI 标准定义的关键字有 char、double、enum、float、int、long、short、signed、struct、 union、unsigned、void、break、case、continue、default、do、else、for、goto、if、return、switch、while、auto、extern、register、static、const、sizeof、typedef、volatile 等。这些关键字可分为以下几类：

1）数据类型关键字：用来定义变量、函数或其他数据结构的类型，如 unsigned char、int 等。

2）控制语句关键字：在程序中起控制作用的语句，如 while、for、if、case 等。

3）预处理关键字：表示预处理命令的关键字，如 define、include 等。

4）存储类型关键字：表示存储类型的关键字，如 static、auto、extern 等。

5）其他关键字：如 const、sizeof 等。

2. Keil C51 编译器扩充的关键字

Keil C51 编译器扩充的关键字可分为两类：

1）用于定义 51 单片机内部寄存器的关键字，如 sfr、sbit。

sfr 用于定义特殊功能寄存器，如 "sfr P1 = 0x90;" 是将地址为 0x90 的特殊功能寄存器名称定义为 P1；sbit 用于定义特殊功能寄存器中的某一位，如 "sbit LED1 = P1^1;" 是将特殊功能寄存器 P1 的第 1 位名称定义为 LED1。

2）用于定义 51 单片机变量存储类型关键字。这些关键字有 6 个，见表 2-9。

表 2-9　用于定义 51 单片机变量存储类型关键字

存 储 类 型	与存储空间的对应关系
data	直接寻址片内数据存储区，访问速度快（128B）
bdata	可位寻址片内数据存储区，允许位与字节混合访问（16B）
idata	间接寻址片内数据存储区，可访问片内全部 RAM 地址空间（256B）
pdata	分页寻址片外数据存储区（256B）
xdata	片外数据存储区（64KB）
code	代码存储区（64KB）

2.2.5　数组

数组也常称作表格，是指具有相同数据类型的数据集合。 在定义数组时，程序会将一段连续的存储单元分配给数组，存储单元的最低地址存放数组的第一个元素，最高地址存放数组的最后一个元素。

根据维数不同，数组可分为一维数组、二维数组和多维数组；根据数据类型不同，数组可分为字符型数组、整型数组、浮点型数组和指针型数组。在用 C51 语言编程时，最常用的是字符型一维数组和整型一维数组。

1. 一维数组

（1）数组定义

一维数组的一般定义形式为：类型说明符 数组名 [下标]。

方括号（又称中括号）中的下标也称为常量表达式，表示数组中的元素个数。

一维数组定义举例如下：

$$\text{unsigned int a}[5];$$

以上定义了一个无符号整型数组，数组名为 a，数组中存放 5 个元素，元素类型均为整型，由于每个整型数据占 2 个字节，故该数组占用了 10 个字节地存储空间，该数组中的第 1~5 个元素分别用 a[0]~a[4]表示。

（2）数组赋值

在定义数组时，也可同时指定数组中的各个元素（即数组赋值），比如：

$$unsigned\ int\ a[5]=\{2,16,8,0,512\};$$

$$unsigned\ int\ b[8]=\{2,16,8,0,512\};$$

在数组 a 中，$a[0]=2$，$a[4]=512$；在数组 b 中，$b[0]=2$，$b[4]=512$，$b[5]\sim b[7]$ 均未赋值，全部自动填 0。

在定义数组时，要注意以下几点：

1）数组名应与变量名一样，必须遵循标识符命名规则，在同一个程序中，数组名不能与变量名相同。

2）数组中的每个元素的数据类型必须相同，并且与数组类型一致。

3）数组名后面的下标表示数组的元素个数（又称数组长度），必须用方括号括起来，下标是一个整型值，可以是常数或符号常量，不能包含变量。

2. 二维数组

（1）数组定义

二维数组的一般定义形式如下：

类型说明符 数组名 [下标 1] [下标 2]

其中，下标 1 表示行数，下标 2 表示列数。

二维数组定义举例如下：

$$unsigned\ int\ a[2][3];$$

以上定义了一个无符号整型二维数组，数组名为 a，数组为 2 行 3 列，共 6 个元素，这 6 个元素依次用 a[0][0]、a[0][1]、a[0][2]、a[1][0]、a[1][1]、a[1][2] 表示。

（2）数组赋值

二维数组赋值有两种方法：

1）按存储顺序赋值。例如：

unsigned int a[2][3]={1,16,3,0,28,255};

2）按行分段赋值。例如：

unsigned int a[2][3]={{1,16,3},{0,28,255}};

3. 字符型数组

字符型数组用来存储字符型数据。字符型数组可以在定义时进行初始化赋值。例如：

$$char\ c[4]=\{\ 'A','B','C','D'\ \};$$

以上定义了一个字符型数组，数组名为 c，数组中存放 4 个字符型元素（占用了 4 个字节的存储空间），分别是 A、B、C、D（实际上存放的是这 4 个字母的 ASCII 码，即 0x65、0x66、0x67、0x68）。如果对全体元素赋值时，数组的长度（下标）也可省略，即上述数组定义也可写成：

$$char\ c[\ ]=\{\ 'A','B','C','D'\ \};$$

如果要在字符型数组中存放一个字符串"good"，可采用以下 3 种方法：

char c[ ]={ 'g','o','o','d','\0' };　　//"\0"为字符串的结束符

char c[ ]={"good"};　　　　　//使用双引号时，编译器会自动在后面加结束符'\0'，故

数组长度应较字符数多一个

char c[ ]="good";

如果要定义二维字符数组存放多个字符串时，二维字符数组的下标 1 为字符串的个数，下标 2 为每个字符串的长度，下标 1 可以不写，下标 2 则必须要写，并且其值应较最长字符串的字符数（空格也算一个字符）至少多出一个。例如：

char c[ ][20] = {{"How old are you?",\n},{"I am 18 years old. ",\n},{"and you?"}};

上例中的"\n"是一种转义符号，其含义是换行，将当前位置移到下一行开头。

2.2.6 循环语句

在编程时，如果需要某段程序反复执行，可使用循环语句。C51 语言的循环语句有 3 种，即 while 语句、do while 语句和 for 语句。

1. while 语句

while 语句的格式为"**while(表达式){语句组;}**"，编程时为了书写阅读方便，一般按以下方式编写：

while(表达式)

{

语句组;

}

while 语句在执行时，先判断表达式是否为真（非 0 即为真）或表达式是否成立，若为真或表达式成立则执行大括号（也称花括号）内的语句组（也称循环体），否则不执行大括号内的语句组，直接跳出 while 语句，执行大括号之后的内容。

在使用 while 语句时，要注意以下几点：

1）当 while 语句的大括号内只有一条语句时，可以省略大括号，但使用大括号可使程序更安全可靠。

2）若 while 语句的大括号内无任何语句（空语句）时，应在大括号内写上分号";"，即"**while(表达式){;}**"，简写就是"**while(表达式);**"。

3）如果 while 语句的表达式是递增或递减表达式，while 语句每执行一次，表达式的值就增 1 或减 1。例如"**while(i++){语句组;}**"。

4）如果希望某语句组无限次循环执行，可使用"**while(1){语句组;}**"。如果希望程序停在某处等待，待条件（即表达式）满足时往下执行，可使用"**while(表达式);**"。如果希望程序始终停在某处不往下执行，可使用"**while(1);**"，即让 while 语句无限次执行一条空语句。

2. do while 语句

do while 语句的格式如下：

do

{

语句组;

}

while(表达式)

do while 语句在执行时，先执行大括号内的语句组（也称循环体），然后用 while 判断表达式是否为真（非 0 即为真）或表达式是否成立，若为真或表达式成立则执行大括号内的语句组，直到 while 表达式为 0 或不成立，直接跳出 do while 语句，执行之后的内容。

do while 语句是先执行一次循环体语句组，再判断表达式的真假以确定是否再次执行循环体，而 while 语句是先判断表达式的真假，以确定是否执行循环体语句组。

3. for 语句

for 语句的格式如下：

for(初始化表达式;条件表达式;增量表达式)

{

语句组;

}

for 语句执行过程：先用初始化表达式（如 i=0）给变量赋初值，然后判断条件表达式（如 i<8）是否成立，不成立则跳出 for 语句，成立则执行大括号内的语句组，执行完语句组后再执行增量表达式（如 i++），接着再次判断条件表达式是否成立，以确定是否再次执行大括号内的语句组，直到条件表达式不成立才跳出 for 语句。

2.2.7 选择语句

C51 语言中常用的选择语句有 if 语句和 switch…case 语句。

1. if 语句

if 语句有三种形式：基本 if 语句、if…else…语句和 if…else if…语句。

（1）基本 if 语句

基本 if 语句格式如下：

if(表达式)

{

语句组;

}

if 语句执行时，首先判断表达式是否为真（非 0 即为真）或是否成立，若为真或成立则执行大括号（也称花括号）内的语句组（执行完后跳出 if 语句），否则不执行大括号内的语句组，直接跳出 if 语句，执行大括号之后的内容。

（2）if…else…语句

if…else…语句格式如下：

if(表达式)

{

语句组 1;

}

else

{

语句组 2;

}

if…else…语句执行时，首先判断表达式是否为真（非 0 即为真）或是否成立，若为真或成立则执行语句组 1，否则执行语句组 2，执行完语句组 1 或语句组 2 后跳出 if…else…语句。

（3）if…else if…语句（多条件分支语句）

if…else if…语句格式如下：

if(表达式 1)

{

语句组 1;

}

else if(表达式 2)

{

语句组 2;

}

……

27

else if（表达式 n）

｛

语句组 n；

｝

if…else if…语句执行时，首先判断表达式 1 是否为真（非 0 即为真）或是否成立，为真或成立则执行语句组 1，然后判断表达式 2 是否为真或是否成立，为真或成立则执行语句组 2，……最后判断表达式 n 是否为真或是否成立，为真或成立则执行语句组 n，如果所有的表达式都不成立或为假时，跳出 if…else if…语句。

2. switch…case 语句

switch…case 语句格式如下：

switch（表达式）

｛

case 常量表达式 1；语句组 1；break；

case 常量表达式 2；语句组 2；break；

……

case 常量表达式 n；语句组 n；break；

default：语句组 n+1；

｝

switch…case 语句执行时，首先计算表达式的值，然后按顺序逐个与各 case 后面的常量表达式的值进行比较，当与某个常量表达式的值相等时，则执行该常量表达式后面的语句组，再执行 break 跳出 switch…case 语句，如果表达式与所有 case 后面的常量表达式的值都不相等，则执行 default 后面的语句组，并跳出 switch…case 语句。

第**3**章

51 单片机编程软件的使用

单片机软件开发的一般过程是：先根据控制要求用汇编语言或 C 语言编写程序，然后对程序进行编译，转换成二进制或十六进制形式的程序，再对编译后的程序进行仿真调试，程序满足要求后用烧录件将程序写入单片机。Keil C51 软件是一款最常用的 51 系列单片机编程软件，它由 Keil 公司（已被 ARM 公司收购）推出，使用该软件不但可以编写和编译程序，还可以仿真和调试程序，编写程序时既可以选择用汇编语言，也可以使用 C 语言。

3.1 Keil C51 软件的版本及获取

Keil C51 软件的版本很多，主要有 Keil μVision2、Keil μVision3、Keil μVision4 和 Keil μVision5，Keil μVision3 是在 Keil 公司被 ARM 公司收购后推出的，故该版本及之后版本除了支持 51 系列单片机外，还增加了对 ARM 处理器的支持。如果仅对 51 系列单片机编程，可选用 Keil μVision2 版本，本章也以该版本进行介绍。

如果读者需要获得 Keil C51 软件，可到 Keil 公司网站 http://www. Keil. com 下载 Eval（评估）版本，也可登录易天电学网（www. xxitee. com）索取下载。下载完成后，按照相关提示进行安装。

扫一扫看视频

3.2 程序的编写与编译

3.2.1 启动 Keil C51 软件并新建工程文件

1. Keil C51 软件的启动

Keil C51 软件安装完成后，双击计算机屏幕桌面上的"Keil μVision2"图标，或单击计算机屏幕桌面左下角的"开始"按钮，在弹出的菜单中执行"程序"→"Keil μVision2"，就可以启动 Keil μVision2，启动后的 Keil μVision2 软件窗口如图 3-1 所示。

扫一扫看视频

2. 新建工程文件

在用 Keil μVision2 软件进行单片机程序开发时，为了便于管理，需要先建立一个项目文件，用于管理本项目中的所有文件。在 Keil μVision2 软件新建工程文件的操作过程见表 3-1。

图 3-1 启动后的 Keil μ Vision2 软件窗口

表 3-1 在 Keil μ Vision2 软件新建工程文件的操作说明

序号	操作说明	操作图
1	执行菜单命令"Project"→"New Project",如右图所示将弹出"Create New Project"对话框	
2	在右图所示的"Create New Project"对话框中选择新工程的保存位置,这里先打开计算机 D 盘的"Book_C51程序"文件夹,然后在该文件夹中新建一个"3_1"文件夹	

（续）

序号	操 作 说 明	操 作 图
3	打开"3_1"文件夹，输入新建工程的文件名，工程文件扩展名为".uv2"，再单击"保存"按钮，将会弹出右图所示的对话框。该对话框为选择单片机型号对话框。其中有很多公司的 51 系列单片机供选择，但无 STC 公司的 51 系列单片机，由于 51 系列单片机基本内核是相同的，这里选择 Atmel 公司的 AT89S52 型单片机	
4	在单片机型号对话框中找到 Atmel 公司的 AT89S52 型单片机，选中后单击"确定"按钮，将弹出如右图所示询问对话框。该对话框询问是否复制 8051 标准启动代码到当前工程文件所有文件夹中，初学者可选择"否"，如果用到了某些增强功能需要初始化配置时，则可以选择"是"	
5	完成之后，在 Keil 软件左边的工程管理器中新增了一个"Target 1"文件夹，该文件夹中还有一个"Source Group 1"文件夹，如右图所示，至此新建工程文件完成	

3.2.2　新建源程序文件并与工程进行关联

新建工程完成后，还要在工程中建立程序文件，并将程序文件保存后再与工程关联到一起，然后就可以在程序文件中用 C 语言或汇编语言编写程序。

新建源程序文件并与工程关联起来的操作过程如下：

1）新建源程序文件。在 Keil μVision2 软件窗口中执行菜单命令"File"→"New"，即新建了一个默认名称为"Text 1"的空白文件，同时该文件在软件窗口中打开，如图 3-2 所示。

图 3-2 新建源程序文件

2）保存源程序文件。单击工具栏上的 ￼ 工具图标，或执行菜单命令"File"→"Save As"，弹出图 3-3 所示"Save As"对话框。在对话框中打开之前建立的工程文件所在的文件夹，再将文件命名为"一个按键控制一只 LED 亮灭 . c"（扩展名 . c 表示为 C 语言程序，不能省略），单击"保存"按钮即将该文件保存下来。

3）将源程序文件与工程关联起来。新建的源程序文件与新建的项目没有什么关联，需要将它加入到工程中。展开工程管理器的"Target 1"文件夹，在其中的"Source Group 1"文件夹上单击鼠标右键，在弹出的快捷菜单中选择"Add Files to Group'Source Group 1'"项，会出现图 3-4 所示的加载文件对话框，在该对话框中选文件类型为"C Source file（∗.c）"，找到刚新建的"一个按键控制一只 LED 亮灭 . c"文件，再单击"Add"按钮，该文件即被加入到项目中，此时对话框并不会消失，可以继续加载其他文件，单击"Close"按钮关闭对话框。在 Keil 软件工程管理器的"Source Group1"文件夹中可以看到新加载的"一个按键控制一只 LED 亮灭 . c"文件，如图 3-5 所示。

图 3-3 保存源程序文件

图 3-4 在对话框中选择要加载的文件

3.2.3 编写程序

编写程序有两种方式：一是直接在 Keil 软件的源程序文件中编写；二是用其他软件（如 Windows 操作系统自带的记事本程序）编写，再加载到 Keil 软件中。

图 3-5　程序文件被加载到工程中

1. 在 Keil 软件的源程序文件中编写

在 Keil 软件窗口左边的工程管理器中选择源程序文件并双击，源程序文件被 Keil 软件自带的程序编辑器（文本编辑器）打开，此时便可在程序编辑器中用 C 语言编写单片机控制程序，如图 3-6 所示。

图 3-6　在 Keil 软件自带的程序编辑器中用 C 语言编写程序

2. 用其他文本工具编写程序

Keil 软件的程序编辑器实际上是一种文本编辑器，在输入中文时，有时会出现文字残缺现象。编程时也可以使用其他文本编辑器（如 Windows 操作系统自带的记事本）编写程序，再将程序加载到 Keil 软件中进行编译、仿真和调试。

用其他文本工具编写并加载程序的操作如下：

1）用文本编辑器编写程序。打开 Windows 自带的记事本，在其中用 C 语言（或汇编语言）编写程序，如图 3-7 所示。编写完后将该文件保存下来，文件的扩展名为 .c（或 .asm），这里将文件保存为"1KEY_1LED.c"。

图 3-7 用 Windows 自带的记事本编写单片机控制程序

2）将程序文件载入 Keil 软件与工程关联。打开 Keil 软件并新建一个工程（如已建工程，本步骤忽略），再将"1KEY_1LED.c"文件加载进 Keil 软件与工程关联起来。程序载入完成后，在 Keil 软件的工程管理器的 Source Group 1 文件夹中可看到加载进来的"1KEY_1LED.c"文件，双击可以打开该文件。

3.2.4 编译程序

用 C 语言（或汇编语言）编写好程序后，程序还不能直接写入单片机，因为单片机只接受二进制数，所以要将 C 语言程序转换成二进制或十六进制代码。**将 C 语言程序（或汇编语言程序）转换成二进制或十六进制代码的过程称为编译（或汇编）。**

C 语言程序的编译要用到编译器，汇编语言程序要用到汇编器，51 系列单片机对 C 语言程序编译时采用 C51 编译器，对汇编语言程序汇编时采用 A51 汇编器。Keil 软件本身带有编译器和汇编器，在对程序进行编译或汇编时，会自动调用相应的编译器或汇编器。

1. 编译或汇编前的设置

在 Keil 软件中编译或汇编程序前需要先进行一些设置。设置时，执行菜单命令"Project"→"Options for Target'Target 1'"，如图 3-8a 所示，弹出图 3-8b 所示的对话框，该对话框中有 10 个选项卡，每个选项卡中都有一些设置内容，其中"Target"和"Output"选项卡较为常用，默认打开"Target"选项卡，这里保持默认值。单击"Output"选项卡，切换到该选项卡，如图 3-8c 所示，选中"Create HEX Fi"项并确定关闭对话框。设置时选中"Create HEX Fi"项的目的是让编译或汇编时生成扩展名为 .hex 的十六进制文件，再用烧录软件将该文件烧录到单片机中。

2. 编译或汇编程序

编译设置结束后，在 Keil 软件窗口执行菜单命令"Project"→"Rebuild all target files（重新编译所有的目标文件）"，也可以直接单击工具栏上的■图标，Keil 软件自动调用 C51 编译器将"一个按键控制一只 LED 亮灭 .c"文件中的程序进行编译。编译完成后，在软件窗口下方的输出窗口中可看到有关的编译信息，如果出现"0 Error（s），0 Warning（s）"，表示程序编译没有问题（至少在语法上不存在问题）；如果存在错误或警告，要认真检查程序，修改后再编译，直到通过为止。

程序编译完成后，打开工程文件所在的文件夹，会发现生成了一个"一个按键控制一只 LED 亮灭 .hex"文件。该文件是由编译器将 C 语言程序"一个按键控制一只 LED 亮灭 .c"编译成的十六进制代码文件，双击该文件系统会调用记事本程序打开它，可以看到该文件的具体内容，如图 3-9 所示。在单片机烧录程序时，用烧录软件载入该文件并转换成二进制代码写入单片机。

a) 执行菜单命令 "Project" → "Options for Target 'Target 1'"

b) "Options for Target 'Target 1'" 对话框

c) 在对话框中切换到 "Output" 选项卡并选中 "Create HEX Fi" 项

图 3-8　编译或汇编程序前进行的设置

图 3-9　"一个按键控制一只 LED 亮灭 . hex" 文件的内容

第 **4** 章

LED 的单片机驱动电路与编程

4.1 LED 介绍

4.1.1 外形与符号

发光二极管（Light Emitting Diode，LED）是一种电-光转换器件，能将电信号转换成光。图 4-1a是一些常见的发光二极管的实物外形，图 4-1b 为发光二极管的电路符号。

a) 实物外形　　　　　　　　　b) 电路符号

新符号　　　旧符号

图 4-1　发光二极管

4.1.2 性质

发光二极管在电路中需要正接才能工作。下面以图 4-2 所示的电路来说明发光二极管的性质。

在图 4-2 中，可调电源 E 通过电阻 R 将电压加到发光二极管 VD 两端，电源正极对应 VD 的正极，负极对应 VD 的负极。将电源 E 的电压由 0 开始慢慢调高，发光二极管两端电压 U_{VD} 也随之升高，在电压较低时发光二极管并不导通，只有 U_{VD} 达到一定值时，VD 才导通，此时的 U_{VD} 称为发光二极管的导通电压。发光二极管导通后有电流流过，就开始发光，流过的电流越大，发出光线越强。

图 4-2　发光二极管的性质说明图

不同颜色的发光二极管，其导通电压有所不同，红外线发光二极管最低，略高于 **1V**，红光二极管为 **1.5~2V**，黄光二极管为 **2V** 左右，绿光二极管为 **2.5~2.9V**，高亮度蓝光、白光二极管导通电压一般可达到 **3V** 以上。

　　发光二极管正常工作时的电流较小，小功率的发光二极管工作电流一般在 3~20mA，若流过发光二极管的电流过大，发光二极管容易被烧坏。**发光二极管的反向耐压也较低，一般在 10V以下**。在焊接发光二极管时，应选用功率在 25W 以下的电烙铁，焊接点应离管帽 4mm 以上。焊接时间不要超过 4s，最好用镊子夹住引脚帮助散热。

4.1.3　检测

　　发光二极管的检测包括极性判别和好坏检测。

　　（1）从外观判别极性

　　对于未使用过的发光二极管，引脚长的为正极，引脚短的为负极，也可以通过观察发光二极管内的电极来判别引脚极性，内电极较大的引脚为负极，如图 4-3 所示。

　　（2）万用表检测极性

　　发光二极管与普通二极管一样具有单向导电性，即正向电阻小，反向电阻大。根据这一点可以用万用表检测发光二极管的极性。

　　由于大多数发光二极管的导通电压在 1.5V以上，而万用表选择 R×1~R×1k 档时，内部使用 1.5V 电池，其提供的电压无法使发光二极管正向导通，故检测发光二极管极性时，万用表选择 R×10k 档（内部使用 9V 电池），红、黑表笔分别接发光二极管的两个电极，正、反各测一次，两次测量的阻值会出现一大一小，以阻值小的那次为准，黑表笔接的为正极，红表笔接的为负极。

图 4-3　从外观判别引脚极性

　　（3）好坏检测

　　在检测发光二极管好坏时，万用表选择 R×10k 档，测量两引脚之间的正、反向电阻。若发光二极管正常，正向电阻小，反向电阻大（接近∞）。

　　若正、反向电阻均为∞，则发光二极管开路；若正、反向电阻均为 0Ω，则发光二极管短路；若反向电阻偏小，则发光二极管反向漏电。

4.1.4　限流电阻的计算

　　由于发光二极管的工作电流小、耐压低，故使用时需要连接限流电阻，图 4-4 是发光二极管的两种常用驱动电路，在采用图 4-4b 所示的晶体管驱动时，晶体管相当于一个开关（电子开关），当基极为高电平时晶体管会导通，相当于开关闭合，发光二极管有电流通过而发光。

a) 直接电源驱动　　　　b) 晶体管驱动

图 4-4　发光二极管的两种常用驱动电路

　　发光二极管的限流电阻的阻值可按 $R = (U-U_F)/I_F$ 计算，U 为加到发光二极管和限流电阻两端的电压，U_F 为发光二极管的正向导通电压（1.5~3.5V，可用数字万用表二极管档测量获得），I_F 为发光二极管的正向工作电流（为 3~20mA，一般取 10mA）。

4.2 单片机点亮单个 LED 的电路与程序详解

4.2.1 单片机点亮单个 LED 的电路

图 4-5 是单片机（STC89C51）点亮单个 LED 的电路，当单片机 P1.7 端口为低电平时，LED（发光二极管）VD8 导通，有电流流过 LED，LED 点亮，此时 LED 的工作电流为 $I_F = (U-U_F)/R = (5-1.5)\,V/510\Omega \approx 0.007A = 7mA$。

图 4-5 单片机点亮单个 LED 的电路

4.2.2 采用位操作方式编程点亮单个 LED 的程序与说明

要点亮 P1.7 端口外接的 LED，只需让 P1.7 端口为低电平即可。点亮单个 LED 可采用位操作方式或字节操作方式，如果选择位操作方式，在编程时直接让 P1.7 = 0，即让 P1.7 端口为低电平，如果选择字节操作方式，在编程时让 P1 = 7FH = 01111111B，也可以让 P1.7 端口为低电平。

图 4-6 是用 Keil C51 软件编写的采用位操作方式点亮单个 LED 的程序。

程序说明如下：

1) "/＊ ＊/"为多行注释符号（也可单行注释），"/＊"为多行注释的开始符号，"＊/"为多行注释的结束符号，注释内容写在开始和结束符号之间，注释内容可以是单行，也可以是多行。

```
/*点亮单个LED的程序，采用直接
  将某位置0或置1的位操作方式编程*/
#include<reg51.h>        //调用reg51.h文件对单片机各特殊功能寄存器进行地址定义
sbit LED7=P1^7;          //用位定义关键字sbit将LED7代表P1.7端口,
                         //LED7是自己任意定义且容易记忆的符号

/*以下为主程序部分*/
void main (void)         //main为主函数, main前面的void表示函数无返回值(输出参数),
                         //后面小括号内的void(也可不写)表示函数无输入参数, 一个程序
                         //只允许有一个主函数, 其语句要写在main首尾大括号内, 不管程序
                         //多复杂, 单片机都会从main函数开始执行程序
{                        //main函数首大括号
    LED7=1;              //将P1.7端口赋值1, 让P1.7端口输出高电平
    while (1)            //while为循环控制语句, 当小括号内的条件非0(即为真)时,
                         //反复执行while首尾大括号内的语句
    {                    //while语句首大括号
        LED7=0;          //将P1.7端口赋值0, 让P1.7引脚输出低电平
    }                    //while语句尾大括号
}                        //main函数尾大括号
```

图 4-6　采用位操作方式点亮单个 LED 的程序

2) "//" 为单行注释开始符号, 注释内容写在该符号之后, 换行自动结束注释。注释部分有助于阅读和理解程序, 不会写入单片机, 图 4-7 是去掉注释部分的程序, 其功能与图 4-6 程序一样, 只是阅读理解不方便。

```
#include<reg51.h>
sbit LED7=P1^7;
void main ()
{
    LED7=1;
    while (1)
    {
        LED7=0;
    }
}
```

图 4-7　去掉注释部分的程序

3) #include<reg51.h>中的 "#include" 是一个文件包含预处理命令, 它是软件在编译前要做的工作, 不会写入单片机, C 语言的预处理命令相当于汇编语言中的伪指令, 预处理命令之前要加一个 "#"。

4) "reg51.h" 是 8051 单片机的头文件, 在程序的 reg51.h 上单击鼠标右键, 将弹出图 4-8 所示的右键菜单, 选择打开 reg51.h 文件, 即可将 reg51.h 文件打开, reg51.h 文件的内容如图 4-9 所示。它主要是定义 8051 单片机特殊功能寄存器的字节地址或位地址, 如定义 P0 端口 (P0 锁存器) 的字节地址为 0x80 (即 80H), PSW 寄存器的 CY 位的位地址为 0xD7 (即 D7H)。reg51.h 文件位于 "C:\Keil\C51\INC" 中。在程序中也可不写 "#include<reg51.h>", 但需要将 reg51.h 文件中所有内容复制到程序中。

图 4-8　在程序的 reg51.h 上单击鼠标右键用菜单打开该文件

4.2.3　采用字节操作方式编程点亮单个 LED 的程序与说明

图 4-10 是采用字节操作方式编写点亮单个 LED 的程序。

图 4-9 reg51.h 文件的内容

```
/*点亮单个LED的程序，采用字节操作方式编程*/
#include<reg51.h>    //调用reg51.h文件对单片机各特殊功能寄存器进行地址定义

/*以下为主程序部分*/
void main ()
                     //main为主函数，main前面的void表示函数无返回值(输出参数)，
                     //后面小括号内的void表示函数无输入参数，一个程序只允许有
                     //一个主函数，其语句要写在main首尾大括号内，不管程序多复杂，
                     //单片机都会从main开始执行程序
{                    //main函数首大括号
    P1=0xFF;         //让P1=FFH=11111111B，即让P1所有引脚都输出高电平
    while (1)        //while为循环控制语句，当小括号内的条件非0(即为真)时，
                     //反复执行while首尾大括号内的语句
    {                //while语句首大括号
        P1=0x7F;     //让P1=7FH=01111111B，其中P1.7端口输出低电平
    }                //while语句尾大括号
}                    //main函数尾大括号
```

图 4-10 采用字节操作方式点亮单个 LED 的程序

该程序采用一次 8 位赋值（以字节为单位），先让 P1 = 0xFF = FFH = 11111111B，即让 P1 锁存器 8 位全部为高电平，P1 的 8 个端口全部输出高电平，然后让 P1 = 0x7F = FFH = 01111111B，即让 P1 锁存器的第 7 位为低电平，P1.7 端口输出低电平，P1.7 端口外接 LED 导通发光。

4.2.4　单个 LED 以固定频率闪烁发光的程序与说明

图 4-11 是控制单个 LED 以固定频率闪烁发光的程序。

LED 闪烁是指 LED 亮、灭交替进行。在编写程序时，可以先让连接 LED 负极的单片机引脚为低电平，点亮 LED，该引脚低电平维持一定的时间，然后让该引脚输出高电平，熄灭 LED，再该引脚高电平维持一定的时间，这个过程反复进行，LED 就会闪烁发光。

为了让单片机某引脚高、低电平能持续一定的时间，可使用 Delay（延时）函数。函数可以看作是具有一定功能的程序段，函数有标准库函数和用户自定义函数。标准库函数是 Keil 软件自带的函数，用户自定义函数是由用户根据需要自己编写的。不管标准库函数还是用户自定义函数，都可以在 main 函数中调用执行，在调用函数时，可以赋给函数输入值（输入参数），函数执行后可能会输出结果（返回值）。图 4-11 程序用到了 Delay 函数，它是一个自定义函数，只有输入参数 t，无返回值，执行 Delay 函数需要一定时间，故起延时作用。

图 4-11　控制单个 LED 闪烁发光的程序

主函数 main 是程序执行的起点，如果将被调用的函数写在主函数 main 后面，该函数必须要在 main 函数之前声明，若将被调用函数写在 main 主函数之前，可以省略函数声明，但在执行函数多重调用时，编写顺序是有先后的。比如在主函数中调用函数 A，而函数 A 又去调用函数 B，如果函数 B 编写在函数 A 的前面，就不会出错，相反就会出错。也就是说，在使用函数之前，必须告诉程序有这个函数，否则程序就会报错，故建议所有的函数都写在主函数后面，再在主函数前面加上函数声明，这样可以避免出错且方便调试，也更直观，很容易看出程序使用了哪些函数。图 4-11 中的 Delay 函数内容写在 main 函数后面，故在 main 函数之前对 Delay 函数进行了声明。

4.2.5　单个 LED 以不同频率闪烁发光的程序与说明

图 4-12 是控制单个 LED 以不同频率闪烁发光的程序。接通电源后，单片机 P1.7 端口的 LED 先以高频率快速闪烁 10 次，再发光以低频率慢速闪烁 10 次，该过程不断重复进行。

图 4-12　控制单个 LED 以不同频率闪烁发光的程序

该程序第一个 for 循环语句使 LED 以高频率快速闪烁 10 次，第二个 for 循环语句使 LED 以低频率慢速闪烁 10 次，while 循环语句使其首尾大括号内的两个 for 语句不断重复执行，即让 LED 快闪 10 次和慢闪 10 次不断重复进行。

4.3 单片机点亮多个 LED 的电路与程序详解

4.3.1 单片机点亮多个 LED 的电路

图 4-13 是单片机（STC89C51）点亮多个 LED 的电路，当单片机 P1 端某个引脚为低电平时，LED 导通，有电流流过 LED，LED 点亮，此时 LED 的工作电流 $I_F = (U - U_F)/R = (5 - 1.5)\text{V}/510\Omega \approx 0.007\text{A} = 7\text{mA}$。

图 4-13 单片机点亮多个 LED 的电路

4.3.2 采用位操作方式编程点亮多个 LED 的程序与说明

图 4-14 是采用位操作方式编程点亮多个 LED 的程序。接通电源后，单片机 P1.0、P1.2、P1.3、P1.4 端口外接的 LED 点亮。

4.3.3 采用字节操作方式编程点亮多个 LED 的程序与说明

图 4-15 是采用字节操作方式编程点亮多个 LED 的程序。

4.3.4 多个 LED 以不同频率闪烁发光的程序与说明

图 4-16 是控制多个 LED 以不同频率闪烁发光的程序。接通电源后，单片机 P1.7、P1.5、P1.3、P1.1 端口外接的 4 个 LED 先以高频率快速闪烁 10 次，然后以低频率慢速闪烁 10 次，该过程不断重复进行。

图 4-14　采用位操作方式编程点亮多个 LED 的程序

图 4-15　采用字节操作方式编程点亮多个 LED 的程序

图 4-16 所示程序的第一个 for 循环语句使单片机 P1.7、P1.5、P1.3、P1.1 端口连接的 4 个 LED 以高频率快速闪烁 10 次，第二个 for 循环语句使这些 LED 以低频率慢速闪烁 10 次，主程序中的 while 循环语句使其首尾大括号内的两个 for 语句不断重复执行，即让 LED 快闪 10 次和慢闪 10 次不断重复进行。该程序是以字节操作方式编程，也可以使用位操作方式对 P1.7、P1.5、P1.3、P1.1 端口赋值来编程，具体编程方法可参考图 4-14 所示的程序。

图 4-16　控制多个 LED 以不同频率闪烁发光的程序

4.3.5　多个 LED 左移和右移的程序与说明

1. 控制多个 LED 左移的程序

图 4-17 控制多个 LED 左移的程序。接通电源后，单片机 P1.0 端口的 LED 先亮，然后 P1.1～P1.7 端口的 LED 按顺序逐个亮起来，最后 P1.0~P1.7 端口所有 LED 全亮。

图 4-17　控制多个 LED 左移的程序

该程序首先给 P1 赋初值，让 P1＝FEH＝11111110B，P1.0 端口输出低电平，P1.0 端口连接的 LED 点亮，然后执行 for 循环语句，在 for 语句中，用位左移运算符"＜＜1"将 P1 端口数据（8 位）左移一位，右边空出的位值用 0 补充，for 语句会执行 8 次。第 1 次执行后，P1＝11111100，P1.0、P1.1 端口的 LED 点亮；第 2 次执行后，P1＝11111000，P1.0、P1.1、P1.2 端口的 LED 点亮；第 8 次执行后，P1＝00000000，P1 所有端口的 LED 都会点亮。

单片机程序执行到最后时，又会从头开始执行，如果希望程序运行到某处时停止，可使用"while(1){}"语句（或使用"while(1);"），如果 while(1){} 之后还有其他语句，空 {} 可省掉，否则空 {} 不能省掉。图 4-17 中的主程序最后用 while(1){} 语句来停止主程序，使之不会从头重复执行，因此 P1 端口的 8 个 LED 全亮后不会熄灭，如果删掉主程序最后的 while(1){} 语句，LED 逐个点亮（左移）到全亮这个过程会不断重复。

2. 控制多个 LED 右移的程序

图 4-18 是控制多个 LED 右移的程序。接通电源后，单片机 P1.7 端口的 LED 先亮，然后 P1.6～P1.0 端口的 LED 按顺序逐个亮起来，最后 P1.7~P1.0 端口所有 LED 全亮。

图 4-18　控制多个 LED 右移的程序

该程序与左移程序相同，右移采用了位右移运算符"＞＞1"，程序首先赋初值 P1＝7FH＝01111111，P1.7 端口的 LED 点亮，然后让 for 语句执行 8 次。第 1 次执行后，P1＝00111111，P1.7、P1.6 端口的 LED 点亮；第 2 次执行后，P1＝0001111，P1.7、P1.6、P1.5 端口的 LED 点亮；第 8 次执行后，P1＝00000000，P1 所有端口的 LED 都会点亮。由于主程序最后有"while（1）；"语句，故 8 个 LED 始终处于点亮状态。若删掉"while（1）；"语句，多个 LED 右移过程会不断重复。

4.3.6 LED 循环左移和右移的程序与说明

1. 控制 LED 循环左移的程序

图 4-19 是控制 LED 循环左移的程序。单片机 P1.7~P1.0 端口的 8 个 LED 从最右端（P1.0 端口）开始，逐个往左（往 P1.7 端口方向）点亮（始终只有一个 LED 亮），最左端（P1.7 端口）的 LED 点亮再熄灭后，最右端 LED 又点亮，如此周而复始。

图 4-19 控制 LED 循环左移的程序

该程序先用 P1＝P1<<1 语句让 LED 左移一位，然后用 P1＝P1｜0x01 语句将左移后的 P1 端口的 8 位数与 00000001 进行位或运算，目的是将左移后最右边空出的位用 1 填充，左移 8 次后，最右端（最低位）的 0 从最左端（最高位）移出，程序马上用 P1＝0xfe 赋初值，让最右端值又为 0，然后 while 语句使上述过程反复进行。"｜"为"位或"运算符，在计算机键盘的回车键上方。

2. 控制 LED 循环右移的程序

图 4-20 是控制 LED 循环右移的程序。单片机 P1.7~P1.0 端口的 8 个 LED 从最左端（P1.7 端口）开始，逐个往右（往 P1.0 端口方向）点亮（始终只有一个 LED 亮），最右端（P1.0 端口）的 LED 点亮再熄灭后，最左端 LED 又点亮，如此周而复始。

图 4-20 控制 LED 循环右移的程序

45

该程序在右移（高位往低位移动）前，先用 P1＝0x7f 语句将最高位的 LED 点亮，然后用P1＝P1>>1 语句将 P1 的 8 位数右移一位，执行 8 次，每次执行后用 P1＝P1｜0x80 语句给 P1 最高位补1，8 次执行完后，又用 P1＝0x7f 语句将最高位的 LED 点亮，接着又执行 for 语句，如此循环反复。

4.3.7　LED 移动并闪烁发光的程序与说明

图 4-21 是一种控制 LED 左右移动并闪烁发光的程序。接通电源后，两个 LED 先左移（即单片机 P1.0、P1.1 端口的两个 LED 先点亮），接着 P1.1、P1.2 端口的 LED 点亮（P1.0 端口的 LED 熄灭），最后 P1.6、P1.7 端口的 LED 点亮，此时 P1.0~P1.5 端口的 LED 都熄灭，然后两个 LED 右移（即从 P1.6、P1.7 端口的 LED 点亮变化到 P1.0、P1.1 端口的 LED 点亮），之后 P1.0~P1.7 端口的 8 个 LED 同时亮、灭闪烁 3 次，以上过程反复进行。

图 4-21　控制 LED 左右移动并闪烁发光的程序

该程序中，第一个 for 语句是使两个 LED 从右端移到左端，第二个 for 语句使两个 LED 从左端移到右端，第三个 for 语句使 8 个 LED 亮、灭闪烁 3 次，3 个 for 语句都处于 while(1)语句的首尾大括号内，故 3 个 for 语句反复循环执行。

4.3.8　用查表方式控制 LED 多种形式发光的程序与说明

图 4-22 用查表方式控制 LED 多种形式发光的程序。程序执行后，单片机 P1.0~P1.7 引脚的8 个 LED 以 16 种形式变化发光。

该程序首先用关键字 code 定义一个无符号字符型表格 table（数组），在表格中按顺序存放 16个数据（编号为 0~15）。程序再让 for 语句循环执行 16 次，每执行一次将 table 数据的序号 i 值加 1，并将选中序号的数据赋值给 P1 端口，P1 端口外接 LED 按表格数值发光。比如 for 语句第一次执行时，i＝0，将表格中第 1 个位置（序号为 0）的数据 1FH（即 00011111）赋给 P1 端口，P1.7、P1.6、P1.5 端口外接的 LED 发光，for 语句第二次执行时，i＝1，将表格中第 2 个位置（序号为 1）的数据 45H（即 01000101）赋给 P1 端口，P1.7、P1.5~P1.3 和 P1.1 端口外接的 LED 发光。

```
/*按表格的代码来显示LED的程序*/
#include<reg52.h>                //调用reg51.h文件对单片机各特殊功能寄存器进行地址定义
void Delay(unsigned int t);      //声明一个Delay(延时)函数
unsigned char code table[]={0x1f,0x45,0x3e,0x68,   //定义一个无符号(unsigned)字符型(char)表格(table),
                            0xa7,0xf3,0x46,0x33,    //code表示表格数据存在单片机的代码区(ROM中),
                            0xff,0xaa,0x38,0x60,    //表格按顺序存放16个代码,每个代码8位,第0个
                            0x88,0x11,0xa5,0xda};   //代码为1FH,即00011111B

/*以下为主程序部分*/
void main (void)
{
  unsigned char i;               //定义一个无符号(unsigned)字符型(char)变量i,i的取值范围 0~255
  while (1)                       //while为循环语句,当小括号内的值不是0时,反复执行首尾大括号内的语句
  {
    for(i=0;i<16;i++)            //for是循环语句,for语句首尾大括号内的内容会循环执行16次,每执行一次
    {                            //i加1,这样可将table表格中的16个代码按顺序依次赋给P1端口
      P1=table[i];              //将table表格中的第i个代码(8位)赋给P1
      Delay(60000);             //执行Delay延时函数延时,同时将60000赋给Delay的输入参数t
    }
  }
}
/*以下为延时函数*/
void Delay(unsigned int t)      //Delay为延时函数,unsigned int t表示输入参数为无符号整数型变量t
{
  while(--t);                   //while为循环语句,每执行一次while语句,t值就减1,直到t值为0时
}                               //才执行while尾大括号之后的语句
```

图 4-22　用查表方式控制 LED 多种形式发光的程序

关键字 code 定义的表格数据存放在单片机的 ROM 中，这些数据主要是一些常量或固定不变的参数，放置在 ROM 中可以节省大量 RAM 空间。table[ ] 表格实际上是一种一维数组，table[n] 表示表格中第 n+1 个元素（数据），比如 table[0] 表示表格中第 1 个位置的元素，table[15] 表示表格中第 16 个位置的元素，只要 ROM 空间允许，表格的元素数量可自由增加。在使用 for 语句查表时，要求循环次数与表格元素的个数相等，若次数超出个数，则越出表格范围，查到的将是随机数。

4.3.9　LED 花样发光的程序与说明

图 4-23 是 LED 花样发光的程序。程序执行后，单片机 P1.7~P1.0 端口的 8 个 LED 先往左（往 P1.7 方向）逐个点亮，全部 LED 点亮后再熄灭右边的 7 个 LED，接着 8 个 LED 往右（往 P1.0 方向）逐个点亮，全部 LED 点亮后再熄灭左边的 7 个 LED，然后单个 LED 先左移点亮再右移点亮（始终只有 1 个 LED 亮），之后 8 个 LED 按 16 种形式变化发光。

```
/*花样显示LED的程序*/
#include<reg51.h>                //调用reg51.h文件对单片机各特殊功能寄存器进行地址定义
void Delay(unsigned int t);      //声明一个Delay(延时)函数
unsigned char code table[]={0x1f,0x45,0x3e,0x68,   //定义一个无符号(unsigned)字符型(char)表格(table),
                            0xa7,0xf3,0x46,0x33,    //code表示表格数据存在单片机的代码区(ROM中),
                            0xff,0xaa,0x08,0x60,    //表格按顺序存放16个代码,每个代码8位,第0个
                            0x88,0x11,0xa5,0xda};   //代码为1FH,即00011111B

/*以下为主程序部分*/
void main (void)
{
  unsigned char i;               //定义一个无符号(unsigned)字符型(char)变量i,i的取值范围 0~255
  while(1)
  {
    P1=0xfe;                     //让P1=FEH=11111110B,点亮P1.0端口的LED
    for(i=0;i<8;i++)            //第一个for语句执行8次,LED往左点亮,最后8个LED全亮
    {
      Delay(60000);
      P1 <<=1;
    }
    P1=0x7f;                     //让P1=7FH=01111111B,熄灭7个LED,仅点亮P1.7端口的LED
    for(i=0;i<8;i++)            //第二个for语句执行8次,LED往右点亮,最后8个LED全亮
    {
      Delay(60000);
      P1 >>=1;
    }
    P1=0xfe;                     //让P1=FEH=11111110B,点亮P1.0端口的LED
    for(i=0;i<8;i++)            //第三个for语句执行8次,LED逐个往左点亮(始终只有一个LED亮)
    {
      Delay(60000);
      P1 <<=1;
      P1 |=0x01;
    }
    P1=0x7f;                     //让P1=7FH=01111111B,点亮P1.7端口的LED
    for(i=0;i<8;i++)            //第四个for语句执行8次,LED逐个往右点亮(始终只有一个LED亮)
    {
      Delay(60000);
      P1 >>=1;
      P1 |=0x80;
    }
    for(i=0;i<16;i++)           //第五个for语句执行16次,依次将表格table中的16个数据赋给P1端口
    {                           //让外接LED按数据显示
      Delay(20000);
      P1= table [i];
    }
  }
}
/*以下为延时函数*/
void Delay(unsigned int t)      //Delay为延时函数,unsigned int t表示输入参数为无符号整数型变量t
{
  while(--t);                   //while为循环语句,每执行一次while语句,t值就减1,直到t值为0时
}                               //才执行while尾大括号之后的语句
```

图 4-23　LED 花样发光的程序

该程序的第一个 for 语句将 LED 左移点亮（最后全部 LED 都亮），第二个 for 语句将 LED 右移点亮（最后全部 LED 都亮），第三、四个 for 语句先将一个 LED 左移点亮再右移点亮（左、右移时始终只有一个 LED 亮），第五个 for 语句以查表方式点亮 P1 端口的 LED。本例综合应用了 LED 的左移、右移、循环左右移和查表点亮 LED。

4.4 采用 PWM 方式调节 LED 亮度的原理与程序详解

4.4.1 采用 PWM 方式调节 LED 亮度的原理

调节 LED 亮度可采取两种方式：一是改变 LED 流过的电流大小，流过 LED 的电流越大，**LED 亮度越高**；二是改变 LED 通电时间长短，**LED 通电时间越长，亮度越高**。单片机的 P 端口只能输出 5V 和 0V 两种电压，无法采用改变 LED 电流大小的方法来调节亮度，只能采用改变 LED 通电时间长短来调节亮度。

如果让单片机的 P1.7 端口（LED7 端）输出图 4-24a 所示的脉冲信号，在脉冲信号的第 1 个周期内，LED7 = 0 使 LED 亮，但持续时间很短，故亮度暗，LED7 = 1 使 LED 无电流通过，但余辉会使 LED 具有一定的亮度，该时间持续越长，LED 亮度越暗；在脉冲信号的第 2 个周期内，LED7 = 0 持续时间略有变长，LED7 = 1 持续时间略有变短，LED 稍微变亮；当脉冲信号的第 499 个周期来时，LED7 = 0 持续时间最长，LED7 = 1 持续时间最短，LED 最亮。也就是说，如果单片机输出图 4-24a 所示的脉冲宽度逐渐变窄的脉冲信号（又称 PWM 脉冲）时，LED 会逐渐变亮。

图 4-24 采用 PWM 方式调节 LED 亮度的原理说明图

如果让单片机输出图 4-24b 所示的脉冲宽度逐渐变宽的脉冲信号（又称 PWM 脉冲）时，脉冲信号第 1 个周期内 LED7＝0 持续时间最长，LED7＝1 持续时间最短，LED 最亮，在后面周期内，LED7＝0 持续时间越来越短，LED7＝1 持续时间越来越长，LED 越来越暗，在脉冲信号第 499 个周期来时，LED7＝0 持续时间最短，LED7＝1 持续时间最长，LED 最暗。如果脉冲信号的宽度不变，LED 的亮度也就不变。

4.4.2　采用 PWM 方式调节 LED 亮度的程序与说明

图 4-25 是采用 PWM 方式调节 LED 亮度的程序。程序执行后，单片机 P1.7 端口外接的 LED 先慢慢变亮，然后慢慢变暗。

```
/*用PWM（脉冲宽度调制）方式调节LED亮度的程序。*/
#include<reg51.h>              //调用reg51.h文件对单片机各特殊功能寄存器进行地址定义
sbit LED7=P1^7;               //用位定义关键字sbit将LED7代表P1.7端口，
void Delay(unsigned int t);    //声明一个Delay（延时）函数
/*以下为主程序部分*/
void main (void)
{
unsigned int T=500,Toff=0;     //定义两个无符号整数型变量T和Toff，T为LED发光周期
                               //时间值，赋初值500，Toff为LED点亮时间值，赋初值0，
  while (1)                    //while小括号内的值不是0时，反复执行while首尾大括号内的语句
  {
    for(Toff=1;Toff<T;Toff++)  //第一个for循环语句执行，先让Toff=1，再判断Toff<T是否成立，
                               //成立执行for首尾大括号内的语句，执行完后执行Toff++将Toff加1，
                               //然后又判断Toff<T是否成立，如此反复，直到Toff<T不成立，
                               //才跳出for语句，for语句首尾大括号内的语句会循环执行499次
    {
      LED7=0;                  //点亮LED7
      Delay(Toff);            //执行Delay延时函数延时，同时将Toff作为Delay的输入参数，
                               //第一次执行时Toff=1，第二次执行时Toff=2，最后一次执行时
                               //Toff=499，即LED7=0持续时间越来越长
      LED7=1;                  //熄灭LED
      Delay(T-Toff);          //执行Delay延时函数延时，同时将T-Toff值作为Delay的输入参数，
                               //第一次执行时T-Toff=500-1=499，第二次执行时T-Toff=498，
                               //最后一次执行时T-Toff=1，即LED7=1持续时间越来越短
    }
    for(Toff=T-1;Toff>0;Toff--) //第二个for循环语句执行，先让Toff=T-1，再判断Toff>0是否成立，
                               //成立则执行for首尾大括号内的语句，执行完后执行Toff--将Toff减1，
                               //然后又判断Toff>0是否成立，如此反复，直到Toff>0不成立，
                               //才跳出for语句，for语句首尾大括号内的语句会循环执行499次
    {
      LED7=0;                  //点亮LED7
      Delay(Toff);            //执行Delay延时函数延时，同时将Toff值作为Delay的输入参数，
                               //第一次执行时Toff=499，第二次执行时Toff=498，最后一次
                               //执行时Toff=1，即LED7=0持续时间越来越短
      LED7=1;                  //熄灭LED
      Delay(T-Toff);          //执行Delay延时函数延时，同时将T-Toff值作为Delay的输入参数，
                               //第一次执行时T-Toff=500-499=1，第二次执行时T-Toff=2，
                               //最后一次执行时，T-Toff=499，即LED7=1持续时间越来越长
    }
  }
}
/*以下为延时函数*/
void Delay(unsigned int t)    //Delay为延时函数，unsigned int t表示输入参数为无符号整数型变量t
{
  while(--t);                 //while为循环语句，每执行一次while语句，t值就减1，直到t值为0时
                             //才跳出while语句
}
```

图 4-25　采用 PWM 方式调节 LED 亮度的程序

该程序中的第一个 for 语句会执行 499 次，每执行一次，P1.7 端口输出的 PWM 脉冲变窄一些，如图 4-24a 所示，即 LED7＝0 持续时间越来越长，LED7＝1 持续时间越来越短，LED 越来越亮，在 for 语句执行第 499 次时，LED7＝0 持续时间最长，LED7＝1 持续时间最短，LED 最亮。程序中的第二个 for 语句也会执行 499 次，每执行一次，P1.7 端口输出的 PWM 脉冲变宽一些，如图 4-24b 所示，即 LED7＝0 持续时间越来越短，LED7＝1 持续时间越来越长，LED 越来越暗，在 for 语句执行第 499 次时，LED7＝0 持续时间最短，LED7＝1 持续时间最长，LED 最暗。

第5章

LED 数码管的单片机驱动电路与编程

5.1 单片机驱动一位 LED 数码管的电路与程序详解

5.1.1 一位 LED 数码管的外形、结构与检测

LED 数码管是将发光二极管做成段状,通过让不同段发光来组合成各种数字。

1. 外形、结构与类型

一位 LED 数码管如图 5-1 所示,它将 a、b、c、d、e、f、g、dp 共 8 个发光二极管排成图示的 "8." 字形,通过让 a、b、c、d、e、f、g 不同的段发光来显示数字 0~9。

由于 **8 个发光二极管共有 16 个引脚**,为了减少数码管的引脚数,在数码管内部将 **8 个发光二极管正极或负极引脚连接**起来,接成一个公共端(com 端),根据公共端是发光二极管正极还是负极,可分为共阳极接法(正极相连)和共阴极接法(负极相连),如图 5-2 所示。

对于共阳极接法的数码管,需要给发光二极管加低电平才能发光;对于共阴极接法的数码管,需要给发光二极管加高电平才能发光。如果图 5-1 是一个共

图 5-1 一位 LED 数码管

阳极接法的数码管,要让它显示一个 "5" 字,那么需要给 a、c、d、f、g 引脚加低电平,b、e 引脚加高电平,这样 a、c、d、f、g 段的发光二极管有电流通过而发光,b、e 段的发光二极管不发光,数码管就会显示出数字 "5"。

图 5-2 一位 LED 数码管内部发光二极管的连接方式

　　LED 数码管各段电平与显示字符的关系见表 5-1。比如对于共阴极数码管，如果 dp～a 为 00111111（十六进制表示为 3FH）时，数码管显示字符"0"，对于共阳极数码管，如果 dp～a 为 11000000（十六进制表示为 C0H）时，数码管显示字符"0"。

表 5-1　LED 数码管各段电平与显示字符的关系

显示字符	共阴极数码管各段电平值（共阳极数码管各段电平正好相反）								字符码（十六进制）	
	dp	g	f	e	d	c	b	a	共阴极	共阳极
0	0	0	1	1	1	1	1	1	3FH	C0H
1	0	0	0	0	0	1	1	0	06H	F9H
2	0	1	0	1	1	0	1	1	5BH	A4H
3	0	1	0	0	1	1	1	1	4FH	B0H
4	0	1	1	0	0	1	1	0	66H	99H
5	0	1	1	0	1	1	0	1	6DH	92H
6	0	1	1	1	1	1	0	1	7DH	82H
7	0	0	0	0	0	1	1	1	07H	F8H
8	0	1	1	1	1	1	1	1	7FH	80H
9	0	1	1	0	1	1	1	1	6FH	90H
A	0	1	1	1	0	1	1	1	77H	88H
b	0	1	1	1	1	1	0	0	7CH	83H
C	0	0	1	1	1	0	0	1	39H	C6H
d	0	1	0	1	1	1	1	0	5EH	A1H
E	0	1	1	1	1	0	0	1	79H	86H
F	0	1	1	1	0	0	0	1	71H	8EH
·	1	0	0	0	0	0	0	0	80H	7FH
全灭	0	0	0	0	0	0	0	0	00H	FFH

2. 类型与引脚检测

　　检测 LED 数码管使用万用表的 R×10k 档。从图 5-2 所示数码管内部发光二极管的连接方式可以看出，对于共阳极数码管，黑表笔接公共极、红表笔依次接其他各极时，会出现 8 次小阻值；对于共阴极数码管，红表笔接公共极、黑表笔依次接其他各极时，也会出现 8 次小阻值。

　　（1）类型与公共极的判别

　　在判别 LED 数码管类型及公共极（com）时，万用表拨至 R×10k 档，测量任意两引脚之间的正、反向电阻，当出现小阻值时，如图 5-3 所示，说明黑表笔接的为发光二极管的阳极，红表笔接的为阴极，

图 5-3　一位 LED 数码管的检测

然后黑表笔不动，红表笔依次接其他各引脚，若出现小阻值的次数大于 2 次时，则黑表笔接的引

脚为公共极，被测数码管为共阳极类型，若出现阻值小的次数仅有 1 次，则该次测量时红表笔接的引脚为公共极，被测数码管为共阴极。

（2）各段极的判别

在检测 LED 数码管各引脚对应的段时，万用表选择 R×10k 档。对于共阳极数码管，黑表笔接公共引脚，红表笔接其他某个引脚，这时会发现数码管某段会有微弱的亮光，如 a 段有亮光，表明红表笔接的引脚与 a 段发光二极管阴极连接；对于共阴极数码管，红表笔接公共引脚，黑表笔接其他某个引脚，会发现数码管某段会有微弱的亮光，则黑表笔接的引脚与该段发光二极管阳极连接。

如果使用数字万用表检测 LED 数码管，应选择二极管测量档。在测量 LED 两个引脚时，若显示超出量程符号"1"或"OL"时，表明数码管内部发光二极管未导通，红表笔接的为 LED 数码管内部发光二极管的阴极，黑表笔接的为阳极，若显示 1500~3000（或 1.5~3.0）之间的数字，同时数码管的某段发光，表明数码管内部发光二极管已导通，数字值为发光二极管的导通电压（单位为 mV 或 V），红表笔接的为数码管内部发光二极管的阳极，黑表笔接的为阴极。

5.1.2 单片机连接一位 LED 数码管的电路

单片机连接一位共阳极 LED 数码管的电路如图 5-4 所示。

图 5-4 单片机连接一位共阳极 LED 数码管的电路

5.1.3 单个数码管静态显示一个字符的程序与说明

图 5-5 是单个数码管静态显示一个字符的程序。程序执行时，数码管会显示字符"2"，如果

将程序中 P1＝0xa4 换成其他字符码，比如让 P1＝0x83，数码管会显示字符"b"，其他字符的字符码见表 5-1。

```
/*单个数码管静态显示一个字符的程序*/
#include<reg51.h>        //调用reg51.h文件对单片机各特殊功能寄存器进行地址定义

/*以下为主程序部分*/
void main (void)         //main为主函数，main前面的void表示函数无返回值(输出参数),
                         //后面小括号内的void(也可不写)表示函数无输入参数，一个程序
                         //只允许有一个主函数，其语句要写在main首尾大括号内，不管程序
                         //多复杂，单片机都会从main函数开始执行程序
{                        //main函数首大括号
  P1=0xa4;               //让P1=A4H=10100100B,即让P1端口输出"2"的字符码
  while(1)               //while为循环控制语句，当小括号内的条件非0(即为真)时，反复执行
  {                      //while首尾大括号内的语句
                         //while首大括号
                         //可在while首尾大括号内写需要反复执行的语句，如果首尾大括号内
                         //无语句，可丢掉首尾大括号，将分号放在while(1)之后
  }                      //while语句尾大括号
}                        //main函数尾大括号
```

图 5-5　单个数码管静态显示一个字符的程序

5.1.4　单个数码管动态显示多个字符的程序与说明

图 5-6 是单个数码管动态显示多个字符的程序。程序执行时，单个数码管依次显示字符 0、1、…、F，并且这些字符循环显示。

```
/*单个数码管动态显示多个字符的程序*/
#include<reg51.h>            //调用reg51.h文件对单片机各特殊功能寄存器进行地址定义
void Delay(unsigned int t); //声明一个Delay(延时)函数，其输入参数为无符号(unsigned)
                            //整数型(int)变量t，t值为16位，取值范围 0~65535
unsigned char code table[]={0xc0,0xf9,0xa4,0xb0,  //定义一个无符号(unsigned)字符型(char)表格(table),
                0x99,0x92,0x82,0xf8,              //code表示表格数据存在单片机的代码区(ROM中),
                0x80,0x90, 0x88,0x83,             //表格按顺序存放0~F的字符码，每个字符码8位,
                0xc6,0xa1,0x86,0x8e};            //0的字符码为为C0H, 即11000000B

/*以下为主程序部分*/
void main (void)
{
  unsigned char i;          //定义一个无符号(unsigned)字符型(char)变量i, i的取值范围 0~255
  while (1)                 //while为循环语句，当小括号内的值不是0时，反复执行首尾大括号内的语句
  {
    for(i=0;i<16;i++)       //for是循环语句，for语句首尾大括号内的内容会循环执行16次，每执行一次，
    {                       //i加1,这样可将table表格中的16个代码按顺序依次赋给P1端口
      P1=table[i];          //将table表格中的第i个代码(8位)赋给P1
      Delay(60000);         //执行Delay延时函数延时，同时将60000赋给Delay的输入参数t
    }
  }
}
/*以下为延时函数*/
void Delay(unsigned int t)  //Delay为延时函数，unsigned int t表示输入参数为无符号整数型变量t
{
  while(--t);               //while为循环语句，每执行一次while语句，t值就减1,直到t值为0时
                            //才执行while尾大括号之后的语句
}
```

图 5-6　单个数码管动态显示多个字符的程序

在程序中，先在单片机程序存储器（ROM）中定义一个无符号字符型表格 table，在该表格中按顺序存放 0~F 字符的字符码。在执行程序时，for 语句执行 16 次，依次将 table 表格中的 0~F 的字符码送给 P1 端口，P1 端口驱动外接共阳极数码管，使之从 0 依次显示到 F，并且该显示过程循环进行。

5.1.5　单个数码管环形转圈显示的程序与说明

图 5-7 是单个数码管环形转圈显示的程序。程序执行时会使数码管的 a~f 段依次逐段显示，并且循环进行。该程序与 LED 循环左移程序基本相同，先用 P1＝0xfe 点亮数码管的 a 段，再用 P1＝P1<<1 语句让 P1 数值左移一位，以点亮数码管的下一段，同时用 P1＝P1｜0x01 语句将左移后的 P1 端口的 8 位数值与 00000001 进行位或运算，目的是将左移后右端出现的 0 用 1 取代，以熄灭数码管的上一段，左移 6 次后又用 P1＝0xfe 点亮数码管的 a 段，如此反复进行。

5.1.6　单个数码管显示逻辑电平的程序与说明

图 5-8 是单个数码管显示逻辑电平的程序。程序执行时检测 P3.3 端口的电平，并通过 P1 端口外接的数码管将电平显示出来。若 P3.3 端口为高电平，数码管显示"H"；若 P3.3 端口为低

电平，数码管显示"L"。程序中使用了选择语句"if（表达式）{语句组一} else {语句组二}"，在执行该选择语句时，如果（if）表达式成立，执行语句组一，否则（else，即表达式不成立）执行语句组二。

```
/*单个数码管环形转圈显示的程序*/
#include<reg51.h>              //调用reg51.h文件对单片机各特殊功能寄存器进行地址定义
void Delay(unsigned int t);   //声明一个Delay（延时）函数，其输入参数为无符号（unsigned）
                              //整数型（int）变量t，t值为16位，取值范围 0~65535
/*以下为主程序部分*/
void main (void)
{
 unsigned char i;            //定义一个无符号(unsigned)字符型(char)变量i，i的取值范围 0~255
 while (1)                   //while为循环语句，当小括号内的值不是0时，反复执行首尾大括号内的语句
  {
  P1=0xfe;                   //给P1端口赋初值，让P1=FEH=11111110B，即让数码管的a段亮
  for(i=0;i<6;i++)           //for是循环语句，for语句首尾大括号内的内容会循环执行6次
   {
   Delay(20000);            //执行Delay函数进行延时
   P1<<=1;                  //将P1端口数值(8位)左移一位，"<<"表示左移，"1"为移动的位数，
   P1=P1|0x01;              //也可写作P1=0x01，将P1端口数值(8位)与00000001进行或运算，
                           //即给P1端口最低位补1
   }
  }
}
/*以下为延时函数*/
void Delay(unsigned int t)    //Delay为延时函数，unsigned int t表示输入参数为无符号整数型变量t
{
 while(--t);                  // while为循环语句，每执行一次while语句，t值就减1，直到t值为0时
                            //才执行while尾大括号之后的语句
}
```

图 5-7　单个数码管环形转圈显示的程序

```
/*单个数码管显示逻辑电平的程序*/
#include<reg51.h>    //调用reg51.h文件对单片机各特殊功能寄存器进行地址定义
sbit TestIn=P3^3;    //用位定义关键字sbit将P3.3端口定义为TestIn，
                    // TestIn是自己任意定义且容易记忆的符号
/*以下为主程序部分*/
void main (void)
{
 while (1)           //while为循环语句，当小括号内的值不是0时，反复执行首尾大括号内的语句
 {
  if(TestIn==1)      //如果（if）TestIn为高电平，即P3.3端口输入为高电平
   {
   P1=0x89;         //让P1端口输出"H"的字符码89H（10001001）
   }
  else             //否则（else）
   {
   P1=0xc7;        //让P1端口输出"L"的字符码C7H（11000111）
   }
 }
}
```

图 5-8　单个数码管显示逻辑电平的程序

5.2　单片机驱动 8 位 LED 数码管的电路与程序详解

5.2.1　多位 LED 数码管外形、结构与检测

1. 外形与类型

图 5-9 是 4 位 LED 数码管，它有两排共 12 个引脚，其内部发光二极管有共阳极和共阴极两种连接方式，如图 5-10 所示。其中 12、9、8、6 脚分别为各位数码管的公共极（又称位极），11、7、4、2、1、10、5、3 脚同时连接各位数码管的相应段，称为段极。

图 5-9　4 位 LED 数码管

2. 多位 LED 数码管显示多位字符的显示原理

多位 **LED 数码管采用了扫描显示方式，又称动态驱动方式**。为了让大家理解该显示原理，这里以在图 5-9 所示的 4 位 LED 数码管上显示 "1278" 为例来说明，假设其内部发光二极管为图 5-10b 所示的共阴极连接方式。

图 5-10　4 位 LED 数码管内部发光二极管的连接方式

先给数码管的 12 脚加一个低电平（9、8、6 脚为高电平），再给 7、4 脚加高电平（11、2、1、10、5 脚均低电平），结果第一位的 b、c 段发光二极管点亮，第一位显示 "1"，由于 9、8、6 脚均为高电平，故第二、三、四位中的所有发光二极管均无法导通而不显示；然后给 9 脚加一个低电平（12、8、6 脚为高电平），给 11、7、2、1、5 脚加高电平（4、10 脚为低电平），第二位的 a、b、d、e、g 段发光二极管点亮，第二位显示 "2"，同样原理，在第三位和第四位分别显示数字 "7" "8"。

多位数码管的数字虽然是一位一位地显示出来的，但除了 LED 有余辉效应（断电后 LED 还能亮一定时间）外，人眼还具有视觉暂留特性（所谓视觉暂留特性是指当人眼看见一个物体后，如果物体消失，人眼还会觉得物体仍在原位置，这种感觉约保留 0.04s 的时间），当数码管显示到最后一位数字 "8" 时，人眼会感觉前面 3 位数字还在显示，故看起来好像是一下子显示 "1278" 4 位数。

3. 检测

检测多位 LED 数码管时可使用万用表的 R×10k 档。从图 5-10 所示的多位数码管内部发光二极管的连接方式可以看出，对于共阳极多位数码管，黑表笔接某一位极、红表笔依次接其他各极时，会出现 8 次小阻值；对于共阴极多位数码管，红表笔接某一位极、黑表笔依次接其他各极时，也会出现 8 次小阻值。其类型与公共极的判别，以及各段极的判别与单个数码管的判别方法基本相同，不再赘述。

5.2.2　单片机连接 8 位共阴极数码管的电路

图 5-11 是单片机连接 8 位共阴极数码管的电路，它将两个 4 位共阴极数码管的 8 个段极引脚在外部并联而拼成一个 8 位共阴极数码管，该 8 位共阴极数码管有 8 个段极引脚和 8 个位极引脚。

图5-11 单片机连接8位共阴极数码管的电路

单片机要采用P0端口8个引脚来驱动16个引脚的8位数码管显示字符，P0端口既要输出位码，又要输出段码，这需要使用分时输出功能。电路中采用了两个8路锁存器芯片74HC573，并配合单片机的P2.2端口（段锁存）和P2.3端口（位锁存）来实现分时输出驱动8位数码管。

图5-12为74HC573的功能表。从中可以看出，当OE（输出使能）端为低电平（L）、LE（锁存使能）端为高电平（H）时，Q端随D端变化而变化；当OE端为低电平、LE端也为低电平时，Q端输出不变化（输出状态被锁定）。在图5-11中，两个74HC573的OE端都接地固定为低电平（L），当LE端为高电平时，Q端状态与D端保持一致（即Q=D），一旦LE端为低电平时，Q端输出状态马上被锁定，D端变化时Q端保持不变。

输入			输出
$\overline{\text{OE}}$ (输出使能)	LE (锁存使能)	D	Q
L	H	H	H
L	H	L	L
L	L	X	不变
H	X	X	Z

H—高电平；L—低电平；X—无论何值；
Z—高阻抗（输出端与内部电路之间相当于断开）

图 5-12　8 路锁存芯片 74HC573 的功能表

5.2.3　8 位数码管显示 1 个字符的程序与说明

图 5-13 是 8 位数码管显示 1 个字符的程序。程序执行时，8 位数码管的最低位显示字符"2"。

```
/*8位数码管显示1个字符的程序*/
#include<reg51.h>        //调用reg51.h文件对单片机各特殊功能寄存器进行地址定义
#define WDM P0           //用define（宏定义）命令将WDM代表P0，程序中WDM与P0等同，
                         // define与include一样，都是预处理命令，前面均加一个"#"
sbit DuanSuo=P2^2;       //用关键字sbit将DuanSuo代表P2.2端口
sbit WeiSuo=P2^3;        //用关键字sbit将WeiSuo代表P2.3端口
/*以下为主程序部分*/
main()
{
  while(1)
  {
      WDM=0xfe;          //让P0端口输出位码FEH（11111110），选择数码管最低位显示
      WeiSuo=1;          //让P2.3端口输出高电平，开通位码锁存器，锁存器输入变化时输出会随之变化
      WeiSuo=0;          //让P2.3端口输出低电平，位码锁存器被封锁，锁存器的输出值被锁定不变

      WDM=0x5b;          //让P0端口输出字符"2"的段码（共阴极字符码）5BH（01011011）
      DuanSuo=1;         //让P2.2端口输出高电平，开通段码锁存器，锁存器输入变化时输出会随之变化
      DuanSuo=0;         //让P2.2端口输出低电平，段码锁存器被封锁，锁存器的输出值被锁定不变
  }
}
```

图 5-13　8 位数码管显示 1 个字符的程序

该程序先让单片机从 P0.7~P0.0 引脚输出位码 11111110（FEH）送到 U2 的 8D~1D 端，然后从 P2.3 端口输出高电平到 U2 的 LE 端，U2（锁存器 74HC573）开通，输出端状态随输入端变化而变化，接着 P2.3 端口的高电平变成低电平，U2 的 LE 端也为低电平，U2 被封锁，8Q~1Q 端的值 11111110 被锁定不变（此时 D 端变化，Q 端不变），11111110 送到 8 位共阴极数码管的位极，最低位数码管位极为低电平，等待显示；单片机再从 P0.7~P0.0 端口输出"2"的段码 01011011（5BH）送到 U1 的 8D~1D 端，然后从 P2.2 端口输出高电平到 U1（锁存器 74HC573）的 LE 端，U1 开通，输出端状态随输入端变化而变化，接着 P2.2 端口的高电平变成低电平，U1 的 LE 端也为低电平，U1 被封锁，8Q~1Q 端的值 01011011 被锁定不变，01011011 送到 8 位共阴极数码管的各个数码管的段极，由于只有最低位数码管的位极为低电平，故只有最低位数码管显示字符"2"。

5.2.4　8 位数码管逐位显示 8 个字符的程序与说明

图 5-14 是 8 位数码管逐位显示 8 个字符的程序。程序运行时，8 位数码管从最低位开始到最高位，逐位显示字符"0""1""2""3""4""5""6""7"，并且不断循环显示。

该程序使单片机先从 WMtable 表格中选择第 1 个位码（i=0 时），并从 P0.7~P0.0 端口输出位码至位码锁存器，位码从锁存器输出后到 8 位数码管的位引脚，选中第 1 位（该位引脚为高电平）使之处于待显状态，然后单片机从 P2.3 端口输出位码锁存信号至位锁存器，锁定其输出端位码不变，接着单片机从 DMtable 表格中选择第 1 个段码（i=0 时），并从 P0.7~P0.0 端口输出段码至段码锁存器，段码从锁存器输出后到 8 位数码管的段引脚，已被位码选中的数码管第 1 位则显示出与段码相对应的字符，然后单片机从 P2.2 端口输出段码锁存信号至段锁存器，锁定其输出端段码不变，之后用 i++语句将 i 值加 1，程序再返回让单片机从 WMtable、DMtable 表格中

选择第2个位码和第2个段码（i=1时），在8位数码管的第2位显示与段码对应的字符。当i增加到8时，8位数码管显示到最后一位，程序用i=0让i由8变为0，程序返回到前面后单片机又重新开始从WMtable、DMtable表格中选择第1个位码和段码，让8位数码管又从最低位开始显示，以后不断重复上述过程，结果可看到8位数码管从最低位到最高位逐位显示0~7，并且不断循环反复。

```
/*8位数码管逐位显示8个字符的程序*/
#include<reg51.h>          //调用reg51.h文件对单片机各特殊功能寄存器进行地址定义
#define WDM P0             //用define（宏定义）命令将WDM代表P0，程序中WDM与P0等同，
                           // define与include一样，都是预处理命令，前面需加一个"#"
sbit DuanSuo=P2^2;         //用关键字sbit将DuanSuo代表P2.2端口
sbit WeiSuo=P2^3;          //用关键字sbit将WeiSuo代表P2.3端口
void Delay(unsigned int t);  //声明一个Delay（延时）函数,输入参数为无符号整数型变量t
unsigned char code DMtable[]={0x3f,0x06,0x5b,0x4f,  //在ROM中定义一个无符号字符型表格DMtable
                              0x66,0x6d,0x7d,0x07};  //表格中存放字符0~7的段码
unsigned char code WMtable[]={0xfe,0xfd,0xfb,0xf7,  //在ROM中定义一个无符号字符型表格WMtable
                              0xef,0xdf,0xbf,0x7f};  //表格中存放与0~7字符段码一一对应的位码
/*以下为主程序部分*/
main()
{
 unsigned char i=0;        //定义一个无符号(unsigned)字符型(char)变量i,其初值为0
 while(1)
  {
   WDM=WMtable [i];        //从WMtable表格中取出第i+1个位码,并从P0端口输出
   WeiSuo=1;               //让P2.3端口输出高电平,开通位码锁存器,锁存器输入变化时输出会随之变化
   WeiSuo=0;               //让P2.3端口输出低电平,位码锁存器被封锁,锁存器的输出值被锁定不变

   WDM=DMtable [i];        //从DMtable表格中取出第i+1个段码,并从P0端口输出
   DuanSuo=1;              //让P2.2端口输出高电平,开通段码锁存器,锁存器输入变化时输出会随之变化
   DuanSuo=0;              //让P2.2端口输出低电平,段码锁存器被封锁,锁存器的输出值被锁定不变
   Delay(60000);          //执行Delay延时函数延时,同时将60000赋给给Delay的输入参数t
   i++;                   //将i值加1
   if(i==8)               //如果i值等于8,则执行首尾大括号内的语句,否则执行尾大括号之后的语句
    {
     i=0;                 //将0赋给i,这样显示最后1个字符返回时又能从表格中取出第1个字符的位、段码
    }
  }
}
/*以下为延时函数*/
void Delay(unsigned int t) //Delay为延时函数, unsigned int t表示输入参数为无符号整数型变量t
{
 while(--t);               // while为循环语句,每执行一次while语句,t值就减1,直到t值为0
}
```

图 5-14 8 位数码管逐位显示 8 个字符的程序

5.2.5 8 位数码管同时显示 8 个字符的程序与说明

图 5-15 是 8 位数码管同时显示 8 个字符的程序。程序执行时 8 位数码管同时显示字符"01234567"。

本程序与图 5-14 程序基本相同，仅是将 Delay 延时函数的输入参数 t 的值由 60000 改成 100，这样显示一个字符后间隔很短时间就显示下一个字符，只要显示第一个字符到显示最后一个字符的时间不超过 0.04s（人眼视觉暂留时间），人眼就会感觉这几个逐位显示的字符是同时显示出来的。

```
/*8位数码管同时显示8个字符的程序*/
#include<reg51.h>
#define WDM P0
sbit DuanSuo=P2^2;
sbit WeiSuo =P2^3;
void Delay(unsigned int t);
unsigned char code DMtable[]={0x3f,0x06,0x5b,0x4f,0x66,0x6d,0x7d,0x07};
unsigned char code WMtable[]={0xfe,0xfd,0xfb,0xf7, 0xef,0xdf,0xbf,0x7f};
/*以下为主程序部分*/
main()
{
 unsigned char i=0;
 while(1)
  {
   WDM=WMtable [i];
   WeiSuo=1;
   WeiSuo=0;

   WDM=DMtable [i];
   DuanSuo=1;
   DuanSuo=0;
   Delay(100);            //将Delay函数的输入参数t的值由60000改成100,可使每个字符显示的时间间隔
                          //大大缩短,这样多个字符实际是逐位显示的,但看起来多个字符像同时显示出来的
                          //如果t值不是很小,如t值为600,多个字符看起来也像同时显示,但字符会闪烁
   i++;
   if(i==8)
    {
     i=0;
    }
  }
}
/*以下为延时函数*/
void Delay(unsigned int t)
{
 while(--t);
}
```

图 5-15 8 位数码管同时显示 8 个字符的程序

5.2.6　8 位数码管动态显示 8 个以上字符的程序与说明

图 5-16 是 8 位数码管动态显示 8 个以上字符的程序。程序执行时，8 位数码管动态依次显示"01234567""12345678""23456789"…"89AbCdEF""01234567"…，并且不断循环显示。

```
/*8位数码管动态显示8个以上字符的程序*/
#include<reg51.h>              //调用reg51.h文件对单片机各特殊功能寄存器进行地址定义
#define WDM P0                 //用define（宏定义）命令将WDM代表P0，程序中WDM与P0等同，
                               //  define与include一样，都是预处理命令，前面需加一个"#"
sbit DuanSuo=P2^2;             //用关键字sbit将DuanSuo代表P2.2端口
sbit WeiSuo=P2^3;              //用关键字sbit将WeiSuo代表P2.3端口

unsigned char code DMtable[]={0x3f,0x06,0x5b,0x4f,    //在ROM中定义（使用了关键字code）
                    0x66,0x6d,0x7d,0x07,             //一个无符号字符型表格DMtable，
                    0x7f,0x6f,0x77,0x7c,             //表格中存放着字符0~F的段码
                    0x39,0x5e,0x79,0x71};
unsigned char code WMtable[]={0xfe,0xfd,0xfb,0xf7,    //在ROM中定义一个无符号字符型表格WMtable，
                    0xef,0xdf,0xbf,0x7f};            //表格按低位到高位依次存放8位数码管各位的位码
void Delay(unsigned int t);                           //声明一个Delay（延时）函数
/*以下为主程序部分*/
main()
{                                //main函数的首大括号
  unsigned char i=0,num;         //定义两个无符号字符型变量i和num，i赋初值为0，num初值默认也为0
  unsigned int j;                //定义一个无符号（unsigned）整数型(int)变量j，j初值默认也为0，
                                 //无符号整数型变量和无符号字符型变量取值范围分别为0~65535和0~255
  while(1)
  {                              //while语句的首大括号
    WDM= WMtable[i];             //从WMtable表格中取出第i+1个位码，并从P0口输出
    WeiSuo=1;                    //让P2.3端口输出高电平，开通位码锁存器，锁存器输入变化时输出会随之变化
    WeiSuo=0;                    //让P2.3端口输出低电平，位码锁存器被封锁，锁存器的输出值被锁定不变
    WDM = DMtable[ num+i];       //从DMtable表格中取出第num+i个字符的段码，从P0端口输出
    DuanSuo=1;                   //让P2.2端口输出高电平，开通段码锁存器，锁存器输入变化时输出会随之变化
    DuanSuo=0;                   //让P2.2端口输出低电平，段码锁存器被封锁，锁存器的输出值被锁定不变
    Delay(100);                  //执行Delay延时函数延时，同时将100赋给Delay的输入参数t
    i++;j++;                     //将变量i和j的值都加1
    if(i==8)                     //如果i值等于8，执行第一个if首尾大括号内的语句，否则执行其尾大括号之后的语句
    {                            //第一个if语句的首大括号
      i=0;                       //将0赋给i（让i=0）
    }                            //第一个if语句的尾大括号
    if(j==600)                   //如果j值等于600，执行第二个if首尾大括号内的语句，否则执行其尾大括号之后的语句
    {                            //第二个if语句的首大括号
      j=0;                       //将0赋给j（让j=0）
      num++;                     //将变量num的值加1
      if(num==9)                 //如果num等于9，执行第三个if首尾大括号内的语句，否则执行其尾大括号之后的语句
      {                          //第三个if语句的首大括号
        num=0;                   //将0赋给num（让num=0）
      }                          //第三个if语句的尾大括号
    }                            //第二个if语句的尾大括号
  }                              //while语句的尾大括号
}                                //main函数的尾大括号
/*以下为延时函数*/
void Delay(unsigned int t)       //Delay为延时函数，unsigned int t表示输入参数为无符号整数型变量t
{
  while(--t);                    //while为循环语句，每执行一次while语句，t值就减1，直到t值为0时
                                 //才执行while尾大括号之后的语句
}
```

图 5-16　8 位数码管动态显示 8 个以上字符的程序

程序先定义了两个表格：一个表格按顺序存放 0~F 的段码；另一表格按低位到高位的顺序存放 8 位数码管的各位位码。程序运行时，先显示第一屏字符"01234567"，第一次显示完后，i=8、j=8，第一个 if 语句执行让 i=0，第二、三个 if 语句都不会执行，因为 j 不等于 600，无法执行第二个 if 语句，又因为第三个 if 语句嵌在第二个 if 语句内，所以第三个 if 语句也不会执行，程序返回前面又执行显示"01234567"程序段，第二次显示完后，i=8、j=16，程序再返回前面执行显示"01234567"程序段，这种不断重复显示相同内容字符的过程称为刷新。当 i=8、j=600 时，第一、二个 if 语句都执行，第一个 if 语句让 i=0，第二个 if 语句让 j=0、num 加 1（由 0变为 1），第三个 if 语句还不会执行（因为 num 不等于 9），程序返回前面，由于 num+i 变成了 1+i，故从段码表格取第 2 个字符"1"，该字符又与位码表格最低位段码对应，故数码管显示"12345678"程序段，再不断刷新，直到第二次 j=600，第二个 if 语句又执行，让 j=0、num 加 1变成 2，程序又回到前面显示"23456789"，如此反复工作，当 num 加 1 变成 8 时，8 位数码管显示"89AbCdEF"，当 num 加 1 变成 9 时，第三个 if 语句执行，让 num=0，程序返回到前面又重新开始使数码管显示"01234567"（因为 num+i=i）。之后以上过程不断重复。

59

第 **6** 章

中断功能的使用与编程

6.1 中断的基本概念与处理过程

6.1.1 什么是中断

在生活中经常会遇到这样的情况：正在书房看书时，突然客厅的电话响了，人们往往会停止看书，转而去接电话，接完电话后又回书房接着看书。这种停止当前工作，转而去做其他工作，做完后又返回来做先前工作的现象称为中断。

单片机也有类似的中断现象，当单片机正在执行某程序时，如果突然出现意外情况，就需要停止当前正在执行的程序，转而去执行处理意外情况的程序（又称中断子程序），处理完后又接着执行原来的程序。

6.1.2 中断的基本概念

1. 中断源

要让单片机的 CPU 中断当前正在执行的程序转而去执行中断子程序，需要向 CPU 发出中断请求信号。让 **CPU** 产生中断的信号源称为中断源（又称中断请求源）。

8051 单片机有 5 个中断源，分别是 **2** 个外部中断源、**2** 个定时器/计数器中断源和 **1** 个串行通信接口中断源。如果这些中断源向 CPU 发出中断请求信号，CPU 就会产生中断，停止执行当前的程序，转而去执行相应的中断子程序（又称中断服务程序），执行完后又返回来执行原来的程序。

2. 中断的优先级别

单片机的 CPU 在工作时，如果一个中断源向它发出中断请求信号，它就会产生中断，如果同时有两个或两个以上的中断源同时发出中断请求信号，CPU 会怎么办呢？CPU 会先响应优先级别高的中断源的请求，然后再响应优先级别低的中断源的请求。8051 单片机中 5 个中断源的优先级别顺序见表 6-1。

6.1.3 中断的处理过程

在前面的例子中，当正在看书时，电话铃响了，这里的电话就是中断源，它发出的铃声就是中断请求信号。在处理这个中断时，可采取这样的做法：记住书中刚看完的页码（记住某行可能比较困难），然后再去客厅接电话，接完电话后，返回到书房阅读已看完页码的下一页内容。

表 6-1 5 个中断源的优先级别顺序及中断入口地址

中断源编号	中 断 源	自然优先级别	中断入口地址（矢量地址）
0	$\overline{INT0}$（外部中断 0）	高	0003H
1	T0（定时器中断 0）		000BH
2	$\overline{INT1}$（外部中断 1）	↓	0013H
3	T1（定时器/计时器中断 1）		001BH
4	RX 或 TX（串行通信口中断）	低	0023H

单片机处理中断的过程与上述情况类似，具体过程如下：

1）响应中断请求。当 CPU 正在执行主程序时，如果接收到中断源发出的中断请求信号，就会响应中断请求，停止主程序，准备执行相应的中断子程序。

2）保护断点。为了在执行完中断子程序后能返回主程序，在准备执行中断子程序前，CPU 会将主程序中已执行的最后一条指令的下一条指令地址（又称断点地址）保存到 RAM 的堆栈中。

3）寻找中断入口地址。保护好断点后，CPU 开始寻找中断入口地址（又称矢量地址），中断入口地址存放着相应的中断子程序，不同的中断源对应着不同的中断入口地址。8051 单片机 5 个中断源对应的中断入口地址见表 6-1。

4）执行中断子程序。CPU 寻找到中断入口地址后，就开始执行中断入口地址处的中断子程序。由于几个中断入口地址之间只有 8 个单元空间（见表 6-1，如 0003H~000BH 相隔 8 个单元），较小的中断子程序（程序只有一两条指令）可以写在这里，较大的中断子程序无法写入，通常的做法是将中断子程序写在其他位置，而在中断入口地址单元只写一条跳转指令，执行该指令时马上跳转到写在其他位置的中断子程序。

5）中断返回。执行完中断子程序后，就会返回到主程序，返回的方法是从 RAM 的堆栈中取出之前保存的断点地址，然后执行该地址处的主程序，从而返回到主程序。

6.2 8051 单片机的中断系统结构与控制寄存器

6.2.1 中断系统的结构

8051 单片机中断系统的结构如图 6-1 所示。

图 6-1 8051 单片机中断系统的结构

1. 中断系统的组成

8051 单片机中断系统的主要组成部分如下：

1）5 个中断源。 分别为外部中断源$\overline{INT0}$、外部中断源INT1、定时器/计数器中断源 T0、定时器/计数器中断源 T1 和串行通信口中断源（TX 和 RX）。

2）中断源寄存器。

3）中断允许寄存器 IE。

4）中断优先级控制寄存器 IP。

2. 中断系统的工作原理

单片机的中断系统默认是关闭的，如果要使用某个中断，需要通过编程的方法设置有关控制寄存器某些位的值将该中断打开，并为该中断编写相应的中断子程序。

以外部中断$\overline{INT0}$为例，如果需要使用该中断，应进行以下设置：

1）将定时器/计数器控制寄存器 TCON 的 IT0 位设为 0（IT0=0），中断请求信号输入方式被设为低电平输入有效。

2）将中断允许寄存器 IE 的 EA 位设为 1（EA=1），允许所有的中断（总中断允许）。

3）将中断允许寄存器 IE 的 EX0 位设为 1（EX0=1），允许外部中断 0。

工作过程：当单片机的$\overline{INT0}$端（P3.2 引脚）输入一个低电平信号时，由于寄存器 TCON 的IT0=0，输入开关选择位置 0，低电平信号被认为是 INT0 的中断请求信号，该信号将 TCON 的外部中断 0 的标志位 IE0 置 1（IE0=1），IE0 位的"1"先经过 INT0 允许开关（IE 的 EX0=1 使INT0 开关闭合），然后经过中断总开关（IE 的 EA=1 使中断总开关闭合），再经过优先级开关（只使用一个中断时无须设置，寄存器 IP 的 PX0 位默认为 0，开关选择位置 0），进入硬件查询，选中外部中断 0 的入口地址（0003H）并将其送给 CPU 的程序计数器 PC，CPU 开始执行该处的中断子程序。

6.2.2　中断源寄存器

中断源寄存器包括定时器/计数器控制寄存器 TCON 和串行通信口控制寄存器 SCON。

1. 定时器/计数器控制寄存器 TCON

TCON 寄存器的功能主要是接收外部中断源（$\overline{INT0}$、$\overline{INT1}$）和定时器/计数器（T0、T1）送来的中断请求信号。 TCON 的字节地址是 88H，它有 8 位，每位均可直接访问（即可位寻址）。TCON 的字节地址、各位的位地址和名称如图 6-2 所示。

	最高位							最低位
位地址→	8FH	8EH	8DH	8CH	8BH	8AH	89H	88H
TCON	TF1	TR1	TF0	TR0	IE1	IT1	IE0	IT0
字节地址→88H	T1溢出中断请求标志位	T1启停控制位	T0溢出中断请求标志位	T0启停控制位	$\overline{INT1}$中断请求标志位	$\overline{INT1}$触发方式设定位	$\overline{INT0}$中断请求标志位	$\overline{INT0}$触发方式设定位

图 6-2　定时器/计数器控制寄存器 TCON 的字节地址、各位的位地址和名称

TCON 寄存器各位的功能说明如下：

1）**IE0 位和 IE1 位**，分别为外部中断 0（$\overline{INT0}$）和外部中断 1（$\overline{INT1}$）的中断请求标志位。当外部有中断请求信号输入单片机的$\overline{INT0}$引脚（即 P3.2 引脚）或$\overline{INT1}$引脚（即 P3.3 引脚）时，

TCON 的 IE0 和 IE1 位会被置 "1"。

2）IT0 位和 IT1 位，分别为外部中断 0 和外部中断 1 的输入方式控制位。当 IT0 = 0 时，外部中断 0 端输入低电平有效（即 $\overline{INT0}$ 端输入低电平时才表示输入了中断请求信号）；当 IT0 = 1 时，外部中断 0 端输入下降沿有效；当 IT1 = 0 时，外部中断 1 端输入低电平有效 1，当 IT1 = 1 时，外部中断 1 端输入下降沿有效。

3）TF0 位和 TF1 位，分别是定时器/计数器 0 和定时器/计数器 1 的中断请求标志。当定时器/计数器工作产生溢出时，会将 TF0 或 TF1 位置 "1"，表示定时器/计数器有中断请求。

4）TR0 位和 TR1 位，分别是定时器/计数器 0 和定时器/计数器 1 的启动/停止位。在编写程序时，若将 TR0 或 TR1 设为 "1"，那么相应的定时器/计数器开始工作；若设置为 "0"，定时器/计数器则会停止工作。

注意：如果将 IT0 位设为 1，则把 IE0 设为下降沿置 "1"，中断子程序执行完后，IE0 位自动变为 "0"（硬件置 "0"）；如果将 IT0 位设为 0，则把 IE0 设置为低电平置 "1"，中断子程序执行完后，IE0 位仍是 "1"，所以在退出中断子程序前，要将 INT0 端的低电平信号撤掉，再用指令将 IE0 置 "0"（软件置 "0"），若退出中断子程序后，IE0 位仍为 "1"，将会产生错误的再次中断。IT1、IE1 位的情况与 IT0、IE0 位一样。在单片机复位时，TCON 寄存器的各位均为 "0"。

2. 串行通信接口控制寄存器 SCON

SCON 寄存器的功能主要是接收串行通信口送到的中断请求信号。SCON 的字节地址是 98H，它有 8 位，每位均可直接访问（即可位寻址），SCON 的字节地址、各位的位地址和名称如图 6-3 所示。

	最高位							最低位
位地址 →	9FH	9EH	9DH	9CH	9BH	9AH	99H	98H
SCON	SM0	SM1	SM2	REN	TB8	RB8	TI	RI
字节地址 → 98H								

图 6-3　SCON 的字节地址、各位的位地址和名称

SCON 寄存器的 TI 位和 RI 位与中断有关，其他位用作串行通信控制，将在后面说明。

1）TI 位，串行通信接口发送中断标志位。在串行通信时，每发送完一帧数据，串行通信接口会将 TI 位置 "1"，表明数据已发送完成，向 CPU 发送中断请求信号。

2）RI 位，串行通信接口接收中断标志位。在串行通信时，每接收完一帧数据，串行通信接口会将 RI 位置 "1"，表明数据已接收完成，向 CPU 发送中断请求信号。

注意：单片机执行中断子程序后，TI 位和 RI 位不能自动变为 "0"，需要在退出中断子程序时，用软件指令将它们清 0。

6.2.3　中断允许寄存器

IE 寄存器的功能用来控制各个中断请求信号能否通过。IE 的字节地址是 A8H，它有 8 位，每位均可直接访问（即可位寻址），IE 的字节地址、各位的位地址和名称如图 6-4 所示。

	最高位							最低位
位地址 →	AFH	AEH	ADH	ACH	ABH	AAH	A9H	A8H
IE	EA	—	—	ES	ET1	EX1	ET0	EX0
字节地址 → A8H	总中断允许位			串行通信口中断允许位	T1中断允许位	INT1中断允许位	T0中断允许位	INT0中断允许位

图 6-4　IE 的字节地址、各位的位地址和名称

IE 寄存器各位（有 2 位不可用）的功能说明如下：

1）EA 位：总中断允许位。当 EA＝1 时，总中断开关闭合；当 EA＝0 时，总中断开关断开，所有的中断请求信号都不能接受。

2）ES 位：串行通信接口中断允许位。当 ES＝1 时，允许串行通信接口的中断请求信号通过；当 ES＝0 时，禁止串行通信接口的中断请求信号通过。

3）ET1 位：定时器/计数器 1 中断允许位。当 ET1＝1 时，允许定时器/计数器 1 的中断请求信号通过；当 ET1＝0 时，禁止定时器/计数器 1 的中断请求信号通过。

4）EX1 位：外部中断 1 允许位。当 EX1＝1 时，允许外部中断 1 的中断请求信号通过；当 EX1＝0 时，禁止外部中断 1 的中断请求信号通过。

5）ET0 位：定时器/计数器 0 中断允许位。当 ET0＝1 时，允许定时器/计数器 0 的中断请求信号通过；当 ET0＝0 时，禁止定时器/计数器 0 的中断请求信号通过。

6）EX0 位：外部中断 0 允许位。当 EX0＝1 时，允许外部中断 0 的中断请求信号通过；当 EX0＝0 时，禁止外部中断 0 的中断请求信号通过。

6.2.4　中断优先级控制寄存器

IP 寄存器的功能是设置每个中断的优先级。其字节地址是 B8H，它有 8 位，每位均可进行位寻址，IP 的字节地址、各位的位地址和名称如图 6-5 所示。

图 6-5　IP 的字节地址、各位的位地址和名称

IP 寄存器各位（有 3 位不可用）的功能说明如下：

1）PS 位：串行通信口优先级设定位。当 PS＝1 时，串行通信接口为高优先级；当 PS＝0 时，串行通信接口为低优先级。

2）PT1 位：定时器/计数器 1 优先级设定位。当 PT1＝1 时，定时器/计数器 1 为高优先级；当 PT1＝0 时，定时器/计数器 1 为低优先级。

3）PX1 位：外部中断 1 优先级设定位。当 PX1＝1 时，外部中断 1 为高优先级；当 PX1＝0 时，外部中断 1 为低优先级。

4）PT0 位：定时器/计数器 0 优先级设定位。当 PT0＝1 时，定时器/计数器 0 为高优先级；当 PT0＝0 时，定时器/计数器 0 为低优先级。

5）PX0 位：外部中断 0 优先级设定位。当 PX0＝1 时，外部中断 0 为高优先级；当 PX0＝0 时，外部中断 0 为低优先级。

通过设置 IP 寄存器相应位的值，可以改变 5 个中断源的优先顺序。若优先级一高一低的两个中断源同时发出请求，CPU 会先响应优先级高的中断请求，再响应优先级低的中断请求；若 5 个中断源有多个高优先级或多个低优先级中断源同时发出请求，CPU 会先按自然优先级顺序依次响应高优先级中断源，再按自然优先级顺序依次响应低优先级中断源。

6.3　中断编程举例

6.3.1　中断编程的电路例图

本节以图 6-6 所示电路来说明单片机中断的使用，当按键 S3 或 S4 按下时，给单片机的 INT0（P3.2）端或 INT1（P3.3）输入外部中断请求信号。

图 6-6　中断编程的电路例图

6.3.2　用外部中断 0 以低电平方式触发中断的程序与说明

图 6-7 是用外部中断 0 以低电平方式触发中断的程序。程序执行时，在未按下 P3.2 端口外接的 S3 按键时，P1.0、P1.1 和 P1.4、P1.5 端口外接 LED 会亮，按下 S3 再松开，这些端口外接 LED 熄灭，P1.2、P1.3、P1.6、P1.7 端口外接 LED 则变亮，如果 S3 一直按下不放，P1.0～P1.7 端口所有外接 LED 均变亮。

在程序中，先初始化 P1 端口，然后将 IP 寄存器、IE 寄存器和 TCON 寄存器有关位的值设为 1，让 INT0 为高优先级，打开总中断和 INT0 中断，并将 INT0 中断输入方式设为低电平有效，再用 while(1) 语句进入中断等持。一旦 P3.2 端口外接的 S3 按键按下，P3.2 端口（即 INT0 端）输入低电平，触发单片机的 INT0 中断，马上执行中断函数（也可称中断子程序），中断函数中只有一条语句 P1 = ~P1，将 P1 端口各位值变反（P1 = 0xcc），中断函数执行后，又返回 while(1) 语句等待。如果 S3 按键未松开，仍处于按下状态，中断函数又一次执行，P1 端口各位值又变反，由于中断函数两次执行时间间断短，P1 端口值变化快，其外接 LED 亮灭变化也较快，由于人眼视觉暂留特性，会觉得所有的 LED 都亮。如果按下 S3 按键后马上松开，中断函数只执行一次，就可以看到 P1 端口不同引脚的 LED 亮灭变化，也可以在中断函数内部最后加一条 EA = 0 来关闭总中断，这样中断函数只能执行一次，即使再按压 S3 键也不会引起中断。

　　用"（返回值）函数名（输入参数）interrupt n using m"语法可定义一个中断函数，interrupt 为定义中断函数的关键字，n 为中断源编号（见表 6-1），n＝0~4，m 为用作保护中断断点的寄存器组，可使用 4 组寄存器（0~3），每组有 7 个寄存器（R0~R7），m＝0~3，若程序中只使用一个中断，可不写"using m"，使用多个中断时，不同中断应使用不同的 m。

图 6-7　用外部中断 0 以低电平方式触发中断的程序

6.3.3　用外部中断 1 以下降沿方式触发中断的程序与说明

　　图 6-8 是用外部中断 1 以下降沿方式触发中断的程序。程序执行时，在未按下 P3.3 端口外接的 S4 按键时，P1.0、P1.1 和 P1.4、P1.5 端口外接 LED 会亮，按下 S4 再松开，这些端口外接 LED 熄灭，P1.2、P1.3、P1.6、P1.7 端口外接 LED 则变亮，如果 S4 一直按下不放，P1.0~ P1.7 引脚外接 LED 保持四亮四灭不变。

图 6-8　用外部中断 1 以下降沿方式触发中断的程序

　　在程序中，与使用外部中断 0 一样，先初始化 P1 端口，然后将 IP 寄存器、IE 寄存器和 TCON 寄存器有关位的值设为 1，让 INT1 为高优先级，打开总中断和 INT1 中断，并将 INT1 中断输入方式设为下降沿有效，再用 while(1) 语句进入中断等待。一旦 P3.3 端口外接的 S4 按键按下，P3.3 端口（即 INT1 端）输入下降沿，触发单片机的 INT1 中断，马上执行中断函数（也可称中断子程序）。由于按键按下时的抖动可能会出现多个下降沿，可能会使中断函数多次执行，故在中断函数中采用了按键防抖程序，当 S4 按键按下产生第一个下降沿后，马上触发中断执行中断函数，在中断函数中检测到 INT1 端为低电平后，执行延时函数延时 10ms，避开按键抖动时间，再检测 INT1 端状态，一旦 INT1 端变为高电平（S4 键松开），马上执行 P1 端口值取反语句（P1 = ~P1）。

　　由于本例中采用按键输入模拟中断请求输入，而按键操作时易产生抖动信号，使输入的中断请求信号比较复杂，故在程序中加入了按键防抖语句，有关按键抖动与防抖内容在后续章节中介绍。

第 7 章

定时器/计数器的使用与编程

7.1 定时器/计数器的定时与计数功能

8051 单片机内部有 T0 和 T1 两个定时器/计数器。它们既可用作定时器，也可用作计数器，可以通过编程来设置其使用方法。

7.1.1 定时功能

1. 定时功能的用法

当定时器/计数器用作定时器时，可以用来计算时间。如果要求单片机在一定的时间后产生某种控制，可将定时器/计数器设为定时器。单片机定时器/计数器的定时功能用法如图 7-1 所示。

图 7-1 单片机定时器/计数器的定时功能用法

要将定时器/计数器 **T0** 设为定时器，实际上就是将定时器/计数器与外部输入断开，而与内部信号接通，对内部信号计数来定时。单片机的时钟振荡器可产生 12MHz 的时钟脉冲信号，经 12 分频后得到 1MHz 的脉冲信号，1MHz 信号每个脉冲的持续时间为 1μs，如果定时器 T0 对 1MHz 的信号进行计数，若从 0 计到 65536，将需要 65536μs，即 65.536ms。65.536ms 后定时器计数达到最大值，会溢出而输出一个中断请求信号去中断系统，中断系统接收中断请求后，执行中断子程序，子程序的运行结果将 P1.0 端口置 "0"，该端口外接的发光二极管点亮。

2. 任意定时的方法

在图 7-1 中，定时器只有在 65.536ms 后计数达到最大值时才会溢出，如果需要不到 65.536ms 定时器就产生溢出，比如 1ms 后产生溢出，可以对定时器预先进行置数。将定时器初始值设为 64536，这样定时器就会从 64536 开始计数，当计到 65536 时，定时器定时时间就为

1ms 而产生一个溢出信号。

7.1.2 计数功能

1. 计数功能的用法

如果要求单片机计数达到一定值时产生某种控制，可将定时器/计数器设为计数器。单片机定时器/计数器的计数功能用法如图 7-2 所示。

图 7-2 定时器/计数器的计数功能用法

用编程的方法将定时器/计数器 T0 设为一个 16 位计数器，它的最大计数值为 $2^{16}=65536$。T0 端（即 P3.4 引脚）用来输入脉冲信号。当脉冲信号输入时，计数器对脉冲进行计数，当计到最大值 65536 时，计数器溢出，从而输出一个中断请求信号到中断系统，中断系统接受中断请求后，执行中断子程序，子程序的运行结果将 P1.0 端口置 "0"，该端口外接的发光二极管点亮。

2. 任意计数的方法

在图 7-2 中，只有在 T0 端输入 65536 个脉冲时，计数器计数达到最大值才会溢出，如果希望输入 100 个脉冲时计数器就能溢出，可以在计数前对计数器预先进行置数，将计数器初始值设为 65436，这样计数器就会从 65436 开始计数，当输入 100 个脉冲时，计数器的计数值就达到 65536 而产生一个溢出信号。

7.2 定时器/计数器的结构原理

7.2.1 定时器/计数器的结构

8051 单片机内部定时器/计数器的结构如图 7-3 所示。单片机内部与定时器/计数器有关的部件主要有以下几种：

1）两个定时器/计数器（T0 和 T1）。每个定时器/计数器都是由两个 8 位计数器构成的 16 位计数器。

2）TCON 寄存器。TCON 为控制寄存器，用来控制两个定时器/计数器的启动/停止。

3）TMOD 寄存器。TMOD 为工作方式控制寄存器，用来设置定时器/计数器的工作方式。

两个定时器/计数器在内部通过总线与 CPU 连接，CPU 也可以通过总线对它们进行控制。

7.2.2 定时器/计数器的工作原理

由于定时器/计数器是在寄存器 TCON 和 TMOD 的控制下工作的，要让定时器/计数器工作，必须先设置寄存器 TCON 和 TMOD（可编写程序来设置）。单片机内部有 2 个定时器/计数器，它们的工作原理是一样的，这里以定时器/计数器 T0 为例进行说明。

1. 定时器/计数器 T0 用作计数器

要将定时器/计数器 T0 当作计数器使用，须设置寄存器 TCON 和 TMOD，让它们对定时器/计数器 T0 进行相应的控制，然后定时器/计数器 T0 才开始以计数器的形式工作。

图 7-3　8051 单片机内部定时器/计数器的结构

（1）寄存器 TCON 和 TMOD 的设置

将 T0 用作计数器时 TCON、TMOD 寄存器的设置内容主要有

1）将寄存器 TMOD 的 $C/\overline{T}$ 位置 "1"，如图 7-3 所示，该位发出控制信号让开关 S0 置 "1"，定时器/计数器 T0 与外部输入端 T0（P3.4）接通。

2）设置寄存器 TMOD 的 M0、M1 位，让它控制定时器/计数器 T0 的工作方式，比如让 M0 = 1、M1 = 0，可以将定时器/计数器 T0 设为 16 位计数器。

3）将寄存器 TCON 的 TR0 位置 "1"，启动定时器/计数器 T0 开始工作。

（2）定时器/计数器 T0 的工作过程

定时器/计数器 T0 用作计数器的工作过程有以下几步：

1）计数。定时器/计数器 T0 启动后，开始对外部 T0 端（P3.4）输入的脉冲进行计数。

2）计数溢出，发出中断请求信号。当定时器/计数器 T0 计数达到最大值 65536 时，会溢出产生一个信号，该信号将寄存器 TCON 的 TF0 位置 "1"，寄存器 TCON 立刻向 CPU 发出中断请求信号，CPU 便执行中断子程序。

2. 定时器/计数器 T0 用作定时器

要将定时器/计数器 T0 当作定时器使用，同样也要设置寄存器 TCON 和 TMOD，然后定时器/计数器 T0 才开始以定时器形式工作。

（1）寄存器 TCON 和 TMOD 的设置

将 T0 用作定时器时 TCON、TMOD 寄存器的设置内容主要有

1）将寄存器 TMOD 的 $C/\overline{T}$ 位置 "0"，该位发出控制信号让开关 S0 置 "2"，定时器/计数器 T0 与内部振荡器接通。

2）设置寄存器 TMOD 的 M0、M1 位，让它控制定时器/计数器 T0 的工作方式，如让 M0 = 0、M1 = 0，可以将定时器/计数器 T0 设为 13 位计数器。

3）将寄存器 TCON 的 TR0 位置 "1"，启动定时器/计数器 T0 开始工作。

（2）定时器/计数器 T0 的工作过程

定时器/计数器 T0 用作定时器的工作过程有以下几步：

1）计数。定时器/计数器 T0 启动后，开始对内部振荡器产生的信号（要经 12 分频）输入的脉冲进行计数。

2）计数溢出，发出中断请求信号。定时器/计数器 T0 对内部脉冲进行计数，由 0 计到最大值 8192（2^{13}）时需要 8.192ms 的时间，8.192ms 后定时器/计数器 T0 会溢出从而产生一个信号，该信号将 TCON 寄存器的 TF0 位置"1"，TCON 寄存器马上向 CPU 发出中断请求信号，CPU 便执行中断子程序。

7.3　定时器/计数器的控制寄存器与四种工作方式

7.3.1　定时器/计数器控制寄存器

TCON 寄存器的功能主要是接收外部中断源（INT0、INT1）和定时器/计数器（T0、T1）送来的中断请求信号，并对定时器/计数器进行启动/停止控制。TCON 的字节地址是 88H，它有 8 位，每位均可直接访问（即可位寻址）。TCON 的字节地址、各位的位地址和名称功能如图 7-4 所示。

	最高位						最低位
位地址→	8FH	8EH	8DH	8CH	8BH	8AH	89H	88H
TCON	TF1	TR1	TF0	TR0	IE1	IT1	IE0	IT0
字节地址→88H	T1溢出中断请求标志位	T1启停控制位	T0溢出中断请求标志位	T0启停控制位				

图 7-4　TCON 寄存器的字节地址、各位的位地址和名称功能

TCON 寄存器的各位功能在前面已介绍过，这里仅对与定时器/计数器有关的位进行说明。

1）**TF0 位和 TF1 位**，分别为定时器/计数器 0 和定时器/计数器 1 的中断请求标志。当定时器/计数器工作产生溢出时，会将 TF0 或 TF1 置"1"，表示定时器/计数器 T0 或 T1 有中断请求。

2）**TR0 位和 TR1 位**，分别为定时器/计数器 0 和定时器/计数器 1 的启动/停止位。在编写程序时，若将 TR0 或 TR1 设为"1"，那么 T0 或 T1 定时器/计数器开始工作；若设置为"0"，T0 或 T1 定时器/计数器则会停止工作。

7.3.2　工作方式控制寄存器 TMOD

TMOD 寄存器的功能是控制定时器/计数器 T0、T1 的功能和工作方式。TMOD 寄存器的字节地址是 89H，不能进行位操作。在上电（给单片机通电）复位时，TMOD 寄存器的初始值为 00H。TMOD 的字节地址和各位名称功能如图 7-5 所示。

TMOD	GATE	C/T̄	M1	M0	GATE	C/T̄	M1	M0
字节地址→89H	T1启动模式设置位	T1定时与计数功能设置位	T1工作方式设置位		T0启动模式设置位	T0定时与计数功能设置位	T0工作方式设置位	

图 7-5　TMOD 的字节地址和各位名称功能

在 TMOD 寄存器中，高 4 位用来控制定时器/计数器 T1，低 4 位用来控制定时器/计数器 T0，两者对定时器/计数器的控制功能一样，下面以 TMOD 寄存器高 4 位为例进行说明。

1) GATE 位：门控位，用来控制定时器/计数器的启动模式。当 GATE = 0 时，只要 TCON 寄存器的 TR1 位置 "1"，就可启动 T1 开始工作；当 GATE = 1 时，除了需要将 TCON 寄存器的 TR1 位置 "1" 外，还要使$\overline{INT1}$引脚为高电平，才能启动 T1 工作。

2) $C/\overline{T}$ 位：定时、计数功能设置位。当 $C/\overline{T} = 0$ 时，将定时器/计数器设置为定时器工作模式；当 $C/\overline{T} = 1$ 时，将定时器/计数器设置为计数器工作方式。

3) M1、M0 位：定时器/计数器工作方式设置位。M1、M0 位取不同值，可以将定时器/计数器设置为不同的工作方式。TMOD 寄存器高 4 位中的 M1、M0 用来控制 T1 的工作方式，低 4 位中的 M1、M0 用来控制 T0 的工作方式。M1、M0 位不同取值与定时器/计数器工作方式的关系见表 7-1。

表 7-1　TMOD 寄存器的 M1、M0 位值与定时器/计数器工作方式

M1	M0	工作方式	功　能
0	0	方式 0	设成 13 位计数器。T0 用 TH0（8 位）和 TL0 的低 5 位，T1 用 TH1（8 位）和 TL1 的低 5 位。最大计数值为 $2^{13} = 8192$
0	1	方式 1	设成 16 位计数器。T0 由 TH0 和 TL0 构成，T1 由 TH1 和 TL1 构成。最大计数值为 $2^{16} = 65536$
1	0	方式 2	设成带自动重装载功能的 8 位计数器。TL0 和 TL1 为 8 位计数器，TH0 和 TH1 存储自动重装载的初值
1	1	方式 3	只用于 T0。把 T0 分为两个独立的 8 位定时器 TH0 和 TL0，TL0 占用 T0 的全部控制位，TH0 占用 T1 的部分控制位，此时 T1 用作波特率发生器

7.3.3　定时器/计数器的工作方式

在 TMOD 寄存器的 M1、M0 位的控制下，定时器/计数器可以工作在四种不同的方式下，不同的工作方式适用于不同的场合。

1. 方式 0

当 M1 = 0、M0 = 0 时，定时器/计数器工作在方式 0，它被设成 13 位计数器。在方式 0 时，定时器/计数器由 TH、TL 两个 8 位计数器组成，使用 TH 的 8 位和 TL 的低 5 位。

（1）定时器/计数器工作在方式 0 时的电路结构与工作原理

定时器/计数器 T0、T1 工作在方式 0 时的电路结构、工作原理相同。以 T0 为例，将 TMOD 寄存器的低 4 位中的 M1、M0 位均设为 "0"，T0 工作在方式 0。定时器/计数器 T0 工作在方式 0 时的电路结构如图 7-6 所示。

当 T0 工作在方式 0 时，T0 是一个 13 位计数器。$C/\overline{T}$ 位通过控制开关 S1 来选择计数器的计数脉冲来源。当 $C/\overline{T} = 0$ 时，计数脉冲来自单片机内部振荡器（经 12 分频）；当 $C/\overline{T} = 1$ 时，计数脉冲来自单片机 T0 引脚（P3.4 端口）。

GATE 位控制 T0 的启动方式。GATE 位与$\overline{INT0}$引脚、TR0 位一起经逻辑电路后形成 CON 电平，再由 CON 电平来控制开关 S2 的通断。当 CON = 1 时，S2 闭合，T0 工作；当 CON = 0 时，S2 断开，T0 停止工作（S2 断开后无信号送给 T0）。GATE、$\overline{INT0}$和 TR0 形成 CON 电平的表达式为

$$CON = TR0 \cdot (\overline{GATE + \overline{INT0}})$$

图 7-6 定时器/计数器 T0 工作在方式 0 时的电路结构

从上式可知，若 GATE = 0，则 $(\overline{GATE+\overline{INT0}}) = 1$，CON = TR0，即当 GATE = 0 时，CON 的值与 TR0 的值一致，TR0 可直接控制 T0 的启动/停止；若 GATE = 1，则 CON = TR0 · $(\overline{INT0})$，即 CON 的值由 TR0、$\overline{INT0}$ 两个值决定，其中 TR0 的值由编程来控制（软件控制），而 $\overline{INT0}$ 的值由外部 $\overline{INT0}$ 引脚的电平控制，只有当它们的值都为 "1" 时，CON 的值才为 "1"，定时器/计数器 T0 才能启动。

（2）定时器/计数器初值的计算

若定时器/计数器工作在方式 0，当其与外部输入端（T0 引脚）连接时，可以用作 13 位计数器；当与内部振荡器连接时，可以用作定时器。

1）计数初值的计算。当定时器/计数器用作 13 位计数器时，它的最大计数值为 8192（2^{13}），当 T0 引脚输入 8192 个脉冲时，计数器就会产生溢出而发出中断请求信号。如希望不需要输入 8192 个脉冲，计数器就能产生溢出，可以给计数器预先设置数值，这个预先设置的数值称为计数初值。在方式 0 时，定时器/计数器的计数初值可用下式计算：

$$计数初值 = 2^{13} - 计数值$$

比如希望输入 1000 个脉冲计数器就能产生溢出，计数器的计数初值应设置为 7192（8192 - 1000）。

2）定时初值的计算。当定时器/计数器用作定时器时，它对内部振荡器产生的脉冲（经 12 分频）进行计数，该脉冲的频率为 $f_{osc}/12$，脉冲周期为 $12/f_{osc}$，定时器的最大定时时间为 $2^{13} \cdot 12/f_{osc}$，若振荡器的频率 f_{osc} 为 12MHz，定时器的最大定时时间为 8192μs。如果不希望定时这么长，定时器就能产生溢出，可以给定时器预先设置数值，这个预先设置的数值称为定时初值。在方式 0 时，定时器/计数器的定时初值可用下式计算：

$$定时初值 = 2^{13} - 定时值 = 2^{13} - tf_{osc}/12$$

比如单片机时钟振荡器的频率为 12MHz（即 12×10^6Hz），现要求定时 1000μs（即 1000×10^{-6}s）就能产生溢出，定时器的定时初值应为

$$定时初值 = 2^{13} - tf_{osc}/12 = 8192 - 1000 \times 10^{-6} \times 12 \times 10^6/12 = 7192$$

2. 方式 1

当 M1 = 0、M0 = 1 时，定时器/计数器工作在方式 1，它为 16 位计数器。除了计数位数不同外，定时器/计数器在方式 1 的电路结构与工作原理与方式 0 完全相同。定时器/计数器工作在方式 1 时的电路结构（以定时器/计数器 T0 为例）如图 7-7 所示。

定时器/计数器工作在方式 1 时的计数初值和定时初值的计算公式分别如下：

$$计数初值 = 2^{16} - 计数值$$
$$定时初值 = 2^{16} - 定时值 = 2^{16} - tf_{osc}/12$$

图 7-7　定时器/计数器 T0 在方式 1 时的电路结构

3. 方式 2

定时器/计数器工作方式 0 和方式 1 时适合进行一次计数或定时，若要进行多次计数或定时，可让定时器/计数器工作在方式 2。**当 M1 = 1、M0 = 0 时，定时器/计数器工作在方式 2，它为 8 位自动重装计数器。** 定时器/计数器工作在方式 2 时的电路结构（以定时器/计数器 T0 为例）如图 7-8 所示。

图 7-8　定时器/计数器 T0 在方式 2 时的电路结构

工作在方式 2 时，16 位定时器/计数器 T0 分成 TH0、TL0 两个 8 位计数器，其中 TL0 用来对脉冲计数，TH0 用来存放计数器初值。在计数时，当 TL0 计数溢出时会将 TCON 寄存器的 TF0 位置 "1"，同时也控制 TH0 重装开始，将 TH0 中的初值重新装入 TL0 中，然后 TL0 又开始在初值的基础上对输入脉冲进行计数。

定时器/计数器工作在方式 2 时的计数初值和定时初值的计算分别如下：

$$计数初值 = 2^8 - 计数值$$
$$定时初值 = 2^8 - 定时值 = 2^8 - tf_{osc}/12$$

4. 方式 3

定时器/计数器 T0 有方式 3，而 T1 没有（T1 只有方式 0~2）。当 TMOD 寄存器低 4 位中的 M1 = 1、M0 = 1 时，T0 工作在方式 3。在方式 3 时，T0 用作计数器或定时器。

（1）T0 工作在方式 3 时的电路结构与工作原理

在方式 3 时，定时器/计数器 T0 用作计数器或定时器，在该方式下 T0 的电路结构如图 7-9 所示。

在方式 3 时，T0 被分成 TL0、TH0 两个独立的 8 位计数器，其中 TL0 受 T0 的全部控制位控制（即原本控制整个 T0 的各个控制位，在该方式下全部用来控制 T0 的 TL0 计数器），而 TH0 受 T1 的部分控制位（TCON 的 TR1 位和 TF1 位）控制。

图 7-9 T0 工作在方式 3 时的电路结构

在方式 3 时，TL0 既可用作 8 位计数器（对外部信号计数），也可用作 8 位定时器（对内部信号计数）；TH0 只能用作 8 位定时器，它的启动受 TR1 的控制（TCON 的 TR1 位原本用来控制定时器/计数器 T1）。当 TR1 = 1 时，TH0 开始工作；当 TR1 = 0 时，TH0 停止工作，当 TH0 计数产生溢出时会向 TF1 置位。

（2）T0 工作在方式 3 时 T1 的电路结构与工作原理

当 T0 工作在方式 3 时，它占用了 T1 的一些控制位，此时 T1 还可以工作在方式 0~2（可通过设置 TMOD 寄存器高 4 位中的 M1、M0 的值来设置），在这种情况下 T1 一般用作波特率发生器。当 T0 工作在方式 3 时，T1 工作在方式 1 和方式 2 的电路结构如图 7-10 所示。

图 7-10 T0 工作在方式 3 时，T1 工作在方式 1 和方式 2 的电路结构

图 7-10a 是 T0 在方式 3 时 T1 工作在方式 1（或方式 0）时的电路结构。在该方式下，T1 是一个 16 位计数器，由于 TR1 控制位已被借用来控制 T0 的高 8 位计数器 TH0，所以 T1 在该方式下无法停止，一直处于工作状态。另外，由于 TF1 位也借给了 TH0，所以 T1 溢出后也不能对 TF1 进行置位产生中断请求信号，T1 溢出的信号只能输出到串行通信接口，此方式下的 T1 为波特率发生器。

图 7-10b 是 T0 在方式 3 时 T1 工作在方式 2 时的电路结构。在该方式下，T1 是一个 8 位自动重装计数器，除了具有自动重装载功能外，其他与方式 1 相同。

7.4 定时器/计数器的应用与编程

7.4.1 产生 1kHz 方波信号的程序与说明

1. 确定初值

1kHz 方波信号的周期 $T = 1/f = 1/1000 = 1\text{ms}$，高、低电平各为 0.5ms（500μs），要产生 1kHz 方波信号，只需让定时器/计数器每隔 0.5ms 产生一次计数溢出中断，中断后改变输出端口的值，并重复进行该过程即可。定时器/计数器 T0 工作在方式 1 时为 16 位计数器，最大计数值为 65536。T0 从 0 计到 65536 需要耗时 65.536ms（单片机时钟频率为 12MHz 时），要 T0 每隔 0.5ms 产生一次计数溢出，必须给 T0 设置定时初值。定时器/计数器工作在方式 1 时的定时初值的计算公式如下：

$$\text{定时初值} = 2^{16} - \text{定时值} = 2^{16} - tf_{osc}/12 = 65536 - 500 \times 10^{-6} \times 12 \times 10^{6} \div 12 = 65036$$

定时初值放在 TH0 和 TL0 两个 8 位寄存器中，TH0 存放初值的高 8 位，TL0 存放初值的低 8 位，65036 是一个十进制数，存放时需要转换成十六进制数，65036 转换成十六进制数为 0xFE0C，TH0 存放 FE，TL0 存放 0C。由于 65036 数据较大，转换成十六制数运算较麻烦，可采用 65036/256 得到 TH0 值，"/" 为相除取商，结果 TH0 = 254，软件编译时自动将十进制数 254 转换成十六进制数 FE，TL0 值可采用 (65536-500)%256 计算得到，"%" 为相除取余数，结果 TL0 = 12，十进制数 12 转换成十六进制数为 0C。

2. 程序说明

图 7-11 是一种让定时器/计数器 T0 工作在方式 1 时产生 1kHz 方波信号的程序。在程序中，先声明一个定时器及相关中断设置函数 T0Int_S，在该函数中，设置 T0 的工作方式（方式 1），设置 T0 的计数初值（65036，TH0、TL0 分别存放高、低 8 位），将信号输出端口 P1.0 赋初值 1，再打开总中断和 T0 中断，然后让 TCON 的 TR0 位为 1 启动 T0 开始计数。在图 7-11 所示程序中还编写一个定时器中断函数（子程序）T0Int_Z，在该函数中先给 T0 赋定时初值，再让输出端口 P1.0 值变反。

main 函数是程序的入口，main 函数之外的函数只能被 main 函数调用。图 7-11 所示程序运行时进入 main 函数，在 main 函数中先执行中断设置函数 T0Int_S，设置定时器工作方式和定时初值，将输出端口赋值 1，并打开总中断和 T0 中断，并启动 T0 开始计数，然后执行 while(1) 语句原地踏步等待，0.5ms（此期间输出端口 P1.0 为高电平）后 T0 计数达到 65536 溢出，产生一个 T0 中断请求信号触发定时器中断函数 T0Int_Z 执行，T0Int_Z 函数重新给 T0 定时器赋定时初值，再将输出端口 P1.0 值取反（T0Int_Z 函数第一次执行后，P1.0 变为低电平），中断函数 T0Int_Z 执行完后又返回到 main 函数的 while(1) 语句原地踏步等待，T0 则从中断函数设置的定时初值基础上重新计数，直到计数到 65536 产生中断请求再次执行中断函数，如此反复进行，P1.0 端口的高、低电平不断变化，一个周期内高、低电平持续时间都为 0.5ms，即 P1.0 端口有 1kHz 的方波信号输出。

使用频率计（也可以用带频率测量功能的数字万用表）可以在 P1.0 端口测得输出方波信号的频率，用示波器能直观地查看到输出信号的波形。由于单片机的时钟频率可能会漂移，另外程序语句执行需要一定时间，所以输出端口的实际输出信号频率与理论频率可能不完全一致，适当修改定时初值大小可使输出信号频率尽量接近需要输出的频率，输出信号频率偏低时可适当调大定时初值，这样计数时间更短就能产生溢出，从而使输出频率升高。

```
/*让定时器工作在方式1产生1kHz方波信号的程序*/
#include<reg51.h>          //调用reg51.h文件对单片机各特殊功能寄存器进行地址定义
sbit Xout=P1^0;            //用位定义关键字sbit将Xout代表P1.0端口

/*以下为定时器及相关中断设置函数*/
void T0Int_S (void)        //函数名为T0Int_S，输入和输出参数均为void（空），
{
  TMOD=0x01;               //让TMOD寄存器控制T0的M1M0=01，设T0工作在方式1（16位计数器）
  TH0=(65536-500)/256;     //将定时初值的高8位放入TH0，"/"为除法运算符号
  TL0=(65536-500)%256;     //将定时初值的低8位放入TL0，"%"为相除取余数符号
  Xout=1;                  //赋P1.0端口初值为1
  EA=1;                    //让IE寄存器的EA=1，打开总中断
  ET0=1;                   //让IE寄存器的ET0=1，允许T0的中断请求
  TR0=1;                   //让TCON寄存器的TR0=1，启动T0在TH0、TL0初值基础上开始计数
}
/*以下为主程序部分*/
main()                     //main为主函数，一个程序只允许有一个主函数，其语句要写在main
{                          //首尾大括号内，不管程序多复杂，单片机都会从main函数开始执行程序
  T0Int_S ();              //执行T0Int_S函数（定时器及相关中断设置函数）
  while(1);                //当while小括号内的条件非0(即为真)时，反复执行while语句，即程序在此处
}                          //原地踏步，直到T0计到65536产生中断请求才去执行T0Int_Z中断函数

/*以下T0Int_Z为定时器中断函数，用"(返回值) 函数名 (输入参数) interrupt n using m"格式
定义一个函数名T0Int_Z的中断函数，n为中断源编号，n=0~4，m为用作保护中断断点的
寄存器组，可使用4组寄存器（0~3），每组有7个寄存器（R0~R7），m=0~3，若只有
一个中断，可不写"using m"，使用多个中断时，不同中断应使用不同m*/
void T0Int_Z (void)  interrupt 1 using 1  //T0Int_Z为中断函数(用interrupt定义)，其返回值
{                                          //和输入参数均为void(空)，并且为T0的中断函数
                                           //(中断源编号n=1)，断点保护使用第1组寄存器(using 1)
  TH0=(65536-500)/256;     //将定时初值的高8位放入TH0，"/"为除法运算符号
  TL0=(65536-500)%256;     //将定时初值的低8位放入TL0，"%"为相除取余数符号
  Xout=~Xout;              //将P1.0端口值取反
}
```

图 7-11　定时器/计数器 T0 工作在方式 1 时产生 1kHz 方波信号的程序

7.4.2　产生 50kHz 方波信号的程序与说明

定时器/计数器工作在方式 1 时执行程序中的重装定时初值语句需要一定的时间，若让定时器/计数器工作在方式 1 来产生频率较高的信号，则得到的高频信号频率与理论频率差距很大。定时器/计数器工作在方式 2 时，一旦计数溢出，定时初值会自动重装，无须在程序中编写重新初值语句，故可以产生频率高且频率较准确的信号。

图 7-12 是一种让定时器/计数器 T1 工作在方式 2 时产生 50kHz 方波信号的程序。在程序的中断设置函数 T1Int_S 中，在 TL1 和 TH1 寄存器中分别设置了计数初值和重装初值，由于单片机会自动重装计数初值，故在定时器中断函数 T1Int_Z 中无须再编写重装初值的语句。定时器/计数器从 246 计到 256 需要 10μs，然后执行定时器中断函数 T1Int_Z 使输出端口电平变反，即输出方波信号周期为 20μs，频率为 50kHz。

```
/*让定时器工作在方式2产生50kHz方波信号的程序*/
#include<reg51.h>          //调用reg51.h文件对单片机各特殊功能寄存器进行地址定义
sbit Xout=P1^0;            //用位定义关键字sbit将Xout代表P1.0端口

/*以下为定时器及相关中断设置函数*/
void T1Int_S (void)        //函数名为T1Int_S，输入和输出参数均为void（空）
{
  TMOD=0x20;               //让TMOD寄存器控制T1的M1M0=10，设T1工作在方式2（8位重装计数器）
  TH1=246;                 //在TH1寄存器中设置计数重装值
  TL1=246;                 //在TL1寄存器装入计数初值
  Xout=1;                  //赋P1.0端口初值为1
  EA=1;                    //让IE寄存器的EA=1，打开总中断
  ET1=1;                   //让IE寄存器的ET1=1，允许T1的中断请求
  TR1=1;                   //让TCON寄存器的TR1=1，启动T1开始计数
}
/*以下为主程序部分*/
main()                     //main为主函数，一个程序只允许有一个主函数，其语句要写在main
{                          //首尾大括号内，不管程序多复杂，单片机都会从main函数开始执行程序
  T1Int_S ();              //执行T1Int_S函数（定时器及相关中断设置函数）
  while(1);                //当while小括号内的条件非0(即为真)时，反复执行while语句，即程序在此处
}                          //原地踏步，直到T1计到256时产生中断请求才去执行T1Int_Z中断函数

/*以下T1Int_Z为定时器中断函数，用"(返回值) 函数名 (输入参数) interrupt n using m"格式
定义一个函数名T1Int_Z的中断函数，n为中断源编号，n=0~4，m为用作保护中断断点的
寄存器组，可使用4组寄存器（0~3），每组有7个寄存器（R0~R7），m=0~3，若只有
一个中断，可不写"using m"，使用多个中断时，不同中断应使用不同m*/
void T1Int_Z (void)  interrupt 3 using 1  //T1Int_Z为中断函数(用interrupt定义)，其返回值
{                                          //和输入参数均为void(空)，并且为T1的中断函数
                                           //(中断源编号n=3)，断点保护使用第1组寄存器(using 1)
  Xout=~Xout;              //将P1.0端口值取反
}
```

图 7-12　定时器/计数器 T1 工作在方式 2 时产生 50kHz 方波信号的程序

7.4.3　产生周期为 1s 方波信号的程序与长延时的方法

定时器/计数器的最大计数值为 65536，当单片机时钟频率为 12MHz 时，定时器/计数器从 0 计到 65536 产生溢出中断需要 65.536ms，若采用每次计数溢出就转换一次信号电平的方法，只能产生周期最长约为 131ms 的方波信号，要产生周期更长的信号，可以让定时器/计数器溢出多次后再转换信号电平，这样就可以产生周期为（2×65.536×n）ms 的方波信号，n 为计数溢出的次数。

图 7-13 是一种让定时器/计数器 T0 工作在方式 1 时产生周期为 1s 方波信号的程序。该程序与图 7-11 程序的区别主要在于定时器中断函数的内容不同，本程序将定时器的定时初值设为（66536-50000），这样计到 65536 溢出需要 50ms，即每隔 50ms 会执行一次定时器中断函数 T0Int_Z，用 i 值计算 T0Int_Z 的执行次数，当第 11 次执行时 i 值变为 11，if 大括号内的语句执行，将 i 值清 0，同时将输出端口值变反。也就是说，定时器/计数器执行 10 次（每次需要 50ms）时输出端口电平不变，第 11 次执行时输出端口电平变反，i 值变为 0，又开始保持电平不变进行 10 次计数，结果输出端口得到 1s（1000ms）的方波信号。

```
/*让定时器工作在方式1产生周期为1s的方波信号的程序*/
#include<reg51.h>          //调用reg51.h文件对单片机各特殊功能寄存器进行地址定义
sbit Xout=P1^0;            //用位定义关键字sbit将Xout代表P1.0端口
/*以下为定时器及相关中断设置函数*/
void T0Int_S (void)        //函数名为T0Int_S，输入和输出参数均为void(空)
{
  TMOD=0x01;               //让TMOD寄存器的M1M0=01，设T0工作在方式1(16位计数器)
  TH0=(65536-50000)/256;   //将定时初值的高8位放入TH0，"/"为除法运算符号
  TL0=(65536-50000)%256;   //将定时初值的低8位放入TL0，"%"为相除取余数符号
  Xout=0;                  //赋P1.0端口初值为1
  EA=1;                    //让IE寄存器的EA=1，打开总中断
  ET0=1;                   //让IE寄存器ET0=1，允许T0的中断请求
  TR0=1;                   //让TCON寄存器的TR0=1，启动T0在TH0、TL0初值基础上开始计数
}
/*以下为主程序部分*/
main()                     //main为主函数，一个程序只允许有一个主函数，其语句要写在main
{                          //首尾大括号内，不管程序有多复杂，单片机都会从main函数开始执行程序

  T0Int_S ();              //执行T0Int_S函数（定时器及相关中断设置函数）
  while(1);                //当while小括号内的条件非0(即为真)时，反复执行while语句，即程序在此处
}                          //原地踏步，直到T0计到65536时产生中断请求求去执行T0Int_Z中断函数

/*以下T0Int_Z为定时器中断函数，用"(返回值) 函数名 (输入参数) interrupt n using m"格式
定义一个函数名T0Int_Z的中断函数，n为中断源编号，n=0~4，m为用作保护中断断点的
寄存器组，可使用4组寄存器组（0~3），每组有7个寄存器(R0~R7)，n=0~3，若只有
一个中断，可不写"using m"，使用多个中断时，不同中断应使用不同m*/
void T0Int_Z (void) interrupt 1 using 1  //T0Int_Z为中断函数(用interrupt定义)，其返回回值
{                                        //和输入参数均为void(空)，并且为T0的中断函数
                                         //(中断源编号n=1)，断点保护使用第1组寄存器(using 1)
  unsigned int i;          //声明一个无符号(unsigned)整数型(int)变量i，i=0~65535
  TH0=(65536-50000)/256;   //将定时初值的高8位放入TH0，"/"为除法运算符号
  TL0=(65536-50000)%256;   //将定时初值的低8位放入TL0，"%"为相除取余数符号
  i++;                     //将i值加1，T0Int_Z函数需执行11次才会使i=11
  if(i==11)                //如果i=11，执行if大括号的语句，否则跳到大括号之后，
  {                        //T0Int_Z函数需执行11次才会执行if大括号内的语句
    i=0;                   //将i值置0
    Xout =~Xout;           //将P1.0端口值取反
  }
}
```

图 7-13　定时器/计数器 T0 工作在方式 1 时产生周期为 1s 方波信号的程序

如果在 T0Int_Z 函数的 "Xout =~Xout；" 语句之后增加一条 "TR0=0" 语句，T0Int_Z 函数仅会执行一次，并且会让定时器/计数器 T0 计数停止，即单片机上电后，P1.0 端口输出低电平，500ms 后，P1.0 端口输出变为高电平，此后该高电平一直保持。若需要获得较长的延时，可以增大程序中的 i 值（最大取值为 65535），比如 i=60000，可以得到 50ms×60000=3000s 的定时，如果要获得更长的延时，可以将 "unsigned int i" 改成 "unsigned long int i"，这样 i 由 16 位整数型变量变成 32 位整数型变量，取值范围由 0~65535 变成 0~4294967295。

第8章

按键电路与编程

8.1 独立按键输入电路与程序详解

8.1.1 开关输入产生的抖动及软、硬件解决方法

1. 开关输入电路与开关的抖动

图 8-1a 是一种简单的开关输入电路。在理想状态下，当按下开关 S 时，给单片机输入一个 "0"（低电平）；当 S 断开时，则给单片机输入一个 "1"（高电平）。但实际上，当按下开关 S 时，由于手的抖动，S 会断开、闭合几次，然后稳定闭合，所以按下开关时，给单片机输入的低电平不稳定，而是高、低电平变化几次（持续 10~20ms），再保持为低电平，同样在 S 弹起时也有这种情况。开关通断时产生的开关输入信号如图 8-1b 所示。开关抖动给单片机输入不正常的信号后，可能会使单片机产生误动作，应设法消除开关的抖动。

a) 开关输入电路 b) 开关输入信号

图 8-1 开关输入电路与开关输入信号

2. 开关输入抖动的解决方法

开关输入抖动的解决方法有硬件防抖法和软件防抖法。

（1）硬件防抖

硬件防抖的方法很多，图 8-2 是两种常见的硬件防抖电路。

在图 8-2a 中，当开关 S 断开时，+5V 电压经电阻 R 对电容 C 充电，在 C 上充得+5V 电压，当按下开关，S 闭合时，由于开关电阻小，电容 C 通过开关迅速将两端电荷放掉，两端电压迅速降低（接近 0V），单片机输入为低电平，在按下开关时，由于手的抖动导致会开关短时断开，+5V电压经 R 对 C 充电，但由于 R 阻值大，短时间电容 C 充电很少，电容 C 两端电压基本不变，故单片机输入仍为低电平，从而保证在开关抖动时仍可给单片机输入稳定的电平信号。图 8-2b

所示防抖电路的工作原理读者可自行分析。

如果采用图 8-2 所示的防抖电路，选择 RC 的值比较关键，RC 元件的值可以用下式计算：

$$t < 0.357RC$$

因为抖动时间一般为 10~20ms，如果 R = 10kΩ，那么 C 可在 2.8 ~ 5.6μF 之间选择，通常选择 3.3μF。

（2）软件防抖

使用硬件可以消除开关输入的

a) 防抖电路一　　　b) 防抖电路二

图 8-2　两种常见的开关输入硬件防抖电路

抖动，但会使输入电路变复杂且成本提高，为使硬件输入电路简单和降低成本，也可以通过软件编程的方法来消除开关输入的抖动。

软件防抖的基本思路是在单片机第一次检测到开关按下或断开时，马上执行延时程序（一般为 10~20ms），在延时期间不接收开关产生的输入信号（此期间可能是抖动信号），经延时时间后开关通断已稳定，单片机再检测开关的状态，这样就可以避开开关产生的抖动信号，而检测到稳定正确的开关输入信号。

8.1.2　单片机连接 8 个独立按键和 8 个 LED 的电路

图 8-3 所示的单片机连接了 8 个独立按键和 8 个发光二极管（LED），可以选择某个按键来控制 LED 的亮灭，具体由编写的程序来决定。

图 8-3　单片机连接 8 个独立按键和 8 个 LED 的电路

8.1.3　一个按键点动控制一个 LED 亮灭的程序与说明

图 8-4 是一个按键点动控制一个 LED 亮灭的程序。程序执行时，按下单片机 P3.0 端口的 S1 键时，P1.0 端口的 VD1 亮，松开 S1 键时 VD1 熄灭。

按键点动控制 LED 亮灭是指当按键按下时 LED 亮，按键松开时 LED 灭。图 8-4 所示程序使用了选择语句"if（表达式）｛语句一｝else｛语句二｝"，在执行该语句时，如果（if）表达式成立，则执行语句一，否则（else，即表达式不成立）执行语句二。该程序中未使用延时防抖程序，这是因为 LED 的状态直接与按键的状态对应，而 LED 亮灭变化需较长时间完成，而按键抖动产生的变化很短，对 LED 亮灭影响可忽略不计。

图 8-4　一个按键点动控制一个 LED 亮灭的程序

8.1.4　一个按键锁定控制一个 LED 亮灭的程序与说明

图 8-5 是一个按键锁定控制一个 LED 亮灭的程序。程序执行时，按下单片机 P3.0 端口的 S1 键时，P1.0 端口连接的 VD1 亮，松开 S1 键后 VD1 仍亮，再按下 S1 键时 VD1 熄灭，松开 S1 键后 VD1 仍不亮，即松开按键后 LED 的状态锁定，需要再次按压按键才能切换 LED 的状态。

```
/*一个按键锁定控制一个LED亮灭的程序*/
#include<reg51.h>          //调用reg51.h文件对单片机各特殊功能寄存器进行地址定义
sbit LED=P1^0;             //用位定义关键字sbit将LED代表P1.0端口，LED是自己任意
                           //定义且容易记忆的符号
sbit S1=P3^0;              //用位定义关键字sbit将S1代表P3.0端口
void DelayUs(unsigned char tu);  //声明一个DelayUs（微秒级延时）函数，输入参数为unsigned
                           //（无符号）char（字符型）变量tu，tu为8位，取值范围 0～255
void DelayMs(unsigned char tm);  //声明一个DelayMs（毫秒级延时）函数

/*以下为主程序部分*/
void main (void)
{
  S1=1;                    //将按键输入端口P3.0赋值1
  while (1)                //while为循环控制语句，当小括号内的条件非0(即为真)时，反复
                           //执行while大括号内的语句
  {                        //第一个while语句首大括号
    if(S1!=1)              //if（如果）S1的反值为1，表示按键按下，则执行本if大括号内的语句，
                           //如果S1的反值不为1（按键未按下），则执行本if尾大括号之后的语句
    {                      //第一个if语句首大括号
      DelayMs(10);         //若按下按键，则执行DelayMs函数，DelayMs的输入参数tm被赋值10，
                           //延时约10ms，在此期间内按键产生的抖动信号不影响程序
      if(S1!=1)            //再次检测按键是否按下，按下则执行本if尾大括号之后的语句，未按下
                           //则执行本if尾大括号之后的语句
      {                    //第二个if语句首大括号
        while(S1!=1);      //检测按键的状态，按键处于闭合（S1!=1成立）则反复执行while语句，
                           //按键一旦释放即马上执行while之后的语句
        LED=!LED;          //将P1.0端口的值取反
      }                    //第二个if语句尾大括号
    }                      //第一个if语句尾大括号
  }                        //第一while语句尾大括号
}

/*以下DelayUs为微秒级延时函数，其输入参数为unsigned char tu（无符号字符变量tu），
tu值为8位，取值范围 0～255，如果单片机的晶振频率为12MHz，本函数延时时间可用
T=(tu×2+5) us 近似计算，比如tu=248，T=501 us=0.5ms */
void DelayUs (unsigned char tu)   //DelayUs为微秒级延时函数，其输入参数为无符号字符型变量tu
{
  while(--tu);             //while为循环语句，每执行一次while语句，tu就减1，
                           //直到tu值为0时才执行while尾大括号之后的语句
}

/*以下DelayMs为毫秒级延时函数，其输入参数为unsigned char tm（无符号字符型变量tm），
该函数内部使用了两个DelayUs（248）函数，它们共延时1002us（约1ms），
由于tm值最大为255，故本DelayMs函数最大延时时间为255ms，若将输入参数
定义为unsigned int tm，则最大可获得65535ms的延时时间*/
void DelayMs(unsigned char tm)
{
  while(tm--)
  {
    DelayUs (248);
    DelayUs (248);
  }
}
```

图 8-5　一个按键锁定控制一个 LED 亮灭的程序

在图 8-5 所示程序中，使用了 DelalyUs（tu）和 DelalyMs（tm）两个延时函数，DelalyUs（tu）为微秒级延时函数，如果单片机的时钟晶振频率为 12MHz，其延时时间可近似用 $T=(tu\times2+5)\,\mu s$ 计算，DelalyUs（248）延时时间约为 0.5ms，DelalyMs（tm）为毫秒级延时函数，其内部使用了两次 DelalyUs（248），其总延时时间为（tu×2+5）×2×tm，当 tu=248、tm=10 时，DelalyMs（tm）函数延时时间约为 10ms。在程序中使用了"while(S1!=1);"语句，可以使"LED=LED!"语句只有在按键释放断开时才执行，若去掉"while(S1!=1);"语句，在按键按下期间，"LED=LED!"语句可能会执行多次，从而使 P1.0 值不确定，按键操作结果不确定。

8.1.5　四路抢答器的程序与说明

图 8-6 是四路抢答器的程序。程序执行时，按下 P3.0~P3.3 端口外接的 S1~S4 中的某个按键，P1.0~P1.3 端口的对应 LED 会点亮，如果 S1~S4 按键均按下，最先按下的按键操作有效，按下 S5 键可以熄灭所有的 LED，重新开始下一轮抢答。

程序说明见图 8-6 的注释部分。

图 8-6　四路抢答器的程序

8.1.6　独立按键控制 LED 和 LED 数码管的单片电路

图 8-7 为独立按键控制 LED 和 LED 数码管的单片电路，S1~S8 按键分别接在 P3.0~P3.7 端口与地之间，按键按下时，单片机相应的端口输入低电平，松开按键时，相应端口输入高电平。另外，单片机的 P0 端口和 P2.2、P2.3 端口还通过段、位锁存器 74HC573 与 8 位共阴数码管连接。

8.1.7　两个按键控制一位数字增、减并用 8 位数码管显示的程序与说明

图 8-8 是两个按键控制一位数字增、减并用 8 位数码管显示的程序。接通电源后，8 位数码管在最低位显示一个数字"0"，每按一下增键（S1 键），数字就增 1，增到 9 后不再增大，每按一下减键（S2 键），数字就减 1，减到 0 后不再减小。

在图 8-8 所示程序中，有一段程序检测增键是否按下，有一段程序检测减键是否按下，每按一下增键，num 就增 1，增到 num=9 后不再增大，每按一下减键，num 值就减 1，减到 num=0 后不再减小，num 值就是要显示的数字。增、减键检测程序执行后，用"TData[0]=DMtable

［num%10］;"语句将 DMtable 表格第 num+1 个数字的段码传送到 TData 数组的第一个位置（num%10 意为 num 除 10 取余数，当 num=0～9 时，num%10=num），再执行"Display（0，1）;"语句将 num 值的数字在 8 位数码管的最低位显示出来。在执行"Display（0，1）;"时，先让 P0 端口输出 0，清除上次段码显示输出，然后将 WMtable 表格中的第 1 个位码送给 P0 端口输出（i、ShiWei 均为 0，故 i+ShiWei +1=1）个，即让 8 位数码管的最低位显示，再将 TData 数组中的第 1 个段码送给 P0 端口输出（i 为 0，故 i+1=1），即将 TData 数组的第一个元素值（来自 DMtable 表格的第 num+1 个元素的段码，也就是 num 值数字的段码）从 P0 端口输出，从而在 8 位数码管最低位将 num 值的数字显示出来。

图 8-7　独立按键控制 LED 和 LED 数码管的单片电路

```
/*用两个按键分别控制8位数码管最低位数字增、减的程序*/
#include<reg51.h>                              //调用reg51.h文件对单片机各特殊功能寄存器进行地址定义
sbit KeyAdd=P3^0;                             //用位定义关键字sbit将KeyAdd(增键)代表P3.0端口
sbit KeyDec=P3^1;                             //用位定义关键字sbit将KeyDec(减键)代表P3.1端口
#define WDM P0                                //用define(宏定义)命令将WDM代表P0,程序中WDM与P0等同,
                                              //   define与include一样,都是预处理命令,前面需加一个"#"
sbit DuanSuo=P2^2;                            //用关键字sbit将DuanSuo代表P2.2端口
sbit WeiSuo=P2^3;                             //用关键字sbit将WeiSuo代表P2.3端口
unsigned char code DMtable[]={0x3f,0x06,0x5b,    //在ROM中定义(使用了关键字code)
                      0X4f,0X66,0X6d,            //一个无符号字符型数组DMtable,
                      0x7d,0X07,0x7f,0X6f};      //表格中存放着数字0~9的段码
unsigned char code WMtable[]={0xfe,0xfd,0xfb,0xf7,    //在ROM中定义一个无符号字符型数组WMtable,
                      0xef,0xdf,0xbf,0x7f};            //表格中存放8位数码管低位到高位的位码
unsigned char TData[8];                       //定义一个可存放8个元素的无符号字符型一维数组(表格)TData
void DelayUs(unsigned char tu);               //声明一个DelayUs(微秒级延时)函数,输入参数为无符号
                                              //(无符号)char(字符型)变量tu, tu为8位,取值范围 0~255
void DelayMs(unsigned char tm);               //声明一个DelayMs(毫秒级延时)函数
void Display(unsigned char ShiWei,unsigned char WeiShu);  //声明一个Display(显示)函数,它有
                                              //ShiWei和WeiShu两个输入参数,均为
                                              //无符号字符型变量

/*以下为主程序部分*/
void main (void)
{
unsigned char num=0;                          //声明 一个无符号字符型变量num, num初值赋0
KeyAdd=1;                                     //将增键的输入端口置高电平
KeyDec=1;                                     //将减键的输入端口置高电平
while (1)                                     //主循环
{
  if(!KeyAdd)                                 //!KeyAdd可写成KeyAdd!=1, it(如果)KeyAdd的反值为1,表示增键按下,
                                              //则执行if大括号内的语句,否则(增键未按下)执行本if尾大括号之后的语句
  {                                           //第一个if语句首大括号
    DelayMs(10);                              //执行DelayMs延时函数进行按键防抖,输入参数为10时可延时约10ms
    if(!KeyAdd)                               //再次检测增键是否按下,未按下执行本if大括号之后的语句
    {                                         //第二个if语句首大括号
      while(!KeyAdd);                         //检测增键的状态,增键处于闭合(!KeyAdd为1)反复执行while语句,
                                              //增键一旦释放断开马上执行while之后的语句
      if(num<9)                               //如果num值小于9,则执行本if大括号内的语句,否则跳出本if语句
      {                                       //第三个if语句首大括号
        num++;                                //将num值加1,每按一次增键,num值增1, num增到9时不再增大
      }                                       //第三个if语句尾大括号
    }                                         //第二个if语句尾大括号
  }                                           //第一个if语句尾大括号

  if(!KeyDec)                                 //检测减键是否按下,如果KeyDec反值为1(减键按下),执行本if大括号内语句
  {
    DelayMs(10);                              //执行DelayMs延时函数进行按键防抖,输入参数为10时可延时约10ms
    if(!KeyDec)                               //再次检测减键是否按下,未按下执行本if大括号内的语句,否则跳出本if语句
    {
      while(!KeyDec);                         //检测减键的状态,减键处于闭合(!KeyDec为1)时反复执行while语句,
                                              //减键一旦释放断开马上执行while之后的语句
      if(num>0)                               //如果num值大于0,则执行本if大括号内的语句,否则跳出本if语句
      {
        num--;                                //将num值减1,每按一次减键,num值减1, num减到0时不再减小
      }
    }
  }
  TData[0]= DMtable[num%10];                  //将DMtable表格第num+1个段码传送到TData数组的第一个位置
                                              //num%10意为num除10取余数,当num=0~9时,num%10=num
  Display(0,1);                               //执行Display函数,同时将0、1分别赋给输入参数ShiWei和WeiShu
}

/*以下DelayUs为微秒级延时函数,其输入参数为unsigned char tu(无符号字符型变量tu),
tu值为8位,取值范围 0~255,如果单片机的晶振频率为12MHz,本函数延时时间可用
T=(tu×2+5) us 近似计算,比如tu=248, T=501 us≈0.5ms */
void DelayUs (unsigned char tu)               //DelayUs为微秒级延时函数,其输入参数为无符号字符型变量tu
{
  while(--tu);                                //while为循环语句,每执行一次while语句,tu值就减1,
                                              //直到tu值为0时才执行while尾大括号之后的语句
}

/*以下DelayMs为毫秒级延时函数,其输入参数为unsigned char tm(无符号字符型变量tm),
该函数内部使用了两个DelayUs(248)函数,它们共延时1002us(约1ms),
由于tm值最大为255,故本DelayMs函数最大延时时间为255ms,若将输入参数
定义为unsigned int tm,则最长可获得65535ms的延时时间*/
void DelayMs(unsigned char tm)
{
  while(tm--)
  {
    DelayUs (248);
    DelayUs (248);
  }
}

/*以下为Display显示函数,用于驱动8位数码管动态扫描显示字符,输入参数 ShiWei 表示显示的开始位,
如ShiWei为0表示从第一个数码管开始显示, WeiShu表示显示的位数,如显示99两位数应让WeiShu为2 */
void Display(unsigned char ShiWei,unsigned char WeiShu)  // Display(显示)函数有两个输入参数,
                                              //分别为无符号字符型变量
                                              //ShiWei(开始位)和WeiShu(位数)
{
  unsigned char i;                            //声明一个无符号字符型变量i
  for(i=0;i<WeiShu;i++)                       //for为循环语句,先让i=0,再判断i<WeiShu是否成立,成立执行for首尾
                                              //大括号的语句,执行完后执行i++将1加1,然后又判断i<WeiShu是否成立,
                                              //如此反复,直到i<WeiShu不成立,才跳出for语句,若WeiShu被赋值1,
                                              //for语句大括号内的语句只执行1次
  {
    WDM=WMtable[i+ShiWei];                    //将WMtable表格中的第i+ShiWei +1个位码送给P0端口输出
    WeiSuo=1;                                 //让P2.3端口输出高电平,开通位码锁存器,锁存器输入变化时输出会随之变化
    WeiSuo=0;                                 //让P2.3端口输出低电平,位码锁存器被封锁,锁存器的输出值被锁定不变
    WDM= TData[i];                            //将TData表格中的第i+1段码送给P0端口输出
    DuanSuo=1;                                //让P2.2端口输出高电平,开通段码锁存器,锁存器输入变化时输出会随之变化
    DuanSuo=0;                                //让P2.2端口输出低电平,段码锁存器被封锁,锁存器的输出值被锁定不变
    DelayMs(2);                               //执行DelayMs延时函数延时约2ms,时间太长会闪烁,太短会造成重影
  }
}
```

图 8-8　两个按键控制一位数字增、减并用 8 位数码管显示的程序

8.1.8　两个按键控制多位数字增、减并用 8 位数码管显示的程序与说明

图 8-9 是两个按键控制多位数字增、减并用 8 位数码管显示的程序。接通电源后，8 位数码管最低 2 位显示数字"00"，每按一下增键（S1 键），数字就增 1，增到 99 后不再增大，每按一下减键（S2 键），数字就减 1，减到 00 后不再减小。

```
/*用两个按键分别控制8位数码管的多位数字增、减的程序*/
#include<reg51.h>
sbit KeyAdd=P3^0;
sbit KeyDec=P3^1;
#define WDM P0
sbit DuanSuo=P2^2;
sbit WeiSuo=P2^3;
unsigned char code DMtable[]={0x3f,0x06,0x5b, 0x4f,0x66,0x6d, 0x7d,0x07, 0x7f,0x6f};
unsigned char code WMtable[]={0xfe,0xfd,0xfb,0xf7, 0xef,0xdf,0xbf,0x7f};
unsigned char TData[8];
void DelayUs(unsigned char tu);
void DelayMs(unsigned char tm);
void Display(unsigned char ShiWei,unsigned char WeiShu);
/*以下为主程序部分*/
void main (void)
{
 unsigned char num=0;
 KeyAdd=1;
 KeyDec=1;
 while (1)
 {
  if(!KeyAdd)         //检测增键是否按下
  {
   Display(0,8);       //若增键按下后执行Display函数驱动8位数码管动态显示8位（刷新），执行该函数
                       //耗时约16ms，既可以延时防抖，还能在按下增键时数码管多位仍显示，不至于因
                       //显示间断而闪烁，显示1位时此处用DelayMs(10)延时防抖
   if(!KeyAdd)         //再次检测增键是否按下
   {
    while(!KeyAdd)     //增键按下后反复执行大括号内的Display(0,8)
    {
     Display(0,8);     //执行Display(0,8)来防抖并刷新显示8位，显示1位时此处用DelayMs(10)
    }
    if(num<99)         //两位数增、减时用num<99，一位时用num<9
    {
     num++;
    }
   }
  }

  if(!KeyDec)         //检测减键是否按下
  {
   Display(0,8);       //若减键按下后执行Display函数驱动8位数码管动态显示8位（刷新），执行该函数
                       //耗时约16ms，既可以延时防抖，还能在按下减键时数码管多位仍显示，不至于因
                       //显示间断而闪烁，显示1位时此处用DelayMs(10)延时防抖
   if(!KeyDec)         //再次检测减键是否按下，按下则执行本if大括号内语句，否则跳出本if语句
   {
    while(!KeyDec)     //减键按下后反复执行大括号内的Display(0,8)
    {
     Display(0,8);     //执行Display(0,8)来防抖并显示8位，显示1位时此处用DelayMs(10)
    }
    if(num>0)
    {
     num--;
    }
   }
  }
  TData[0]= DMtable [num/10];   //分解显示的多位数字，显示2位数字，如89，则89/10=8  89%10=9
  TData[1]=DMtable [num%10];    //将2位数字的高、低位数字的段码分别送到TData表格的第一、第二个位置
  Display(0,8);                  //执行Display(0,8)显示操作增键或减键之后的8位数字
 }
}
/*以下DelayUs为微秒级延时函数 */
void DelayUs (unsigned char tu)
{
 while(--tu);
}
/*以下DelayMs为毫秒级延时函数 */
void DelayMs(unsigned char tm)
{
 while(tm--)
 {
  DelayUs (248);
  DelayUs (248);
 }
}
/*以下为Display显示函数 */
void Display(unsigned char ShiWei,unsigned char WeiShu)
{
 unsigned char i;
 for(i=0;i<WeiShu;i++)
 {
  WDM=WMtable[i+ShiWei];
  WeiSuo=1;
  WeiSuo=0;

  WDM= TData [i];
  DuanSuo=1;
  DuanSuo=0;
  DelayMs(2);
 }
}
```

图 8-9　两个按键控制多位数字增、减并用 8 位数码管显示的程序

该程序与控制一位数字增、减的程序大部分相同，图中标有下横线的语句为不同部分。当数码管采用静态方式显示一位数字，在操作增键或减键时，即使很长时间执行不到显示函数 Display，位、段码锁存器仍会输出先前的位码和段码，故显示的数字并不会消失，但数码管显示多位数字时采用动态扫描方式，在操作增键或减键时，如果较长时间执行不到显示函数 Display，动态显示的数字就不能及时刷新而消失。为了在操作增键或减键时数码管显示的数字不会消失，图 8-9 所示程序在检测到按键有操作时就会执行 Display 显示函数，该函数执行时会消耗一定的时间，这样一方面可以在按键操作时延时防抖，还会刷新数码管的显示，使操作按键时数码管显示的数字不会消失。

在显示一位数字 num 时，只要采用 num%10（除以 10 取余数）语句即可，若要显示多位数字，需要对多位数进行分解，以显示两位数 89 为例，应用 89/10=8 取得十位数 8，用 89%10=9 取得个位数 9，再把这两个数字的段码存到表格不同位置，在执行显示函数时，会从表格中读取

这两个数字的段码并显示在数码管不同位置上。在操作增键或减键时，num 值发生变化，数码管显示的数字随之发生变化。

8.1.9　按键长按与短按产生不同控制效果的程序与说明

单片机的端口有限且为了简化按键电路，可以对按键的长按与短按进行不同的控制。图 8-10 是按键长按与短按产生不同控制效果的程序。

```c
/*用两个按键以长按和短按方式来控制数字快增减和慢增减的程序*/
#include<reg51.h>        //调用reg51.h文件对单片机各特殊功能寄存器地址定义
sbit KeyAdd=P3^0;        //用位定义关键字sbit将KeyAdd(增键)代表P3.0端口
sbit KeyDec=P3^1;
#define WDM P0            //用define(宏定义)命令将WDM代表P0,程序中WDM与P0等同,
sbit DuanSuo=P2^2;
sbit WeiSuo =P2^3;

unsigned char code DMtable[10]={0x3f,0x06,0x5b,0x4f,0x66,0x6d,0x7d,0x07,0x7f,0x6f};  //定义一个DMtable表格,
                                                                                     //存放数字0~9的段码
unsigned char code WMtable[]={0xfe,0xfd,0xfb,0xf7,0xef,0xdf,0xbf,0x7f};  //定义一个WMtable表格,
                                                                         //存放8位数码管低位到高位的位码
unsigned char TData[8];  //定义一个可存放8个元素的一维数组(表格)TData

void DelayUs(unsigned char tu);  //声明一个DelayUs(微秒级延时)函数,输入参数tu取值范围 0~255
void DelayMs(unsigned char tm);  //声明一个DelayMs(毫秒级延时)函数,输入参数tm取值范围 0~255
void Display(unsigned char ShiWei,unsigned char WeiShu);  //声明一个Display(显示)函数,两个输入参数
                                                          //ShiWei和WeiShu分别为显示的起始位和显示的位数
void T0Int_S(void);  //声明一个T0Int_S函数,用来设置定时器及相关中断

/*以下为主程序部分*/
void main (void)
{
  unsigned char num=0,keytime;  //定义两个变量num(显示的数字)和keytime(按键按压计时)
  KeyAdd=1;        //将增键的输入端口置高电平
  KeyDec=1;        //将减键的输入端口置高电平
  T0Int_S();       //执行T0Int_S函数,对定时器T0及相关中断进行设置,启动T0开始计时
  while (1)        //while小括号为1(真)时,反复执行while首尾大括号内的语句
  {
   /*以下为增键长按和短按检测部分*/
   if(KeyAdd==0)   //检测增键是否按下,KeyAdd==0表示按下,执行本if大括号内的语句,否则执行本if尾大括号之后的语句
   {
    DelayMs(10);   //延时10ms以避过按键抖动
    if(KeyAdd==0)  //再次检测增键是否按下,按下则往下执行,否则执行本if尾大括号之后的语句
    {
     while(KeyAdd==0)  //当增键仍处于按下(KeyAdd==0成立)时反复执行本while大括号内的语句,每执行一次约需10ms
     {
      keytime++;   //将变量keytime值增1
      DelayMs(10); //延时10ms
      if(keytime==200)  //如果keytime=200(keytime++执行了200次,用时2s),执行本if大括号的语句(长按执行的语句)
      {
       keytime=0;  //将keytime清0
       while(KeyAdd==0)  //若增键处于还处于按下(KeyAdd==0成立),反复执行本while大括号内的语句
       {
        if(num<99)  //如果num<99,执行本if大括号内的语句
        {
         num++;     //将num值增1
         TData[0]=DMtable [num/10];  //分解显示的多位数字,/表示相除,%表示相除取余,比如num=89,则num/10=8,
         TData[1]=DMtable [num%10];  //num%10=9,将num高、低位数字的段码分别送到TData表格的第一、第二个位置
         DelayMs(50);  //长按时num值变化的间隔时间为50ms,长按后5s 可让num值从00变到99
        }
       }
      }
     }
     keytime=0;    //若未达到长按时间(keytime未到200)则认为是短按,将keytime值清0,防止多次短按累加计时
     if(num<99)    //如果num<99,执行本if大括号内的语句
     {
      num++;       //将num值增1
     }
    }
   }
   /*以下为减键长按和短按检测部分*/
   if(KeyDec==0)   //检测减键是否按下,KeyDec==0表示按下,执行本if大括号内的语句,否则执行本if尾大括号之后的语句
   {
    DelayMs(10);   //延时10ms以避过按键抖动
    if(KeyDec==0)  //再次检测减键是否按下,按下则往下执行,否则执行本if尾大括号之后的语句
    {
     while(KeyDec==0)  //当减键仍处于按下时反复执行本while大括号内的语句,每执行一次约需10ms
     {
      keytime++;   //将变量keytime值增1
      DelayMs(10); //延时10ms
      if(keytime==200)  //如果keytime=200(keytime++执行了200次,用时2s),执行本if大括号的语句(长按执行的语句)
      {
       keytime=0;  //将keytime清0
       while(KeyDec==0)  //若减键处于仍处于按下(KeyDec==0成立),反复执行本while大括号内的语句
       {
        if(num>0)  //如果num>0,执行本if大括号内的语句
        {
         num--;    //将num值减1
         TData[0]=DMtable [num/10];  //分解显示的多位数字,/表示相除,%表示相除取余,比如num=89,则num/10=8,
         TData[1]=DMtable [num%10];  //num%10=9,将num高、低位数字的段码分别送到TData表格的第一、第二个位置
         DelayMs(50);  //长按时num值变化的间隔时间为50ms,长按后5s 可让num值从99变到00
        }
       }
      }
     }
     keytime=0;    //若未达到长按时间则认为是短按,将keytime值清0,防止多次短按累加计时
     if(num>0)     //如果num>0,执行本if大括号内的语句
     {
      num--;       //将num值减1
     }
    }
   }
   /*以下语句将数字num分解,并从DMtable将分解的数字对应段码送给TData,Display函数从TData读取段码将数字显示出来*/
   TData[0]=DMtable [num/10];  //分解显示的多位数字,/表示相除,%表示相除取余,比如num=89,则num/10=8,num%10=9
   TData[1]=DMtable [num%10];  //将num高、低位数字的段码分别送到TData表格(数组)的第一、第二个位置
                               //在此处可添加主循环中其他需要一直工作的程序
  }
}
```

图 8-10　按键长按与短按产生不同控制效果的程序

```
/*以下DelayUs为微秒级延时函数,其输入参数为unsigned char tu(无符号字符型变量tu),tu值为8位,取值范围 0~255,
如果单片机的晶振频率为12M,本函数延时时间可用T=(tux2+5)us 近似计算,比如tu=248,T=501 us=0.5ms */
void DelayUs (unsigned char tu)   //DelayUs为微秒级延时函数,其输入参数为无符号字符型变量tu
{
  while(--tu);    //while为循环语句,每执行一次while语句,tu值就减1,直到tu值为0时才执行while尾大括号之后的语句
}

/*以下DelayMs为毫秒级延时函数,该函数内部使用了两个DelayUs(248)函数,它们共延时1002us(约1ms),由于tm值最大为255,
故本DelayMs函数最大延时时间为255ms,将输入参数定义为unsigned int tm,则最长可获得65535ms的延时时间*/
void DelayMs(unsigned char tm)
{
  while(tm--)
  {
   DelayUs (248);
   DelayUs (248);
  }
}

/*以下为Display显示函数,用于驱动8位数码管动态扫描显示字符,输入参数 ShiWei 表示显示的开始位,如ShiWei为0表示
从第一个数码管开始显示,WeiShu表示显示的位数,如显示99两位数应让WeiShu为2 */
void Display(unsigned char ShiWei,unsigned char WeiShu)   //Display(显示)函数有两个输入参数,
                                                         //分别为ShiWei(开始位)和WeiShu(位数)
  {
   static unsigned char i;   //声明一个静态(static)无符号字符型变量i(表示显示位,0表示第1位),静态变量占用的
                             //存储单元在程序退出前不会释放给变量使用
   WDM=WMtable[i+ShiWei];    //将WMtable表格中的第i+ShiWei+1个位码送给P0端口输出
   WeiSuo=1;                 //让P2.3端口输出高电平,开通位码锁存器,位码输入变化时输出会随之变化
   WeiSuo=0;                 //让P2.3端口输出低电平,位码锁存器被封锁,锁存器的输出值被锁定不变

   WDM=TData[i];             //将TData表格中的第i+1个段码送给P0端口输出
   DuanSuo=1;                //让P2.2端口输出高电平,开通段码锁存器,段码输入变化时输出会随之变化
   DuanSuo=0;                //让P2.2端口输出低电平,段码锁存器被封锁,锁存器的输出值被锁定不变

   i++;                      //将i值加1,准备显示下一位数字
   if(i==WeiShu)             //如果i==WeiShu表示显示到最后一位,执行i=0
    {
     i=0;                    //将i值清0,以便从数码管的第1位开始再次显示
    }
  }

/*以下为定时器及相关中断设置函数*/
void T0Int_S (void)          //函数名为T0Int_S,输入和输出参数均为void(空)
{
 TMOD=0x01;                  //让TMOD寄存器的M1M0=01,设T0工作在方式1(16位计数器)
 TH0=(65536-2000)/256;       //将定时初值的高8位放入TH0,"/"为除法运算符号
 TL0=(65536-2000)%256;       //将定时初值的低8位放入TL0,"%"为相除取余符号
 EA=1;                       //让IE寄存器的EA=1,打开总中断
 ET0=1;                      //让IE寄存器的ET0=1,允许T0的中断请求
 TR0=1;                      //让TCON寄存器的TR0=1,启动T0在TH0、TL0初值基础上开始计数
}

/*以下T0Int_Z为定时器中断函数,用"(返回值)函数名(输入参数) interrupt n using m"格式定义一个函数名T0Int_Z的
中断函数,n为中断源编号,n=0~4,m为用作保护中断断点的寄存器组,可使用4组寄存器(0~3),每组有7个寄存器(R0~R7),
m=0~3,若只有一个中断,可不写"using m",使用多个中断时,不同中断应使用不同*/
void T0Int_Z (void)  interrupt 1   //T0Int_Z为对T0的中断函数(用interrupt定义),其中的中断源编号n=1)
{
 TH0=(65536-2000)/256;       //将定时初值的高8位放入TH0,"/"为除法运算符号
 TL0=(65536-2000)%256;       //将定时初值的低8位放入TL0,"%"为相除取余符号
 Display(0,8);               //执行Display显示函数,从第1位(0)开始显示,共显示8位(8)
}
```

图 8-10　按键长按与短按产生不同控制效果的程序（续）

接通电源后，8 位数码管最低 2 位显示数字"00"，每短按一次增键（P3.0 引脚的 S1 键），数码管显示的两位数字增 1，增到 99 不再增大，每短按一次减键（P3.1 引脚的 S2 键），数码管显示的两位数字减 1，减到 00 不再减小，如果长按增键（超过 2s），数码管显示的两位数快速增大，从 00 增大到 99 约需 5s（每增一次 1 需时间 0.05s），长按减键，可使数码管显示的两位数快速减小。

程序在运行时首先进入 main 函数→在 main 函数中执行并进入 T0Int_S() 函数→在 T0Int_S() 函数中对定时器 T0 及有关中断进行设置，并启动 T0 开始 2ms 计时→从 T0Int_S() 函数返回到 main 函数，先检测增键，若增键长按则将 num 值（要显示的数字）快速连续增 1，若增键短按则每按一次将 num 值增 1，如果增键未按下则检测减键，减键长按则 num 值快速连续减 1，减键短按则每按一次将 num 值减 1，num 值的段码送入 TData 表格。

T0 定时器每计时 2ms 就会溢出一次，触发 T0Int_Z 定时中断函数执行→T0Int_Z 每次执行时会执行一次 Display 显示函数→Display 函数每执行一次会从 TData 表格中读取 num 数字的一位段码，并让数码管显示出来→Display 函数执行 8 次，就完成一次数码管由低到高的 8 位数字显示（本例只显示 2 位）。

总之，main 主函数进行增、减键长按和短按的检测和改变 num 值（要显示的数字），将 num 值按位分解，并将分解各位数的段码存入 TData 表格。与此同时，T0Int_Z 定时中断函数则每隔 2ms 就会执行一次，每次执行时就会执行一次 Display 函数，Display 函数会按顺序读取 TData 表格段码，将 num 值从低到高位在 8 位数码管上显示。

8.2 矩阵键盘输入电路与程序详解

8.2.1 单片机连接 16 键矩阵键盘和 8 位数码管的电路

采用独立按键输入方式时，每个按键要占用一个端口，若按键数量很多时，会占用大量端口，即独立按键输入方式不适合用在按键数量很多的场合。如果确实需要用到大量的按键输入，可采用扫描检测方式的矩阵键盘输入电路。图 8-11 是单片机连接 16 键矩阵键盘和 8 位数码管的电路，其能在占用了 8 个端口情况下实现 16 键输入。

矩阵键盘扫描输入原理：单片机首先让 P1.7～P1.4 为高电平，P1.3～P1.0 为低电平，即 P1 = 11110000（0xf0），一旦有键按下，就会出现 P1≠11110000，单片机开始逐行检测按键，先检测第一行，让 P1.0 端口为低电平，P1 其他端口为高电平，即让 P1 = 11111110（0xfe），再读取 P1 的值，如果 S1 键按下，P1.7 端口的高电平被 P1.0 端口的低电平拉低，读的 P1 值为01111110（0x7e），单片机查询该值对应着数字"0"（即该值为"0"的键码），将数字"0"的段码送给数码管显示出"0"，S1 键的键值为 0（S1 键代表 0），如果第一行无任何键按下，读取的 P1 = 11111110（0xfe），再用同样的方法检测第二行（让 P1 = 11111101）、第三行（让 P1 = 11111011）和第四行（让 P1 = 11111000）。

8.2.2 矩阵键盘行列扫描方式输入及显示的程序与说明

图 8-12 是 16 键矩阵键盘行列扫描方式输入及显示程序。当按下某键（如按键 S1）时，8 位数码管的第 1 位显示该键的键值（0），再按其他按键（比如按键 S11）时，数码管的第 2 位显示该键的键值（A），依此类推。当按下第 8 个按键时数码管 8 位全部显示，按第 9 个任意键时，数码管显示的 8 位字符全部消失，按第 10 个按键时数码管又从第 1 位开始显示该键键值。

程序运行时首先进入 main 函数→在 main 函数中执行并进入 T0Int_S() 函数→在 T0Int_S() 函数中对定时器 T0 及有关中断进行设置，并启动 T0 开始 2ms 计时→从 T0Int_S() 函数返回到 main 函数，执行 while 循环语句（while 首尾大括号内的语句会反复循环执行）。

在 while 主循环语句中，先执行并进入 KeyZ 函数→在 KeyZ 函数（键码转键值函数）中，switch 语句需要读取 KeyS 函数的输出参数（键码），故需执行并进入 KeyS 函数→在 KeyS 函数中，检测矩阵键盘按下的按键，得到该键的键码→返回到 KeyZ 函数→在 KeyZ 函数中，switch 语句以从 KeyS 函数的输出参数读取的键码作为依据，找到其对应的键值赋给 KeyZ 函数的输出参数→程序返回到主程序的 while 语句→将 KeyZ 函数的输出参数（按键的键值）赋给变量 num→如果未按下任何键，num 值将为 0xff，第一个 if 语句不会执行，其内嵌的两个 if 语句和 for 语句也不会执行→若按下某键，比如按下 S7 键（键值为 6），num 值为 6，num≠0xff 成立→第一个 if 语句执行，由于 i 的初始值为 0，i<8 成立，第二个 if 语句也执行，先将 DMtable 表格第 7 个位置的段码（DMtable[6]，该位置存放着"6"的段码）存到 TData 表格的第 1 个位置（TData[0]）→执行 i++，i 由 0 变成 1→如果按下第 2 个按键 S11（键值为 A），num 值为 A，num≠0xff 和 i<8 成立，第一个 if 语句及内嵌的第二个 if 语句先后执行→在第二个 if 语句中，先将 DMtable 表格第 11 个位置的段码（DMtable[10]，该位置存放着"A"的段码）存到 TData 表格的第 2 个位置（TData[1]）→执行 i++，i 由 1 变成 2，以后过程相同→当按下第 8 个按键，该键的字符段码存放到第 8 个位置（TData[7]），再执行 i++，i 由 7 变成 8→如果按下第 9 个按键，i<8 不成立，第二个 if 语句不会执行，i++又执行一次，i 由 8 变成 9→i = 9 成立，第三个 if 语句和内嵌的 for 语句先后执行→for 语句会执行 8 次，从低到高将 TData 表格的第 1～8 位置的数据（按键字符的段码）

清 0，数码管显示的 8 个字符会消失（数码管清屏）→再执行 i＝0，将 i 值清 0，这样按第 10 个按键时，又从数码管的第 1 位开始显示。

图 8-11　单片机连接 16 键矩阵键盘和 8 位数码管的电路

```c
/*16键矩阵键盘输入及显示程序*/
#include<reg51.h>              //调用reg51.h文件对单片机各特殊功能寄存器进行地址定义
sbit DuanSuo=P2^2;            //用位定义关键字sbit将DuanSuo代表P2.2端口
sbit WeiSuo =P2^3;            //用位定义关键字sbit将DuanSuo代表P2.2端口
#define WDM P0                //用define（宏定义）命令将WDM代表P0，程序中WDM与P0等同
#define KeyP1 P1

unsigned char code DMtable[]={0x3f,0x06,0x5b,0x4f,0x66,0x6d,0x7d,0x07,  //定义一个DMtable表格，依次
                              0x7f,0x6f,0x77,0x7c,0x39,0x5e,0x79,0x71}; //存放字符0～F的段码
unsigned char code WMtable[]={0xfe,0xfd,0xfb,0xf7,0xef,0xdf,0xbf,0x7f}; //定义一个WMtable表格，依次存放
                                                                        //8位数码管低位到高位的位码
unsigned char TData[8];      //定义一个可存放8个元素的一维数组（表格）TData

void DelayUs(unsigned char tu);     //声明一个DelayUs（微秒级延时）函数，输入参数tu取值范围 0～255
void DelayMs(unsigned char tm);     //声明一个DelayMs（毫秒级延时）函数，输入参数tm取值范围 0～255
void Display(unsigned char ShiWei,unsigned char WeiShu); //声明一个Display（显示）函数，两个输入参数
                                                          //ShiWei和WeiShu分别为显示的起始位和显示的位数
void T0Int_S(void);          //声明一个T0Int_S函数，用来设置定时器及相关中断
unsigned char KeyS (void);   //声明一个KeyS（键盘扫描）函数，用来检测矩阵键盘各按键的状态，并返回相应的键码
unsigned char KeyZ(void);    //声明一个KeyZ（键码转键值）函数，用来将键码转换成相应的键值，并返回相应的键值

/*以下为主程序部分*/
void main (void)
{
 unsigned char num,i,j;      //声明3个变量num(显示的字符)、i、j，三个变量的初值均为0
 //unsigned char Temp[8];    //定义一个可存放8个元素的一维数组（表格）Temp
 T0Int_S();                  //执行T0Int_S函数，对定时器T0及相关中断进行设置，启动T0计时
 while (1)                   //主循环
 {
   num=KeyZ();               //将KeyZ()函数的输出参数（返回值）赋给num
   if(num!=0xff)             //如果num=0xff成立（即有键按下），执行本if大括号内的语句
   {
     if(i<8)                 //如果i<8成立，执行本if大括号内的语句，将按键字符的段码存在TData表格中依次存放
     {
       TData[i]=DMtable[num]; //将DMtable表格第num+1个数据(num字符的段码)存到Temp表格的第i+1个位置
       //for(j=0;j<=i;j++)   //for为循环语句，先让j=0，再判断j≤i是否成立，成立则执行大括号内语句，然后
                             //将j加1又判断j≤i是否成立，成立又执行大括号内语句，直到j≤i不成立就跳出for语句
       //{
         TData[j]=Temp[j];   //将Temp表格的第j+1个数据存到TData表格的第i+1个位置
       //}
     }
     i++,j++;                //将i增1
     if(i==9)                //如果i=9成立，执行本if大括号内的语句，清除8位数码管所有位的显示
     {
       i=0;                  //将i置0
       for(j=0;j<8;j++)      //for为循环语句，大括号内的语句执行8次，依次将TData表格第1～8个位置的数据清0，
                             //Display显示函数无从读取字符的段码，数码管显示字符全部消失
       {
         TData[j]=0;         //将TData表格的第j+1个位置的数据清0
       }
     }
   }
                             //在此处可添加主循环中其他需要一直工作的程序
 }
}

/*以下DelayUs为微秒级延时函数，其输入参数为unsigned char tu(无符号字符型变量tu)，tu值为8位，取值范围 0～255，
如果单片机的晶振频率为12M，本函数延时时间可用T=（tu×2+5）us 近似计算，比如tu=248，T=501 us=0.5 ms（相近）*/
void DelayUs (unsigned char tu)   //DelayUs为微秒级延时函数，其输入参数为无符号字符型变量tu
{
  while(--tu);                    //while为循环语句，每执行一次while语句，tu值就减1，
                                  //直到tu值为0时才执行while尾大括号之后的语句
}

/*以下DelayMs为毫秒级延时函数，其输入参数为unsigned char tm（无符号字符型变量tm），该函数内部使用了两个
DelayUs (248)函数，它们共延时1002us（约1ms），由于tm值最大为255，故本DelayMs函数最大延时时间为255ms，
若将输入参数定义为unsigned int tm，则最长可获得65535ms的延时时间*/
void DelayMs(unsigned char tm)
{
  while(tm--)
  {
    DelayUs (248);
    DelayUs (248);
  }
}

/*以下为Display显示函数，用于驱动8位数码管动态扫描显示字符，输入参数 ShiWei 表示显示的开始位，如ShiWei
为0表示从第一个数码管开始显示，WeiShu表示显示的位数，如显示99两位数应让WeiShu为2*/
void Display(unsigned char ShiWei,unsigned char WeiShu)  // Display(显示)函数有两个输入参数，
                                                          //分别为ShiWei(开始位)和WeiShu(位数)
{
  static  unsigned char i;        //声明一个静态(static)无符号字符型变量i(表示显示位，0表示第1位)，
                                  //静态变量占用的存储单元在程序退出前不会释放给变量使用
  WDM=WMtable[i+ShiWei];          //将WMtable表格中的第i+ShiWei +1位个位码送给P0端口输出
  WeiSuo=1;                       //让P2.3端口输出高电平，开通位码锁存器，锁存器输入变化时输出会随之变化
  WeiSuo=0;                       //让P2.3端口输出低电平，位码锁存器被封锁，锁存器的输出值被锁定不变

  WDM=TData[i];                   //将TData表格中的第i+1个段码送P0端口输出
  DuanSuo=1;                      //让P2.2端口输出高电平，开通段码锁存器，锁存器输入变化时输出会随之变化
  DuanSuo=0;                      //让P2.2端口输出低电平，段码锁存器被封锁，锁存器的输出值被锁定不变

  i++;                            //将i值加1，准备显示下一位数字
  if(i== WeiShu)                  //如果i= WeiShu表示显示到最后一位，执行i=0
  {
    i=0;                          //将i值清0，以便从数码管的第1位开始再次显示
  }
}

/*以下为定时器及相关中断设置函数*/
void T0Int_S (void)   //函数名为T0Int_S，输入和输出参数均为void（空）
{
  TMOD=0x01;          //让TMOD寄存器的M1M0==01，设T0工作在方式1（16位计数器）
  TH0=0;              //将TH0寄存器清0
  TL0=0;              //将TL0寄存器清0
  EA=1;               //让IE寄存器的EA=1，打开总中断
  ET0=1;              //让IE寄存器的ET0=1，允许T0的中断请求
  TR0=1;              //让TCON寄存器的TR0=1，启动T0在TH0、TL0初值基础上开始计数
}

/*以下T0Int_Z为定时器中断函数，用"(返回值)函数名（输入参数）interrupt n using m"格式定义一个函数名为
T0Int_Z的中断函数，n为中断源编号，n=0~4，m为用作保护中断断点的寄存器组，可使用4组寄存器（0～3），每组
有7个寄存器（R0～R7），m=0～3，若只有一个中断，可不写"using m"，使用多个中断时，不同中断应使用不同m*/
void T0Int_Z (void)  interrupt 1   // T0Int_Z为中断函数(用interrupt定义)，并且为T0中断函数
                                   //(中断源编号n=1)
{
  TH0=(65536-2000)/256;   //将定时初值的高8位放入TH0，"/"为除法运算符号
  TL0=(65536-2000)%256;   //将定时初值的低8位放入TL0，"%"为相除取余数符号
  Display(0,8);           //执行Display显示函数，从第1位(0)开始显示，共显示8位(8)
}
```

图8-12　16键矩阵键盘行列扫描方式输入及显示程序

```
/*以下KeyS函数用来检测矩阵键盘的16个按键，其输出参数得到按下的按键的编码值*/
unsigned char KeyS(void)    //KeyS函数的输入参数为空，输出参数为无符号字符型变量
{
  unsigned char KeyM;       //声明一个变量KeyM，用于存放按键的编码值
  KeyP1=0xf0;               //将P1端口的高4位置高电平，低4位拉低电平
  if(KeyP1!=0xf0)           //如果P1!=0xf0成立，表示有按键按下，执行本if大括号内的语句
  {
    DelayMs(10);            //延时10ms去抖
    if(KeyP1!=0xf0)         //再次检测按键是否按下，按下则执行本if大括号内的语句
    {
      KeyP1=0xfe;           //让P1=0xfe，即让P1.0端口为低电平（P1其他端口为高电平），检测第一行按键
      if(KeyP1!=0xfe)       //如果P1!=0xfe成立（比如P1.7与P1.0之间的按键S1按下时，P1.7被P1.0拉低，KeyP1=0x7e）
      {                     //表示第一行有按键按下，执行本if大括号内的语句
        KeyM=KeyP1;         //将P1端口值赋给变量KeyM
        DelayMs(10);        //延时10ms去抖
        while(KeyP1!=0xfe); //若P1=0xfe成立则反复执行本条语句，一旦按键释放，P1=0xfe(P1=0xfe不成立
                            //则往下执行
        return KeyM;        //将变量KeyM的值送给KeyS函数的输出参数，如按下P1.6与P1.0之间的按键时，
      }                     //KeyM=KeyP1=0xbe
      KeyP1=0xfd;           //让P1=0xfd，即让P1.1端口为低电平（P1其他端口为高电平），检测第二行按键
      if(KeyP1!=0xfd)
      {
        KeyM=KeyP1;
        DelayMs(10);
        while(KeyP1!=0xfd);
        return KeyM;
      }
      KeyP1=0xfb;           //让P1=0xfb，即让P1.2端口为低电平（P1其他端口为高电平），检测第三行按键
      if(KeyP1!=0xfb)
      {
        KeyM=KeyP1;
        DelayMs(10);
        while(KeyP1!=0xfb);
        return KeyM;
      }
      KeyP1=0xf7;           //让P1=0xf7，即让P1.3端口为低电平（P1其他端口为高电平），检测第四行按键
      if(KeyP1!=0xf7)
      {
        KeyM=KeyP1;
        DelayMs(10);
        while(KeyP1!=0xf7);
        return KeyM;
      }
    }
  }
  return 0xff;              //如果无任何键按下，将0xff送给KeyS函数的输出参数
}
/* 以下KeyZ函数用于将键码转换成相应的键值，其输出参数得到按下的按键值*/
unsigned char KeyZ(void)   //KeyS函数的输入参数为空，输出参数为无符号字符型变量
{
  switch(KeyS())  // switch为多分支选择语句，以KeyS()函数的输出参数（按下的按键的编码值）作为选择依据
  {
    case 0x7e:return 0;break;   //如果KeyS()函数的输出参数与常量0x7e(0的键码)相等，将0送给KeyZ函数的输出参数，
                                //然后跳出switch语句，否则往下执行
    case 0x7d:return 1;break;   //如果KeyS()函数的输出参数与常量0x7d(1的键码)相等，将1送给KeyZ函数的输出参数，
                                //然后跳出switch语句，否则往下执行
    case 0x7b:return 2;break;
    case 0x77:return 3;break;
    case 0xbe:return 4;break;
    case 0xbd:return 5;break;
    case 0xbb:return 6;break;
    case 0xb7:return 7;break;
    case 0xde:return 8;break;
    case 0xdd:return 9;break;
    case 0xdb:return 10;break;
    case 0xd7:return 11;break;
    case 0xee:return 12;break;
    case 0xed:return 13;break;
    case 0xeb:return 14;break;
    case 0xe7:return 15;break;
    default:return 0xff;break;  //如果KeyS()函数的输出参数与所有case后面的常量均不相等，执行default
                                //之后的语句组，将0xff送给KeyS函数的输出参数，然后跳出switch语句
  }
}
```

图 8-12   16 键矩阵键盘行列扫描方式输入及显示程序（续）

在主程序中执行 T0Int_S()函数对定时器 T0 及有关中断进行设置，并启动 T0 开始 2ms 计时后，T0 定时器每计时 2ms 就会溢出一次，触发 T0Int_Z 定时中断函数使其每隔 2ms 执行一次→T0Int_Z 每次执行时会执行一次 Display 显示函数→Display 函数第一次执行时，其静态变量 i=0（与主程序中变量 i 不是同一个变量），Display 函数从 WMtable 表格读取第 1 位位码（WMtable[i+ShiWei] = WMtable[0]），从 TData 表格读取第 1 个位置的段码（TData[i]=TData[0]），并通过 P0 端口先后发送到位码和段码锁存器，驱动 8 位数码管第 1 位显示字符，Display 函数第二次执行时，其静态变量 i=1，Display 函数从 WMtable 表格读取第 2 位位码，从 TData 表格读取第 2 个位置的段码，再通过 P0 端口先后发送到位码和段码锁存器，驱动 8 位数码管第 2 位显示字符，后面 6 位显示过程与此相同。

T0Int_S() 中断设置函数、T0Int_Z 中断函数和 Display 显示函数用于将按键字符显示出来，Display 函数是由定时器中断触发运行的，每隔一定的时间（2ms）执行一次（执行一次显示 1 位），由低到高逐个读取 TData 表格中的字符段码并驱动数码管显示出来。主程序、KeyS 键盘检测函数和 KeyZ 键码转键值函数负责检测按键、获得键值，再将按键键值（按键代表的字符）的段码送入 TData 表格，Display 函数每隔 2ms 从 TData 表格读取字符段码并显示出来。主程序与 Display 函数是并列关系，两者独立运行，TData 表格是两者的关联点，前者根据按键改变 TData 表格中的数据，Display 函数则每隔一定时间从 TData 表格读取数据并显示出来。

第9章

双色 LED 点阵的使用与编程

9.1 双色 LED 点阵的结构原理与检测

LED 点阵是一种将大量 LED（发光二极管）按行列规律排列在一起的显示部件，每个 LED 代表一个点，通过控制不同的 LED 发光就能显示出各种各样的文字、图案和动画等内容。LED 点阵外形如图 9-1 所示。

图 9-1　LED 点阵外形

LED 点阵可分为单色点阵、双色点阵和全彩点阵，单色点阵的 LED 只能发出一种颜色的光，双色点阵的单个 LED 实际由两个不同颜色的 LED 组成，可以发出两种本色光和一种混色光，全彩点阵的单个 LED 由三种不同颜色（红、绿、蓝）的 LED 组成，可以发出三种本色光和很多种类的混色光。

9.1.1　共阳型和共阴型点阵的电路结构

双色点阵有共阳和共阴两种类型。图 9-2 是 8×8 双色点阵的电路结构，图 9-2a 为共阳型点阵，有 8 行 16 列，每行的 16 个 LED（两个 LED 组成一个发光点）的正极接在一根行公共线上，共有 8 根行公共线，每列的 8 个 LED 的负极接在一根列公共线上，共有 16 根列公共线，共阳型点阵也称为行共阳列共阴型点阵；图 9-2b 为共阴型点阵，有 8 行 16 列，每行的 16 个 LED 的负极接在一根行公共线上，有 8 根行公共线，每列的 8 个 LED 的正极接在一根列公共线上，共有16 根列公共线，共阴型点阵也称为行共阴列共阳型点阵。

a) 共阳型(行共阳列共阴型)　　　　　　　　b) 共阴型(行共阴列共阳型)

图 9-2　8×8 双色点阵的电路结构

9.1.2　点阵的混色规律

双色点阵可以发出三种颜色的光，以红绿点阵为例，红色 LED 点亮时发出红光、绿色 LED 点亮时发出绿光，红色和绿色 LED 都点亮时发出红、绿光的混合光——黄光，如果是全彩点阵（红绿蓝三色点阵）则可以发出 7 种颜色的光。红、绿、蓝是三种最基本的颜色，故称为三基色（或称三原色），其混色规律如图 9-3 所示，圆重叠的部分表示颜色混合。**双色点阵和全彩点阵就是利用混色规律显示多种颜色的。**

红 + 绿 = 黄
红 + 蓝 = 紫
绿 + 蓝 = 青
红 + 绿 + 蓝 = 白

图 9-3　三基色混色规律

9.1.3　点阵的静态字符或图形显示原理

LED 点阵与多位 LED 数码管一样，都是由很多 LED 组成的，且均采用扫描显示方式。以 8×8 LED 点阵和 8 位数码管为例，8 位数码管由 8 位字符组成，每位字符由 8 个构成段码的 LED 组成，共有 8×8 个 LED。在显示时，让第 1~8 位字符逐个显示，由于人眼具有视觉暂留特性，如果第 1 位显示到最后一位显示的时间不超过 0.04s，在显示最后一位时人眼会觉得第 1~7 位还在显示，故会产生 8 位字符同时显示出来的感觉；8×8 LED 点阵由 8 行 8 列共 64 个 LED 组成，如果将每行点阵看作是一个字符，那么该行的 8 个 LED 则可当成是 8 个段 LED，如果将每列点阵看作是一个字符，那么该列的 8 个 LED 则为 8 个段 LED。

LED 点阵显示有逐行扫描显示（行扫描列驱动显示）和逐列扫描显示（列扫描行驱动显示）两种方式，下面以图 9-4 所示的共阳型红绿双色点阵显示字符"1"为例来说明这两种显示方式的工作原理。

a) 外形   b) 结构

图 9-4 8×8 共阳型红绿双色点阵

1. 逐行扫描显示（行扫描列驱动显示）**原理**

若双色点阵采用逐行扫描显示（行扫描列驱动显示）方式显示红色字符"1"，先让第 1 行（24 脚）为高电平，其他行为低电平，即让第 1~8 行为 10000000，同时给红色第 1~8 列送数据 11111111，第 1 行的 8 个 LED 都不显示，然后让第 2 行（23 脚）为高电平，其他行为低电平，即让第 1~8 行为 01000000，同时给红色第 1~8 列送数据 11110111，第 2 行第 5 个红色 LED 显示，其他行、列数据及显示说明见表 9-1。

表 9-1 采用逐行扫描方式显示红色字符"1"的行、列数据及显示说明

行引脚数据 （24 23 22 21 ④ ③ ② ①）	红色列引脚数据 （20 19 18 17 16 15 14 13）	显 示 说 明
10000000	11111111	第 1 行无 LED 显示
01000000	11110111	第 2 行第 5 个红色 LED 显示
00100000	11100111	第 3 行第 4、5 个红色 LED 显示
00010000	11110111	第 4 行第 5 个红色 LED 显示
00001000	11110111	第 5 行第 5 个红色 LED 显示
00000100	11110111	第 6 行第 5 个红色 LED 显示
00000010	11100011	第 7 行第 4、5、6 个红色 LED 显示
00000001	11111111	第 8 行无 LED 显示

点阵第 8 行显示后就完成了一屏内容的显示，点阵上显示出字符"1"。为了保证点阵显示的字符看起来是完整的，要求从第 1 行显示开始到最后一行显示结束的时间不能超过 0.04s，若希望相同的字符一直显示，显示完一屏后需要后续反复显示相同的内容（称作刷新），并且每屏显示的间

隔时间不能超过 0.04s（即相邻屏的同行显示时间间隔不超过 0.04s），否则显示的字符会闪烁。

如果要让红绿双色点阵显示绿色字符"1"，只需将送给红色列引脚的数据送给绿色列引脚，送给行引脚数据与显示红色字符"1"一样，具体见表 9-2。

表 9-2　采用逐行扫描方式显示绿色字符"1"的行、列数据及显示说明

行引脚数据 （㉔㉓㉒㉑④③②①）	绿色列引脚数据 （⑤⑥⑦⑧⑨⑩⑪⑫）	显示说明
10000000	11111111	第 1 行无 LED 显示
01000000	11110111	第 2 行第 5 个绿色 LED 显示
00100000	11100111	第 3 行第 4、5 个绿色 LED 显示
00010000	11110111	第 4 行第 5 个绿色 LED 显示
00001000	11110111	第 5 行第 5 个绿色 LED 显示
00000100	11110111	第 6 行第 5 个绿色 LED 显示
00000010	11100011	第 7 行第 4、5、6 个绿色 LED 显示
00000001	11111111	第 8 行无 LED 显示

如果要让红绿双色点阵显示黄色字符"1"，则应将送给红色列引脚的数据同时也送给绿色列引脚，送给行引脚数据与显示红色字符"1"一样，具体见表 9-3。

表 9-3　采用逐行扫描方式显示黄色字符"1"的行、列数据及显示说明

行引脚数据 （㉔㉓㉒㉑④③②①）	红色列引脚数据 （⑳⑲⑱⑰⑯⑮⑭⑬）	绿色列引脚数据 （⑤⑥⑦⑧⑨⑩⑪⑫）	显示说明
10000000	11111111	11111111	第 1 行无 LED 显示
01000000	11110111	11110111	第 2 行第 5 个红绿双色 LED 显示
00100000	11100111	11100111	第 3 行第 4、5 个红绿双色 LED 显示
00010000	11110111	11110111	第 4 行第 5 个红绿双色 LED 显示
00001000	11110111	11110111	第 5 行第 5 个红绿双色 LED 显示
00000100	11110111	11110111	第 6 行第 5 个红绿双色 LED 显示
00000010	11100011	11100011	第 7 行第 4、5、6 个红绿双色 LED 显示
00000001	11111111	11111111	第 8 行无 LED 显示

2. 逐列扫描显示（列扫描行驱动显示）**原理**

如果双色点阵要采用逐列扫描显示（列扫描行驱动显示）方式显示红色字符"1"，先让红色第 1 列（20 脚）为低电平，其他红色列为高电平，即让红色第 1~8 列为 01111111，同时给第 1~8 行送数据 0000000，第 1 列的 8 个 LED 都不显示，第 2、3 列与第 1 列一样，LED 都不显示，显示第 4 列时，让红色第 4 列（17 脚）为低电平，其他红色列为高电平，即让红色第 1~8 列为 11101111，同时给第 1~8 行送数据 0010010，红色第 4 列的第 3、7 个 LED 显示，其他列、行数据及显示说明见表 9-4。

表 9-4　采用逐列扫描方式显示红色字符"1"的行、列数据及显示说明

红色列引脚数据 （⑳⑲⑱⑰⑯⑮⑭⑬）	行引脚数据 （㉔㉓㉒㉑④③②①）	显示说明
01111111	00000000	第 1 列无 LED 显示
10111111	00000000	第 2 列无 LED 显示

(续)

红色列引脚数据 （⑳⑲⑱⑰⑯⑮⑭⑬）	行引脚数据 （㉔㉓㉒㉑④③②①）	显 示 说 明
11011111	00000000	第 3 列无 LED 显示
11101111	00100010	第 4 列第 3、7 个 LED 显示
11110111	01111110	第 5 列第 2、3、4、5、6、7 个 LED 显示
11111011	00000010	第 6 列第 7 个 LED 显示
11111101	00000000	第 7 列无 LED 显示
11111110	00000000	第 8 列无 LED 显示

9.1.4 点阵的动态字符或图形显示原理

1. 字符的闪烁

要让点阵显示的字符闪烁，先显示字符，0.04s 之后该字符消失，再在相同位置显示该字符，这个过程反复进行，显示的字符就会闪烁，相邻显示的间隔时间越短，闪烁越快，间隔时间小于 0.04s 时，就难以察觉字符的闪烁，会觉得字符一直在亮。

如果希望字符变换颜色式的闪烁，应先让双色点阵显示一种颜色的字符，0.04s 之后该颜色的字符消失，在相同位置显示另一种颜色的该字符，相邻显示的间隔时间越短，颜色变换闪烁越快，间隔时间小于 0.04s 时，就感觉不到字符颜色变换闪烁，而会看到静止发出双色的混合色光的字符。

2. 字符的移动

若点阵以逐行扫描方式显示，要让字符往右移动，先让点阵显示一屏字符，在显示第二屏时，将所有的列数据都右移一位再送到点阵的列引脚，点阵第二屏显示的字符就会右移一列（一个点的距离），表 9-5 中为点阵显示的红色字符"1"（采用逐行扫描方式）右移一列的行、列数据及显示说明。字符右移效果如图 9-5 所示。

表 9-5 点阵显示的红色字符"1"（采用逐行扫描方式）右移一列的行、列数据及显示说明

行引脚数据 （㉔㉓㉒㉑④③②①）	列引脚数据 （⑤⑥⑦⑧⑨⑩⑪⑫）		显 示 说 明
	右移前	右移一列	
10000000	11111111	11111111	第 1 行无 LED 显示
01000000	11110111	11111011	第 2 行第 5 个点右移一列
00100000	11100111	11110011	第 3 行第 4、5 个点右移一列
00010000	11110111	11111011	第 4 行第 5 个点右移一列
00001000	11110111	11111011	第 5 行第 5 个点右移一列
00000100	11110111	11111011	第 6 行第 5 个点右移一列
00000010	11100011	11110001	第 7 行第 4、5、6 个点右移一列
00000001	11111111	11111111	第 8 行无 LED 显示

点阵显示的字符在右移时，如果列数据最右端的位移出，最左端空位用 1（或 0）填补，点阵显示的字符会往右移出消失，如果列数据最右端的位移出后又移到该列的最左端（循环右

移)，点阵显示的字符会往右移，往右移出的部分又会从点阵的左端移入。

图 9-5　红色字符"1"右移一列

9.1.5　双色点阵的识别与检测

1. 引脚号的识别

8×8 双色点阵有 24 个引脚，8 个行引脚，8 个红列引却，8 个绿列引脚，24 个引脚一般分成两排，引脚号识别与集成电路相似。若从侧面识别引脚号，应正对着点阵有字符且有引脚的一侧，左边第一个引脚为 1 脚，按逆时针依次为 2、3、…、24 脚，如图 9-6a 所示；若从反面识别引脚号，应正对着点阵底面的字符，右下角第一个引脚为 1 脚，按顺时针依次为 2、3、…、24 脚，如图 9-6b 所示。有些点阵还会在第一个和最后一个引脚旁标注引脚号。

2. 行、列引脚的识别与检测

在购买点阵时，可以向商家了解点阵的类型和行列引脚号，最好让商家提供点阵电路结构引脚图，如果无法了解点阵的类型及行列引脚号，可以使用万用表检测判别。

点阵由很多 LED 组成，这些 LED 的导通电压一般为 1.5~2.5V。若使用数字万用表测量点阵，应选择二极管测量档。当红、黑表笔分别接 LED 的正、负极时，LED 会导通发光，

a) 从侧面识别引脚号　　b) 从反面识别引脚号

图 9-6　点阵引脚号的识别

万用表会显示 LED 的导通电压，一般显示 1500~2500mV，反之 LED 不会导通发光，万用表显示溢出符号"1"（或"OL"）。如果使用指针万用表测量点阵，应选择 R×10k 档（其他电阻挡提供电压只有 1.5V，无法使 LED 导通），指针万用表的红表笔接表内电源负极，黑表笔接表内电源正极，这一点与数字万用表正好相反，当黑、红表笔分别接 LED 的正、负极，LED 会导通发光，万用表指示的阻值很小，反之 LED 不会导通发光，万用表指示的阻值无穷大（或接近无穷大）。

以数字万用表检测红绿双色点阵为例，数字万用表选择二极管测量档，红表笔接点阵的 1 脚不动，黑表笔依次测量其余 23 个引脚，会出现以下情况：

1）23次测量万用表均显示溢出符号"1"（或"OL"），应将红、黑表笔调换，即黑表笔接点阵的1脚不动，红表笔依次测量其余23个引脚。

2）若万用表有16次显示"1500~2500"范围的数字且点阵LED出现16次发光，即有16个LED导通发光，如图9-7a所示，表明该点阵为共阳型，红表笔接的1脚为行引脚。16个发光的LED所在的行，1脚就是该行的行引脚，测量时发光LED的16个引脚为列引脚，根据发光LED所在的列和发光颜色，区分出各个引脚是哪列的何种颜色的列引脚。测量时万用表显示溢出符号"1"（或"OL"）的其他7个引脚均为行引脚，再将接1脚的红表笔接到其中一个引脚，黑表笔接已识别出来的8个红色列引脚或8个绿色列引脚，同时查看发光的8个LED为哪行，则红表笔所接引脚则为该行的行引脚，其余6个行引脚识别与之相同。

3）万用表8次显示"1500~2500"范围的数字且点阵LED出现8次发光（有8个LED导通发光），如图9-7b所示，表明点阵为共阴型，红表笔接的1脚为列引脚，测量时黑表笔所接的LED会发光的8个引脚均为行引脚，发光LED处于哪行相应引脚则为该行的行引脚。在识别16个列引脚时，黑表笔接某个行引脚，红表笔依次测量16个列引脚，根据发光LED所在的列和发光颜色，区分出各个引脚是哪列的何种颜色的列引脚。

图9-7　双色点阵行、列引脚检测说明图

9.2　单片机驱动双色点阵的电路与编程

9.2.1　74HC595芯片介绍

74HC595芯片是一种串入并出（串行输入转并行输出）的芯片，内部由8位移位寄存器、8位数据锁存器和8位三态门组成，其内部结构如图9-8所示。

8位串行数据从74HC595芯片的14脚由低位到高位输入，同时从11脚输入移位脉冲，该脚每输入一个移位脉冲（脉冲上升沿有效），14脚的串行数据就移入1位，第1个移位脉冲输入时，8位串行数据（10101011）的第1位（最低位）数据"1"被移到内部8位移位寄存器的Y0端，第2个移位脉冲输入时，移位寄存器Y0端的"1"移到Y1端，8位串行数据的第2位数据"1"被移到移位寄存器的Y0端，直至第8个移位脉冲输入时，8位串行数据全部移入移位寄存器，Y7~Y0端的数据为10101011，这些数据（8位并行数据）送到8位数据锁存器的输入端，如果芯片的锁存控制端（12 脚）输入一个锁存脉冲（一个脉冲上升沿），锁存器马上将这些数据保存在输出端，如果芯片的输出控制端（13 脚）为低电平，8 位并行数据马上从 Q7~Q0 端输出，从而实现了串行输入并行输出转换。

图 9-8　74HC595（8 位串并转换芯片）内部结构及引脚功能

8 位串行数据全部移入移位寄存器后，如果移位脉冲输入端（11 脚）再输入 8 个脉冲，移位寄存器的 8 位数据将会全部从串行数据输出端（9 脚）移出，给 74HC595 的主复位端（10 脚）加低电平，移位寄存器输出端（Y7~Y0 端）的 8 位数据全部变成 0。

9.2.2　单片机配合 74HC595 芯片驱动双色 LED 点阵的电路

单片机配合 74HC595 芯片驱动双色 LED 点阵的电路如图 9-9 所示。该电路采用了 3 个 74HC595 芯片，U1 用作行驱动，U2 用作绿色列驱动，U3 用作红色列驱动，该电路的工作原理将在后面的程序中进行说明。

9.2.3　双色点阵显示一种颜色字符的程序与说明

图 9-10 是一种让双色点阵显示一种颜色字符的程序。

本程序采用行扫描列驱动方式让双色点阵显示红色字符"1"。程序在运行时首先进入主程序的 main 函数→在 main 函数中，先执行 while 语句，再执行 while 语句中的 for 语句→在 for 语句中，先执行并进入 SendHM 函数，同时将行码表格 HMtable 的第 1 个行码（0x01，即 00000001）赋给 SendHM 函数的 dat 变量→在 SendHM 函数中执行 for 语句中的内容，将 dat 变量的 8 位数（即 HMtable 表格第 1 个行码 0x01）由高到低逐位从单片机 P2.0 端口输出送入 74HC595（U1），再执行 for 语句尾括号之后的内容，让 P2.2 端口输出一个上升沿（即让 P2.2 端口先低电平再变为高电平）给 74HC595 锁存控制端（12 脚），使 74HC595 将第 1 行行码（0x01）从 Q7~Q0 端输出去双色点阵的 8 个行引脚，点阵的第 1 行行引脚为高电平，该行处于待显示状态→返回主程序，执行并进入 Send2Byte 函数→在 Send2Byte 函数中，执行两个 SendByte 函数，执行第一个时，将 LMtable 表格的第 1 个列码从单片机的 P1.2 端口输出送入 74HC595（U2），执行第二个 SendByte 函数时，将 0xff 从单片机的 P1.2 端口输出送入 74HC595（U2），先前送入 U2 的列码（8 位）从 9 脚输出进入 74HC595（U3）→返回主程序，执行并进入 Out595 函数→在 Out595 函数中，执行语句让单片机从 P1.0 端口输出一个上升沿，同时送给 U2、U3 的锁存控制端（STCP）→U2 从 Q7~Q0 端输出 11111111（0xff）去双色点阵的绿色列引脚，绿色列 LED 不发光，U3 从 Q7~Q0 端输出列码去双色点阵的红色列引脚，由于 U1 已将第 1 行行码（0x01，即 00000001）

送到点阵的 8 个行引脚，第 1 行行引脚为高电平，该行处于待显示状态，U3 从 Q7~Q0 端输出的列码决定该行哪些红色 LED 发光，即让点阵显示第一行内容→返回主程序，延时 1ms 让点阵第一行内容显示持续 1ms，然后再次执行 Send2Byte 函数，让单片机往 U2、U3 都送入 0xff（11111111）→执行 Out595 函数，U2、U3 的 Q7~Q0 端都输出 11111111，点阵的第 1 行 LED 全部熄灭，这样做的目的是在发送第 2 行行码（第 2 行列码要在第 2 行行码之后发送）时，清除的第 1 行列码，否则会使第 2 行短时显示与第 1 行相同的内容，从而产生重影。

图 9-9　单片机配合 74HC595 芯片驱动双色 LED 点阵的电路

```c
/*让红绿双色点阵显示一种颜色(红色)字符"1"的程序*/
#include<reg51.h>            //调用reg51.h文件对单片机各特殊功能寄存器进行地址定义
#include<intrins.h>          //调用intrins.h文件对本程序用到的"_nop_()"函数进行声明

unsigned char HMtable[8]={0x01,0x02,0x04,0x08,0x10,0x20,0x40,0x80};
                            //定义一个HMtable表格,依次
                            //存放扫描点阵的8位行码
unsigned char code LMtable[]={0xff,0xf7,0xe7,0xf7,0xf7,0xf7,0xe3,0xff}; //定义一个LMtable表格,依次
                            //存放着字符"1"的8列列码
sbit LieSuo=P1^0;           //用位定义关键字sbit将LieSuo (列锁存) 代表P1.0端口
sbit LieYi=P1^1;            //用位定义关键字sbit将LieYi (列移位) 代表P1.1端口
sbit LieMa=P1^2;            //用位定义关键字sbit将LieMa (列码) 代表P1.2端口
sbit HangSuo=P2^2;
sbit HangYi=P2^1;
sbit HangMa=P2^0;

/*以下DelayUs为微秒级延时函数,其输入参数为unsigned char tu(无符号字符型变量tu), tu值为8位,取值范围为
0~255,若单片机的晶振频率为12M,本函数延时时间可用T=(tux2+5) us 近似计算,比如tu=248, T=501 us≈0.5ms */
void DelayUs (unsigned char tu)   //DelayUs为微秒级延时函数,其输入参数为无符号字符型变量tu
{
  while(--tu);                     //while为循环语句,每执行一次while语句, tu值就减1,
}                                  //直到tu值为0时才执行while尾大括号之后的语句

/*以下DelayMs为毫秒级延时函数,其输入参数为unsigned char tm (无符号字符型变量tm),该函数内部使用了两个
DelayUs (248)函数,它们共延时1002us (约1ms), 由于tm值最大为255,故本DelayMs函数最大延时时间为255ms,
若将输入参数定义为unsigned int tm,则最长可获得65535ms的延时时间*/
void DelayMs(unsigned char tm)
{
  while(tm--)
  {
    DelayUs (248);
    DelayUs (248);
  }
}

/*以下SendByte为发送单字节 (8位) 函数,其输入参数为无符号字符型变量dat,输出参数为空 (void),
其功能是将变量dat的8位数据由高到低逐位从P1.2端口移出*/
void SendByte(unsigned char dat)
{
  unsigned char i;          //声明一个无符号字符型变量i
  for(i=0;i<8;i++)          //for为循环语句,大括号内的语句执行8次,将变量dat的8位数据由高到低逐位从P1.2端口移出
  {
    LieYi=0;                //让P1.1端口输出低电平
    LieMa=dat&0x80;         //将变量dat的8位数据和0x80(10000000)逐位相与(即保留dat数据的最高位,其它位全部清0),
                            //再将dat数据的最高位送到P1.2端口
    LieYi=1;                //让P1.1端口输出高电平, P1.1端口由低电平变为高电平,即输出一个上升沿
                            //去74HC595的移位端, P1.2端口的值被移入74HC595
    dat<<=1;                //将变量dat的8位数左移一位
  }
}

/*以下Send2Byte为发送双字节 (16位)函数,有两个输入参数dat1和dat2,均为无符号字符型变量*/
void Send2Byte(unsigned char dat1,unsigned char dat2)
{
  SendByte(dat1);          //执行SendByte函数,将变量dat1的8位数据从P1.2端口移出
  SendByte(dat2);          //执行SendByte函数,将变量dat2的8位数据从P1.2端口移出
}

/*以下Out595为输出锁存函数,其输入、输出参数均为空,该函数的功能是让单片机P1.0脚发出一个
锁存脉冲 (上升沿)去74HC595芯片的锁存端,使之将已经移入的列码保存下来并输出给点阵的列引脚*/
void Out595(void)
{
  LieSuo=0;                //让P1.0端口输出低电平
  _nop_();                 //_nop_()为空操作函数,不进行任何操作,用作短时间延时,单片机时钟频率为12MHz时延时1μs
  LieSuo=1;                //让P1.0端口输出高电平, P1.0端口由低电平变为高电平,即输出一个上升沿去74HC595的锁存端,
                           //使74HC595将已经移入的列码(8位)保存下来并输出给点阵
}

/*以下SendHM为发送行码函数,其输入参数为无符号字符型变量dat,其功能是将变量dat的8位数由高到低逐位
从P2.0端口移出,再让74HC595将移入的8位数 (行码)保存下来并输出给点阵的行引脚*/
void SendHM(unsigned char dat)
{
  unsigned char i;         //声明一个无符号字符型变量i
  for(i=0;i<8;i++)         //for为循环语句,大括号内的语句执行8次,将变量dat的8位数由高到低逐位从P2.0端口移出
  {
    HangYi=0;              //让P2.1端口输出低电平
    HangMa=dat&0x80;       //将变量dat的8位数据和0x80(10000000)逐位相与(即保留dat数据的最高位,其它位全部清0),
                           //再将dat数据的最高位送到P2.0端口
    HangYi=1;              //让P2.1端口输出高电平, P2.1端口由低电平变为高电平,即输出一个上升沿
                           //去74HC595的移位端, P2.0端口的值被移入74HC595
    dat<<=1;               //将变量dat的8位数左移一位
  }
  HangSuo=0;               //让P2.2端口输出低电平
  _nop_();                 //_nop_()为空操作函数,不进行任何操作,用作短时间延时,单片机晶振频率为12MHz时延时1μs
  HangSuo=1;               //让P2.2端口输出高电平, P1.2端口由低电平变为高电平,即输出一个上升沿
                           //去74HC595的锁存端,使74HC595将已经移入的行码保存下来并送给点阵的行引脚
}

/*以下为主程序部分*/
void main()
{
  unsigned char i;        //声明一个无符号字符型变量i, i的初值为0
  while(1)                 //主循环, while小括号内为1 (真) 时,大括号内的语句反复执行
  {
    for(i=0;i<8;i++)       //for为循环语句,大括号内的语句执行8次,依次将HMtable表格的第1~8个行码
                          //和LMtable表格的第1~8列列码发送给点阵
    {
      SendHM(HMtable[i]);  //执行SendHM (发送行码) 函数,将HMtable表格的第i+1个行码
                          //赋给SendHM函数的输入参数(dat),使之将该行码发送出去
      Send2Byte(LMtable[i],0xff); //执行Send2Byte (发送双字节) 函数,将LMtable表格的第i+1个列码和
                          //数据0xff分别赋给SendLM函数的两个输入参数 (dat1、dat2),使之将
                          //该列码和数据发送出去,发送数据0xff可以让双色点阵中的一种颜色不显示
      Out595();           //执行Out595(输出锁存)函数,将已经分别移入两个74HC595的列码和数据0xff
                          //保存下来,同时发送给点阵的双色列引脚
      DelayMs(1);         //执行DelayMs (毫秒级延时)函数,延时1ms,点阵每行显示持续1ms
      Send2Byte(0xff,0xff); //执行Send2Byte函数,将数据0xff分别赋给SendLM函数的两个输入参数(dat1、dat2),
                          //使之将0xff当作两种颜色的列码数据发送出去
      Out595();           //执行Out595(输出锁存)函数,将移入两个74HC595的数据0xff保存下来并发送给
                          //点阵的双色列引脚,如点阵每行显示停止当前的显示,否则在发送下一行行码 (下一行
                          //列码要在行码之后发送)时,未清除的上一行列码会使下一行短时显示与上一行
                          //相同的内容,从而产生重影
    }
  }
}
```

图 9-10   红绿双色点阵显示红色字符 "1" 的程序

主程序 for 语句第 1 次执行结束后，i 值由 0 变成 1→for 语句的内容从头开始第 2 次执行，发送第 2 行行码和第 2 行列码，驱动点阵显示第 2 行内容→for 语句第 3 次执行，发送第 3 行行码和第 3 行列码，驱动点阵显示第 3 行内容，直至 for 语句第 8 次执行，驱动点阵显示第 8 行内容，点阵在显示第 8 行时，第 1~7 行的 LED 虽然熄灭了，但人眼仍保留着这些行先前的显示印象，故会感觉点阵上的字符是整体显示出来的。

9.2.4　双色点阵交替显示两种颜色字符的程序与说明

图 9-11 是一种让双色点阵交替显示两种颜色字符的程序。程序运行时，红绿双色点阵先正向显示红色字符"1"约 0.5s，然后反向显示绿色字符"1"约 0.5s，之后显示重复进行。该程序与图 9-10 程序大部分相同，区别主要在主程序的后半部分。

```
/*红绿双色点阵正反交替显示红、绿字符"1"的程序*/
#include<reg51.h>      //调用reg51.h文件对单片机各特殊功能寄存器进行地址定义
#include <intrins.h>   //调用intrins.h文件对本程序用到的"_nop_()"函数进行声明

unsigned char HMtable[8]={0x01,0x02,0x04,0x08,0x10,0x20,0x40,0x80};   //定义一个HMtable表格，依次
                                                                      //存放扫描点阵的8行行码
unsigned char code LMtable[]={0xff,0xf7,0xe7,0xf7,0xf7,0xf7,0xe3,0xff};   //定义一个LMtable表格，依次
                                                                         //存放字符"1"的8列列码
sbit LieSuo=P1^0;   //用位定义关键字sbit将LieSuo（列锁存）代表P1.0端口
sbit LieYi=P1^1;    //用位定义关键字sbit将LieYi（列移位）代表P1.1端口
sbit LieMa=P1^2;    //用位定义关键字sbit将LieMa（列码）代表P1.2端口
sbit HangSuo=P2^2;
sbit HangYi=P2^1;
sbit HangMa=P2^0;

/*以下DelayUs为微秒级延时函数，其输入参数为unsigned char tu(无符号字符型变量tu)，tu值为8位，取值范围为
0~255，若单片机的晶振频率为12M，本函数延时时间可用T=(tu×2+5) us 近似计算，比如tu=248，T=501 us≈0.5ms */
void DelayUs (unsigned char tu)   //DelayUs为微秒级延时函数，其输入参数为无符号字符型变量tu
{
  while(--tu);         //while为循环语句，每执行一次while语句，tu值就减1，
                       //直到tu值为0时才执行while尾大括号之后的语句
}

/*以下DelayMs为毫秒级延时函数，其输入参数为unsigned char tm（无符号字符型变量tm），该函数内部使用了两个
DelayUs (248)函数，它们共延时1002us（约1ms），由于tm值最大为255，故本DelayMs函数最大延时时间为255ms，
若将输入参数定义为unsigned int tm，则最长可获得65535ms的延时时间*/
void DelayMs(unsigned char tm)
{
  while(tm--)
  {
    DelayUs (248);
    DelayUs (248);
  }
}

/*以下SendByte为发送单字节（8位）函数，其输入参数为无符号字符型变量dat，输出参数为空（void），
其功能是将变量dat的8位数据由高到低逐位从P1.2端口移出*/
void SendByte(unsigned char dat)
{
  unsigned char i;    //声明一个无符号字符型变量i
  for(i=0;i<8;i++)    //for为循环语句，大括号内的语句执行8次，将变量dat的8位数据由高到低逐位从P1.2端口移出
  {
    LieYi=0;          //让P1.1端口输出低电平
    LieMa=dat&0x80;   //将变量dat的8位数据和0x80(10000000)逐位相与(即保留dat数据的最高位，其它位全部清0)，
                      //再将dat数据的最高位送到P1.2端口
    LieYi=1;          //让P1.1端口输出高电平，P1.1端口由低电平变为高电平，即输出一个上升沿
                      //去74HC595的移位端，P1.2端口的值被移入74HC595
    dat<<=1;          //将变量dat的8位数左移一位
  }
}

/*以下Send2Byte为发送双字节（16位）函数，有两个输入参数dat1和dat2，均为无符号字符型变量*/
void Send2Byte(unsigned char dat1,unsigned char dat2)
{
  SendByte(dat1);   //执行SendByte函数，将变量dat1的8位数据从P1.2端口移出
  SendByte(dat2);   //执行SendByte函数，将变量dat2的8位数据从P1.2端口移出
}

/*以下Out595为输出锁存函数，其输入、输出参数均为空，该函数的功能是让单片机P1.0端口发出一个
锁存脉冲（上升沿）去74HC595芯片的锁存端，使之将已经移入的列码保存下来并输出给点阵的列引脚*/
void Out595(void)
{
  LieSuo=0;    //让P1.0端口输出低电平
  _nop_();     //_nop_()为空操作函数，用作短时间延时，单片机时钟频率为12MHz时延时1us
  LieSuo=1;    //让P1.0端口输出高电平，P1.0端口由低电平变为高电平，即输出一个上升沿去74HC595的锁存端，
               //使74HC595将已经移入的列码保存下来并输出给点阵
}

/*以下SendHM为发送行码函数，其输入参数为无符号字符型变量dat，其功能是将变量dat的8位数由高到低逐位
从P2.0端口移出，再让74HC595将移入的8位数（行码）保存下来并输出给点阵的行引脚*/
void SendHM(unsigned char dat)
{
  unsigned char i;    //声明一个无符号字符型变量i
  for(i=0;i<8;i++)    //for为循环语句，大括号内的语句执行8次，将变量dat的8位数由高到低逐位从P2.0端口移出
  {
    HangYi=0;         //让P2.1端口输出低电平
    HangMa=dat&0x80;  //将变量dat的8位数据和0x80(10000000)逐位相与（即保留dat数据的最高位，其它位全部清0），
                      //再将dat数据的最高位送到P2.0端口
    HangYi=1;         //让P2.1端口输出高电平，P2.1端口由低电平变为高电平，即输出一个上升沿
                      //去74HC595的移位端，P2.0端口的值被移入74HC595
    dat<<=1;          //将变量dat的8位数左移一位
  }
  HangSuo=0;    //让P2.2端口输出低电平
  _nop_();      //_nop_()为空操作函数，用作短时间延时，单片机晶振频率为12MHz时延时1us
  HangSuo=1;    //让P2.2端口输出高电平，P1.2端口由低电平变为高电平，即输出一个上升沿
                //去74HC595的锁存端，使74HC595将已经移入的行码保存下来并送给点阵的行引脚
}
```

图 9-11　红绿双色点阵正反交替显示红、绿字符"1"的程序

```
/*以下为主程序部分*/
void main()
{
  unsigned char i,j;        //声明两个无符号字符型变量i和j，i、j的初值均为0
  while(1)                   //主循环，while大括号内的语句反复执行，让两种颜色字符不断交替显示
  {
    for(j=0;j<60;j++)       //for为循环语句，大括号内的语句执行60次，让一种颜色的整屏字符显示（刷新）60次，
                            //该颜色的字符显示时间约为0.5s（显示一次整屏字符约需8ms）
    {
      for(i=0;i<8;i++)      //for为循环语句，大括号内的语句执行8次，依次将HMtable表格的第1~8个行码和
                            //LMtable表格的第1~8个列码发送给点阵，使之显示出一整屏字符（约需8ms）

      {
        SendHM(HMtable[i]);      //执行SendHM（发送行码）函数，同时将HMtable表格的第i+1个行码
                                 //赋给SendHM函数的输入参数（dat），使之将该行码发送出去
        Send2Byte(LMtable[i],0xff);  //执行Send2Byte（发送双字节）函数，同时将LMtable表格的第i+1个列码和
                                 //数据0xff分别赋给SendLM函数的两个输入参数（dat1、dat2），使之将
                                 //该列码和数据发送出去，发送数据0xff可以让双色点阵中的一种颜色不显示
        Out595();           //执行Out595（输出锁存）函数，将已经分别移入两个74HC595的列码和数据0xff
                            //保存下来，同时发送给点阵的双色列引脚
        DelayMs(1);         //执行DelayMs（毫秒级延时）函数，延时1ms，让点阵每行显示持续1ms
        Send2Byte(0xff,0xff);  //执行Send2Byte函数，将数据0xff分别赋给SendLM函数的两个输入参数（dat1、dat2），
                            //使之将0xff当作两种颜色的列码发送出去
        Out595();           //执行Out595（输出锁存）函数，将移入两个74HC595的数据0xff保存下来并发送给
                            //点阵的双色列引脚，以清除列码停止当前行的显示，否则在发送下一行行码（下一行
                            //列码要在行码之后发送）时，未清除的上一行列码会使下一行短时显示与上一行
                            //相同的内容，从而产生重影
      }
    }
    for(j=0;j<60;j++)       //for为循环语句，大括号内的语句执行60次，让另一种颜色的整屏字符显示（刷新）60次，
                            //该颜色的字符显示时间约为0.5s（显示一次整屏字符约需8ms）
    {
      for(i=0;i<8;i++)      //for为循环语句，大括号内的语句执行8次，依次将HMtable表格的第1~8个行码和
                            //LMtable表格的第1~8个列码发送给点阵，使之显示出一整屏字符（约需8ms）

      {
        SendHM(HMtable[7-i]);    //执行SendHM（发送行码）函数，同时将HMtable表格的第(7-i+1)个行码（即先送
                                 //第8行行码）赋给SendHM函数的输入参数（dat），使之将该行码发送出去
        Send2Byte(0xff,LMtable[i]);  //执行Send2Byte（发送双字节）函数，同时将数据0xff和LMtable表格的第i+1个
                                 //列码分别赋给SendLM函数的两个输入参数（dat1、dat2），使之将该列码
                                 //和数据发送出去，发送数据0xff可以让双色点阵中的一种颜色不显示

        Out595();           //执行Out595（输出锁存）函数，将已经分别移入两个74HC595的列码和数据0xff
                            //保存下来，同时发送给点阵的双色列引脚
        DelayMs(1);         //执行DelayMs（毫秒级延时）函数，延时1ms，让点阵每行显示持续1ms
        Send2Byte(0xff,0xff);  //执行Send2Byte函数，将数据0xff分别赋给SendLM函数的两个输入参数（dat1、dat2），
                            //使之将0xff当作两种颜色的列码发送出去
        Out595();           //执行Out595（输出锁存）函数，将移入两个74HC595的数据0xff保存下来并发送给
                            //点阵的双色列引脚，以清除列码停止当前行的显示，否则在发送下一行行码（下一行
                            //列码要在行码之后发送）时，未清除的上一行列码会使下一行短时显示与上一行
                            //相同的内容，从而产生重影
      }
    }
  }
}
```

图 9-11　红绿双色点阵正反交替显示红、绿字符 "1" 的程序（续）

　　程序运行时首先进入主程序的 main 函数，在 main 函数中有 4 个 for 语句，第 1 个 for 语句内嵌第 2 个 for 语句，第 3 个 for 语句内嵌第 4 个 for 语句。第 2 个 for 语句内的语句是让单片机驱动双色点阵以逐行扫描的方式正向显示红色字符 "1"，显示完一屏内容约需 8ms，第 2 个 for 语句嵌在第 1 个 for 语句内，第 1 个 for 语句使第 2 个 for 语句执行 60 次，让红色字符 "1" 刷新 60次，红色字符 "1" 显示时间约为 0.5s。在第 2 个 for 语句中，使用 "SendHM（HMtable[i]）" 语句取 HMtable 表格的第 1 个行码选中点阵的第一行引脚，点阵的第一行先显示，而在第 4 个 for 语句中，使用 "SendHM（HMtable[7-i]）" 语句取 HMtable 表格的第 8 个行码选中点阵的第 8 行引脚，点阵的第 8 行先显示，在第 8 行显示时送给点阵列引脚的是 LMtable 表格的第 1 个列码，故字符反向显示。第 2 个 for 语句内的 "Send2Byte（LMtable[i]，0xff）" 语句是将列码送到红色列引脚，绿色列引脚送 11111111，显示红色字符 "1"，第 4 个 for 语句内的 "Send2Byte（0xff，LMtable[i]）" 语句则是将列码送到绿色列引脚，红色列引脚送 11111111，显示绿色字符 "1"。

9.2.5　字符移入和移出点阵的程序与说明

　　图 9-13 为字符移入和移出点阵的程序。程序执行时，红色字符 0~9 由右往左逐个移入点阵，后一个字符移入点阵时，前一个字符从点阵中移出，如图 9-12a 所示；最后一个字符 9 移出后，点阵清屏（空字符），接着翻转 180°的绿色字符 0~9 由左向右逐个移入点阵（掉转方向可以看到正向的绿色字符由右往左移入移出点阵），如图 9-12b 所示，字符 9 移出后，点阵清屏，然后重复上述过程。

a) 红色字符由右向左移入移出点阵　　b) 倒转的绿色字符由左向右移入移出点阵

图9-12　图9-13 程序运行时字符移动情况

```
/*字符0~9按顺序从点阵移进移出的程序*/
#include<reg51.h>     //调用reg51.h文件对单片机各特殊功能寄存器进行地址定义
#include <intrins.h>  //调用intrins.h文件对本程序用来的"_nop_()"函数进行声明

unsigned char HMtable[8]={0x01,0x02,0x04,0x08,0x10,0x20,0x40,0x80};   //定义一个HMtable表格,依次
                                                                     //存放扫描点阵的8行行码
unsigned char code LMtable[96]={0x00,0x00,0x3e,0x41,0x41,0x41,0x3e,0x00,  //字符0的8行列码
                                0x00,0x00,0x00,0x00,0x21,0x7f,0x01,0x00,  //字符1的8行列码
                                0x00,0x00,0x27,0x45,0x45,0x45,0x39,0x00,  //字符2的8行列码
                                0x00,0x00,0x22,0x49,0x49,0x49,0x36,0x00,  //字符3的8行列码
                                0x00,0x00,0x0c,0x14,0x24,0x7f,0x04,0x00,  //字符4的8行列码
                                0x00,0x00,0x72,0x51,0x51,0x51,0x4e,0x00,  //字符5的8行列码
                                0x00,0x00,0x3e,0x49,0x49,0x49,0x26,0x00,  //字符6的8行列码
                                0x00,0x00,0x40,0x40,0x40,0x4f,0x70,0x00,  //字符7的8行列码
                                0x00,0x00,0x36,0x49,0x49,0x49,0x36,0x00,  //字符8的8行列码
                                0x00,0x00,0x32,0x49,0x49,0x49,0x3e,0x00,  //字符9的8行列码
                                0x00,0x00,0x00,0x00,0x00,0x00,0x00,0x00}; //空格列码(让8行都不显示的列码)
                                                              //定义一个LMtable表格,存放共阴型点阵的字符0~9及空格的列码,
                                                              //若用作驱动行共阳列阴型点阵,须将各列码值取反。
sbit LieSuo=P1^0;   //用位定义关键字sbit将LieSuo(列锁存)代表P1.0端口
sbit LieYi=P1^1;    //用位定义关键字sbit将LieYi(列移位)代表P1.1端口
sbit LieMa=P1^2;    //用位定义关键字sbit将LieMa(列码)代表P1.2端口
sbit HangSuo=P2^2;
sbit HangYi=P2^1;
sbit HangMa=P2^0;

/*以下DelayUs为微秒级延时函数,其输入参数为unsigned char tu(无符号字符型变量tu),tu值为8位,取值范围为
0~255,若单片机的晶振频率为12MHz,本函数延时时间可用T=(tu×2+5) us 近似计算,比如tu=248, T=501 us≈0.5ms */
void DelayUs (unsigned char tu)   //DelayUs为微秒级延时函数,其输入参数为无符号字符型变量tu
{
  while(--tu);                    //while为循环语句,每执行一次while语句,tu值就减1,
                                  //直到tu值为0时才执行while尾大括号之后的语句
}

/*以下DelayMs为毫秒级延时函数,其输入参数为unsigned char tm(无符号字符型变量tm),该函数内部使用了两个
DelayUs(248)函数,它们共延时1002us(约1ms),由于tm最大为255,故本DelayMs函数最大延时时间为255ms,
若将输入参数定义为unsigned int tm,则最长可获得65535ms的延时时间*/
void DelayMs(unsigned char tm)
{
  while(tm--)
  {
    DelayUs (248);
    DelayUs (248);
  }
}

/*以下SendByte为带方向发送单字节(8位)函数,有两个输入参数,一个是为无符号字符型变量dat,另一个
为位变量yixiang(移向),其功能是根据yixiang值将dat的8位数据由高到低(yixiang=0)或由低到高(yixiang=1)
逐位从P1.2端口移出*/
void SendByte(unsigned char dat,bit yixiang)
{
  unsigned char i,temp;    //声明两个无符号字符型变量i和temp, i、temp的初值都为0
  if(yixiang==0)           //如果yixiang为0,执行if大括号内的内容"temp=0x80"
  {
    temp=0x80;             //将0x80(即10000000)赋给变量temp
  }
  else                     //否则(即yixiang=1),执行else大括号内的内容"temp=0x01"
  {
    temp=0x01;             //将0x01(即00000001)赋给变量temp
  }

  for(i=0;i<8;i++)         //for为循环语句,大括号内的语句执行8次,将变量dat的8位数据逐位从P1.2端口移出
  {
    LieYi=0;               //让P1.1端口输出低电平
    LieMa=dat&temp;        //将变量dat的8位数据和变量temp的8位数据逐位相与,再将结果数据的最高位(temp=0x80时)
                           //或最低位(temp=0x01时)送到P1.2端口输出
    LieYi=1;               //让P1.1端口输出高电平,P1.1端口由低电平变为高电平,即输出一个上升沿
                           //去74HC595的移位端,P1.2端口的值被移入74HC595
    if(yixiang==0)         //如果yixiang为0,执行if大括号内的内容"dat<<=1"
    {
      dat<<=1;             //将变量dat的8位数左移一位
    }
    else                   //否则(即yixiang=1),执行else大括号内的内容"dat>>=1"
    {
      dat>>=1;             //将变量dat的8位数右移一位
    }
  }
}

/*以下Send2Byte为带方向发送双字节(16位)函数,有两个无符号字符型变量输入参数dat1、dat2和一个
位变量输入参数yixiang */
void Send2Byte(unsigned char dat1,unsigned char dat2,bit yixiang)
{
  SendByte(dat1,yixiang);  //执行SendByte函数,根据yixiang的值将变量dat1的8位数据由高到低或由低到高逐位
                           //从P1.2端口移出
  SendByte(dat2,yixiang);  //执行SendByte函数,根据yixiang的值将变量dat2的8位数据由高到低或由低到高逐位
                           //从P1.2端口移出
}

/*以下Out595为输出锁存函数,其输入、输出参数均为空,该函数的功能是让单片机P1.0端口发出一个
锁存脉冲(上升沿)去74HC595芯片的锁存端,使之将已经移入的列码保存下来并输出给点阵的列引脚*/
void Out595(void)
{
  LieSuo=0;                //让P1.0端口输出低电平
  _nop_();                 //_nop_()为空操作函数,不进行任何操作,用作短时间延时,单片机时钟频率为12MHz时延时1μs
  LieSuo=1;                //让P1.0端口输出高电平,P1.0端口由低电平变为高电平,即输出一个上升沿去74HC595的锁存端,
                           //使74HC595将已经移入的列码保存下来并输出给点阵
}
```

图9-13　字符 0~9 移入和移出双色点阵的程序

```
/*以下SendHM为发送行码函数，其输入参数为无符号字符型变量dat，其功能是将变量dat的8位数据（行码）
由高到低逐位从P2.0端口移出，再让74HC595将移入的8位数据保存下来并输出送到点阵的行引脚*/
void SendHM(unsigned char dat)
{
  unsigned char i;     //声明一个无符号字符型变量i
  for(i=0;i<8;i++)     //for为循环语句，大括号内的语句执行8次，将变量dat的8位数由高到低逐位从P2.0端口移出
  {
    HangYi=0;          //让P2.1端口输出低电平
    HangMa=dat&0x80;   //将变量dat的8位数据和0x80(10000000)逐位相与（即保留dat数据的最高位，其它位全部清0），
                       //再将dat数据的最高位送到P2.0端口
    HangYi=1;          //让P2.1端口输出高电平，P2.1端口由低电平变为高电平，即输出一个上升沿
                       //去74HC595的移位端，P2.0端口的值移入74HC595
    dat<<=1;           //将变量dat的8位数左移一位
  }
  HangSuo=0;           //让P2.2端口输出低电平
  _nop_();             //_nop_()为空操作函数，不进行任何操作，用作短时间延时，单片机晶振频率为12MHz时延时1μs
  HangSuo=1;           //让P2.2端口输出高电平，P1.2端口由低电平变为高电平，即输出一个上升沿
                       //去74HC595的锁存端，使74HC595将已经移入的行码保存下来并送给点阵的行引脚
}

/*以下为主程序部分*/
void main()
{
  unsigned char i,k,l,app; //声明四个无符号字符型变量i、k、l、app（初值均为0）
  while(1)                  //主循环，while大括号内的语句反复执行
  {
    for(k=0;k<=87;k++)      //for为循环语句，大括号内的语句执行88次，以将LMtable表格88个列码依次发送给点阵
    {
      for(l=20;l>0;l--)     //for为循环语句，大括号内的语句执行20次，让点阵显示的每屏内容都刷新20次，刷新次数
                            //越多，字符静止时间越长，字符移动速度越慢
      {
        for(i=0;i<=7;i++)   //for为循环语句，大括号内的语句执行8次，让点阵以逐行的方式显示出整屏内容
        {
          app=~(*(LMtable+i+k)); //将LMtable表格第i+k+1个单元的值取反后赋给变量app，*为指针运算符，~表示取反
          SendHM(HMtable[i]);    //执行SendHM（发送行码）函数，同时将HMtable表格的第i+1个行码
                                 //赋给SendHM函数的输入参数(dat)，使之将该行码发送出去
          Send2Byte(app,0xff,0); //执行Send2Byte（带方向发送双字节）函数，同时将app的值（列码）和
                                 //数据0xff分别赋给SendLM函数的两个输入参数（dat1、dat2），使之将该列码和
                                 //数据0xff发送出去，发送数据0xff可以让双色点阵中的一种颜色（绿色）不显示，
                                 //将0赋给yingxiang使列码按高位到低位发送
          Out595();              //执行Out595(输出锁存)函数，将已经分别移入两个74HC595的列码和数据0xff保存下来，
                                 //同时发送给点阵的双色列引脚
          DelayMs(1);            //执行DelayMs（毫秒级延时）函数，让点阵每行显示持续1ms
          Send2Byte(0xff,0xff,0);//执行Send2Byte函数，将数据0xff赋给该函数的dat1和dat2，将0赋给yingxiang，
                                 //使之将两种颜色的列码均置为0xff发送出去，在发送0xff时将高位到低位进行
          Out595();              //执行Out595（输出锁存）函数，将移入两个74HC595的数据0xff保存下来并发送给
                                 //点阵的双色列引脚，以清除列码停止上当前行的显示，否则在发送下一行行码（下一行
                                 //列码要在行码之后发送）时，未清除的上一行列码会使下一行短时显示与上一行
                                 //相同的内容，从而产生重影
        }
      }
    }
    for(k=0;k<=87;k++)      //for为循环语句，大括号内的语句执行87次，以将LMtable表格88个列码依次发送给点阵
    {
      for(l=20;l>0;l--)     //for为循环语句，大括号内的语句执行20次，让点阵显示的每屏内容都刷新20次，刷新次数
                            //越多，字符静止时间越长，字符移动速度越慢
      {
        for(i=0;i<=7;i++)   //for为循环语句，大括号内的语句执行8次，让点阵以逐行的方式显示出整屏内容
        {
          SendHM(HMtable[7-i]);   //执行SendHM（发送行码）函数，同时将HMtable表格的第(7-i+1)行码（即先送
                                  //第8行行码）赋给SendHM函数的输入参数(dat)，使之将该行码发送出去
          Send2Byte(0xff,~(*(LMtable+i+k)),1); //执行Send2Byte（带方向发送双字节）函数，同时将0xff和LMtable
                                  //表格第i+k+1个单元的列码反值分别赋给SendLM函数的dat1和
                                  //dat2，使之将两者发送出去，先发送数据0xff可以让双色点阵的
                                  //红色不显示，将1赋给yingxiang让列码按低位到高位发送
          Out595();
          DelayMs(1);
          Send2Byte(0xff,0xff,0);
          Out595();
        }
      }
    }
  }
}
```

图 9-13　字符 0~9 移入和移出双色点阵的程序（续）

　　程序执行时首先进入主程序的 main 函数，在 main 函数中，有 6 个 for 语句，第 1~3 个 for 语句的内容用于使红色字符 0~9 由右往左逐个移入移出点阵，第 4~6 个 for 语句的内容用于使倒转的绿色字符 0~9 由左往右逐个移入移出点阵。

　　程序在首次执行时，依次执行第 1~3 个 for 语句，当执行到第 3 次 for 语句（内嵌在第 2 个 for 语句中）时，将 LMtable 表格第 1 个（首次执行时 i、k 均为 0，故 i+k+1＝1）单元的值（0x00）取反后（变为 0xff）赋给变量 app，然后执行并进入 SendHM（发送行码）函数，将 HMtable 表格的第 1 个行码 0x01 发送给点阵的行引脚，再执行 Send2Byte（带方向发送双字节）函数，使之将变量 app 的值作为列码（字符 0 的第一行列码）从高到低位移入给 74HC595，接着执行 Out595（输出锁存）函数，将已经移入两个 74HC595 的列码和数据 0xff 分别发送到点阵的红色列引脚和绿色列引脚，点阵的第一行内容显示，执行"DelayMs(1)"让该行内容显示时间持续 1ms，执行"Send2Byte(0xff,0xff,0)"和"Out595()"清除该行显示，以免在发送下一行行码（下一行列码要在行码之后发送）时，未清除的上一行列码会使下一行短时显示与上一行相同的内容，从而产生重影。第 3 个 for 语句第 1 次执行后其 i 值由 0 变为 1，第 2 次执行时将 HMtable 表格的第 2 行行码（0x02）和 LMtable 表格的第 2 个单元的值（0x00）取反作为第 2 行

列码发送给双色点阵，使之显示出第 2 行内容。当第 3 个 for 语句第 8 次执行时，点阵第 8 行显示，第 1~7 行内容虽然不显示，但先前显示内容在人眼的印象还未消失，故觉得点阵显示出一个完整的字符 0。第 3 个 for 语句执行 8 次使点阵显示一屏内容约需 8ms，第 3 个 for 语句嵌在第 2 个 for 语句内，第 2 个 for 语句执行 20 次，让点阵一屏相同的内容刷新 20 次，耗时约 160ms，即让点阵每屏相同的内容显示时间持续 160ms。

　　第 2 个 for 语句嵌在第 1 个 for 语句内，第 2 个 for 语句执行 20 次（第 3 个 for 语句执行 160 次）后，第 1 个 for 语句 k 值由 0 变为 1，当第 3 次 for 语句再次第 1 次执行时，将 LMtable 表格第 2 个（i+k+1=2）单元的值取反后作为第 1 行列码发送给点阵，第 8 次执行时将 LMtable 表格第 9 个单元的值（字符 1 的第 1 行列码）取反后作为第 8 行列码发送给点阵，结果点阵显示的字符 0 少了一列，字符 1 的一列内容进入点阵显示，这样就产生了字符 0 移出、字符 1 移入的感觉。

　　主程序中的第 4~6 个 for 语句的功能是使倒转的绿色字符 0~9 由左向右逐个移入移出点阵。其工作原理与第 1~3 个 for 语句基本相同，不再说明。

第**10**章

液晶显示屏的使用与编程

10.1 1602 字符型液晶显示屏的硬、软件介绍

10.1.1 外形与引脚说明

1. 外形

1602 字符型液晶显示屏可以显示 2 行每行 16 个字符，为了使用方便，1602 字符型液晶显示屏已将显示屏和驱动电路制作在一块电路板上，其外形如图 10-1 所示。

图 10-1 1602 字符型液晶显示屏的外形

2. 引脚说明

1602 字符型液晶显示屏有 16 个引脚（不带背光电源的有 14 个引脚），各引脚功能说明如图 10-2所示。

V0端：又称LCD偏压调整端，该端直接接电源时对比度最低，接地时对比度最高，一般在该端与地之间接一个10kΩ电位器，用来调LCD的对比度

RS端：1为选中数据寄存器；0为选中指令寄存器
R/W端：1为从LCD读信息；0为往LCD写信息
E端：1为允许读信息；下降沿↓为允许写信息

图 10-2 1602 字符型液晶显示屏的各引脚功能说明

10.1.2　内部字库及代码

1602 字符型液晶显示屏内部使用 CGROM（自定义字行 ROM）和 CGRAM（自定义字符 RAM）来存放字符的数据（简称字模）。其中 CGROM 以固化的形式存放着 192 个常用字符的字模，CGRAM 可以由用户以自定义的方式最多可写入 8 个新字符的字模。

1602 字符型液晶显示屏 CGROM 的字符代码与字符对应关系见表 10-1。比如字符"0"的代码为 00110000（即 30H），它与计算机采用 ASCII 码是一致的（即计算机中字符"0"的代码也是 30H）。用户在 CGRAM 中自定义的 8 个字符字模的代码为 00H~07H 或 08H~0FH（00H 和 08H 指的为同一个字符）。

字符代码可以看作是字符在 CGROM 中的存储地址，当单片机往 LCD 驱动电路传送字符代码时，驱动电路就会从 CGROM 中找到该代码对应的字符数据，送到 DDRAM（显示数据寄存器）并在 LCD 屏显示出来。

表 10-1　CGROM、CGRAM 的字符代码与字符对应关系

低4位＼高4位	0000	0001	0010	0011	0100	0101	0110	0111	1000	1001	1010	1011	1100	1101	1110	1111
0000	CG RAM (1)			0	@	P	`	p				－	タ	ミ	α	p
0001	(2)		!	1	A	Q	a	q			｡	ア	チ	ム	ä	q
0010	(3)		"	2	B	R	b	r			｢	イ	ツ	メ	β	θ
0011	(4)		#	3	C	S	c	s			｣	ウ	テ	モ	ε	∞
0100	(5)		$	4	D	T	d	t			、	エ	ト	ャ	μ	Ω
0101	(6)		%	5	E	U	e	u			・	オ	ナ	ユ	σ	ü
0110	(7)		&	6	F	V	f	v			ヲ	カ	ニ	ヨ	ρ	Σ
0111	(8)		'	7	G	W	g	w			ア	キ	ヌ	ラ	g	π
1000	CG RAM (1)		(	8	H	X	h	x			イ	ク	ネ	リ	√	x̄
1001	(2)		)	9	I	Y	i	y			ウ	ケ	ノ	ル	┐	Y
1010	(3)		*	:	J	Z	j	z			エ	コ	ハ	レ	j	千

（续）

高4位 低4位	0000	0001	0010	0011	0100	0101	0110	0111	1000	1001	1010	1011	1100	1101	1110	1111
1011	(4)	+	;	K	[	k	{			オ	サ	ヒ	ロ	×	万
1100	(5)	,	<	L	¥	l	|			ヤ	シ	フ	ワ	¢	円
1101	(6)	-	=	M	]	m	}			ユ	ス	ヘ	レ		÷
1110	(7)	.	>	N	^	n	→			ヨ	セ	ホ			
1111	(8)	/	?	O	_	o	←			ッ	ツ	マ		°	█

10.1.3　LCD 屏各显示位与 DDRAM 的地址关系

1602 字符型液晶显示屏有 2 行每行 16 个显示位，其各位与 DDRAM（显示数据寄存器）地址对应关系如图 10-3 所示。当选中 DDRAM 某个地址并往该地址送字符数据时，该地址对应的 LCD 显示位就可显示出该字符。1602 的每个显示位有 5×8 个点组成，当 DDRAM 的数据为 1 时，与之对应的点显示，为 0 时不显示。

字符A的数据　字符A的字形
01110　○■■■○
10001　■○○○■
10001　■○○○■
10001　■○○○■
11111　■■■■■
10001　■○○○■
10001　■○○○■
00000　○○○○○

图 10-3　1602 显示屏各显示位与 DDRAM 地址的对应关系

下面以在 1602 的第一位显示字符 "A" 为例，首先单片机往 1602 传送 "A" 的代码 41H（与计算机 "A" 的 ASCII 代码相同），选中 1602 内部 CGROM 中 "A" 的字符数据（字模），再选中 DDRAM 的 00H 地址，CGROM 中 "A" 的字符数据传送到 DDRAM 的 00H 地址，1602 显示屏与之对应的第一显示位马上显示出字符 "A" 的字形。

10.1.4　1602 显示屏的指令集

1602 由 LCD 显示屏和驱动模块（常用的驱动芯片有 HD44780，该芯片内置了 CGROM、CGRAM 和 DDRAM 和有关控制电路）组成，其驱动模块有 11 条操作指令，分为写指令、写数据、读状态和地址、读数据 4 种类型。这 4 种指令的操作类型由 1602 的 RS 端、R/W 端和 E 端决定，具体见表 10-2。

表 10-2　1602 的 RS 端、R/W 端和 E 端电平与指令操作类型

RS 端	R/W 端	E 端	指 令 类 型
0	0	下降沿	写指令（往 1602 指令寄存器写入指令，DB7~DB0 为指令码）
1	0	下降沿	写数据（往 1602 数据寄存器写入数据，DB7~DB0 为数据）
0	1	高电平	读状态和地址（从 1602 读取工作状态和地址信息，DB7~DB0 为状态和地址信息）
1	1	高电平	读数据（从 1602 读取数据，DB7~DB0 为数据）

1. 清屏指令

清屏指令的指令码如下：

RS	R/W	DB7	DB6	DB5	DB4	DB3	DB2	DB1	DB0
0	0	0	0	0	0	0	0	0	1

清屏指令的功能如下：

1）清除显示屏所有的显示内容（即将 DDRAM 所有地址的内容全部清除）。

2）光标回到原点（即光标回到显示屏的左上角第一个显示位）。

3）DDRAM 地址计数器 AC 的值设为 0。

2. 光标归位指令

光标归位指令的指令码如下：

RS	R/W	DB7	DB6	DB5	DB4	DB3	DB2	DB1	DB0
0	0	0	0	0	0	0	0	1	X

注：指令码中的 X 表示任意值（0 或 1）。

光标归位指令的功能如下：

1）光标回到显示屏的左上角第一个显示位。

2）DDRAM 地址计数器 AC 的值设为 0。

3）不清除 DDRAM 中内容（即不清除显示屏的显示内容）。

3. 输入模式设置指令

输入模式设置指令的指令码如下：

RS	R/W	DB7	DB6	DB5	DB4	DB3	DB2	DB1	DB0
0	0	0	0	0	0	0	1	I/D	S

输入模式设置指令的功能是设置输入字符时光标和字符的移动方向，具体如下：

1）I/D=0 时，输入字符时光标左移，AC 值自动减 1；I/D=1 时，输入字符时光标右移，AC 值自动加 1。

2）S=0 时，输入字符时显示屏全部显示不移动；S=1 时，输入字符时显示屏全部显示移动一位（左移、右移由 I/D 位决定）。

4. 显示开关控制指令

显示开关控制指令的指令码如下：

RS	R/W	DB7	DB6	DB5	DB4	DB3	DB2	DB1	DB0
0	0	0	0	0	0	1	D	C	B

显示开关控制指令的功能是控制显示屏是否显示、光标是否显示和光标是否闪烁，具体如下：

1）D=0 时，显示屏关显示，DDRAM 内容不变化；D=1 时，显示屏开显示。

2）C=0 时，不显示光标；C=1 时，显示光标。

3）B=0 时，光标不闪烁；B=1 时，光标闪烁。

5. 光标和显示移动指令

光标和显示移动指令的指令码如下：

RS	R/W	DB7	DB6	DB5	DB4	DB3	DB2	DB1	DB0
0	0	0	0	0	1	S/C	R/L	X	X

光标和显示移动指令的功能是在不读写 DDRAM 数据时设置光标和显示内容左移或右移，具体如下：

S/C	R/L	设定情况
0	0	光标左移 1 格，且 AC 值减 1
0	1	光标右移 1 格，且 AC 值加 1
1	0	显示器上字符全部左移一格，但光标不动
1	1	显示器上字符全部右移一格，但光标不动

6. 功能设置指令

功能设置指令的指令码如下：

RS	R/W	DB7	DB6	DB5	DB4	DB3	DB2	DB1	DB0
0	0	0	0	1	DL	N	F	X	X

功能设置指令的功能是设置 1602 的数据接口位数、LCD 显示屏的行数和点阵规格，具体如下：

1）DL=0 时，4 位数据总线 DB7~DB4，DB3~DB0 不用；D=1 时，8 位数据总线 DB7~DB0。

2）N=0 时，一行显示模式；N=1 时，两行显示模式。

3）F=0 时，5×7 点阵/每字符；F=1 时，5×10 点阵/每字符。

7. 设置 CGRAM 地址指令

设置 CGRAM 地址指令的指令码如下：

RS	R/W	DB7	DB6	DB5	DB4	DB3	DB2	DB1	DB0
0	0	0	1	CGRAM 的地址（6 位）					

设置 CGRAM 地址指令的功能是设置要写入自定义字符数据的 CGRAM 地址。指令码中的 DB5~DB3 为自定义字符的地址（000~111），可自定义 8 个字符，它实际是自定义字符代码的低 3 位，DB2~DB0 为字符的 8 行数据的地址（000~111）。

下面以给字符代码 01H 自定义字符"I"为例进行说明，如图 10-4 所示。首先让 DB5~DB0 为 001000，选中 CGRAM 的 000000001000 单元（CGRAM 的地址为 12 位，字符代码取自地址的高 8 位），再往该单元写入字符"I"的第 1 行数据 XXX01110（X 表示 1 或 0 即可），然后让 DB5~DB0 为 001001，选中 CGRAM 的 000000001001 单元，往该单元写入字符"I"的第 2 行数据 XXX00100，往 8 个单元写完 8 行数据后，一个字符数据就写完了，即自定义了一个字符。在显示时，只要往 CGRAM 传送该字符的字符代码（实际上是该字符存储地址的高 8 位），该字符的 8 行数据即会传送到 DDRAM 并通过 LCD 显示屏显示出来。

图 10-4 在 CGRAM 自定义字符说明

8. 设置 DDRAM 地址指令

设置 DDRAM 地址指令的指令码如下：

RS	R/W	DB7	DB6	DB5	DB4	DB3	DB2	DB1	DB0
0	0	1	DDRAM 的地址（7 位）						

设置 DDRAM 地址指令的功能是设置要存入字符数据的 DDRAM 的地址，在 LCD 显示屏与该地址对应的显示位会将该字符显示出来。在一行显示模式时，DDRAM 的地址范围为 00H~4FH；在两行显示模式时，第一行 DDRAM 的地址范围为 00H~27H（1602 只用到了 00H~0FH），第二行 DDRAM 的地址范围为 40H~67H（1602 只用到了 40H~4FH），具体如下：

	显示位置	1	2	3	4	5	6	7	……	40
DDRAM 地址	第一行	00H	01H	02H	03H	04H	05H	06H	……	27H
	第二行	40H	41H	42H	43H	44H	45H	46H	……	67H

9. 读取忙标志和 AC 地址指令

读取忙标志和 AC 地址指令的指令码如下：

RS	R/W	DB7	DB6	DB5	DB4	DB3	DB2	DB1	DB0
0	1	BF	AC 地址（7 位）						

当 RS＝0、R/W＝1 和 E＝1 时，从 1602 的 DB7 端读取忙标志（BF），从 DB6~DB0 端读取 AC 地址。如果 BF＝1，表示 1602 内部忙，不接收任何外部指令或数据；如果 BF＝0，表示 1602 内部空闲，可接收外部数据或指令。地址计数器 AC 中的地址为 CGROM、CGRAM 和 DDRAM 公

用，因此当前 AC 地址所指区域由前一条指令操作区域决定，只有 BF = 0 时，从 DB7 ~ DB0 端读取的地址才有效。

10. 写数据到 CGRAM 或 DDRAM 指令

写数据到 CGRAM 或 DDRAM 指令的指令码如下：

RS	R/W	DB7	DB6	DB5	DB4	DB3	DB2	DB1	DB0
1	0	要写入的数据 D7~D0							

写数据到 CGRAM 或 DDRAM 指令的功能是将自定义字符数据写入已设置好地址的 CGRAM，或将要显示的字符代码写入 DDRAM，以让 LCD 屏将该字符显示出来。在写 CDRAM 时，DB7 ~ DB5 可为任意值，DB4 ~ DB0 为字符的一行字符数据（反映一行 5 个点的数据）。

11. 从 CGRAM 或 DDRAM 读取数据指令

从 CGRAM 或 DDRAM 读取数据指令的指令码如下：

RS	R/W	DB7	DB6	DB5	DB4	DB3	DB2	DB1	DB0
1	1	要读出的数据 D7~D0							

从 CGRAM 或 DDRAM 读取数据指令的功能是从地址计数器 AC 指定的 CGRAM 或 DDRAM 地址中读取数据，在读取数据前，先要给地址计数器 AC 指定要读取数据的地址。

10. 2　单片机驱动 1602 液晶显示屏的电路与编程

10. 2. 1　单片机驱动 1602 液晶显示屏的电路

单片机驱动 1602 液晶显示屏的电路如图 10-5 所示。当单片机对 1602 进行操作时，根据不同的操作类型，会从 P2. 4、P2. 5、P2. 6 端口送控制信号到 1602 的 RS、R/W 和 E 端，比如单片机要对 1602 写入指令时，会让 P2. 4 = 0、P2. 5 = 0、P2. 6 端口先输出高电平再变为低电平（下降沿），同时从 P0. 7 ~ P0. 0 端口输出指令代码去 1602 的 DB7 ~ DB0 端，1602 根据指令代码进行相应的操作。

10. 2. 2　1602 液晶显示屏静态显示字符的程序与说明

图 10-6 为 1602 液晶显示屏静态显示字符的程序。程序执行时，在 1602 液晶显示屏的第 1 行显示字符 "ok"，在第 2 行显示字符 "www. etv100. com"，两行字符都静止不动。

程序执行时，首先进入主程序的 main 函数，先执行 LCD_Init 函数，对 1602 进行初始化设置，再执行 LCD_Clear 函数，对 1602 进行清屏操作，然后执行两个写字符函数和一个写字符串函数。在执行 LCD_Write_Char(7, 0, 'o') 时，选择 DDRAM 的 07H 地址，将字符"o" 的字符代码// （编译时"o" 会转换成 ASCII 码，它与 1602 的"o" 的字符代码相同）写入 1602，该字符显示在液晶显示屏的第 1 行第 8 个位置；在执行 LCD_Write_Char (8, 0, 0x6B) 时，选择 DDRAM 的 08H 地址，将 0x6B （"k" 的字符代码）写入 1602，该字符显示在液晶显示屏的第 1 行第 9 个位置；在执行 LCD_Write_String(1, 1,"www. etv100. com") 时，选择 DDRAM 的 41H 地址，将字符串"www. etv100. com" 中的各个字符的字符代码按顺序依次写入以 41H 为首地址的各单元，结果从液晶显示屏的第 2 行第 2 个显示位开始显示"www. etv100. com"，最后反复执行最后一条 while 语句，程序停止在此处。

图 10-5 单片机驱动 1602 液晶显示屏的电路

```
/*1602液晶显示屏静态显示字符"ok www.etv100.com"的程序*/
#include<reg51.h>    //调用reg51.h文件对单片机各特殊功能寄存器进行地址定义
#include<intrins.h>  //调用intrins.h文件对本程序用到的"nop_()"函数进行声明
sbit RS = P2^4;      //用位定义关键字sbit将RS代表P2.4端口
sbit RW = P2^5;
sbit EN = P2^6;
#define DataP0 P0    //用define(宏定义)命令将DataP0代表P0端口,程序中DataP0与P0等同

/*以下DelayUs为微秒级延时函数,其输入参数为unsigned char tu(无符号字符型变量tu),tu值为8位,取值范围为
0～255,若单片机的晶振频率为12M,本函数延时时间可用T=(tu×2+5)us 近似计算,比如tu=248,T=501 us=0.5ms */
void DelayUs (unsigned char tu)   //DelayUs为微秒级延时函数,其输入参数为无符号字符型变量tu
  {
   while(--tu);     //while为循环语句,每执行一次while语句,tu值就减1,
                    //直到tu值为0时才执行while尾大括号之后的语句
  }

/*以下DelayMs为毫秒级延时函数,其输入参数为unsigned char tm(无符号字符型变量tm),该函数内部使用了两个
DelayUs (248)函数,它们共延时1002us(约1ms),由于tm值最大为255,故本DelayMs函数最大延时时间为255ms,
若将输入参数定义为unsigned int tm,则最长可获得65535ms的延时时间*/
void DelayMs(unsigned char tm)
  {
   while(tm--)
     {
      DelayUs (248);
      DelayUs (248);
     }
  }

/*以下LCD_Check_Busy为判忙函数,用于对1602进行判忙,当1602忙时该函数的输出参数bit=1 */
bit LCD_Check_Busy(void)    //本函数的输入参数为空(void),输出参数为位变量(bit)
  {
   DataP0=0xFF;    //将P0端口全部置高电平
   RS=0;    //让P2.4端口输出低电平,选择1602的指令寄存器
   RW=1;    //让P2.5端口输出高电平,对1602进行读操作
   EN=0;    //让P2.6端口输出低电平
   _nop_();    //执行_nop_函数(空操作函数),不进行任何操作,用作短延时,单片机晶振频率为12MHz时延时1μs
   EN=1;    //让P2.6端口输出高电平,1602的状态信息开始通过DB7～DB0传送给单片机的P0端口
   return (DataP0 & 0x80);    //先将P0端口从1602读取的值和0x80(10000000)逐位相与,保留P0端口的
            //最高位(P0.7) F涂皆壳   壳?再将P0端口的最高位值返回给LCD_Check_Busy函数的
            //输出参数bit(位变量)?602忙时,DB7为1,P0.7也为1,bit=1
  }

/*以下LCD_Write_Com为写指令函数,用于给1602写指令*/
void LCD_Write_Com(unsigned char command)    //本函数的输入参数为无符号字符型变量command,输出参数为空
  {
   while(LCD_Check_Busy());    //执行LCD_Check_Busy判忙函数,判断1602是否忙,忙(该函数输出参数bit为1)则
                   //反复执行本条while语句,否则执行下条语句
   RS=0;    //让P2.4端口输出低电平,选择1602的指令寄存器
   RW=0;    //让P2.5端口输出低电平,对1602进行写操作
   EN=1;    //让P2.6端口输出高电平
   DataP0=command;    //将变量command的值(指令代码)赋给P0端口
   _nop_();    //执行_nop_函数(空操作函数),进行短时间延时
   EN=0;    //让P2.6端口由高电平变为低电平(下降沿),P0端口的指令代码通过DB7～DB0写入1602
  }
```

图 10-6 1602 液晶显示屏静态显示字符的程序

```
/* 以下LCD_Write_Data为写数据函数, 用于给1602写数据*/
void LCD_Write_Data(unsigned char Data)  //本函数的输入参数为无符号字符型变量Data, 输出参数为空
{
  while(LCD_Check_Busy());  //执行LCD_Check_Busy判忙函数, 判断1602是否忙(该函数的输出参数bit为1)
                            //则反复执行本条while语句, 否则执行下条语句
  RS=1;       //让P2.4端口输出高电平, 选择1602的数据寄存器
  RW=0;       //让P2.5端口输出低电平, 对1602进行写操作
  EN=1;       //让P2.6端口输出高电平
  DataP0= Data;  //将变量Data的值(数据)赋给P0端口
  _nop_();    //执行_nop_函数(空操作函数), 进行短时间延时
  EN=0;       //让P2.6端口由高电平变为低电平(下降沿), P0端口的数据通过DB7~DB0写入1602
}

/*以下LCD_Clear为清屏函数, 用于清除1602显示屏所有的显示内容*/
void LCD_Clear(void)  //本函数的输入、输出参数均为空(void)
{
  LCD_Write_Com(0x01);  //执行LCD_Write_Com函数, 同时将清屏指令代码0x01(00000001)赋给其输入参数,
                        //该函数执行后将清屏指令写入1602进行清屏
  DelayMs(5);   // 执行DelayMs函数延时5ms, 使清屏操作有足够的时间完成
}

/*以下LCD_Write_String为写字符串函数, 用于将字符串写入1602 */
void LCD_Write_String(unsigned char n,unsigned char m,unsigned char *s)  //本函数有3个输入参数, n为字符
              //显示的列数(n=0表示第1列), m为字符显示的行数(m=0表示第1行), s为指针变量(用于存储地址值)
{
  if (m == 0)   //如果m=0, 则执行LCD_Write_Com(0x80 + n)
  {
    LCD_Write_Com(0x80 +n);   //执行LCD_Write_Com函数, 将列地址0x0n(取自DB6~DB0值)写入DDRAM,
                              //选择在0nH显示位显示字符(00H~0FH为第1行显示位)
  }
  else          //否则(即m≠0), 则执行LCD_Write_Com(0xC0 + n)
  {
    LCD_Write_Com(0xC0 + n):  //执行LCD_Write_Com函数, 将列地址0x4n(取自DB6~DB0值)写入DDRAM,
                              //选择在4nH显示位显示字符(40H~4FH为第2行显示位)
  }
  while (*s)    //当指针变量s的地址值不为0时, 反复循环执行while大括号内的语句,
                //当s的地址值为0时跳出while语句
  {
    LCD_Write_Data( *s);  //执行LCD_Write_Data函数, 将指针变量s中的地址所指的数据写入1602
    s++;                  //将指针变量s中的地址值加1
  }
}

/*以下LCD_Write_Char为写字符函数, 用于将字符写入1602 */
void LCD_Write_Char(unsigned char j,unsigned char k,unsigned char Data)  //本函数有3个输入参数, j为字符
              //显示的列数, k为字符显示的行数, Data为字符代码
{
  if (k== 0)    //如果k=0, 则执行LCD_Write_Com(0x80 + j)
  {
    LCD_Write_Com(0x80 + j);  //执行LCD_Write_Com函数, 将列地址0x0j(取自DB6~DB0值)写入DDRAM,
                              //选择在0jH显示位显示字符(00H~0FH为第1行显示位)
  }
  else          //否则(即k≠0), 则执行LCD_Write_Com(0xC0 + j)
  {
    LCD_Write_Com(0xC0 + j);  //执行LCD_Write_Com函数, 将列地址0x4j(取自DB6~DB0值)写入DDRAM,
                              //选择在4jH显示位显示字符(40H~4FH为第2行显示位)
  }
  LCD_Write_Data(Data);   //执行LCD_Write_Data函数, 往前面选中的DDRAM地址中写入字符代码,
                          //该字符即可在LCD相应显示位显示出来
}

/*以下LCD_Init为初始化函数, 用于对1602进行初始设置*/
void LCD_Init(void)   //本函数的输入、输出参数均为空(void)
{
  LCD_Write_Com(0x38);  //执行LCD_Write_Com函数, 将指令代码0x38(即00111000)通过DB7~DB0写入1602,
                        //将1602功能模式设为8位总线(DB4=1)、两行显示(DB3=1)、5×7点阵/每个字符(DB2=0)
  DelayMs(5);   //执行DelayMs函数延时5ms, 使功能设置操作有足够的时间完成
  LCD_Write_Com(0x08);  //执行LCD_Write_Com函数, 将指令代码0x08(即00001000)通过DB7~DB0写入1602,
                        //将1602设为显示屏关显示(DB2=0)、不显示光标(DB1=0)、光标闪烁(DB0=0)
  LCD_Write_Com(0x01);  //执行LCD_Write_Com函数, 将指令代码0x01(即00000001)通过DB7~DB0写入1602,
                        //对1602进行清屏
  LCD_Write_Com(0x06);  //执行LCD_Write_Com函数, 将指令代码0x06(即00000110)通过DB7~DB0写入1602,
                        //将1602设为输入字符时光标右移(DB1=1)、输入字符时显示字不移动(DB0=0)
  DelayMs(5);   //执行DelayMs函数延时5ms, 使输入模式设置操作有足够的时间完成
  LCD_Write_Com(0x0C);  //执行LCD_Write_Com函数, 将指令代码0x0C(即00001100)通过DB7~DB0写入1602,
                        //将1602设为显示屏开显示(DB2=1)、不显示光标(DB1=0)、光标闪烁(DB0=0)
}

/*以下为主程序部分*/
void main(void)
{
  LCD_Init();   //执行LCD_Init函数, 对1602进行初始化设置
  LCD_Clear();  //执行LCD_Clear函数, 对1602进行清屏操作
  while (1)     //主循环, while大括号内的内容反复执行
  {
    LCD_Write_Char(7,0,'o');  //执行LCD_Write_Char函数, 选择DDRAM的07H地址, 将字符"o"的字符代码,
                              //编译时"o"会转换成ASCII码, 它与1602的"o"的字符代码相同)写入1602,
                              //该字符则显示在LCD屏的第1行第8个位置
    LCD_Write_Char(8,0, 0x6B); //执行LCD_Write_Char函数, 选择DDRAM的08H地址, 将0x6B("k"的字符代码)
                               //写入1602, 该字符则显示在LCD屏的第1行第9个位置
    LCD_Write_String(1,1,"www.etv100.com"); //执行LCD_Write_String函数, 选择DDRAM的01H地址, 将字符串
                               //"www.etv100.com"中的各个字符的字符代码按顺序依次写入到41H
                               //为首地址的各单元, 结果从LCD屏的第2行第2个显示位开始显示
                               //"www.etv100.com"
    while(1);  //由于条件(1)为真, while语句一直执行, 即程序停在此处
  }
}
```

图 10-6　1602 液晶显示屏静态显示字符的程序（续）

10.2.3　1602 液晶显示屏逐个显现字符的程序与说明

图 10-7 为 1602 液晶显示屏逐个显现字符的主程序, 其他程序部分与图 10-6 相同。程序执行时, 在 1602 液晶显示屏的第 1 行显示字符 "Welcome to", 显示期间这些字符静态不变, 显示第 2 行时从第 2 个显示位开始, 逐个依次显示 "www.etv100.com" 的各个字符, 每个字符显示的间

隔时间为250ms,最后一个字符（m）显示完后第2行显示的字符全部消失,然后又重新开始逐个依次显示第2行各个字符。

```
/*以下为主程序部分*/
void main(void)
{
unsigned char i;      //定义一个无符号字符型变量i
unsigned char *p;     //定义一个无符号字符型指针变量p, p存储的为地址值
LCD_Init();           //执行LCD_Init函数,对1602进行初始化设置
while (1)             //主循环, while大括号内的内容反复执行
  {
  i=1;   //给变量i赋初值1
  p = "www.etv100.com";   //将字符串首个字符的地址存入指针变量p
  LCD_Clear();          //执行LCD_Clear函数,对1602进行清屏操作
  LCD_Write_String(2,0,"Welcome to");   //执行LCD_Write_String函数,选择DDRAM的02H地址,将字符串
                                        //"Welcome to"中的各个字符的字符代码按顺序依次写入以02H
                                        //为首地址的各单元,结果从LCD的第1行第3个显示位开始显示
                                        //" Welcome to "
  DelayMs(250);   //执行DelayMs函数延时250ms,然后往下执行,开始显示第2行字符
  while (*p)      //当指针变量p的地址值不为0时,反复循环执行while大括号内的语句,逐个显示p地址所指
                  //字符串中的字符,每执行一次,p的地址会增1,当p指到字符串最后一个字符再增1时,
                  //p的地址值为0,跳出本while语句
    {
    LCD_Write_Char(i,1,*p);   //执行LCD_Write_Char函数,选择DDRAM的0iH地址,将字符指针变量p的地址
                              //所指字符串的字符的代码写入1602,该字符则显示在LCD的第2行第i+1个位置
    i++;     //i值自增1
    p++;     //p(地址值)增1
    DelayMs(250);   //执行DelayMs函数延时250ms,再返回前面执行LCD_Write_Char(i,1,*p),以显示下一个字符
    }
  DelayMs(250);   //执行DelayMs函数延时250ms,返回到前面的"i=1"语句,以显示第二屏相同内容（刷新）
  }
}
```

图 10-7 1602 液晶显示屏逐个显现字符的主程序

程序执行时首先进入主程序的 main 函数,先定义两个变量 i 和 p,接着执行并进入 LCD_Init 函数,对 1602 进行初始化设置,再反复循环执行第 1 个 while 语句首尾大括号内的内容。在第 1 个 while 语句中,先给变量 i 和 p 赋值,再执行 LCD_Clear 函数,对 1602 进行清屏操作,然后执行 LCD_Write_String（2,0,"Welcome to"）,选择 DDRAM 的 02H 地址,将字符串"Welcome to" 中的各个字符的字符代码按顺序依次写入以 02H 为首地址的各单元,结果从液晶显示屏的第 1 行第 3 个显示位开始显示"Welcome to",接着执行第 2 个 while 语句。在第 2 个 while 语句中,先执行 LCD_Write_Char（i,1,*p）,选择 DDRAM 的 0iH 地址,将字符指针变量 p 的地址所指字符串的字符的代码写入 1602,该字符则显示在液晶显示屏的第 2 行第 i+1 个位置,然后变量 i、p 值均自增 1,即 DDRAM 的地址加 1,p 也指向字符串的下一个字符,延时 250ms 后,返回又一次执行 LCD_Write_Char（i,1,*p）,开始在下一个位置显示下一个字符。字符串所有的字符显示完后,p 中的地址值为 0,跳出第 2 个 while 语句,延时 250ms 后,返回到前面重新对变量 i 和 p 赋值,开始进行第二屏相同内容的显示。

10.2.4 1602 液晶显示屏字符滚动显示的程序与说明

图 10-8 为 1602 液晶显示屏字符滚动显示的主程序部分,其他程序部分与图 10-6 相同。程序执行时,在 1602 液晶显示屏的第 1 行显示字符"ok",在第 2 行显示字符"www.etv100.com",然后所有的字符往左滚动,全部字符从液晶显示屏左端完全移出后并不会马上从右端移入,而是需要等一段时间才从右端移入,其原因如图 10-9 所示。当字符不移动时,液晶显示屏第 1 行从左到右显示 DDRAM 的 00H~0FH 地址的内容,当字符左移 1 位时,液晶显示屏第 1 行从左到右显示 DDRAM 的 01H~10H 地址的内容,而 DDRAM 第 1 行的地址为 00H~27H,在左移时,10H~27H 地址的内容也要移到液晶显示屏显示,但由于这些地址无内容,故液晶显示屏无显示,当 27H 地址内容移入液晶显示屏最右显示位并左移一位时,00H 地址内容才从液晶显示屏最右端进入,全部字符才开始从液晶显示屏右端移入。

图 10-8 所示程序执行时,首先进入主程序的 main 函数,先执行 LCD_Init 函数,对 1602 进行初始化设置,再执行 LCD_Clear 函数,对 1602 进行清屏操作,然后执行 LCD_Write_Char（7,0,'o'）,选择 DDRAM 的 07H 地址,将字符"o"的字符代码//（编译时"o"会转换成 ASCII 码,它与 1602 的"o"的字符代码相同）写入 1602,该字符则显示在液晶显示屏的第 1 行第 8 个位

置，接着执行 LCD_Write_Char（8，0，0x6B），选择 DDRAM 的 08H 地址，将 0x6B（"k" 的字符代码）写入 1602，该字符则显示在液晶显示屏的第 1 行第 9 个位置，再往后执行 LCD_Write_String（1，1，"www. etv100. com"），选择 DDRAM 的 01H 地址，将字符串" www. etv100. com" 中的各个字符的字符代码按顺序依次写入以 41H 为首地址的各单元，结果从 LCD 显示屏的第 2 行第 2 个显示位开始显示"www. etv100. com"。以上这些与 1602 静态显示字符相同，本程序在后面增加一个 while 语句，在 while 语句有一个 LCD_Write_Com（0x18）函数，在执行该函数时，将指令代码 0x18（即 00011000）通过 DB7~DB0 写入 1602，让 1602 液晶显示屏所有的字符左移一位，由于该函数会反复执行（每隔 250ms），故全部字符每隔 250ms 左移一位，若要全部字符右移可使用指令代码为 0x1C。

```
/*以下为主程序部分*/
void main(void)
{
LCD_Init();          //执行LCD_Init函数,对1602进行初始化设置
LCD_Clear();         //执行LCD_Clear函数,对1602进行清屏操作
LCD_Write_Char(7,0,'o');   //执行LCD_Write_Char函数,选择DDRAM的07H地址,将字符"o"的字符代码(编译时
                           //"o"会转换成ASCII码,它与1602的"o"的字符代码相同)写入1602,该字符则显示
                           //在LCD屏的第1行第8个位置
LCD_Write_Char(8,0,0x6B);  //执行LCD_Write_Char函数,选择DDRAM的08H地址,将0x6B ("k"的字符代码)写入
                           //1602,该字符则显示在LCD屏的第1行第9个位置
LCD_Write_String(1,1,"www.etv100.com"); //执行LCD_Write_String函数,选择DDRAM的01H地址,将字符串
                           //"www.etv100.com"中的各个字符的字符代码按顺序依次写入以41H
                           //为首地址的各单元,结果从LCD的第2行第2个显示位开始显示
                           //"www.etv100.com"
while (1)            //主循环,while大括号内的内容反复循环执行,250ms执行一次,每执行一次,显示屏所有的字符均
                     //左移一位
  {
  DelayMs(250);      //执行DelayMs函数延时250ms
  LCD_Write_Com(0x18); //执行LCD_Write_Com函数,将指令代码0x18(即00011000)通过DB7~DB0写入1602,
                       //让1602显示屏所有的字符左移一位。全部字符右移的指令代码为0x1C
  }
}
```

图 10-8　1602 液晶显示屏字符滚动显示的主程序

图 10-9　DDRAM 的字符左、右移动 1 位时显示屏的显示内容

10. 2. 5　矩阵键盘输入与 1602 液晶显示屏显示的电路与程序详解

1. 矩阵键盘输入与 1602 液晶显示屏显示的电路

图 10-10 为矩阵键盘输入与 1602 液晶显示屏显示的电路，按键 S1~S10 的键值依次为 0~9，按键 S10~S16 的键值依次为 A~F。

2. 矩阵键盘输入与 1602 液晶显示屏显示的程序与说明

图 10-11 为矩阵键盘输入与 1602 液晶显示屏显示的程序，其省略的程序部分与图 10-6 相同。

程序执行时，在 1602 液晶屏的第 1 行显示字符 "Press the key!"，按下矩阵键盘的某个按键时，字符 "Press the key!" 消失，在液晶显示屏第 1 行第 1 个显示位显示该按键的键值字符，字符后有方块状光标闪烁，每按一次按键，液晶显示屏就输入一个字符，第 1 行输入 16 个字符后，会自动从第 2 行第 1 个显示位开始显示，第 2 行显示到最后一位再输入一个字符时，液晶显示屏会先清屏，然后将该字符显示在第 1 行第 1 个显示位。

图 10-10　矩阵键盘输入与 1602 液晶显示屏显示电路

```
/*1602液晶屏的矩阵键盘输入及显示字符的程序*/
#include<reg51.h>        //调用reg51.h文件对单片机各特殊功能寄存器进行地址定义
#include<intrins.h>      //调用intrins.h文件对本程序用到的"nop_()"函数进行声明
sbit RS = P2^4;          //用位定义关键字sbit将RS代表P2.4端口
sbit RW = P2^5;
sbit EN = P2^6;
#define DataP0 P0         //用define(宏定义)命令将DataP0代表P0端口，程序中DataP0与P0等同
#define KeyP1 P1
unsigned char code KeyTable[]={'0','1','2','3',0x34,'5','6','7','8','9','A',0x42,'C','D','E','F'};
                          //定义一个KeyTable表格，依次存放字符0~F的字符代码(编译时字符会转换成字符代码)
         //本处省略以下函数：
         //  DelayUs微秒级延时函数
         //  DelayMs毫秒级延时函数
         //  LCD_Check_Busy判忙函数
         //  LCD_Write_Com写指令函数
         //  LCD_Write_Data写数据函数
         //  LCD_Clear清屏函数
         //  LCD_Write_String写字符串函数
         //  LCD_Write_Char写字符函数
         //  LCD_Init初始化函数
/*以下KeyS函数用来检测矩阵键盘的16个按键，其输出参数得到按下的按键的编码值*/
unsigned char KeyS(void)  //KeyS函数的输入参数为空，输出参数为无符号字符型变量
{
unsigned char KeyM;       //声明一个变量KeyM，用于存放按键的编码值
KeyP1=0xf0;               //将P1端口的高4位置高电平，低4位拉低电平
if(KeyP1!=0xf0)           //如果P1=0xf0成立，表示有按键按下，执行本if大括号内的语句
  {
  DelayMs(10);           //延时10ms去抖
  if(KeyP1!=0xf0)        //再次检测按键是否按下，按下则执行本if大括号内的语句
   {
   KeyP1=0xfe;           //让P1=0xfe，即让P1.0端口为低电平(P1其他端口为高电平)，检测第1行按键
   if(KeyP1!=0xfe)       //如果P1≠0xfe成立(比如P1.7与P1.0之间的按键S1按下时，P1.7被P1.0拉低，KeyP1=0x7e)
                         //表示第一行有按键按下，执行本if大括号内的语句
    {
    KeyM=KeyP1;          //将P1端口值赋给变量KeyM
    DelayMs(10);         //延时10ms去抖
    while(KeyP1!=0xfe);  //若P1≠0xfe成立则反复执行本条语句，一旦按键释放，P1=0xfe(P1≠0xfe不成立)
                         //则往下执行
    return KeyM;         //将变量KeyM的值送给KeyS函数的输出参数，如按下P1.6与P1.0之间的按键时，
                         //KeyM=KeyP1=0xbe
    }
   KeyP1=0xfd;           //让P1=0xfd，即让P1.1端口为低电平(P1其他端口为高电平)，检测第2行按键
   if(KeyP1!=0xfd)
    {
    KeyM=KeyP1;
```

图 10-11　矩阵键盘输入与 1602 液晶显示屏显示的程序

```
        DelayMs(10);
        while(KeyP1!=0xfd);
        return KeyM;
    }
    KeyP1=0xfb;                //让P1=0xfb,即让P1.2端口为低电平(P1其他端口为高电平),检测第3行按键
    if(KeyP1!=0xfb)
    {
        KeyM=KeyP1;
        DelayMs(10);
        while(KeyP1!=0xfb);
        return KeyM;
    }
    KeyP1=0xf7;                //让P1=0xf7,即让P1.3端口为低电平(P1其他端口为高电平),检测第4行按键
    if(KeyP1!=0xf7)
    {
        KeyM=KeyP1; ;
        DelayMs(10);
        while(KeyP1!=0xf7);
        return KeyM;
    }
  }
  return 0xff;              //如果无任何键按下,将0xff送给KeyS函数的输出参数
}
/* 以下KeyZ函数用于将键码转换成相应的键值,其输出参数得到按下的按键键值*/
unsigned char KeyZ(void)    //KeyS函数的输入参数为空,输出参数为无符号字符型变量
{
  switch(KeyS())    // switch为多分支选择语句,以KeyS()函数的输出参数(按下的按键的编码值)作为选择依据
  {
    case 0x7e:return 0;break;    //如果KeyS()函数的输出参数与常量0x7e(0的键码)相等,将0送给KeyZ函数的
                                 //输出参数,然后跳出switch语句,否则往下执行
    case 0x7d:return 1;break;    //如果KeyS()函数的输出参数与常量0x7d(1的键码)相等,将1送给KeyZ函数的
                                 //输出参数,然后跳出switch语句,否则往下执行
    case 0x7b:return 2;break;
    case 0x77:return 3;break;
    case 0xbe:return 4;break;
    case 0xbd:return 5;break;
    case 0xbb:return 6;break;
    case 0xb7:return 7;break;
    case 0xde:return 8;break;
    case 0xdd:return 9;break;
    case 0xdb:return 10;break;
    case 0xd7:return 11;break;
    case 0xee:return 12;break;
    case 0xed:return 13;break;
    case 0xeb:return 14;break;
    case 0xe7:return 15;break;
    default:return 0xff;break;    //如果KeyS()函数的输出参数与所有case后面的常量均不相等,执行default
                                  //之后的语句组,将0xff送给KeyS函数的输出参数,然后跳出switch语句
  }
}

/*以下为主程序部分*/
void main(void)        //main为主函数,其输入输出参数均为空(void),一个程序只允许有一个主函数,其语句要
                       //写在main首尾大括号内,不管程序多复杂,单片机都会从main函数开始执行程序
{
  unsigned char i,j,num;    //定义3个无符号字符型变量i(显示位)、j(行数)、num(键值)
  LCD_Init();               //执行LCD_Init函数,对1602进行初始化设置
  LCD_Write_Com(0x0F);      //执行LCD_Write_Com函数,将指令代码0x0F(即00001111)通过DB7~DB0写入1602,
                            //将1602设为显示屏开显示、显示光标、光标闪烁
  LCD_Write_String(0,0,"Press the key !");   //执行LCD_Write_String函数,选择DDRAM的00H地址,将字符串
                            //" Press the key !"的各个字符的字符代码按顺序依次写入以00H
                            //为首地址的各单元,结果从LCD屏的第1行第1个显示位开始显示
                            //" Press the key !"
  while (1)        //主循环,while大括号内的内容反复循环执行
  {
    num=KeyZ();    //将KeyZ()函数的输出参数(按键的键值)赋给变量num
    if(num!=0xff)  //如果(num≠0xff成立,表示有按键按下,执行本if大括号内的语句
    {
      if((i==0)&&(j==0))  //如果i=0和j=0同时成立(准备显示第1行第1个字符时),执行本if大括号内的语句进行清屏
      {
        LCD_Clear();      //执行LCD_Clear函数,对1602进行清屏操作
      }
      LCD_Write_Char(0+i,0+j,KeyTable[num]); //执行LCD_Write_Char函数,选择DDRAM的0iH地址,将KeyTable表格的
                          //第num+1个字符代码写入1602,该字符则显示在LCD屏的第j+1行第i+1个位置
      i++;          //将i值增1,移到下一个显示位
      if(i==16)     //如果i=16(一行显示已满),执行本if大括号内的语句
      {
        j++;        //将j值增1,移到下一行显示
        i=0;        //将i值清0,移到第1个显示位
        if(j==2)    //如果j=2(第2行显示已满),执行本if大括号内的语句将j值清0,将显示又移到第1行
        {
          j=0;      //将j值清0,显示移到第1行
        }
      }
    }
  }
}
```

图 10-11　矩阵键盘输入与 1602 液晶显示屏显示的程序(续)

程序执行时,首先进入主程序的 main 函数,先定义 3 个无符号字符型变量 i(显示位)、j
(行数)、num(键值),再执行 LCD_Init 函数,对 1602 进行初始化设置,然后执行 LCD_Write_
Com(0x0F)函数,将指令代码 0x0F(即 00001111)通过 DB7~DB0 写入 1602,将 1602 设为液
晶显示屏开显示、显示光标、光标闪烁,接着执行 LCD_Write_String(0,0,"Press the key!"),
选择 DDRAM 的 00H 地址,将字符串"Press the key!"的各个字符的字符代码按顺序依次写入以
00H 为首地址的各单元,结果从液晶显示屏的第 1 行第 1 个显示位开始显示"Press the key!",

之后的 while 主循环为按键输入及显示屏显示输入字符的程序部分。

在 while 主循环语句中，先执行并进入 KeyZ 函数→在 KeyZ 函数（键码转键值函数）中，switch 语句需要读取 KeyS 函数的输出参数（键码），故需执行并进入 KeyS 函数→在 KeyS 函数中，检测矩阵键盘按下的按键，得到该键的键码→返回到 KeyZ 函数→在 KeyZ 函数中，switch 语句以从 KeyS 函数输出参数读取的键码作为依据，找到其对应的键值赋给 KeyZ 函数的输出参数→程序返回到主程序的 while 语句→将 KeyZ 函数的输出参数（按键的键值）赋给变量 num→如果未按下任何键，num 值将为 0xff，第 1 个 if 语句不会执行，其内嵌的 3 个 if 语句都不会执行→若按下某键，比如按下 S7 键（键值为 6），num 值为 6，num≠0xff 成立→第 1 个 if 语句执行，由于 i、j 的初始值都为 0，第 2 个 if 语句也执行，其内部 LCD_Clear 函数执行，对 1602 进行清屏（"Press the key！"显示会被清除）→执行"LCD_Write_Char（0+i，0+j，KeyTable［num］）"，将 KeyTable 表格的第 num+1 个（第 7 个）字符代码（字符 6 的代码）写入 1602，该字符则显示在 LCD 屏的第 j+1 行第 i+1 个显示位置→执行"i++"，将 i 值增 1（变成 2），移到下一个显示位→由于 i≠16，故第 3、第 4 个 if 语句都不会执行→返回执行"num=KeyZ()"来读取有无按键按下，当 16 次按下按键给 1602 输入 16 个字符后，执行"i++"，i=16→第 3 个 if 语句执行，先执行 j++，将 j 值增 1 变成 1，移到下一行显示，再执行 i=0，将 i 值清 0，移到第 1 个显示位显示，由于 j≠2，故第 4 个 if 语句不会执行→又返回执行"num=KeyZ()"，当第 2 行输入 16 个字符后，执行"i++"，i=16→第 3 个 if 语句又执行，先执行 j++，将 j 值增 1 变成 2，执行 i=0，由于 j=2，故第 4 个 if 语句执行，执行内部的 j=0，将 j 值清 0，又移到第 1 行第 1 个显示位，开始第二屏字符的输入。

在 while 主循环语句中，第 2 个 if 语句在输入第 1 行第 1 个字符时会执行一次，第 4 个 if 语句在输入第 2 行最后一个字符后会执行一次，每按下一次按键，第 1 个 if 语句就会执行一次，第 3 个 if 语句在输入第 1、2 行最后一个字符时各执行一次。每按下一次按键，第 1 个 if 语句中的 LCD_Write_Char 函数和"i++"语句都会执行一次。

第**11**章

步进电动机的使用与编程

11.1 步进电动机与驱动芯片介绍

11.1.1 步进电动机的结构与工作原理

步进电动机是一种用电脉冲控制运转的电动机,每输入一个电脉冲,就会旋转一定的角度,因此步进电动机又称为脉冲电动机。步进电动机的转速与脉冲频率成正比,脉冲频率越高,单位时间内输入电机的脉冲个数越多,旋转角度越大,即转速越快。步进电动机广泛用在雕刻机、激光制版机、贴标机、激光切割机、喷绘机、数控机床、机器手等各种中大型自动化设备和仪器中。

1. 外形

步进电动机的实物外形如图 11-1 所示。

2. 工作原理

步进电动机种类很多,根据运转方式可分为旋转式、直线式和平面式,其中旋转式应用最为广泛。**旋转式步进电动机又分为永磁式和反应式,永磁式步进电动机的转子采用永久磁铁制成,反应式步进电动机的转子采用软磁性材料制成**。由于反应式步进电动

图 11-1 步进电动机的实物外形

机具有反应快、惯性小和速度高等优点,因此应用很广泛。下面以图 11-2 所示的三相六极式步进电动机为例进行说明,其工作方式有单三拍、双三拍和单双六拍。

(1) 单三拍工作方式

图 11-2 是一种三相六极式步进电动机,它主要由凸极式定子、定子绕组和带有 4 个齿的转子组成。

三相六极式步进电动机的单三拍工作方式说明如下:

1) 当 A 相定子绕组通电时,如图 11-2a 所示,A 相绕组产生磁场,由于磁场磁力线力图通过磁阻最小的路径,在磁场的作用下,转子旋转使齿 1、3 分别正对 A、A′极。

2) 当 B 相定子绕组通电时,如图 11-2b 所示,B 相绕组产生磁场,在绕组磁场的作用下,转子旋转使齿 2、4 分别正对 B、B′极。

3) 当 C 相定子绕组通电时,如图 11-2c 所示,C 相绕组产生磁场,在绕组磁场的作用下,

转子旋转使 3、1 齿分别正对 C、C′极。

图 11-2　三相六极式步进电动机的单三拍工作方式说明图

从图中可以看出，当 A、B、C 相按 A→B→C 的顺序依次通电时，转子逆时针旋转，并且转子齿 1 由正对 A 极运动到正对 C′极；若按 A→C→B 顺序通电，转子则会顺时针旋转。给某定子绕组通电时，步进电动机会旋转一个角度；若按 A→B→C→A→B→C→…的顺序依次不断给定子绕组通电，转子就会连续不断地旋转。

步进电动机的定子绕组每切换一相电源，转子就会旋转一定的角度，该角度称为步距角。在图 11-2 中，步进电动机定子圆周上平均分布着 6 个凸极，任意两个凸极之间的角度为 60°，转子每一齿由一个凸极移到相邻的凸极需要前进两步，因此该转子的步距角为 30°。**步进电动机的步距角 θ 可用下式计算：**

$$\theta = \frac{360°}{ZN}$$

式中，Z 为转子的齿数；N 为一个通电循环周期的拍数。

图 11-2 中的步进电动机的转子齿数 $Z=4$，一个通电循环周期的拍数 $N=3$，则步距角 $\theta = 360°/(4×3)=30°$。

（2）单双六拍工作方式

三相六极式步进电动机以单三拍方式工作时，步进角较大，转矩小且稳定性较差；如果以单双六拍方式工作，步距角较小，转矩较大，稳定性会较好。三相六极式步进电动机的单双六拍工作方式说明如图 11-3 所示。

三相六极式步进电动机的单双六拍工作方式说明如下：

1）当 A 相定子绕组通电时，如图 11-3a 所示，A 相绕组产生磁场，由于磁场磁力线力图通过磁阻最小的路径，在磁场的作用下，转子旋转使齿 1、3 分别正对 A、A′极。

2）当 A、B 相定子绕组同时通电时，A、B 相绕组产生图 11-3b 所示的磁场，在绕组磁场的作用下，转子旋转使齿 2、4 分别向 B、B′极靠近。

3）当 B 相定子绕组通电时，如图 11-3c 所示，B 相绕组产生磁场，在绕组磁场的作用下，转子旋转使 2、4 齿分别正对 B、B′极。

4）当 B、C 相定子绕组同时通电时，如图 11-3d 所示，B、C 相绕组产生磁场，在绕组磁场的作用下，转子旋转使齿 3、1 分别向 C、C′极靠近。

5）当 C 相定子绕组通电时，如图 11-3e 所示，C 相绕组产生磁场，在绕组磁场的作用下，转子旋转使 3、1 齿分别正对 C、C′极。

从图中可以看出，当 A、B、C 相按 A→AB→B→BC→C→CA→A…的顺序依次通电时，转子逆时针旋转，每一个通电循环分 6 拍，其中 3 个单拍通电，3 个双拍通电，因此这种工作方式称为三相单双六拍。三相单双六拍步进电动机的步距角为 15°。

a) 示意图一　　　b) 示意图二　　　c) 示意图三

d) 示意图四　　　　　e) 示意图五

图 11-3　三相六极式步进电动机的单双六拍工作方式说明图

三相六极式步进电动机还有一种双三拍工作方式，每次同时有两个绕组通电，按 AB→BC→CA→AB… 的顺序依次通电切换，一个通电循环分三拍。

3. 结构

三相六极式步进电动机的步进角比较大，若用它们作为传动设备动力源时往往不能满足精度要求。**为了减小步距角，实际的步进电动机通常在定子凸极和转子上开很多小齿，这样可以大大减小步距角**，如图 11-4 所示。步进电动机的实际结构如图 11-5 所示。

图 11-4　三相步进电动机的结构示意图

a) 电动机结构　　　　　　b) 定子结构

图 11-5　步进电动机的实际结构

11. 1. 2　驱动芯片 ULN2003

单片机的输出电流很小，不能直接驱动电动机和继电器等功率较大的器件，需要用到驱动芯片进行功率放大。常用的驱动集成电路有 ULN2003、MC1413P、KA2667、KA2657、KID65004、MC1416、ULN2803、TD62003 和 M5466P 等，它们都是 16 引脚的反相驱动集成电路，可以互换使用。下面以最常用的 ULN2003 为例进行说明。

1. 外形、结构和主要参数

ULN2003 的外形与内部结构如图 11-6 所示。ULN2003 内部有 7 个驱动单元，1~7 脚分别为各驱动单元的输入端；10~16 脚为各驱动单元件输出端；8 脚为各驱动单元的接地端；9 脚为各驱动单元保护二极管负极的公共端，可接电源正极或悬空不用。ULN2003 内部 7 个驱动单元是相同的，单个驱动单元的电路结构如图 11-6c 所示，晶体管 VT1、VT2 构成达林顿晶体管（又称复合晶体管），3 个二极管主要起保护作用。

a) 外形　　　　　b) 内部结构

c) 单个驱动单元的电路结构

图 11-6　ULN2003 的外形和结构

ULN2003 驱动单元主要参数如下：①直流放大倍数可达 1000；②VT1、VT2 耐压最高为 50V；③VT2 的最大输出电流（I_{c2}）为 500mA；④输入端的高电平的电压值不能低于 2.8V；⑤输出端负载的电源推荐在 24V 以内。

2. 检测

ULN2003 内部有 7 个电路结构相同的驱动单元（见图 11-6c），在检测时，晶体管集电结和发射结均可当成二极管。ULN2003 驱动单元检测包括检测输入端与接地端（8 脚）之间的正、反向电阻，输出端与接地端之间的正、反向电阻，输入端与输出端之间正、反向电阻，输出端与公共端（9 脚）之间的正、反向电阻。

1）检测输入端与接地端（8 脚）之间的正、反向电阻。万用表选择 R×100 档，红表笔接 1 脚、黑表笔接 8 脚，所测为二极管 VD1 的正向电阻与 R1~R3 总阻值的并联值，该阻值较小；若红表笔接 8 脚、黑表笔接 1 脚，所测为 R1 和 VT1、VT2 两个 PN 结的串联阻值，该阻值较大。

2）检测输出端与接地端之间的正、反向电阻。红表笔接 16 脚、黑表笔接 8 脚，测得为 VD2 的正、反向电阻，该值很小；当黑表笔接 16 脚、红表笔接 8 脚，VD2 反向截止，测得阻值应为无穷大。

3）检测输入端与输出端之间正、反向电阻。黑表笔接 1 脚、红表笔接 16 脚，测得为 R1 与 VT 集电结正向电阻值，该值较小；当红表笔接 1 脚、黑表笔接 16 脚，VT1 集电结截止，测得阻值应为无穷大。

4）检测输出端与公共端（9 脚）之间的正、反向电阻。黑表笔接 16 脚、红表笔接 9 脚，VD3 正向导通，测得阻值很小；当红表笔接 16 脚、黑表笔接 9 脚，VD3 反向截止，测得阻值应为无穷大。

在测量 ULN2003 某个驱动单元时，如果测量结果与上述不符，则为该驱动单元损坏。由于 ULN2003 的 7 个驱动单元电路结构相同，正常各单元的相应阻值都是相同的，因此检测时可对比测量，当发现某个驱动单元某阻值与其他多个单元阻值有较大区别时，可确定该单元损坏，因为多个单元同时损坏可能性很小。

当 ULN2003 某个驱动单元损坏时，如果一下子找不到新 ULN2003 代换，可以使用 ULN2003 空闲驱动单元来代替损坏的驱动单元。在代替时，将损坏单元的输入、输出端分别与输入、输出电路断开，再分别将输入、输出电路与空闲驱动单元的输入、输出端连接。

11.1.3　五线四相步进电动机

1. 外形、内部结构与接线图

图 11-7 是一种较常见的小功率 5V 五线四相步进电动机，A、B、C、D 四相绕组，对外接出 5 根线（4 根相线与 1 根接 5V 的电源线）。五线四相步进电动机的外形与内部接线如图 11-7 所示。在电动机外壳上通常会标示电源电压。

a) 外形与内部结构　　　　　　　　　　　b) 接线图

图 11-7　五线四相步进电动机

2. 工作方式

四相步进电动机有 3 种工作方式，分别是单四拍方式、双四拍方式和单双八拍方式，其通电规律如图 11-8 所示，"1"表示通电，"0"表示断电。

步	A	B	C	D
1	1	0	0	0
2	0	1	0	0
3	0	0	1	0
4	0	0	0	1
5	1	0	0	0
6	0	1	0	0
7	0	0	1	0
8	0	0	0	1

单四拍(1相励磁)

步	A	B	C	D
1	1	1	0	0
2	0	1	1	0
3	0	0	1	1
4	1	0	0	1
5	1	1	0	0
6	0	1	1	0
7	0	0	1	1
8	1	0	0	1

双四拍(2相励磁)

步	A	B	C	D
1	1	0	0	0
2	1	1	0	0
3	0	1	0	0
4	0	1	1	0
5	0	0	1	0
6	0	0	1	1
7	0	0	0	1
8	1	0	0	1

单双八拍(1-2相励磁)

图 11-8　四相步进电动机的 3 种工作方式

3. 接线端的区分

五线四相步进电动机对外有 **5 个接线端**，分别是电源端、A 相端、B 相端、C 相端和 D 相端。五线四相步进电动机可通过查看导线颜色来区分各接线，其颜色的一般规律如图 11-9 所示。

4. 检测

五线四相步进电动机有 4 组相同的绕组，故每相绕组的阻值基本相等，电源

图 11-9　五线四相步进电动机接线端的一般颜色规律

端与每相绕组的一端均连接，故电源端与每相绕组接线端之间的阻值基本相等。除电源端外，其他 4 个接线端中的任意两接线端之间阻值均相同，为每相组阻值的 2 倍，一般为几十至几百欧。了解这些特点后，只要用万用表测量电源端与其他各接线端之间的阻值即可判断步进电动机是否有问题。正常时 4 次测得的阻值基本相等，若某次测量阻值无穷大，则为该接线端对应的内部绕组开路。

11.2　单片机驱动步进电动机的电路与编程

11.2.1　由按键、单片机、驱动芯片和数码管构成的步进电动机驱动电路

由按键、单片机、驱动芯片和数码管构成的步进电动机驱动电路如图 11-10 所示。

11.2.2　用单四拍方式驱动步进电动机正转的程序与说明

图 11-11 是用单四拍方式驱动步进电动机正转的程序。程序执行时步进电动机一直往一个方向转动。

程序执行时进入 main 函数，在 main 函数中先将变量 Speed 赋值 6，设置通电时间，然后执行 while 语句。在 while 语句中，先执行 A_ON（即执行"A1=1、B1=0、C1=0、D1=0"），给 A 相通电，然后延时 6ms，再执行 B_ON（即执行"A1=0、B1=1、C1=0、D1=0"），给 B 相通电，用同样的方法给 C、D 相通电，由于 while 首尾大括号内的语句会反复循环执行，故电动机持续不断朝一个方向旋转。如果将变量 Speed 的值设大一些，电动机转速会变慢，转动的转矩则会变大。

11.2.3　用双四拍方式驱动步进电动机自动正、反转的程序与说明

图 11-12 是用双四拍方式驱动步进电动机自动正、反转的程序。程序执行后，步进电动机正向旋转 4 周，再反向旋转 4 周，周而复始。

程序执行时进入 main 函数，在 main 函数中先声明一个变量 i，接着给变量 Speed 赋值 6，然后执行第 1 个 while 语句（主循环），先执行 ABCD_OFF（即执行"A1=0、B1=0、C1=0、D1=0"），让 A、B、C、D 相断电，再给 i 赋值 512，再执行第 2 个 while 语句。在第 2 个 while 语句中，先执行 AB_ON（即执行"A1=1、B1=1、C1=0、D1=0"），给 A、B 相通电，延时 8ms 后，执行 BC_ON（即执行"A1=0、B1=1、C1=10、D1=0"），给 B、C 相通电，用同样的方法给 C、D 相和 D、A 相通电，即按 AB→BC→CD→DA 顺序给步进电动机通电，第 1 次执行后，i 值由 512 减 1 变成 511，然后又返回 AB_ON 开始执行第 2 次，执行 512 次后，i 值变为 0，步进电动机正向旋转了 4 周，跳出第 2 个 while 语句，执行之后的 ABCD_OFF 和 i=512，让 A、B、C、D 相

断电，给 i 赋值 512，再执行第 3 个 while 语句，在第 3 个 while 语句中，执行有关语句按 DA→
CD→BC→AB 顺序给步进电动机通电，执行 512 次后，i 值变为 0，步进电动机反向旋转了 4 周，
跳出第 2 个 while 语句。由于第 1、2 个 while 语句处于主循环第 1 个 while 语句内部，故会反复执
行，故步进电动机正转 4 周、反转 4 周且反复进行。

图 11-10　按键、单片机、驱动芯片和数码管构成的步进电动机驱动电路

图 11-11　用单四拍方式驱动步进电动机正转的程序

```
DelayUs (248)函数，它们共延时1002us（约1ms），由于tm值最大为255，故本DelayMs函数最大延时时间为255ms，
若将输入参数定义为unsigned int tm，则最长可获得65535ms的延时时间*/
void DelayMs(unsigned char tm)
{
  while(tm--)
  {
    DelayUs (248);
    DelayUs (248);
  }
}

/*以下为主程序部分*/
void main()
{
  Speed=6;    //给变量Speed赋值6，设置每相通电时间
  while(1)    //主循环，while首尾大括号内的语句会反复执行
  {
    A_ON         //让A1=1、B1=0、C1=0、D1=0，即给A相通电，B、C、D相均断电
    DelayMs(Speed);  //延时6ms，转速越慢，转速越慢，转矩越大
    B_ON         //让A1=0、B1=1、C1=0、D1=0，即给B相通电，A、C、D均相断电
    DelayMs(Speed);  //延时6ms，让B相通电时间持续6ms
    C_ON
    DelayMs(Speed);
    D_ON
    DelayMs(Speed);
  }
}
```

图 11-11　用单四拍方式驱动步进电动机正转的程序（续）

```
/*用双4拍方式驱动步进电动机自动正反转的程序*/
#include <reg51.h>        //调用reg51.h文件对单片机各特殊功能寄存器进行地址定义
sbit A1=P1^0;            //用位定义关键字sbit将A1代表P1.0端口
sbit B1=P1^1;
sbit C1=P1^2;
sbit D1=P1^3;
unsigned char Speed;      //声明一个无符号字符型变量Speed

#define A_ON  {A1=1;B1=0;C1=0;D1=0;}  //用define(宏定义)命令将A_ON代表"A1=1;B1=0;C1=0;D1=0; ", 可简化编程
#define B_ON  {A1=0;B1=1;C1=0;D1=0;}  //B_ON与"A1=0;B1=1;C1=0;D1=0;"等同
#define C_ON  {A1=0;B1=0;C1=1;D1=0;}
#define D_ON  {A1=0;B1=0;C1=0;D1=1;}
#define AB_ON {A1=1;B1=1;C1=0;D1=0;}
#define BC_ON {A1=0;B1=1;C1=1;D1=0;}
#define CD_ON {A1=0;B1=0;C1=1;D1=1;}
#define DA_ON {A1=1;B1=0;C1=0;D1=1;}
#define ABCD_OFF {A1=0;B1=0;C1=0;D1=0;}

/*以下DelayUs为微秒级延时函数,其输入参数为unsigned char tu(无符号字符型变量tu),tu值为8位,取值范围 0～255,
如果单片机的晶振频率为12MHz,本函数延时时间可用T= (tu×2+5) us 近似计算，比如tu=248, T=501 us≈0.5ms */
void DelayUs (unsigned char tu)      //DelayUs为微秒级延时函数，其输入参数为无符号字符型变量tu
{
  while(--tu);                 //while为循环语句，每执行一次while语句，tu值就减1，
                               //直到tu值为0时才执行while尾大括号之后的语句
}

/*以下DelayMs为毫秒级延时函数,其输入参数为unsigned char tm (无符号字符型变量tm)，该函数内部使用了两个
DelayUs (248)函数，它们共延时1002us(约1ms)，由于tm值最大为255，故本DelayMs函数最大延时时间为255ms，
若将输入参数定义为unsigned int tm，则最长可获得65535ms的延时时间*/
void DelayMs(unsigned char tm)
{
  while(tm--)
  {
    DelayUs (248);
    DelayUs (248);
  }
}

/*以下为主程序部分*/
void main()
{
  unsigned int i;   //声明一个无符号整数型变量i
  Speed=8;         //给变量Speed赋值8，设置单相或双相通电时间
  while(1)         //主循环，while首尾大括号内的语句会反复执行
  {
    ABCD_OFF       //让A1=0、B1=0、C1=0、D1=0，即让A、B、C、D相均断电
    i=512;         //将i赋值512
    while(i--)     //while首尾大括号内的语句每执行一次，i值减1，i值由512减到0时，给步进电动机提供了
                   //512个正向通电周期(电动机正转4周)，跳出本while语句
    {
      AB_ON        //让A1=1、B1=1、C1=0、D1=0，即给A、B相通电，C、D相断电
      DelayMs(Speed);  //延时8ms，让A相通电时间持续8ms，该值越大，转速越慢，但转矩越大
      BC_ON
      DelayMs(Speed);
      CD_ON
      DelayMs(Speed);
      DA_ON
      DelayMs(Speed);
    }
    ABCD_OFF       //让A1=0、B1=0、C1=0、D1=0，即让A、B、C、D相均断电，电机停转
    i=512;         //将i赋初值512
    while(i--)     //while首尾大括号内的语句每执行一次，i值减1，i值由512减到0时，给步进电动机提供了
                   //512个反向通电周期(电动机反转4周)，跳出本while语句
    {
      DA_ON        //让A1=1、B1=0、C1=0、D1=1，即给A、D相通电，B、C相断电
      DelayMs(Speed);  //延时8ms，让D相通电时间持续8ms，该值越大，转速越慢，但转矩越大
      CD_ON
      DelayMs(Speed);
      BC_ON
      DelayMs(Speed);
      AB_ON
      DelayMs(Speed);
    }
  }
}
```

图 11-12　用双四拍方式驱动步进电动机自动正、反转的程序

11.2.4　外部中断控制步进电动机正、反转的程序与说明

图 11-13 是用按键输入外部中断信号控制步进电动机以单双八拍方式正反转的程序。程序执行后，步进电动机一直正转，按下 INT0 端（P3.2 脚）外接的 S3 键，电动机转为反转并一直持续，再次按压 S3 键时，电动机又转为正转。

```
/*用按键输入外部中断信号触发步进电动机以单双8拍方式正、反转的程序*/
#include <reg51.h>          //调用reg51.h文件对单片机各特殊功能寄存器进行地址定义
sbit A1=P1^0;               //用位定义关键字sbit将A1代表P1.0端口
sbit B1=P1^1;
sbit C1=P1^2;
sbit D1=P1^3;
unsigned char Speed;        //声明一个无符号字符型变量Speed
bit Flag;                   //用关键字bit将Flag定义为位变量

#define A_ON  {A1=1;B1=0;C1=0;D1=0;}   //用define(宏定义)命令将"A_ON代表"A1=1;B1=0;C1=0;D1=0;",可简化编程
#define B_ON  {A1=0;B1=1;C1=0;D1=0;}   //B_ON与"A1=0;B1=1;C1=0;D1=0;"等同
#define C_ON  {A1=0;B1=0;C1=1;D1=0;}
#define D_ON  {A1=0;B1=0;C1=0;D1=1;}
#define AB_ON {A1=1;B1=1;C1=0;D1=0;}
#define BC_ON {A1=0;B1=1;C1=1;D1=0;}
#define CD_ON {A1=0;B1=0;C1=1;D1=1;}
#define DA_ON {A1=1;B1=0;C1=0;D1=1;}
#define ABCD_OFF {A1=0;B1=0;C1=0;D1=0;}

/*以下为DelayUs为微秒级延时函数,其输入参数为unsigned char tu(无符号字符型变量tu),tu值为8位,取值范围 0~255,
如果单片机的晶振频率为12MHz,本函数延时时间可用T=(tux2+5)us 近似计算,比如tu=248,T=501 us≈0.5ms */
void DelayUs (unsigned char tu)   //DelayUs为微秒级延时函数,其输入参数为无符号字符型变量tu
{
    while(--tu);              //while为循环语句,每执行一次while语句,tu值就减1,
                              //直到tu值为0时才执行while尾大括号之后的语句
}

/*以下DelayMs为毫秒级延时函数,其输入参数为unsigned char tm (无符号字符型变量tm),该函数内部使用了两个
DelayUs (248)函数,它们共延时1002us (约1ms),由于tm值最大为255,故本DelayMs函数最大延时时间为255ms,
若将输入参数定义为unsigned int tm,则最长可获得65535ms的延时时间*/
void DelayMs(unsigned char tm)
{
    while(tm--)
    {
        DelayUs (248);
        DelayUs (248);
    }
}

/*以下为外部0中断函数(中断子程序),用"(返回值)函数名(输入参数) interrupt n using m"
格式定义一个函数名为INT0_L的中断函数,n为中断源编号,n=0~4, m为用作保护
中断点的寄存器组,可使用4组寄存器(0~3),每组8个寄存器(R0~R7),m=0~3,
若只有一个中断,可不写"using m",使用多个中断时,不同中断应使用不同m"*/
void INT0_Z(void) interrupt 0 using 0  //INT0_Z为中断函数(用interrupt定义),其返回值和输入参数均为空,
{                                       //断点保护使用第1组寄存器(using 0)
    DelayMs(10);             //延时10ms,防止INT0端外接按键产生的抖动引起第二次中断
    Flag=!Flag;             //将位变量Flag值取反
}

/*以下为主程序部分*/
void main()
{
    unsigned int i;         //声明一个无符号整型变量i
    EA=1;                   //让IE寄存器的EA位为1,开启总中断
    EX0=1;                  //让IE寄存器的EX0位为1, 开启INT0中断
    IT0=1;                  //让TCON寄存器的IT0位为1, 设INT0中断请求为下降沿触发有效
    Speed=10;               //给变量Speed赋值10,设置单相和双相通电时间
    while(1)                //主循环,while首尾大括号内的语句会反复执行
    {
        ABCD_OFF            //让A1=0、B1=0、C1=0、D1=0, 即A、B、C、D相均断电
        i=512;              //给变量i赋值512
        while((i--)&&Flag)  //当位变量Flag=0时, i值与Flag值相与结果为0, while首尾大括号内的语句不会执行,
                            //若Flag=1,while首尾大括号内的语句循环执行512次,每执行一次i值减1, i值减到0时,
                            //i值与Flag相与结果也为0,跳出while语句
        {
            A_ON            //让A1=1, B1=0, C1=0, D1=0, 即A相通电, B、C、D相断电
            DelayMs(Speed); //延时10ms,让A相通电时间持续10ms,该值越大, 转速越慢, 但转矩越大
            AB_ON           //让A1=1, B1=1, C1=0, D1=0, 即A、B相通电, C、D相断电
            DelayMs(Speed);
            B_ON
            DelayMs(Speed);
            BC_ON
            DelayMs(Speed);
            C_ON
            DelayMs(Speed);
            CD_ON
            DelayMs(Speed);
            D_ON
            DelayMs(Speed);
            DA_ON
            DelayMs(Speed);
        }
        ABCD_OFF            //让A1=0、B1=0、C1=0、D1=0, 即让A、B、C、D相均断电
        i=512;              //给变量i赋值512
        while((i--)&&(!Flag)) //当Flag=0时,Flag反值为1, i值(512)与Flag反值相与结果不为0,
                            //while首尾大括号内的语句循环执行512次,直到i值减到0时,才跳出while语句,
                            //当Flag=1时,Flag反值为0,i值与Flag反值相与结果为0,直接跳出while语句
        {
            A_ON            //让A1=1, B1=0, C1=0, D1=0, 即A相通电, B、C、D相断电
            DelayMs(Speed); //延时10ms,让A相通电时间持续10ms,该值越大, 转速越慢, 但转矩越大
            DA_ON
            DelayMs(Speed);
            D_ON
            DelayMs(Speed);
            CD_ON
            DelayMs(Speed);
            C_ON
            DelayMs(Speed);
            BC_ON
            DelayMs(Speed);
            B_ON
            DelayMs(Speed);
            AB_ON
            DelayMs(Speed);
        }
    }
}
```

图 11-13　用按键输入外部中断信号控制步进电动机以单双八拍方式正反转的程序

程序执行时进入 main 函数，在 main 函数中先声明一个无符号整数型变量 i，再执行 "EA=1" 开启总中断、执行 "EX0=1" 开启 INT0 中断、执行 "IT0=1" 将 INT0 中断请求为下降沿触发有效、执行 "Speed=10" 将单相或双相通电时间设为 10，然后进入第 1 个 while 语句（主循环）。

在第 1 个 while 语句（主循环）中，先执行 ABCD_OFF（即执行 "A1=0、B1=0、C1=0、D1=0"），让 A、B、C、D 相断电，再给 i 赋值 512，再执行第 2 个 while 语句。在第 2 个 while 语句，由于位变量 Flag 初始值为 0，i 值与 Flag 值相与结果为 0，while 首尾大括号内的语句不会执行，跳出第 2 个 while 语句，执行之后的 "ABCD_OFF" 和 "i=512"，再执行第 3 个 while 语句。在第 3 个 while 语句，i 值与 Flag 反值相与结果为 1，while 首尾大括号内的语句循环执行 512 次，每执行一次 i 值减 1，i 值减到 0 时，i 值与 Flag 反值相与结果为 0，跳出第 3 个 while 语句，返回执行第 2 个 while 语句前面的 "ABCD_OFF" 和 "i=512"，由于 Flag 值仍为 0，故第 2 个 while 语句仍不会执行，第 3 个 while 语句的内容又一次执行，因此步进电动机一直正转。

如果按下单片机 INT0 端（P3.2 脚）外接的 S3 键，INT0 端输入一个下降沿，外部中断 0 被触发，马上执行该中断对应的 INT0_Z 函数，在该函数中，延时 10ms 进行按键防抖后，将 Flag 值取反，即由 0 变为 1，这样主程序中的第 2 个 while 语句的内容被执行，第 3 个 while 语句的内容不会执行，步进电动机变为反转。如果再次按下 S3 键，Flag 值由 1 变为 0，电动机又会正转。

在第 2 个 while 语句中，程序是按 "A→AB→B→BC→C→CD→D→DA→A" 顺序给步进电动机通电的，而在第 3 个 while 语句中，程序是按 "A→DA→D→CD→C→BC→B→AB→A" 顺序给步进电动机通电的，两者通电顺序相反，故旋转方向相反。

11.2.5 用按键控制步进电动机起动、加速、减速、停止的程序与说明

图 11-14 是用 4 个按键控制步进电动机起动、加速、减速、停止并显示速度等级的程序。步进电动机开始处于停止状态，8 位 LED 数码管显示两位速度等级值 "01"。按下起动键（S4），电动机开始运转，每按一下加速键（S1），数码管显示的速度等级值增 1（速度等级范围 01~18），电动机转速提升一个等级；每按一下减速键（S2），数码管显示的速度等级值减 1，电动机转速降低一个等级；按下停止键（S3），电动机停转。

程序执行时进入 main 函数，在 main 函数中声明一个变量 num 后，接着执行 T0Int_S 函数，对定时器 T0 及相关中断进行设置，起动 T0 计时，再执行 ABCD_OFF（即执行 "A1=0、B1=0、C1=0、D1=0"），让 A、B、C、D 相断电，然后进入第 1 个 while 语句（主循环）。

在第 1 个 while 语句（主循环）中，先执行 KeyS 函数，并将其输出参数（返回值）赋给 num，如果未按下任何键，KeyS 函数的输出参数为 0，num=0，"num=KeyS()" 之后的 4 个选择语句（if⋯else if）均不会执行，而执行选择语句之后的语句，将 Speed 值（Speed 初始值为 1）分解成 0、1，并将这两个数字的段码分别传送到 TData 数组的第 1、2 个位置。在主程序中执行 T0Int_S 函数启动 T0 定时器计时后，T0 每计时 2ms 会中断一次，T0Int_Z 中断函数每隔 2ms 执行一次，T0Int_Z 函数中的 Display 函数也随之每隔 2ms 执行一次，每执行一次就从 TData 数组读取（按顺序读取）一个段码，驱动 8 位数码管将该段码对应的数字在相应位显示出来。由于位变量 StopFlag 的初值为 1，故 T0Int_Z 函数中两个 if 语句均不会执行。

如果按下起动键（S4），主程序在执行到 "num=KeyS()" 时，会执行 KeyS 函数而检测到该键按下，将返回值 4 赋给变量 num，由于 num=4，故主程序最后一个 else if 语句会执行，将位变量 StopFlag 置 0。这样 T0Int_Z 函数执行（每隔 2ms 执行一次）时，其内部的第 1 个 if 语句会执行，因为变量 Speed 初值为 1，而静态变量 times 的初值为 0，times=（20-Speed）不成立，第 2 个 if 语句不会执行，而直接执行 times++，将 times 值加 1，执行 19 次 T0Int_Z 函数（约 38ms）后，times 值为 19，times=（20-Speed）成立，第 2 个 if 语句执行，先将 times 清 0，再执行 switch

```
/*用4个按键控制步进电动机起动、加速、减速、停转并显示速度等级的程序*/
#include <reg51.h>        //调用reg51.h文件对单片机各特殊功能寄存器进行地址定义
sbit A1=P1^0;             //用位定义关键字sbit将A1代表P1.0端口
sbit B1=P1^1;
sbit C1=P1^2;
sbit D1=P1^3;

#define WDM P0            //用define（宏定义）命令将WDM代表P0，程序中WDM与P0等同
#define KeyP3 P3
sbit DuanSuo=P2^2;        //用位定义关键字sbit将DuanSuo代表P2.2端口
sbit WeiSuo =P2^3;
unsigned char Speed=1;    //声明一个无符号字符型变量Speed，并将其初值设为1
bit StopFlag=1;           //用关键字bit将StopFlag定义为位变量，并将其置1

unsigned char code DMtable[]={0x3f,0x06,0x5b,0x4f,0x66,0x6d,0x7d,0x07,    //定义一个DMtable表格，依次
                              0x7f,0x6f,0x77,0x7c,0x39,0x5e,0x79,0x71};   //存放字符0~F的段码
unsigned char code WMtable[]={0xfe,0xfd,0xfb,0xf7,0xef,0xdf,0xbf,0x7f};   //定义一个WMtable表格，依次存放
                                                                          //8位数码管低位到高位的位码
unsigned char TData[8];   //定义一个可存放8个元素的一维数组（表格）TData

#define A_ON {A1=1;B1=0;C1=0;D1=0;}    //用define（宏定义）命令将A_ON代表"A1=1;B1=0;C1=0;D1=0;"，可简化程序编写
#define B_ON {A1=0;B1=1;C1=0;D1=0;}    //B_ON与"A1=0;B1=1;C1=0;D1=0;"等同
#define C_ON {A1=0;B1=0;C1=1;D1=0;}
#define D_ON {A1=0;B1=0;C1=0;D1=1;}
#define AB_ON {A1=1;B1=1;C1=0;D1=0;}
#define BC_ON {A1=0;B1=1;C1=1;D1=0;}
#define CD_ON {A1=0;B1=0;C1=1;D1=1;}
#define DA_ON {A1=1;B1=0;C1=0;D1=1;}
#define ABCD_OFF {A1=0;B1=0;C1=0;D1=0;}

/*以下DelayUs为微秒级延时函数，其输入参数为unsigned char tu（无符号字符型变量tu），tu值为8位，取值范围 0~255，
如果单片机的晶振频率为12MHz，本函数延时时间可用T=（tu×2+5）us 近似计算，比如tu=248，T=501 us≈0.5ms */
void DelayUs (unsigned char tu)    //DelayUs为微秒级延时函数，其输入参数为无符号字符型变量tu
{
  while(--tu);                     //while为循环语句，每执行一次while语句，tu值就减1，
                                   //直到tu值为0时才执行while尾大括号之后的语句
}

/*以下DelayMs为毫秒级延时函数，其输入参数为unsigned char tm（无符号字符型变量tm），该函数内部使用了两个
DelayUs (248)函数，它们共延时1002us（约1ms），由于tm值最大为255，故本DelayMs函数最大延时时间为255ms，
若将输入参数定义为unsigned int tm，则最长可获得65535ms的延时时间*/
void DelayMs(unsigned char tm)
{
 while(tm--)
  {
   DelayUs (248);
   DelayUs (248);
  }
}

/*以下为Display显示函数，用于驱动8位数码管动态扫描显示字符，输入参数 ShiWei 表示显示的开始位，如ShiWei
为0表示从第一个数码管开始显示，WeiShu表示显示的位数，如要显示99两位数应让WeiShu为2 */
void Display(unsigned char ShiWei,unsigned char WeiShu)    // Display(显示)函数有两个输入参数，
                                                           //分别为ShiWei(开始位)和WeiShu(位数)
{
  static  unsigned char i;       //声明一个静态(static)无符号字符型变量i(表示显示位，0表示第1位)，
                                 //静态变量占用的存储单元在程序退出前不会释放给变量使用
  WDM=WMtable[i+ShiWei];  //将WMtable表格中的第i+ShiWei位(个位码送给P0端口输出
  WeiSuo=1;              //让P2.3端口输出高电平，开通位码锁存器，锁存器输入变化时输出会随之变化
  WeiSuo=0;             //让P2.3端口输出低电平，位码锁存器被封锁，锁存器的输出值被锁定不变

  WDM=TData[i];         //将TData表格中的第i+1个段码送给P0端口输出
  DuanSuo=1;           //让P2.2端口输出高电平，开通段码锁存器，锁存器输入变化时输出会随之变化
  DuanSuo=0;          //让P2.2端口输出低电平，段码锁存器被封锁，锁存器的输出值被锁定不变

  i++;                 //将i值加1，准备显示下一位数字
  if(i==WeiShu)        //如果i=WeiShu表示显示到最后一位，执行i=0
   {
    i=0;               //将i值清0，以便从数码管的第1位开始再次显示
   }
}

/*以下为定时器及相关中断设置函数*/
void T0Int_S (void)      //函数名为T0Int_S，输入和输出参数均为void（空)
{
 TMOD=0x01;            //让TMOD寄存器的M1M0=01，设T0工作在方式1（16位计数器)
 TH0=0;               //将TH0寄存器清0
 TL0=0;               //将TL0寄存器清0
 EA=1;                //让IE寄存器的EA=1，打开总中断
 ET0=1;               //让IE寄存器的ET0=1，允许T0的中断请求
 TR0=1;               //让TCON寄存器的TR0=1，启动T0在TH0、TL0初值基础上开始计数
}

/*以下T0Int_Z为定时器T0的中断函数，用"(返回值) 函数名 (输入参数) interrupt n using m"格式定义一个函数名为
T0Int_Z的中断函数，n为中断源编号，n=0~4，m为用作保护中断断点的寄存器组，可使用4组寄存器（0~3），每组
有7个寄存器(R0~R7)，m=0~3，若只使用一个寄存器组时，可不写"using m"，使用多个寄存器时，不同中断应使用不同m*/
void T0Int_Z (void)    interrupt 1    //T0Int_Z为中断函数(用interrupt定义)，并且为T0的中断函数(中断源编号n=1)
{
 static unsigned char times,i;  //声明两个静态(static)无符号字符型变量times和i，两者初值均为0，
                                //退出T0Int_Z函数后，这两个变量的值保保持(不会自动清0)
 TH0=(65536-2000)/256;   //将定时初值的高8位放入TH0，"/"为除法运算符号
 TL0=(65536-2000)%256;   //将定时初值的低8位放入TL0，"%"为相除取余数符号
 Display(0,8);          //执行Display显示函数，从第1位(0)开始显示，共显示8位(8),T0Int_Z函数
                        //每隔2ms执行一次，Display函数也每隔2ms执行一次，执行一次显示1位
 if(StopFlag==0)        //如果StopFlag=0成立(即按下起动键时)，执行本if首尾大括号内的语句
  {
   if(times==(20-Speed))  //如果times=(20-Speed)，执行if首尾大括号内的语句，否则执行if尾大括号之后的
    {                      //times++,若Speed=1,则需要执行20次times++才能让times=(20-Speed),各相通电
                           //切换需要很长的时间，电动机转速最慢，反之者Speed=18,电动机转速最快
    times=0;    //将times值置0
    switch(i)   //switch为多分支选择语句，后面小括号内i为表达式
     {
      case 0:A_ON;i++;break;   //如果i值与常量0相等，让A1=1;B1=0;C1=0;D1=0，即给A相通电，并将i值加1，
                               //然后跳出switch语句，否则往下执行
      case 1:B_ON;i++;break;   //如果i值与常量1相等，让A1=0;B1=1;C1=0;D1=0，即给B相通电，并将i值加1，
                               //然后跳出switch语句，否则往下执行
      case 2:C_ON;i++;break;
      case 3:D_ON;i++;break;
      case 4:i=0;break;        //如果i值与常量4相等，将i值加1，然后跳出switch语句，否则往下执行
      default:break;           //如果i值与所有case后面的常量均不相等，执行default之后的语句，然后跳出switch语句
     }
   }
```

图 11-14　用按键控制步进电动机起动、加速、减速、停止的程序

```
            times++;    //将times值加1
        ]
    }

/*以下KeyS函数用作8个按键的键盘检测*/
unsigned char KeyS(void)    //KeyS函数的输入参数类型为空（void），输出参数类型为无符号字符型
{
    unsigned char keyZ;     //声明一个无符号字符型变量keyZ（表示按键值）
    if(KeyP3!=0xff)         //如果P3≠FFH成立，表示有键按下，执行本if大括号内的语句
    {
        DelayMs(10);        //执行DelayMs函数，延时10s去抖
        if(KeyP3!=0xff)     //又一次检测P3端口是否有按键按下，有则P3≠FFH成立，执行本if大括号内的语句
        {
            keyZ=KeyP3;     //将P3端口值赋给变量keyZ
            while(KeyP3!=0xff); //再次检测P3端口的按键是否处于按下，处于按下（表达式成立）反复执行本条语句，
                                //一旦按键释放松开，马上往下执行
            switch(keyZ)    //switch为多分支选择语句，后面小括号内keyZ为表达式
            {
            case 0xfe:return 1;break;   //如果keyZ值与常量0xfe相等（"1"键按下），将1送给KeyS函数的输出参数，
                                        //然后跳出switch语句，否则往下执行
            case 0xfd:return 2;break;   //如果keyZ值与常量0xfd相等（"2"键按下），将2送给KeyS函数的输出参数，
                                        //然后跳出switch语句，否则往下执行
            case 0xfb:return 3;break;
            case 0xf7:return 4;break;
            case 0xef:return 5;break;
            case 0xdf:return 6;break;
            case 0xbf:return 7;break;
            case 0x7f:return 8;break;
            default:return 0;break;     //如果keyZ值与所有case后面的常量均不相等，执行default之后的语句组，
                                        //将0送给KeyS函数的输出参数，然后跳出switch语句
            }
        }
    }
    return 0;   //将0送给KeyS函数的输出参数
}

/*以下为主程序部分*/
void main()
{
    unsigned char num;      //声明一个无符号字符型变量num
    T0Int_S();              //执行T0Int_S函数，对定时器T0及相关中断进行设置，启动T0计时
    ABCD_OFF                //让A1=0、B1=0、C1=0、D1=0，即让A、B、C、D相均断电
    while(1)                //主循环，while首尾大括号内的语句会反复执行
    {
        num=KeyS();         //执行KeyS函数，并将其输出参数（返回值）赋给num
        if(num==1)          //如果num=1成立（按下加速键S1），执行本if首尾大括号内的语句，让电动机加速
        {
            if(Speed<18)    //如果Speed值小于18，执行Speed++，将Speed值加1，否则往后执行
            Speed++;
        }
        else if(num==2)     //如果num=2成立（按下减速键S2），执行本else if首尾大括号内的语句，让电动机减速
        {
            if(Speed>1)     //如果Speed值大于1，执行Speed--，将Speed值减1，否则往后执行
            Speed--;
        }
        else if(num==3)     //如果num=3成立（按下停止键S3），执行本else if首尾大括号内的语句，让电动机停转
        {
            ABCD_OFF        //让A1=0、B1=0、C1=0、D1=0，即让A、B、C、D相均断电
            StopFlag=1;     //将位变量StopFlag置1
        }
        else if(num==4)     //如果num=4成立（按下起动键S4），执行本else if首尾大括号内的语句，起动电动机运转
        {
            StopFlag=0;     //将位变量StopFlag置0
        }
        TData[0]=DMtable[Speed/10]; //以Speed=15为例,Speed/10意为Speed除10取整,Speed/10=1,即将DMtable表格的
                                    //第2个段码（1的段码）传送到TData数组的第1个位置
        TData[1]=DMtable[Speed%10]; //Speed%10意为Speed除10取余数,Speed%10=5,即将DMtable表格的
                                    //第6个段码（5的段码）传送到TData数组的第2个位置
    }
}
```

图 11-14　用按键控制步进电动机起动、加速、减速、停止的程序（续）

语句。由于静态变量 i 初值为 0，故 switch 语句的第 1 个 case 执行，给电动机的 A 相通电并将 i 值加 1，i 值变为 1，再跳出 switch 语句，执行之后的 times++，times 值由 0 变为 1，然后退出 T0Int_Z 函数，2ms 后再次执行 T0Int_Z 函数时，times =（20-Speed）又不成立，执行 19 次 times++后，times =（20-Speed）成立，第 2 个 if 语句执行，此时的静态变量 i 值为 1，switch 语句的第 2 个 case 执行，给电动机的 B 相通电并将 i 值加 1，i 值变为 2。如此工作，A、B、C、D 每相通电时间约为 38ms，通电周期长，需要较长时间才转动一个很小的角度，故在 Speed=1 时，步进电动机转速很慢。

如果按下加速键（S1），num=1，主程序中的第 1 个 if 语句会执行，将 Speed 值加 1，Speed 值变为 2，这样执行 18 次 T0Int_Z 函数（约 36ms）后，times =（20-Speed）成立，即 A、B、C、D 每相通电时间约为 36ms，通电周期稍微变短，步进电动机转速也会变快。不断按压加速键（S1），Speed 值不断增大，当 Speed=18 时，A、B、C、D 每相通电时间约为 4ms，通电周期最短，步进电动机转速最快。如果按下减速键（S2），num=2，主程序中的第 1 个 else if 语句会执行，将 Speed 值减 1，Speed 值变小，执行 T0Int_Z 函数的次数需要增加才能使 times =（20-Speed）成立，A、B、C、D 每相通电时间增加，通电周期变长，步进电动机转速变慢。

如果按下停止键（S3），num=3，主程序中的第 2 个 else if 语句会执行，先执行"ABCD_OFF"将 A、B、C、D 相断电，再执行"StopFlag=1"将 StopFlag 置 1，T0Int_Z 函数中的两个 if 语句不会执行，即不会给各相通电，步进电动机停转。

第12章

串行通信与编程

12.1 概　述

通信的概念比较广泛，在单片机技术中，单片机与单片机或单片机与其他设备之间的数据传输称为通信。

12.1.1 并行通信和串行通信

根据数据传输方式的不同，可将通信分并行通信和串行通信两种。

同时传输多位数据的方式称为并行通信。如图 12-1a 所示。在并行通信方式下，单片机中的 8 位数据通过 8 条数据线同时送到外部设备中。并行通信的特点是数据传输速度快，但由于需要的传输线多，故成本高，只适合近距离的数据通信。

逐位传输数据的方式称为串行通信。如图 12-1b 所示，在串行通信方式下，单片机中的 8 位数据通过一条数据线逐位传送到外部设备中。串行通信的特点是数据传输速度慢，但由于只需要一条传输线，故成本低，适合远距离的数据通信。

图 12-1　通信方式

12.1.2 串行通信的两种方式

串行通信又可分为异步通信和同步通信两种。**51 系列单片机采用异步通信方式**。

1. 异步通信

在异步通信中，数据是一帧一帧传送的。异步通信如图 12-2 所示，这种通信是以帧为单位进行数据传输，一帧数据传送完成后，可以接着传送下一帧数据，也可以等待，等待期间为空闲位（高电平）。

图 12-2 异步通信

（1）帧数据格式

在串行异步通信时，数据是以帧为单位传送的。异步通信的帧数据格式如图 12-3 所示。从图中可以看出，**一帧数据由起始位、数据位、奇偶校验位和停止位组成。**

图 12-3 异步通信的帧数据格式

1）起始位。表示一帧数据的开始，起始位一定为低电平。当单片机要发送数据时，先送一个低电平（起始位）到外部设备，外部设备接收到起始信号后，马上开始接收数据。

2）数据位。它是要传送的数据，紧跟在起始位后面。数据位的数据可以是 5~8 位，传送数据时是从低位到高位逐位进行的。

3）奇偶校验位。该位用于检验传送的数据有无错误。奇偶校验是检查数据传送过程中是否发生错误的一种校验方式，分为奇校验和偶校验。奇校验是指数据位和校验位中"1"的总个数为奇数，偶校验是指数据位和校验位中"1"的总个数为偶数。

以奇校验为例，若单片机传送的数据位中有偶数个"1"，为保证数据和校验位中"1"的总个数为奇数，奇偶校验位应为"1"，如果在传送过程中数据位中有数据产生错误，其中一个"1"变为"0"，那么传送到外部设备的数据位和校验位中"1"的总个数为偶数，外部设备就知道传送过来的数据发生错误，会要求重新传送数据。数据传送采用奇校验或偶校验均可，但要求发送端和接收端的校验方式一致。在帧数据中，奇偶校验位也可以不用。

4）停止位。它表示一帧数据的结束。停止位可以是 1 位、1.5 位或 2 位，但一定为高电平。一帧数据传送结束后，可以接着传送第二帧数据，也可以等待，等待期间数据线为高电平（空闲位）。如果要传送下一帧，只要让数据线由高电平变为低电平（下一帧起始位开始），接收器就开始接收下一帧数据。

（2）51 系列单片机的几种帧数据方式

51 系列单片机在串行通信时，根据设置的不同，其传送的帧数据有以下四种方式：

1）方式 0。称为同步移位寄存器输入/输出方式，它是单片机通信中较特殊的一种方式，通常用于并行 I/O 接口的扩展，这种方式中的一帧数据只有 8 位（无起始位、停止位）。

2）方式 1。在这种方式中，一帧数据中有 1 位起始位、8 位数据位和 1 位停止位，共 10 位。

3）方式 2。在这种方式中，一帧数据中有 1 位起始位、8 位数据位、1 位可编程位和 1 位停止位，共 11 位。

4）方式 3。这种方式与方式 2 相同，一帧数据中有 1 位起始位、8 位数据位、1 位可编程位和 1 位停止位，它与方式 2 的区别仅在于波特率（数据传送速率）设置不同。

2. 同步通信

在异步通信中，每一帧数据发送前要用起始位，结束时要用停止位，这样会占用一定的时间，导致数据传输速度较慢。为了提高数据传输速度，在计算机与一些高速设备进行数据通信时，常采用同步通信。同步通信的帧数据格式如图 12-4 所示。

从图中可以看出，**同步通信的数据后面取消了停止位，前面的起始位用同步信号代替，在同步信号后面可以跟很多数据，所以同步通信传输速度快**。但

图 12-4　同步通信的帧数据格式

由于在通信时要求发送端和接收端严格保持同步，这需要用复杂的电路来保证，所以单片机很少采用这种通信方式。

12.1.3　串行通信的数据传送方向

串行通信根据数据的传送方向有三种方式：单工方式、半双工方式和全双工方式。这三种传送方式如图 12-5 所示。

图 12-5　数据传送方式

1）单工方式。在这种方式下，数据只能向一个方向传送。单工方式如图 12-5a 所示，数据只能由发送端传输给接收端。

2）半双工方式。在这种方式下，数据可以双向传送，但同一时间内，只能向一个方向传送，只有一个方向的数据传送完成后，才能往另一个方向传送数据。半双工方式如图 12-5b 所示，通信的双方都有发送器和接收器，一方发送时，另一方接收，由于只有一条数据线，所以双方不能在发送的同时进行接收。

3）全双工方式。在这种方式下，数据可以双向传送，通信的双方都有发送器和接收器，由于有两条数据线，所以双方在发送数据的同时可以接收数据。全双工方式如图 12-5c 所示。

12.2　串行通信接口的结构与原理

单片机通过串行通信接口可以与其他设备进行数据通信，将数据传送给外部设备或接受外部设备传送来的数据，从而实现更强大的功能。

12.2.1　串行通信接口的结构

51 单片机的串行通信接口的结构如图 12-6 所示。

图 12-6　51 单片机的串行通信接口的结构

与串行通信接口有关的部件主要如下：

1）两个数据缓冲器 SBUF。SBUF 是可以直接寻址的特殊功能寄存器（SFR），它包括发送 SBUF 和接收 SBUF，发送 SBUF 用来发送串行数据，接收 SBUF 用来接收数据，两者共用一个地址（99H）。在发送数据时，该地址指向发送 SBUF；而在接收数据时，该地址指向接收 SBUF。

2）输入移位寄存器。在接收控制器的控制下，将输入的数据逐位移入接收 SBUF。

3）串行控制寄存器 SCON。SCON 的功能是控制串行通信接口的工作方式，并反映串行通信接口的工作状态。

4）定时器 T1。T1 用作波特率发生器，用来产生接收和发送数据所需的移位脉冲，移位脉冲的频率越高，接收和传送数据的速率越快。

12.2.2　串行通信接口的工作原理

串行通信接口有接收数据和发送数据两个工作过程，下面以图 12-6 所示串行通信接口的结构为例来说明这两个工作过程。

1. 接收数据过程

在接收数据时，若 RXD 端（与 P3.2 引脚共用）接收到一帧数据的起始信号（低电平），SCON 寄存器马上向接收控制器发出允许接收信号，接收控制器在定时器/计数器 T1 产生的移位脉冲信号控制下，控制输入移位寄存器，将 RXD 端输入的数据由低到高逐位移入输入移位寄存器中，数据全部移入输入移位寄存器后，移位寄存器再将全部数据送入接收 SBUF 中，同时接收控制器通过或门向 CPU 发出中断请求，CPU 马上响应中断，将接收 SBUF 中的数据全部取走，从而完成了一帧数据的接收。后面各帧的数据接收过程与上述相同。

2. 发送数据过程

相对于接收过程来说，串行通信接口发送数据的过程较简单。当 CPU 要发送数据时，只要将数据直接写入发送 SBUF 中，就启动了发送过程。在发送控制器的控制下，发送门打开，先发送一位起始信号（低电平），然后依次由低到高逐位发送数据，数据发送完毕，最后发送一位停止位（高电平），从而结束一帧数据的发送。一帧数据发送完成后，发送控制器通过或门向 CPU 发出中断请求，CPU 响应中断，将下一帧数据送入 SBUF，开始发送下一帧数据。

12.3　串行通信接口的控制寄存器

串行通信接口的工作受串行控制寄存器 SCON 和电源控制寄存器 PCON 的控制。

12.3.1　串行控制寄存器

SCON 寄存器用来控制串行通信的工作方式及反映串行通信接口的一些工作状态。SCON 寄存器是一个 8 位寄存器，它的地址为 98H，其中每位都可以位寻址。SCON 寄存器各位的名称和地址如下：

串行控制寄存器（SCON）

位地址—→	9FH	9EH	9DH	9CH	9BH	9AH	99H	98H
字节地址—→98H	SM0	SM1	SM2	REN	TB8	RB8	TI	RI

1）SM0、SM1 位，串行通信接口工作方式设置位。通过设置这两位的值，可以让串行通信接口工作在四种不同的方式，具体见表 12-1，这几种工作方式在后面将会详细介绍。

表 12-1　串行通信接口工作方式设置位及其功能

SM0	SM1	工 作 方 式	功　　能	波 特 率
0	0	方式 0	8 位同步移位寄存器方式（用于扩展 I/O 接口数量）	$f_{osc}/12$
0	1	方式 1	10 位异步收发方式	可变
1	0	方式 2	11 位异步收发方式	$f_{osc}/64$，$f_{osc}/32$
1	1	方式 3	11 位异步收发方式	可变

2）SM2 位，用来设置主从式多机通信。当一个单片机（主机）要与其他几个单片机（从机）通信时，就要对这些位进行设置。当 SM2 = 1 时，允许多机通信；当 SM2 = 0 时，不允许多机通信。

3）REN 位，允许/禁止数据接收的控制位。当 REN = 1 时，允许串行通信接口接收数据；当 REN = 0 时，禁止串行通信接口接收数据。

4）TB8 位，方式 2、3 中发送数据的第 9 位。该位可以用软件规定其作用，可用作奇偶校验位，或在多机通信时，用作地址帧或数据帧的标志位，在方式 0 和方式 1 中，该位不用。

5）RB8 位，方式 2、3 中接收数据的第 9 位。该位可以用软件规定其作用，可用作奇偶校验位，或在多机通信时用作地址帧或数据帧的标志位，在方式 1 中，若 SM2 = 0，则 RB8 是接收到的停止位。

6）TI 位，发送中断标志位。当串行通信接口工作在方式 0 时，发送完 8 位数据后，该位自动置 "1"（即硬件置 "1"），向 CPU 发出中断请求，在 CPU 响应中断后，必须用软件清 0；在其他几种工作方式中，该位在停止位开始发送前自动置 "1"，向 CPU 发出中断请求，在 CPU 响应中断后，也必须用软件清 0。

7）RI 位，接收中断标志位。当工作在方式 0 时，接收完 8 位数据后，该位自动置 "1"，向 CPU 发出接收中断请求，在 CPU 响应中断后，必须用软件清 0；在其他几种工作方式中，该位在接收到停止位期间自动置 "1"，向 CPU 发出中断请求，在 CPU 响应中断取走数据后，必须用软件对该位清 0，以准备开始接收下一帧数据。

在上电复位时，SCON 各位均为"0"。

12.3.2　电源控制寄存器

PCON 寄存器是一个 8 位寄存器，它的字节地址为 87H，不可位寻址，并且只有最高位 SMOD 与串行通信接口控制有关。PCON 寄存器各位的名称和字节地址如下：

电源控制寄存器（PCON）

	D7	D6	D5	D4	D3	D2	D1	D0
字节地址——▶87H	SMOD	—	—	—	GF1	GF0	PD	IDL

SMOD 位：波特率设置位。在串行通信接口工作在方式 1~3 时起作用。若 SMOD=0，波特率不变；当 SMOD=1 时，波特率加倍。在上电复位时，SMOD=0。

12.4　四种工作方式与波特率的设置

串行通信接口有四种工作方式，工作在何种方式受 SCON 寄存器的控制。在串行通信时，要改变数据传送速率（波特率），可对波特率进行设置。

12.4.1　方式 0

当 SCON 寄存器中的 SM0=0、SM1=0 时，串行通信口工作在方式 0。

方式 0 称为同步移位寄存器输入/输出方式，常用于扩展 I/O 接口。在单片机发送或接收串行数据时，通过 RXD 端发送数据或接收数据，而通过 TXD 端送出数据传输所需的移位脉冲。

在方式 0 时，串行通信接口又分两种工作情况：发送数据和接收数据。

1. 发送数据

当串行通信接口工作在方式 0 时，若要发送数据，通常在外部接 8 位串/并转换移位寄存器 74LS164，具体连接电路如图 12-7 所示。其中 RXD 端用来输出串行数据，TXD 端用来输出移位脉冲，P1.0 引脚用来对 74LS164 进行清 0。

图 12-7　串行通信在方式 0 时的数据发送电路

在单片机发送数据前，先从 P1.0 端发出一个清 0 信号（低电平）到 74LS164 的 CLR 引脚，对其进行清 0，让 D7~D0 全部为"0"，然后单片机在内部执行写 SBUF 指令，开始从 RXD 端（P3.0 引脚）送出 8 位数据，与此同时，单片机的 TXD 端输出移位脉冲到 74LS164 的 CLK 引脚，在移位脉冲的控制下，74LS164 接收单片机 RXD 端送到的 8 位数据（先低位后高位），数据发送完毕，在 74LS164 的 D7~D0 端输出 8 位数据。另外，在数据发送结束后，SCON 寄存器的发送中断标志位 TI 自动置 "1"。

2. 接收数据

当串行通信接口工作在方式 0 时，若要接收数据，一般在外部接 8 位并/串转换移位寄存器 74LS165，具体连接电路如图 12-8 所示。在这种方式时，RXD 端用来接收输入的串行数据，TXD 端用来输出移位脉冲，P1.0 端用来对 74LS165 的数据进行锁存。

图 12-8　串行通信接口在方式 0 时的数据接收电路

在单片机接收数据前，先从 P1.0 引脚发出一个低电平信号到 74LS165 的 S/$\overline{L}$ 引脚，让 74LS165 锁存由 D7~D0 端输入的 8 位数据，然后单片机内部执行读 SBUF 指令，与此同时，单片机的 TXD 端送移位脉冲到 74LS165 的 CLK1 引脚，在移位脉冲的控制下，74LS165 中的数据逐位从 RXD 端送入单片机，单片机接收数据完毕，SCON 寄存器的接收中断标志位 RI 自动置 "1"。

在方式 0 中，串行通信口发送和接收数据的波特率都是 $f_{osc}/12$。

12.4.2　方式 1

当 SCON 寄存器中的 SM0=0、SM1=1 时，串行通信接口工作在方式 1。

在方式 1 时，串行通信接口可以发送和接收每帧 10 位的串行数据。其中 TXD 端用来发送数据，RXD 端用来接收数据。在方式 1 中，一帧数据中有 10 位，包括 1 位起始位（低电平）、8 位数据位（低位在前）和 1 位停止位（高电平）。在方式 1 时，串行通信接口又分两种工作情况：发送数据和接收数据。

1. 发送数据

在发送数据时，若执行写 SBUF 指令，发送控制器在移位脉冲（由定时器/计数器 T1 产生的信号再经 16 或 32 分频而得到）的控制下，先从 TXD 端送出一个起始位（低电平），然后再逐位将 8 位数据从 TXD 端送出，当最后一位数据发送完成，发送控制器马上将 SCON 的 TI 位置 "1"，向 CPU 发出中断请求，同时从 TXD 端输出停止位（高电平）。

2. 接收数据

在方式 1 时，需要设置 SCON 中的 REN=1，串行通信接口才允许接收数据。由于不知道外部设备何时会发送数据，所以串行通信接口会不断检测 RXD 端，当检测到 RXD 端有负跳变（由 "1" 变为 "0"）时，说明外部设备发来了数据的起始位，于是启动 RXD 端接收，将输入的 8 位数据逐位移入内部的输入移位寄存器。8 位数据全部进入输入移位寄存器后，如果满足 RI 位为 "0"、SM2 位为 "0"（若 SM2 不为 "0"，但接收到的数据停止位为 "1" 也可以）的条件，输入移位寄存器中的 8 位数据才可以放入 SBUF，停止位的 "1" 才能送入 SCON 的 RB8 位中，RI 位就会被置 "1"，向 CPU 发出中断请求，让 CPU 取走 SBUF 中的数据，如果条件不满足，输入移位寄存器中的数据将无法送入 SBUF 而丢弃，重新等待接收新的数据。

12.4.3　方式 2

当 SCON 寄存器中的 SM0＝1、SM1＝0 时，串行通信接口工作在方式 2。

在方式 2 时，串行通信接口可以发送和接收每帧 11 位的串行数据。TXD 端用来发送数据，RXD 端用来接收数据。在方式 2 时，串行通信接口又分两种工作情况：发送数据和接收数据。

1. 发送数据

在方式 2 时，发送的一帧数据有 11 位，其中有 9 位数据，第 9 位数据取自 SCON 中的 TB8 位。在发送数据前，先用软件设置 TB8 位的值，然后执行写 SBUF 指令（如 MOV　SBUF，A），发送控制器在内部移位脉冲的控制下，从 TXD 端送出一个起始位（低电平），然后逐位送出 8 位数据，再从 TB8 位中取出第 9 位并送出，当最后一位数据发送完成，发送控制器马上将 SCON 的 TI 位置 "1"，向 CPU 发出中断请求，同时从 TXD 端输出停止位（高电平）。

2. 接收数据

在方式 2 时，同样需设置 SCON 的 REN＝1，串行通信接口才允许接收数据，然后不断检测 RXD 端是否有负跳变（由 "1" 变为 "0"），若有，说明外部设备发来了数据的起始位，于是启动 RXD 端接收数据。当 8 位数据全部进入输入移位寄存器后，如果 RI 位为 "0"、SM2 位为 "0"（若 SM2 不为 "0"，但接收到的第 9 位数据为 "1" 也可以），输入移位寄存器中的 8 位数据才可以送入 SBUF，第 9 位会放进 SCON 的 RB8 位，同时 RI 位置 "1"，向 CPU 发出中断请求，让 CPU 取走 SBUF 中的数据，否则输入移位寄存器中的数据将无法送入 SBUF 而丢弃。

12.4.4　方式 3

当 SCON 中的 SM0＝1、SM1＝1 时，串行通信接口工作在方式 3。

方式 3 与方式 2 一样，传送的一帧数据都为 11 位，工作原理也相同，两者的区别仅在于波特率不同，方式 2 的波特率固定为 $f_{osc}/64$ 或 $f_{osc}/32$，而方式 3 的波特率则可以设置。

12.4.5　波特率的设置

在串行通信中，为了保证数据的发送和接收成功，要求发送方发送数据的速率与接收方接收数据的速率相同，而将双方的波特率设置相同就可以达到这个要求。在串行通信的四种方式中，方式 0 的波特率是固定的，而方式 1~方式 3 的波特率则是可变的。波特率是数据传送的速率，它用每秒传送的二进制数位数来表示，单位符号是 bit/s。

1. 方式 0 的波特率

方式 0 的波特率固定为时钟振荡频率的 1/12，即

$$方式 0 的波特率 = 1/12 f_{osc}。$$

2. 方式 2 的波特率

方式 2 的波特率由 PCON 寄存器中的 SMOD 位决定。当 SMOD＝0 时，方式 2 的波特率为时钟振荡频率的 1/64；当 SMOD＝1 时，方式 2 的波特率加倍，为时钟振荡频率的 1/32，即

$$方式 2 的波特率 = 2^{SMOD}/64 f_{osc}$$

3. 方式 1 和方式 3 的波特率

方式 1 和方式 3 的波特率除了与 SMOD 位有关，还与定时器/计数器 T1 的溢出率有关。方式 1 和方式 3 的波特率可用下式计算：

$$方式 1、3 的波特率 = 2^{SMOD}/32×T1 的溢出率$$

T1 的溢出率是指定时器/计数器 T1 在单位时间内计数产生的溢出次数，也即溢出脉冲的频率。

在将定时器/计数器 T0 设作工作方式 3 时（设置方法见"定时器/计数器"一章内容），T1 可以工作在方式 0、方式 1 或方式 2 三种方式下。当 T1 工作于方式 0 时，它对脉冲信号（由时钟信号 f_{osc} 经 12 分频得到）进行计数，计到 2^{13} 时会产生一个溢出脉冲到串行通信接口作为移位脉冲；当 T1 工作于方式 1 和 2 时，则分别要计到 2^{16} 和 2^8-X（X 为 T1 的初值，可以设定）才产生溢出脉冲。

如果要提高串行通信接口的波特率，可让 T1 工作在方式 2，因为该方式计数时间短，溢出脉冲频率高，并且能通过设置 T1 的初值来调节计数时间，从而改变 T1 产生的溢出脉冲的频率（又称 T1 的溢出率）。

当 T1 工作在方式 2 时，T1 两次溢出的时间间隔，即 T1 的溢出周期为

$$T1 \text{ 的溢出周期} = 12/f_{osc} \times (2^8-X)$$

T1 的溢出率为溢出周期的倒数，即

$$T1 \text{ 的溢出率} = f_{osc}/12 \times (2^8-X)$$

故当 T1 工作在方式 2 时，串行通信接口工作方式 1、3 的波特率为

$$\text{方式 1、3 的波特率} = 2^{SMOD}/32 \times f_{osc}/12 \times (2^8-X)$$

由上式可推导出 T1 在方式 2 时，其初值 X 为

$$X = 2^8 - 2^{SMOD} \times f_{osc}/384 \cdot \text{波特率}$$

举例：单片机的时钟频率 $f_{osc}=11.0592\text{MHz}$，现要让串行通信的波特率为 2400bit/s，可将串行通信接口的工作方式设为 1、T1 的方式设为 2，并求出 T1 应设的初值。

求 T1 初值的过程如下。

1）先进行寄存器设置：为了让波特率不倍增，将 PCON 寄存器中的数据设为 00H，这样 SMOD 位就为"0"；设置 TMOD 寄存器中的数据为 20H，这样 T1 就工作在方式 2。

2）再计算并设置 T1 的初值：

$$X = 2^8 - 2^{SMOD} \times f_{osc}/384 \times \text{波特率} = 256 - 20 \times 11.0592 \times 10^6/384 \times 2400 = 244$$

十进制数 244 转换成十六进制数为 F4H，将 T1 的初值设为 F4H。

由于设置波特率和初值需要计算，比较麻烦，一般情况下可查表来进行设置。常用的波特率设置见表 12-2。

表 12-2　常用的波特率设置

波　特　率	振荡频率 /f_{osc}/MHz	SMOD	定时器 T1		
			C/$\overline{T}$	方式	初值
工作方式 0：1Mbit/s	12	×	×	×	×
工作方式 2：375kbit/s	12	1	×	×	×
工作方式 1、3：62.5kbit/s	12	1	0	2	FFH
工作方式 1、3：19.2kbit/s	11.0592	1	0	2	FDH
工作方式 1、3：9.6kbit/s	11.0592	0	0	2	FDH
工作方式 1、3：4.8kbit/s	11.0592	0	0	2	FAH
工作方式 1、3：2.4kbit/s	11.0592	0	0	2	F4H
工作方式 1、3：1.2kbit/s	11.0592	0	0	2	E8H
工作方式 1、3：137.5bit/s	11.986	0	0	2	1DH
工作方式 1、3：110bit/s	6	0	0	2	72H
工作方式 1、3：110bit/s	12	0	0	1	FEEBH

12.5　串行通信的应用编程

12.5.1　利用串行通信的方式 0 实现计数显示的电路与编程

1. 电路

图 12-9 是利用串行通信的方式 0 实现计数显示的电路。按键 S1 模拟产品计数输入，每按一次 S1 键，产品数量增 1，单片机以串行数据的形式从 RXD 端（P3.0 端口）输出产品数量数字的字符码（8 位），从 TXD 端（P3.1 端口）输出移位脉冲，8 位字符码逐位进入 74LS164 后从 Q7~Q0 端并行输出，去一位数码管的 a~g、dp 引脚，数码管显示出产品数量的数字（0~9）。

图 12-9　利用串行通信的方式 0 实现计数显示的电路

2. 程序与说明

图 12-10 是利用串行通信的方式 0 进行串并转换以实现计数显示的程序。

程序执行时首先进入主程序的 main 函数，在 main 函数中，声明一个变量 i 后执行 "SCON = 0x00"，往 SCON 寄存器写入 00000000，SCON 的 SM0、SM1 位均为 0，让串行通信接口工作在方式 0，再进入 while 主循环（主循环内的语句会反复执行），在 while 主循环的第 1 个 if 语句先检测按键 S1 的状态，一旦发现 S1 键按下（S1=0），马上执行 "DelayMs(10)" 延时防抖，延时后执行第 2 个 if 语句，再检测 S1 键的状态，如果 S1≠0，说明按键未按下，会执行 "SendByte(table[i])"，将 table 表格中的第 i+1 个字符码从 RXD 端（即 P3.0 端口）发送出去，如果发现 S1=0，说明按键完全按下，执行 "while(S1==0) ;"语句等待 S1 键松开释放（如果 S1=0 会反复执行本条语句等待），S1 键松开后执行 "i++"，将 i 值增 1，如果 i 值不等于 8，则执行 "SendByte(table[i])"，如果 i 值等于 8，则执行 "i=0" 将 i 值清 0，再执行 "SendByte(table[i])"，然后程序又返回到第一个 if 语句检测 S1 键的状态。

```
/*利用串行通信的方式0进行串并转换以实现产品计数显示的程序*/
#include<reg51.h>        //调用reg51.h文件对单片机各特殊功能寄存器进行地址定义
sbit S1=P1^0;            //用位定义关键字sbit将S1代表P1.0端口
unsigned char code table[]={0xc0,0xf9,0xa4,0xb0,0x99,0x92,0x82,0xf8,0x80,0x90};
                 //定义一个无符号(unsigned)字符型(char)表格(table),code表示表格数据存在单片机的代码区
                 //(ROM中),表格按顺序存放0~9的字符码,每个字符码8位,0的字符码为为C0H,即11000000B

/*以下DelayUs为微秒级延时函数,其输入参数为unsigned char tu(无符号字符型变量tu),
tu值为8位,取值范围 0~255,如果单片机的晶振频率为12MHz,本函数延时时间可用
T=(tu*2+5) us 近似计算,比如tu=248,T=501 us≈0.5ms */tu值
void DelayUs (unsigned char tu)    //DelayUs为微秒级延时函数,其输入参数为无符号字符型变量tu
{
  while(--tu);                //while为循环语句,每执行一次while语句,tu值就减1,
                             //直到tu值为0时才执行while尾大括号之后的语句
}

/*以下DelayMs为毫秒级延时函数,其输入参数为unsigned char tm(无符号字符型变量tm),该函数内部
使用了两个DelayUs (248)函数,它们共延时1002us(约1ms),由于tm值最大为255,故本DelayMs函数
最大延时时间为255ms,若将输入参数定义为unsigned int tm,则最长可获得65535ms的延时时间*/
void DelayMs (unsigned char tm)
{
  while(tm--)
  {
    DelayUs (248);
    DelayUs (248);
  }
}

/*以下SendByte为发送单字节函数,其输入参数为unsigned char dat(无符号字符型变量dat),其功能是
将dat数据从RXD端(即P3.0端口)发送出去*/
void SendByte(unsigned char dat)
{
  SBUF = dat;      //将变量dat的数据赋给串行通信接口的SBUF寄存器,该寄存器马上将数据由低到高位
                   //从RXD端(即P3.0端口)送出
  while(TI==0);    //检测SCON寄存器的TI位,并为0表示数据未发送完成,反复执行本条语句检测TI位,
                   //一旦TI位为1,表示SBUF中的数据已发送完成,马上执行下条语句
  TI=0;            //将TI位清0
}

/*以下为主程序部分*/
void main (void)
{
  unsigned char i;   //声明一个无符号字符型变量i
  SCON=0x00;         //往SCON寄存器写入00000000,SCON的SM0、SM1均为0,串行通信接口工作在方式0
  while (1)          //主循环,本while语句首尾大括号内的语句反复执行
  {
    if(S1==0)        // if(如果)S1=0,表示S1键按下,则执行本if大括号内的语句,
                     //否则(即S1≠0)执行本if尾大括号之后的语句
    {
      DelayMs(10);   //执行DelayMs延时函数进行按键防抖,输入参数为10时可延时约10ms
      if(S1==0)      //再次检测S1键是否按下,按下则执行本if首尾大括号内的语句
      {
        while(S1==0);  //若S1键处于按下(S1=0),反复执行本条语句,一旦S1键松开释放,
                       //S1≠0,马上执行下条语句
        i++;           //将i值增1
        if(i==8)       //如果i=8,执行本if大括号内的语句,否则执行本if尾大括号之后的语句
        {
          i=0;         //将i值置0
        }
        SendByte(table[i]);  //执行SendByte函数,将table表格中的第i+1个字符码
                             //从RXD端(即P3.0端口)发送出去
      }
    }
  }
}
```

图 12-10　利用串行通信的方式 0 进行串并转换以实现计数显示的程序

12.5.2　利用串行通信的方式 1 实现双机通信的电路与编程

1. 电路

图 12-11 是利用串行通信的方式 1 实现双机通信的电路。甲机的 RXD 端（接收端）与乙机的 TXD 端（发送端）连接，甲机的 TXD 端与乙机的 RXD 端连接，通过双机串行通信，可以实现一个单片机控制另一个单片机，比如甲机向乙机的 P1 端口传送数据 0x99（即 10011001），可以使得乙机 P1 端口外接的 8 个 LED 四亮四灭。

2. 程序与说明

在进行双机通信时，需要为双机分别编写程序，图 12-12a 是为甲机编写的发送数据程序，要写入甲机单片机，图 12-12b 是为乙机编写的接收数据程序，要写入乙机单片机。甲机程序的功能是将数据 0x99（即 10011001）从本机的 TXD 端（P3.1 端口）发送出去，乙机程序的功能是从本机的 RXD 端（P3.0 端口）接收数据（0x99，即 10011001），并将数据传送给 P1 端口，P1 = 0x99 = 10011001B，P1 端口外接的 8 个 LED 四亮四灭（VD8、VD5、VD4、VD1 灭，VD7、VD6、VD3、VD2 亮）。

甲机程序如图 12-12a 所示。程序运行时首先进入主程序的 main 函数，在 main 函数中，首先执行 InitUART 函数，对串行通信接口进行初始化设置，然后执行 while 主循环，在 while 主循环中，先执行 SendByte 函数，将数据 0x99（即 10011001）从 TXD 端（即 P3.1 端口）发送出去，再执行两次"DelayMs(250)"延时 0.5s，也就是说每隔 0.5s 执行一次 SendByte 函数，从 TXD 端

（即 P3.1 端口）发送一次数据 0x99。

图 12-11　利用串行通信的方式 1 实现双机通信的电路

乙机程序如图 12-12b 所示。程序运行时首先进入主程序的 main 函数，在 main 函数中，首先执行 InitUART 函数，对串行通信接口进行初始化设置，然后执行 while 主循环，在 while 主循环中，先执行 ReceiveByte 函数，从本机的 RXD 端（即 P3.0 端口）接收数据，再赋给 ReceiveByte 函数的输出参数，然后将 ReceiveByte 函数的输出参数值（0x99，即 10011001）传给 LEDP1，即传送给 P1 端口。

```
/*利用串行通信的方式1实现双机通信的发送程序_写入甲机*/
#include<reg51.h>  //包含头文件, 一般情况不需要改动, 头文件包含特殊功能寄存器的定义

/*以下DelayUs为微秒级延时函数, 其输入参数为unsigned char tu(无符号字符型变量tu),
tu值为8位, 取值范围 0~255, 如果单片机的晶振频率为12MHz, 本函数延时时间可用
T=(tux2+5)us 近似计算, 比如tu=248, T=501 us=0.5ms */
void DelayUs (unsigned char tu)      //DelayUs为微秒级延时函数, 其输入参数为无符号字符型变量tu
 {
    while(--tu);                      //while为循环语句, 每执行一次while语句, tu值就减1,
                                      //直到tu值为0时才执行while尾大括号之后的语句
 }

/*以下DelayMs为毫秒级延时函数, 其输入参数为unsigned char tm(无符号字符型变量tm), 该函数内部
使用了两个DelayUs (248)函数, 它们共延时1002us(约1ms), 由于tm值最大为255, 故本DelayMs函数
最大延时时间为255ms, 若将输入参数定义为unsigned int tm, 则最长可获得65535ms的延时时间*/
void DelayMs(unsigned char tm)
 {
    while(tm--)
    {
       DelayUs (248);
       DelayUs (248);
    }
 }

/*以下InitUART为串行通信接口初始化设置函数, 输入、输出参数均为空(void)*/
void InitUART (void)
 {
    SCON=0x50;    //往SCON寄存器写入01010000, SM0位=0, SM1位=1, 让串行接口工作在方式1, REN-1, 允许接收数据
    TMOD=0x20;    //往TMOD寄存器写入00100000, M1位=1, M0位=0, 让定时器T1工作在方式2(8位自动重装计数器)
    TH1=0xfa;     //往定时器T1的TH1寄存器写入重装值FAH, 将串行通信波特率设为4.8kbit/s(晶振为11.0592MHz)
    TR1=1;        //往TCON寄存器的TR1位写入1, 启动定时器T1工作
    PCON=0x00;    //往PCON寄存器写入00H, SMOD位=0, 波特率保持不变
    EA=1;         //往IE寄存器的EA位写入1, 打开总中断
    ES=1;         //往TCON寄存器的ES位写入1, 打开串口中断
 }

/*以下SendByte为发送单字节函数, 输入参数为无符号字符型变量dat, 输出参数为空 */
void SendByte(unsigned char dat)
 {
    SBUF = dat;   //将变量dat的数据赋给串行通信接口的SBUF寄存器, 该寄存器马上将数据由低到高位
                  //从TXD端 (即P3.1端口)发送出去
    while(TI==0); //检测SCON寄存器的TI位, 若为0表示数据未发送完成, 反复执行本条语句检测TI位,
                  //一旦TI位为1, 表示SBUF中的数据已发送完成, 马上执行下条语句
    TI=0;         //将TI位清0, 以准备下一次发送数据
 }

/*以下为主程序部分*/
void main (void)
 {
    InitUART();   //执行InitUART函数, 对串行通信接口进行初始化设置
    while (1)     //主循环, 本while语句首尾大括号内的语句反复执行, 每隔0.5s执行一次SendByte函数
                  //以发送一次数据
    {
       SendByte(0x99);  //执行SendByte函数, 将数据10011001从TXD端(即P3.1端口)发送出去
       DelayMs(250);    //延时250ms
       DelayMs(250);    //延时250ms
    }
 }
```

a) 写入甲机的发送程序

```
/*利用串行通信的方式1实现双机通信的接收程序_写入乙机*/
#include<reg51.h>  //包含头文件, 一般情况不需要改动, 头文件包含特殊功能寄存器的定义
#define LEDP1 P1   //用define(宏定义)命令将LEDP1代表P1, 程序中LEDP1与P1等同

/*以下InitUART为串行通信接口初始化设置函数*/
void InitUART (void)
 {
    SCON=0x50;    //往SCON寄存器写入01010000, SM0位=0, SM1位=1, 让串行接口工作在方式1, REN=1, 允许接收数据
    TMOD=0x20;    //往TMOD寄存器写入00100000, M1位=1、M0位=0, 让定时器T1工作在方式2(8位自动重装计数器)
    TH1=0xfa;     //往定时器T1的TH1寄存器写入重装值FAH, 将串行通信波特率设为4.8kbit/s (晶振为11.0592MHz)
    TR1=1;        //往TCON寄存器的TR1位写入1, 启动定时器T1工作
    PCON=0x00;    //往PCON寄存器写入00H, SMOD位=0, 波特率保持不变
    EA=1;         //往IE寄存器的EA位写入1, 打开总中断
    ES=1;         //往TCON寄存器的ES位写入1, 打开串行接口中断
 }

/*以下ReceiveByte为接收单字节函数, 输入参数为空, 输出参数为无符号字符型变量*/
unsigned char ReceiveByte ()
 {
    unsigned char dat;  //声明一个无符号字符型变量dat
    while(RI==0);       //检测SCON寄存器的RI位, 为0表示数据接收未完成, 反复执行本条语句检测RI位, 一旦
                        //RI位为1, 表示接收的数据已全部送入SBUF寄存器, 即数据接收完成, 马上执行下条语句
    dat=SBUF;           //将SBUF寄存器的数据赋给变量dat
    return dat;         //将变量dat数据返回给ReceiveByte函数的输出参数
    RI=0;               //将RI位清0, 以准备下一次接收数据
 }

/*以下为主程序部分*/
void main (void)
 {
    InitUART();         //执行InitUART函数, 对串行通信接口进行初始化设置
    while(1)            //主循环, 本while语句首尾大括号内的语句反复执行,
    {
       LEDP1=ReceiveByte();  //将ReceiveByte函数的输出参数赋给LEDP1, 即传送给P1端口
    }
 }
```

b) 写入乙机的接收程序

图 12-12　利用串行通信的方式 1 实现双机通信的程序

第13章

I²C 总线通信与编程

13.1 I²C 总线介绍

13.1.1 概述

I²C（Inter-Integrated Circuit）总线是由 PHILIPS 公司开发的两线式串行通信总线，是微电子通信控制领域广泛采用的一种总线标准。

I²C 总线可以将单片机与其他具有 I²C 总线通信接口的外围设备连接起来，如图 13-1 所示，通过串行数据（SDA）线和串行时钟（SCL）线与连接到该双线的器件传递信息。每个 I²C 器件都有一个唯一的识别地址（I²C 总线支持 7 位和 10 位地址），而且都可以作为一个发送器或接收器（由器件的功能决定，比如 LCD 驱动器只能作为接收器，而存储器则既可以作为接收器接收数据，也可以用作发送器发送数据）。I²C 器件在执行数据传输时也可以看作是主机或从机，主机是初始化总线数据传输并产生允许传输时钟信号的器件，此时任何被寻址的 I²C 器件都被认为是从机。

图 13-1 单片机通过 I²C 总线连接多个 I²C 器件

I²C 总线有标准（100kbit/s），快速（400kbit/s）和高速（3.4Mbit/s）三种数据传输速度模式，支持高速模式的可以向下支持低速模式。I²C 总线连接的 I²C 器件数量仅受到总线的最大电容 400pF 限制，总线连接的器件越多，连线越长，分布电容越大。

在图 13-1 中，如果单片机需要往 I²C 器件 3 写入数据，会先从 SDA 数据线送出 I²C 器件 3 的地址，挂在总线上众多的器件只有 I²C 器件 3 与总线接通，单片机再将数据从 SDA 数据线送出，该数据则被 I²C 器件 3 接收。这里的单片机是主机兼发送器，I²C 器件 3 及其他器件均为从机，I²C 器件 3 为接收器。

13.1.2 I²C 总线通信协议

通信协议是通信各方必须遵守的规则，否则通信无法进行，在编写通信程序时需要了解相应的通信协议。

I²C 总线通信协议主要内容有

1） 总线空闲，SCL 和 SDA 线均为高电平。

2） 开始信号，在 SCL 为高电平时，SDA 出现下降沿，该下降沿即为开始信号。

3） 数据传送，开始信号出现后，SCL 线为高电平时从 SDA 线读取的电平为数据；SCL 线为高电平时，SDA 线的电平不允许变化，只有 SCL 为低电平时才可以改变 SDA 的电平；SDA 线传送数据时，从高位到低位逐位进行，一个 SCL 脉冲高电平对应 1 位数据。

4） 停止信号，SCL 为高电平时，SDA 出现上升沿，该上升沿为停止信号，停止信号过后，总线被认为空闲（SCL、SDA 均为高电平）。

13.1.3 I²C 总线的数据传送格式

I²C 总线可以一次传送单字节数据，也可以一次传送多字节数据，不管是传送单字节还是多字节数据，都要在满足协议的前提下进行。

1. 单字节数据传送格式

I²C 总线的单字节数据传送格式如图 13-2 所示，**传送单字节数据的格式为"开始信号-传送的数据（从高位到低位）-应答（ACK）信号-停止信号"**。在传送数据前，SCL、SDA 线均为高电平（总线空闲），在需要传送数据时，主机让 SDA 线由高电平变为低电平，产生一个下降沿（开始信号）去从机，从机准备接收数据，然后主机从 SCL 线逐个输出时钟脉冲信号，同时从 SDA 线逐位（从高位到低位）输出数据，只有 SCL 脉冲高电平到从机时，从机才读取 SDA 线的电平值（0 或 1），并将其作为一位数据值，8 位数据传送结束后，接收方将 SDA 线电平拉低，该低电平作为 ACK 应答信号由 SDA 线送给发送方，接收到 ACK 信号之后可以继续传送下一个字节数据，若只传送单字节数据，在 SCL 线为高电平时，SDA 线由低电平变为高电平形成一个上升沿，该上升沿即为停止信号，本次数据传送结束。

图 13-2 I²C 总线的单字节数据传送格式

2. 多字节数据传送格式

为了提高工作效率，I²C 总线往往需要一次传送多个字节。图 13-3 是典型的 I²C 总线多字节数据传送格式，**该多字节数据的格式为"开始信号-第 1 个字节数据（7 位从机地址+1 位读/写**

设定值）-应答信号-第 2 个字节数据（8 位从机内部单元地址）-应答信号-第 3 个字节数据（8 位数据）-应答信号（或停止应答信号）-停止信号"。

图 13-3 传送了三个字节数据，第 1 个字节数据为从机的地址和数据读写设定值，由于 I^2C 总线挂接很多从机，传送从机地址用于选中指定的从机进行通信，读写设定值用于确定数据传输方向（是往从机写入数据还是由从机读出数据），第 2 个字节数据为从机内部单元待读写的单元地址（若传送的数据很多，则为起始单元的地址，数据从起始单元依次读写），第 3 个字节为 8 位数据，写入第 1、2 字节指定的从机单元中。在传送多字节数据时，每传送完一个字节数据，接收方需要往发送方传送一个 ACK 信号（接收方将 SDA 线电平拉低），若一个字节传送结束后接收方未向发送方返回 ACK 信号，发送方认为返回的是 NACK（停止应答）信号，则停止继续传送数据。

图 13-3　典型的 I^2C 总线多字节数据传送格式

13.2　I^2C 总线存储器 24C02

24Cxx 系列芯片是采用了 I^2C 总线标准的常用 E^2PROM（电可擦写可编程只读存储器）存储芯片，其中 24C02 最为常用，24C02 存储容量为 256×8bit（24C01、24C04、24C08、24C16 分别为 128×8bit、512×8bit、1024×8bit、2048×8bit），其中的每个字节可重复擦写 100 万次，数据保存期大于 100 年。

13.2.1　外形与引脚功能说明

24C02 的外形与引脚功能如图 13-4 所示，引脚功能说明见表 13-1。

图 13-4　24C02 的外形与引脚功能

表 13-1　24C02 引脚功能说明

引脚名称	功能说明
A0、A1、A2	器件地址设置引脚。I^2C 总线最多可同时连接 8 个 24C02 芯片，在外部将 A0、A1、A2 引脚接高、低电平可给 8 个芯片设置不同的器件地址（000~111），当这些引脚悬空时默认值为 0
SCL	串行时钟脉冲输入引脚

（续）

引 脚 名 称	功 能 说 明
SDA	串行数据输入/输出引脚
WP	写保护引脚。当 WP 引脚接 VCC 时，只能从芯片读取数据，不能往芯片写入数据；当 WP 引脚接 VSS 或悬空时，允许对芯片进行读/写操作
VCC	电源正极（+1.8~6.0V）
VSS	电源负极（接地）

13.2.2　器件地址的设置

当 24C02 和其他器件挂接在 I²C 总线时，为了区分它们，需要给每个器件设定一个地址，该地址即为器件地址，挂在同一 I²C 总线上的器件地址不能相同。24C02 有 A0、A1、A2 三个地址引脚，可以设置 8 个不同的器件地址，**24C02 的器件地址为 7 位，高 4 位固定为 1010，低 3 位由 A0、A1、A2 引脚电平值决定**。24C02 的器件地址设置如图 13-5 所示。当 A0、A1、A2 引脚都接地时，器件地址设为 1010000；当 A0、A2 引脚接地，A1 引脚接电源时，器件地址设为 1010010。

图 13-5　24C02 器件地址的设置

13.2.3　读/写操作

1. 写操作

24C02 的写操作分为单字节写操作和页写操作。

（1）单字节写操作

24C02 单字节写操作的数据格式如图 13-6 所示。主器件发送开始信号后，再发送 7 位器件地址和 1 位读写信号（写操作时读写信号为 0），被器件地址选中的 24C02 往主器件发送一个 ACK 信号，主器件接着发送 8 位字节地址给 24C02 选中其内部相应存储单元，24C02 往主器件发送一个 ACK 信号，主器件马上发送一个字节数据给 24C02，24C02 往主器件发送一个 ACK 信号，当主器件发出停止信号后，24C02 开始将主器件发送来的数据写入字节地址选中的存储单元。

图 13-6　24C02 单字节写操作的数据格式

（2）页写操作

页写操作即多字节写操作，**24C02 可根据需要一次写入 2~16 个字节数据**。24C02 页写操作的数据格式（一次写入 16 个字节数据时）如图 13-7 所示。

图 13-7　24C02 页写操作的数据格式（一次写入 16 个字节数据时）

主器件发送开始信号后，再发送 7 位器件地址和读写信号，被器件地址选中的 24C02 往主器件发送一个 ACK 信号，主器件接着发送第 1 个字节数据的地址给 24C02，24C02 往主器件发送一个 ACK 信号，主器件发送第 1 个字节数据给 24C02，24C02 往主器件发送一个 ACK 信号，主器件发送第 2 个字节数据给 24C02，24C02 往主器件发送一个 ACK 信号，当主器件将第 16 个字节数据发送给 24C02，24C02 往主器件发送一个 ACK 信号，待主器件发出停止信号后，24C02 开始将主器件发送来的 16 个字节数据依次写入以第一个字节数据地址为起始地址的连续 16 个存储单元中。如果在第 16 个字节数据之后还继续发送第 17 个字节数据，第 17 个字节数据将覆盖第 1 个字节数据写入的第 1 个字节地址，后续发送字节数据将依次覆盖先前的字节数据。

2. 读操作

24C02 的读操作分为立即地址读操作、选择读操作和连续读操作。

（1）立即地址读操作

立即地址读操作是指不发送字节地址而是直接读取上次操作地址 N 之后的地址 $N+1$ 中的数据，**24C02 的 N 值为 0~255（00H~FFH），如果上次操作地址 $N=255$，立即地址读操作会跳转读取地址 0 中的数据。**

24C02 立即地址读操作的数据格式如图 13-8 所示。主器件发送开始信号后，再发送 7 位器件地址和读写信号（读操作时读写位为 1），被器件地址选中的 24C02 首先往主器件发送一个 ACK 信号，再往主器件发送一个字节数据，主器件无须发出 ACK 信号应答，但要发出一个停止信号给 24C02。

图 13-8　24C02 立即地址读操作的数据格式

（2）选择读操作

选择读操作是指读取任意地址单元的字节数据。24C02 选择读操作的数据格式如图 13-9 所示。主器件先发送开始信号和 7 位器件地址，再发一个低电平读写信号执行伪写操作（以便将后续的 n 单元字节地址发送给 24C02），被器件地址选中的 24C02 往主器件发送一个 ACK 信号，主器件接着发送 n 单元字节地址，从器件回复一个 ACK 信号，主器件又发送开始信号和 7 位器件地址，再发一个高电平读写信号执行读操作，从器件回复一个 ACK 信号，并将 n 单元的字节数据发送给主器件，主器件无须发出ACK信号应答，但要发出一个停止信号给24C02。

图 13-9　24C02 选择读操作的数据格式

（3）连续读操作

连续读操作是指从指定单元开始一次连续读取多个字节数据。在进行立即地址读操作或选择读操作时，如果24C02每发送完一个字节数据后，主器件都回复一个 ACK 信号，24C02 就会连续不断将后续单元的数据发送给主器件，直到主器件不回复 ACK 信号，才停止数据发送，主器件发出停止信号后则结束本次连续读操作。

连续读操作由立即地址读操作或选择读操作启动。图 13-10a 是由立即地址读操作启动的连续读的数据格式，24C02 内部有 256 个字节存储单元，如果24C02 将第 256 个字节单元（地址为FFH）的数据传送给主器件后，主器件继续回复 ACK 信号，24C02 就会从头开始将第 1 个存储单元（地址为 00H）的数据传送给主器件。图 13-10b 为由选择读操作启动的连续读的数据格式。

a) 由立即地址读操作启动的连续读的数据格式

b) 由选择读操作启动的连续读的数据格式

图 13-10　24C02 连续读操作的数据格式

13.3　单片机与24C02 的 I²C 总线通信电路与编程

13.3.1　模拟 I²C 总线通信的程序及详解

51 单片机内部有串行通信（UART）模块，没有 I²C 总线通信模块，要让单片机与其他 I²C 总线器件通信，可以给单片机编写模拟 I²C 总线通信的程序，以软件方式模拟实现硬件功能。I²C 总线通信遵守 I²C 总线协议，因此编写模拟 I²C 总线通信程序时要了解 I²C 总线通信协议。

　　图 13-11 是模拟 I^2C 总线通信的程序。其由 10 个函数组成，Start_I2C 为开始信号发送函数，Stop _I2C 为停止信号发送函数，SendByte 为字节数据发送函数，ReceiveByte 为字节数据接收函数，Ack_I2C 为应答函数，NoAck_I2C 为非应答函数，ISendByte 为无字节地址发送字节数据函数，ISendStr 为有字节地址发送多字节数据函数，IReceiveByte 为无字节地址接收（读取）字节数据函数，IReceiveStr 为有字节地址接收（读取）多字节数据函数。由于该程序不含 main 函数，不能独立执行，但这些函数可以被 main 函数调用来进行 I^2C 总线通信，程序中采用 P2.1 端口作为 SDA 来传送数据，P2.0 端口作为 SCL 来传送时钟信号，也可以根据需要使用单片机的其他端口作为 SDA 和 SCL。

```
/*模拟I2C总线协议编写的发送和接收数据的各种函数*/
#include <reg51.h>        //调用reg51.h文件对单片机各特殊功能寄存器进行地址定义
#include <intrins.h>      //调用intrins.h文件对本程序用到的"_nop_()"函数进行声明
#define Nop() _nop_()     //用define(宏定义)命令将Nop()代表_nop_(),程序中Nop()与_nop_()等同
sbit SDA=P2^1;            //用位定义关键字sbit将SDA(数据)代表P2.1端口(也可以使用其他端口)
sbit SCL=P2^0;            //用位定义关键字sbit将SCL(时钟)代表P2.0端口(也可以使用其他端口)
bit ack;                  //用关键字bit将ack定义为位变量

/*以下Start_I2C为开始信号发送函数,用于发送开始信号。该函数执行时,先让SCL、SDA都为高电平,然后在保持
SCL为高电平时让SDA变为低电平,SDA由高电平变为低电平形成一个下降沿即为开始信号,接着SCL变为低电平,
SDA可以变化电平准备传送数据*/
void Start_I2C()          //Start_I2C函数无输入输出参数
{
    SDA=1;                //让SDA为高电平,一种电平变为另一种电平都需要一定的时间
    Nop();                //延时1us(单片机晶振为12MHz时,频率低延时长)
    SCL=1;                //让SCL为高电平
    Nop();                //执行5次Nop函数延时5us,让SDA、SCL高电平持续时间大于4us
    Nop();
    Nop();
    Nop();
    Nop();
    SDA=0;                //让SDA变为低电平,在SCL为高电平时,SDA由高电平变为低电平形成一个下降沿,该下降沿即为开始信号
    Nop();                //执行5次Nop函数延时5us,让SDA的开始信号形成及低电平继续时间大于4us
    Nop();
    Nop();
    Nop();
    Nop();
    SCL=0;                //让SCL为低电平,SCL为低电平时SDA可以变化电平发送数据
    Nop();                //执行2次Nop函数延时2us,让SCL高电平变为低电平能顺利完成
    Nop();
}

/*以下Stop _I2C为停止信号发送函数,用于发送停止信号。该函数执行时,先让SDA为低电平,然后让SCL为高电平,
再让SDA变为高电平,在SCL为高电平时SDA由低电平变为高电平形成一个上升沿即为停止信号*/
void Stop_I2C()           //Start_I2C函数无输入输出参数
{
    SDA=0;                //让SDA为低电平
    Nop();                //延时1us于
    SCL=1;                //让SCL为高电平
    Nop();                //执行5次Nop函数延时5us,让SCL变为高电平及高电平维续时间大于4us
    Nop();
    Nop();
    Nop();
    Nop();
    SDA=1;                //让SDA变为高电平,在SCL为高电平时,SDA由低电平变为高电平形成一个上升沿,该上升沿即为停止信号
    Nop();                //执行4次Nop函数延时4us,让SDA的停止信号顺利形成及让高电平持续一定的时间
    Nop();
    Nop();
    Nop();
}

/*以下SendByte为字节数据发送函数,用于发送一个8位数据。该函数执行时,将变量sdat的8位数据(数据或地址)
由高到低逐位赋给SDA,在SCL为高电平时,SDA值被接收器读取。8位数据发送完后,让SDA=1,在SCL为高电平时,
若SDA电平被接收器拉低,表示有ACK信号应答,若SDA仍为高电平,表示无ACK信号应答或数据损坏*/
void SendByte(unsigned char sdat)    //SendByte的输入参数为无符号字符型变量sdat,无输出参数
{
    unsigned char BitN;              //声明一个无符号字符型变量BitN
    for(BitN=0;BitN<8;BitN++)        //for为循环语句,先让BitN=0,再判断BitN<8是否成立,成立执行for首尾大括号
                                     //的语句,执行完后执行BitN++将BitN加1,然后又判断BitN<8是否成立,如此反复,
                                     //直到BitN<8不成立,才跳出for语句。本for首尾大括号内的语句执行8次,
                                     //由高到低逐位将变量sdat的8位数据从SDA传送出去
    {
        if((sdat<<BitN)&0x80)        //将变量sdat的数据左移BitN位后与10000000(0x80)逐位相与,如果结果的最高位为1,
                                     //执行SDA=1,否则执行SDA=0,即将sdat数据逐位赋值给SDA
        {SDA=1;}                     //将1赋给SDA
        else                         //否则
        {SDA=0;}                     //将0赋给SDA
        Nop();                       //延时1us·S
        SCL=1;                       //让SCL为高电平,在SCL为高电平时SDA值可以被接收器读取
        Nop();                       //执行5次Nop函数,让SCL高电平持续时间不小于4us
        Nop();
        Nop();
        Nop();
        Nop();
        SCL=0;                       //让SCL为低电平,在SCL为低电平时接收器不会从SDA读取数据
    }
    Nop();                           //8位数据发送结束后延时2us
    Nop();
    SDA=1;                           //让SDA=1,准备接收应答信号(准备让接收器拉低SDA)
    Nop();                           //延时2us,让SDA顺利变为高电平并维持一定时间S
    Nop();
    SCL=1;                           //让SCL=1,开始读取应答信号(在SCL为高电平时检查SDA是否变为低电平)
    Nop();                           //延时3us,让SCL高电平持续一定时间,以便顺利读取SDA的电平
    Nop();
    Nop();
    if(SDA==1)                       //如果SDA=1,表示SDA线电平未被接收器拉低(即无ACK信号应答),执行ack=0,否则(即SDA=0,
                                     //SDA线电平被接收器拉低,表示有ACK信号应答,执行ack=1
    {ack=0;}                         //无ACK信号应答时将位变量ack置0
    else                             //否则(即SDA=0)
    {ack=1;}                         //有ACK信号应答时将位变量ack置1
    SCL=0;                           //让SCL为低电平,在SCL为低电平时接收器不会从SDA读取数据
    Nop();                           //延时2us,让SCL高电平转低电平顺利完成
    Nop();
}
```

图 13-11　模拟 I^2C 总线通信的程序

```
/*以下ReceiveByte为字节数据接收函数,用于接收一个8位数据。该函数执行时从SDA线由高到低逐位读取8位数据
并存放到变量rdat中,在SCL为高电平时,SDA值被器件读取,因为只接收8位数据,故8位数据接收完后,
主器件不发送ACK应答信号,如需发送应答信号则可使用应答函数*/
unsigned char ReceiveByte()      //ReceiveByte函数的输出参数类型为无符号字符型变量,无输入参数
{
  unsigned char rdat;            //声明一个无符号字符型变量rdat
  unsigned char BitN;            //声明一个无符号字符型变量BitN
  rdat=0;                        //将变量rdat初值设为0
  SDA=1;                         //让SDA为高电平
  for(BitN=0;BitN<8;BitN++)      //for为循环语句,先让BitN =0,再判断BitN<8是否成立,成立执行for首尾
                                 //大括号的语句,执行完后执行BitN++将BitN加1,然后又判断BitN<8是否成立,
                                 //如此反复,直到BitN<8不成立,才跳出for语句,本for首尾大括号内的语句
                                 //执行8次,逐位从SDA读取8位数据,并存放到变量rdat中
  {
    Nop();       //延时1μs
    SCL=0;       //让SCL为低电平,SCL为低电平时,SDA电平值允许变化,此期间从器件可将数据发送到SDA线
    Nop();       //执行5次Nop函数延时5μs,让SCL低电平持续时间大于4μs
    Nop();
    Nop();
    Nop();
    SCL=1;       //让SCL变为高电平,在SCL为高电平时,SDA电平值才能被读取
    Nop();       //延时2μs,让SCL顺利变为高电平并持续一定时间
    Nop();
    rdat=rdat<<1;  //将变量rdat数据左移一位,最低位为0,用于放置SDA值
    if(SDA==1)     //如果SDA=1,执行rdat=rdat+1,如果SDA=0,则跳出本if语句
    {rdat=rdat+1;} //将变量rdat数据加1,即将从SDA读的1放到rdat的最低位
    Nop();         //延时2μs,让SCL高电平再维持一定时间
    Nop();
  }
  SCL=0;           //将SCL变为低电平
  Nop();           //延时2μs,让SCL顺利变为低电平并让低电平持续一定时间
  Nop();
  return(rdat);    //将变量rdat的数据返回给ReceiveByte函数的输出参数
}

/*以下Ack_I2C 为应答函数,用于发送一个ACK信号,该函数执行时,在SCL为高电平时让SDA为低电平,
SDA的此低电平即为ACK应答信号*/
void Ack_I2C(void)      //Ack_I2C函数无输入输出参数
{
  SDA=0;       //让SDA为低电平
  Nop();       //延时3μs,让SDA低电平维持一段时间
  Nop();
  Nop();
  SCL=1;       //让SCL为高电平
  Nop();       //延时5μs,让SCL高电平持续时间大于4μs,以便SDA的低电平作为ACK信号被顺利读取
  Nop();
  Nop();
  Nop();
  Nop();
  SCL=0;       //让SCL变为低电平
  Nop();       //延时2μs,让SCL顺利变为低电平并维持一定时间
  Nop();
}

/*以下NoAck_I2C 为非应答函数,用于发送一个NACK信号(非应答信号)。该函数执行时,在SCL为高电平时
让SDA为高电平,SDA的此高电平即为NACK应答信号*/
void NoAck_I2C(void)    //NoAck_I2C函数无输入输出参数
{
  SDA=1;       //让SDA为高电平
  Nop();       //延时3μs,让SDA高电平维持一段时间
  Nop();
  Nop();
  SCL=1;       //让SCL为高电平
  Nop();       //延时5μs,让SCL高电平持续时间大于4μs,以便SDA的高电平作为NACK信号被顺利读取
  Nop();
  Nop();
  Nop();
  Nop();
  SCL=0;       //让SCL变为低电平
  Nop();       //延时2μs,让SCL顺利变为低电平并维持一定时间
  Nop();
}

/*以下ISendByte 为无字节地址发送字节数据函数,用于向从器件当前字节地址单元发送(写入)一个字节数据。
该函数执行时,先执行Start_I2C函数发送开始信号,接着执行SendByte函数发送7位器件地址和1位读写位(0-写,
1-读),如果有ACK信号应答,表示器件地址发送成功,再执行SendByte函数发送8位数据,有ACK信号应答后执行
8位数据发送成功,然后执行Stop_I2C函数发送停止信号,在地址或数据发送成功时会将1返回给ISendByte 函数
的输出参数,不成功则返回0并退出ISendByte函数*/
bit ISendByte(unsigned char sladr,unsigned char sdat)  //ISendByte函数的输入参数为无符号字符型变量
                                                       //sladr和sdat,输出参数为位变量
{
  Start_I2C();         //执行Start_I2C函数,发送开始信号
  SendByte(sladr);     //执行SendByte函数,发送7位器件地址和1位读写位(0-写,1-读)
  if(ack==0)           //如果位变量ack=0,表示未接收到ACK信号,执行return(0)并退出函数,ack=1则执行
                       //本if尾大括号之后的语句
  {return(0);}         //将0返回给ISendByte的输出参数,表示发送数据失败,同时退出函数
  SendByte(sdat);      //执行SendByte函数,发送sdat的8位数据
  if(ack==0)           //如果位变量ack=0,表示未接收到ACK信号,执行return(0)并退出函数,ack=1则执行本
                       //if尾大括号之后的语句
  {return(0);}         //将0返回给ISendByte的输出参数,表示发送数据失败,同时退出函数
  Stop_I2C();          //执行Stop_I2C函数,发送停止信号
  return(1);           //将1返回给ISendByte的输出参数,表示发送数据成功
}

/*以下ISendStr为有字节地址发送多字节数据函数,用于向从器件指定首地址的连续字节单元发送(写入)多个
字节数据。该函数执行时,先执行Start_I2C函数发送开始信号,接着执行SendByte函数发送7位器件地址和1位
读写位(0-写,1-读),若有ACK信号应答,再执行SendByte发送8位器件子地址(器件内部字节单元的地址),
有ACK信号应答会执行for语句,将指针变量s所指的no个数据依次发送出去*/
bit ISendStr(unsigned char sladr,unsigned char subadr,unsigned char *s,unsigned char no)  //ISendStr函数有4个无符号字符型输入参数,分别是sladr、subadr、*s(指针变量)、no,输出参数为位变量
{
  unsigned char i;     //声明一个无符号字符型变量i
  Start_I2C();         //执行Start_I2C函数,发送开始信号
  SendByte(sladr);     //执行SendByte函数,发送7位器件地址和1位读写位(0-写,1-读)
  if(ack==0)           //如果位变量ack=0,表示未接收到ACK信号,执行return(0)并退出函数,ack=1则执行
                       //本if尾大括号之后的语句
  {return(0);}         //将0返回给ISendStr的输出参数,表示发送数据失败,同时退出函数
  SendByte(subadr);    //执行SendByte函数发送器件子地址(器件内部字节单元的地址)
  if(ack==0)           //如果位变量ack=0,表示未接收到ACK信号,执行return(0)并退出函数,ack=1则执行
                       //本if尾大括号之后的语句
  {return(0);}         //将0返回给ISendStr的输出参数,表示发送数据失败,同时退出函数
  for(i=0;i<no;i++)    //for为循环语句,先让i=0,再判断i<no是否成立,成立执行for首尾大括号内的语句,
                       //执行完后将i++将i加1,然后又判断i<no是否成立,
                       //如此反复,直到i<no不成立,才跳出本for语句,本for首尾大括号内的语句执行no次,
                       //依次将指针变量s所指地址的数据逐个发送出去
  {
```

图 13-11　模拟 I²C 总线通信的程序（续）

```
    SendByte(*s);        //执行SendByte函数，将指针变量s所指地址的数据发送出去
    if(ack==0)           //如果位变量ack=0，表示未接收到ACK信号，执行return(0)并退出函数，ack=1则执行
                         //本if尾大括号之后的语句
    {return(0);}         //返回给ISendStr的输出参数，表示发送数据失败，同时退出函数
    s++;                 //将s值加1，让指针变量指向下一个发送数据的地址
    }
    Stop_I2C();          //执行Stop_I2C()函数，发送停止信号
    return(1);           //将1返回给ISendStr的输出参数，表示发送数据成功
}

/*以下IReceiveByte为无字节地址接收(读取)字节数据函数，用于从从器件当前地址接收(读取)一个字节数据。
该函数执行时，先执行Start_I2C函数发送开始信号，接着执行SendByte函数发送7位器件地址和1位读写位(0-写，
1-读)，若有ACK信号应答，再执行ReceiveByte函数从从器件的当前字节地址(上次操作器件的字节地址的下一个地址)
接收8位数据，然后主器件发送NACK信号，从器件停止发送数据，最后发送停止信号*/
bit IReceiveByte(unsigned char sladr,unsigned char *c)
{                        //IReceiveByte函数有2个无符号字符型输入参数，分别是sladr、*c(指针变量)，输出参数为位变量
    Start_I2C();         //执行Start_I2C函数，发送开始信号
    SendByte(sladr+1);   //执行SendByte函数，发送7位器件地址和1位读写位(0-写，1-读)
    if(ack==0)           //如果位变量ack=0，表示未接收到ACK信号，执行return(0)并退出函数，ack=1则执行
                         //本if尾大括号之后的语句
    {return(0);}         //将0返回给IReceiveByte的输出参数，表示发送数据失败，同时退出函数
    *c=ReceiveByte();    //执行ReceiveByte函数，将该函数的输出参数值(即接收的数据)存放到指针变量c所指地址中
    NoAck_I2C();         //执行NoAck_I2C函数，往SDA线发送NACK(非应答)信号，不再接收数据
    Stop_I2C();          //执行Stop_I2C函数，发送停止信号
    return(1);           //将1返回给IReceiveByte的输出参数，表示接收数据成功
}

/*以下IReceiveStr为有字节地址接收(读取)多字节数据函数，用于从从器件的指定首地址的连续单元接收多个
字节数据。该函数执行时，先执行Start_I2C函数发送开始信号，接着发送8位读写位(0-写，1-读)，若有ACK信号应答，再执行SendByte函数发送器件子地址，用于选中从器件内部待读
字节单元的地址，然后重新执行Start_I2C和SendByte函数发送器件地址和1位读写位，接着执行
for语句(for内部的ReceiveByte函数会执行多次)，将先后读取的数据依次存放到指针变量s所指的no个地址中*/
bit IReceiveStr(unsigned char sladr,unsigned char subadr,unsigned char *s,unsigned char no)
{                        //IReceiveStr函数有4个无符号字符型输入参数，分别是sladr、subadr、*s(指针变量)、no，输出参数为位变量
    unsigned char i;     //声明一个无符号字符型变量i
    Start_I2C();         //执行Start_I2C函数，发送开始信号
    SendByte(sladr);     //执行SendByte函数，发送7位器件地址和1位读写位(0-写，1-读)
    if(ack==0)           //如果位变量ack=0，表示未接收到ACK信号，执行return(0)并退出函数，ack=1则执行
                         //本if尾大括号之后的语句
    {return(0);}         //将0返回给ISendStr的输出参数，表示发送数据失败，同时退出函数
    SendByte(subadr);    //执行SendByte函数，发送器件子地址，选中从器件内部待读字节单元的地址
    if(ack==0)           //如果位变量ack=0，表示未接收到ACK信号，执行return(0)并退出函数，ack=1则
                         //执行本if尾大括号之后的语句
    {return(0);}         //将0返回给ISendStr的输出参数，表示发送数据失败，同时退出函数
    Start_I2C();         //执行Start_I2C函数，发送开始信号
    SendByte(sladr+1);   //执行SendByte函数，发送7位器件地址和1位读写位(0-写，1-读)
    if(ack==0)           //如果位变量ack=0，表示未接收到ACK信号，执行return(0)并退出函数，ack=1则
                         //执行本if尾大括号之后的语句
    {return(0);}         //将0返回给IReceiveByte的输出参数，表示发送数据失败，同时退出函数
    for(i=0;i<no-1;i++)  //for为循环语句，先让i =0，再判断i<no-1是否成立，成立执行for首尾大括号内的语句，
                         //执行完后执行i++将i加1，然后又判断i<no-1是否成立，如此反复，直到i<no-1不成立
                         //才跳出本for语句。本for首尾大括号内的语句执行no-1次，依次执行ReceiveByte函数
                         //读取的数据存放到指针变量s所指的s~s+i地址中
    {
        *s=ReceiveByte();    //执行ReceiveByte函数，将该函数的输出参数值(即接收的数据)存放到指针变量s所指地址中
        Ack_I2C();           //执行Ack_I2C函数，发送ACK(应答)信号，以继续接收数据(即让从器件继续发送数据)
        s++;                 //将s值加1，让指针变量指向下一个接收数据的地址
    }
    *s=ReceiveByte();    //执行ReceiveByte函数，将该函数的输出参数值(即接收的数据)存放到指针变量s所指的
                         //第no地址中
    NoAck_I2C();         //执行NoAck_I2C函数，发送NACK(非应答)信号，不再接收数据
    Stop_I2C();          //执行Stop_I2C()函数，发送停止信号
    return(1);           //将1返回给IReceiveByte的输出参数，表示接收数据成功
```

图 13-11　模拟 I^2C 总线通信的程序（续）

13.3.2　利用 I^2C 总线从 24C02 读写一个数据并用 LED 显示的电路与程序详解

1. 电路

利用 I^2C 总线从 24C02 读写数据并用 LED 显示的电路如图 13-12 所示。STC89C51 单片机将 P2.0、P2.1 端口分别用作 SCL、SDA 端与 24C02 的 SCL、SDA 引脚连接，24C02 的 A2、A1、A0 端均接电源，其器件地址被设为 1010111（24C02 的地址为 7 位，高 4 位固定为 1010，低 3 位为 111），24C02 的 WP 端接地，芯片被允许读写。单片机的 P1.7~P1.0 端口连接了 8 个 LED，当某个端口为低电平时，该端口连接的 LED 点亮。

2. 程序

图 13-13 是单片机利用 I^2C 总线从 24C02 读写数据并用 LED 显示的程序。由于 51 单片机无 I^2C 总线通信模块，需要用程序来模拟 I^2C 总线通信的有关操作，故应将模拟 I^2C 总线通信的有关操作函数加到程序中，以便程序调用。程序运行时，单片机先从 24C02 内部第 5 个存储单元读取数据（上次断电或复位时保存下来的），并将该数据送到 P1 端口，通过外接的 8 个 LED 将数据显示出来，延时 1s 后，将读取的数据值加 1 并把该数据写入 24C02 的第 5 个存储单元，然后单片机又从 24C02 的第 5 个存储单元读取数据，之后不断重复。假设单片机上电后首次从 24C02 读取的数据为 11110000，那么 1s 后，该数据加 1 变成 11110001 并写入 24C02，单片机第 2 次从 24C02 读取的数据即为 11110001，P1.0 端口外接的 VD1 由亮变灭，随着程序不断重复执行，

24C02 的第 5 个存储单元的数据不断变化，如果突然断电，24C02 中的数据会保存下来，下次上
电后单片机首次读取的将是该数据。

图 13-12　利用 I²C 总线从 24C02 读写数据并用 LED 显示的电路

图 13-13　利用 I²C 总线从 24C02 读写数据并用 LED 显示的程序

程序在执行时，首先进入主程序的 main 函数，在 main 函数中，声明两个变量 temp 和 i 后执行"IReceiveStr（0xae，4，&temp，1）"，选中器件地址为 1010111 从器件的第 5 个地址单元，24C02 的器件地址为 7 位 1010111，在最低位之后加上 1 位读写位则为 10101110（即 0xae），再从该单元读取数据并送到变量 temp 所在的地址单元中，然后进入反复执行的 while 主循环。在while 主循环中，先将变量 temp 的值赋给 P1 端口，P1 端口外接的 LED 会将数据的各位值显示出来（位值为 0 时 LED 亮），再执行 for 语句，for 语句内的"DelayMs（200）"函数会执行 5 次，延时 1s，然后执行"temp++"将 temp 值加 1，接着执行"ISendStr（0xae，4，&temp，1）"，将变量 temp 所在地址单元中的数据（即 temp 的值）发送到 24C02 的第 5 个地址单元中，之后又返回到前面执行"P1＝temp"。

13.3.3　利用 I²C 总线从 24C02 读写多个数据的电路与程序详解

利用 I²C 总线从 24C02 读写多个数据并用 LED 显示的电路与图 13-12 所示电路相同。图 13-14 是单片机利用 I²C 总线从 24C02 读写多个数据并用 LED 显示的程序。程序运行时，先将dat 表格中的 8 个字节数据写入 24C02，然后将 dat 表格中 8 个数据清 0，再以 1s 的时间间隔从24C02 中依次逐个读取先前写入的 8 个数据，每读出一个数据都会送到 P1 端口，通过 P1 端口外接的 LED 亮灭状态将数据值显示出来。

图 13-14　利用 I²C 总线从 24C02 读写多个数据并用 LED 显示的程序

13.3.4　利用 24C02 存储按键操作信息的电路与程序详解

1. 电路

利用 24C02 存储按键的操作信息并用 8 位 LED 数码管显示的电路如图 13-15 所示。单片机接通电源后，先通过 I²C 总线从 24C02 指定单元读取数据（8 位），并将该数据的有关显示信息从 P2.2、P2.3 和 P0 端口输出去段码、位码锁存芯片 74HC573 和 8 位 LED 数码管，数码管将该数据以十进制数的形式显示出来（只能显示 3 位，000~255）。如果操作增键或减键，单片机的数据会增大或减小，数码管显示的数字也会发生变化，同时单片机还会将增或减后的数据重新写入 24C02。如果单片机突然断电（或复位）再上电时，会重新读取断电前保存在 24C02 中的数据并用数码管将读取的数据显示出来。

图 13-15　利用 24C02 存储按键操作信息并用 8 位 LED 数码管显示的电路

2. 程序

图 13-16 是利用 24C02 存储按键的操作信息并用 8 位 LED 数码管显示的程序。程序执行时，单片机从 24C02 读取上次断电前保存的数据，8 位数码管将该数据显示出来，操作增键或减键可以将读取的数据增大或减小，并同步保存到 24C02，数码管显示的数据也随之变化。

```c
/*利用24C02存储关机前按键的操作信息并用8位LED数码管显示的程序*/
#include <reg51.h>          //调用reg51.h文件对单片机各特殊功能寄存器进行地址定义
#include <intrins.h>        //调用intrins.h文件对本程序用到的"_nop_()"函数进行声明
#define Nop() _nop_()       //用#define(定义)命令将Nop()代表_nop_(),程序中Nop()与_nop_()等同
sbit SDA=P2^1;              //用位定义关键字sbit将SDA(数据)代表P2.1端口(也可以使用其他端口)
sbit SCL=P2^0;             //用位定义关键字sbit将SCL(时钟)代表P2.0端口(也可以使用其他端口)
bit ack;                    //用关键字bit将ack定义为位变量

sbit KeyAdd=P3^3;          //用位定义关键字sbit将KeyAdd(增键)代表P3.3端口
sbit KeyDec=P3^4;          //用位定义关键字sbit将KeyDec(减键)代表P3.4端口
sbit DuanSuo=P2^2;         //用位定义关键字sbit将DuanSuo(段锁)代表P2.2端口
sbit WeiSuo=P2^3;          //用位定义关键字sbit将WeiSuo代表P2.3端口
#define WDM P0              //用#define(宏定义)命令将WDM代表P0,程序中WDM与P0等同
unsigned char code DMtable[]={0x3f,0x06,0x5b,0x4f,0x66,0x6d,0x7d,0x07,   //定义一个DMtable表格,依次
                             0x7f,0x6f,0x77,0x7c,0x39,0x5e,0x79,0x71};    //存放字符0~F的段码
unsigned char code WMtable[]={0xfe,0xfd,0xfb,0xf7,0xef,0xdf,0xbf,0x7f};   //定义一个WMtable表格,依次存放
                                                                          //8位数码管低位到高位的位码
unsigned char TData[8];    //定义一个可存放8个元素的一维数组(表格)TData
```

将模拟I2C总线通信的10个函数加到此处

```c
/*以下DelayUs为微秒级延时函数,其输入参数为unsigned char tu(无符号字符型变量tu),tu值为8位,取值范围0~255.
如果单片机的晶振频率为12MHz,本函数延时时间约可用T=(tu×2+5)us 近似计算,比如tu=248,T=501us≈0.5ms */
void DelayUs (unsigned char tu)   //DelayUs为微秒级延时函数,其输入参数为无符号字符型变量tu
{
  while(--tu);                    //while为循环语句,每执行一次while语句,tu值就减1,
                                  //直到tu为0时才执行while尾大括号之后的语句
}

/*以下DelayMs为毫秒级延时函数,其输入参数为unsigned char tm(无符号字符型变量tm),该函数内部使用了两个
DelayUs(248)函数,它们共延时1002us(约1ms),由于tm值最大为255,故本DelayMs函数最大延时时间为255us,
若将输入参数定义为unsigned int tm,则最长可获得65535ms的延时时间*/
void DelayMs(unsigned char tm)
{
  while(tm--)
  {
    DelayUs (248);
    DelayUs (248);
  }
}

/*以下为Display显示函数,用于驱动8位数码管动态扫描显示字符,输入参数ShiWei表示显示的开始位,如ShiWei
为0表示从第一个数码管开始显示,WeiShu表示显示的位数,如显示8位应让WeiShu为8 */
void Display(unsigned char ShiWei,unsigned char WeiShu)  // Display(显示)函数有两个输入参数,
                                                          //分别为ShiWei(开始位)和WeiShu(位数)
{
  static unsigned char i;      //声明一个静态(static)无符号字符型变量i表示显示位,i的初值为0(表示第1位),
                               //静态变量占用的存储单元在程序退出前不会释放给变量使用
  WDM=WMtable[i+ShiWei];       //将WMtable表格中的第i+ShiWei个位码送给P0端口显示
  WeiSuo=1;                    //让P2.3端口输出高电平,开通位码锁存器,锁存器输入变化时输出会随之变化
  WeiSuo=0;                    //让P2.3端口输出低电平,位码锁存器被封锁,锁存器输出值被锁定不变
  WDM=TData[i];                //将TData表格中的第i+1个段码送给P0端口输出
  DuanSuo=1;                   //让P2.2端口输出高电平,开通段码锁存器,锁存器输入变化时输出会随之变化
  DuanSuo=0;                   //让P2.2端口输出低电平,段码锁存器被封锁,锁存器输出值被锁定不变
  i++;                         //将i值加1,准备显示下一位数字
  if(i==WeiShu)                //如果i= WeiShu表示显示到最后一位,执行i=0
  {
    i=0;                       //将i值清0,以便从数码管的第1位开始再次显示
  }
}

/*以下为定时器及相关中断设置函数*/
void T0Int_S (void)           //函数名为T0Int_S,输入和输出参数均为void(空)
{
  TMOD=0x01;                  //让TMOD寄存器的M1M0=01,设T0工作在方式1(16位计数器)
  TH0=0;                      //将TH0寄存器清0
  TL0=0;                      //将TL0寄存器清0
  EA=1;                       //让IE寄存器的EA=1,打开总中断
  ET0=1;                      //让IE寄存器的ET0=1,允许T0的中断请求
  TR0=1;                      //让TCON寄存器的TR0=1,启动T0在TH0,TL0初值基础上开始计数
}

/*以下T0Int_Z为定时器中断函数,用"(返回值)函数名 (输入参数)interrupt n using m"格式定义一个函数名为
T0Int_Z的中断函数,n为中断源编号,n=0~4,m为用作保护中断断点的寄存器组,可使用组寄存器(0~3),每组
有7个寄存器(R0~R7),m=0~3,若只有一个中断,可不写"using m"。使用多个中断时,不同中断应使用不同m*/
void T0Int_Z (void)  interrupt 1   // T0Int_Z为中断函数(用interrupt定义),并且为T0的中断函数
                                   //(中断源编号n=1)
{
  TH0=(65536-2000)/256;      //将定时初值的高位放入TH0,"/"为除法运算符号
  TL0=(65536-2000)%256;      //将定时初值的低位放入TL0,"%"为相除取余数符号
  Display(0,8);              //执行Display显示函数,从第1位(0)开始显示,共显示8位(8)
}

/*以下为主程序部分*/
void main()
{
  unsigned char num=0;       //声明一个无符号字符型变量num,且让num初值为0
  T0Int_S();                 //执行T0Int_S函数,对定时器T0及相关中断进行设置,启动T0计时
  IReceiveStr(0xae,0,5,num,1);  //执行IReceiveStr函数,选中器件地址为1010111(7位地址),在地址之后加读写位0
                                //则为10101110,即0xae)的从器件的第1个地址单元,再从该单元读取一个数据
                                //并送到变量num所在的地址单元中
  KeyAdd=1;                  //将增键的输入端口置高电平
  KeyDec=1;                  //将减键的输入端口置高电平
  while (1)                  //主循环,本while语句可让首大括号内的语句会反复循环执行
  {
    if(!KeyAdd)              //KeyAdd可写成KeyAdd!=1,if(如果)KeyAdd的反值为1,表示增键按下,
    {                       //则执行if大括号内的语句,否则(增键未按下)执行本if尾大括号之后的语句
                            //第一个if语句的首大括号
      DelayMs(10);          //执行DelayMs延时函数进行按键防抖,输入参数为10时可延时约10ms
      if(!KeyAdd)           //再次检测增键是否按下,未按下则执行本if尾大括号之后的语句
      {                     //第二个if语句的首大括号
        while(!KeyAdd);     //检测增键的状态,增键处于闭合(KeyAdd为1)反复执行while语句,
                            //增键一旦释放即开马上执行while之后的语句
        if(num<999)         //加操作
        {
          num++;            //将num值加1
          ISendStr(0xae,0,5,num,1);  //执行ISendStr函数,将变量num所在地址单元中的数据(即num的值)发送到
                                     //器件地址为1010111(7位地址,在地址之后加读写位0则为10101110,即0xae)的
                                     //从器件的第1个地址单元中
          DelayMs(2);       //执行DelayMs函数延时2ms,让发送到24C02的数据能被录入下来
        }
      }
    }

    if(!KeyDec)             //检测减键是否按下,如果KeyDec反值为1(减键按下),执行本if大括号内语句
    {
      DelayMs(10);         //执行DelayMs延时函数进行按键防抖,输入参数为10时可延时约10ms
      if(!KeyDec)          //再次检测减键是否按下,按下则执行本if大括号内语句,否则跳出本if语句
      {
        while(!KeyDec);    //检测增键的状态,减键处于闭合(!KeyDec为1)时反复执行while语句,
                           //减键一旦释放开马上执行while之后的语句
        if(num>0)          //减操作
        {
          num--;           //将num值减1
          ISendStr(0xae,0,5,num,1);  //执行ISendStr函数,将变量num所在地址单元中的数据(即num的值)发送到
                                     //器件地址为1010111(7位地址,在地址之后加读写位0则为10101110,即0xae)的
                                     //从器件的第1个地址单元中
          DelayMs(2);      //执行DelayMs函数延时2ms,让发送到24C02的数据能被录入下来
        }
      }
    }

    TData[0]=DMtable[num/100];     //以num=236为例,num/100=2为num除100取整,num/100=2,将DMtable表格的
                                   //第3个段码(2的段码)传送到TData数组的第1个位置
    TData[1]=DMtable[(num%100)/10];  //num%100除以100取余数,(num%100)/10=36/10=3,即将DMtable表格的
                                     //第4个段码(3的段码)传送到TData数组的第2个位置
    TData[2]=DMtable[(num%100)%10];  //(num%100)%10=36%10=6,将DMtable表格第7个段码(6的段码)传送到
                                     //TData数组的第3个位置
  }
                           //此处可添加其他需要一直工作的程序
}
```

图 13-16　利用 24C02 存储按键的操作信息并用 8 位 LED 数码管显示的程序

程序执行时，首先进入主程序的 main 函数，声明一个变量 num 后执行 T0Int_S 函数，对定时器 T0 及相关中断进行设置，启动 T0 开始 2ms 计时，再执行 IReceiveStr 函数，选中 24C02 的第 1 个地址单元，从该单元读取一个数据并送到变量 num 所在的地址单元中，然后将增、减键的输入端口（P3.3、P3.4）置高电平，接着进入 while 主循环。在 while 主循环语句中，有 3 个程序段：第 1 个程序段是增键检测操作，若检测到增键按下，先进行延时防抖，在增键松开时执行 "num++" 将 num 值加 1，再执行 ISendStr 函数将加 1 后的 num 值发送到 24C02；第 2 个程序段是减键检测操作，若检测到减键按下，先进行延时防抖，在减键松开时执行 "num--" 将 num 值减 1，再执行 ISendStr 函数将减 1 后的 num 值发送到 24C02；第 3 个程序段用于将 num 值（二进制为 8 位，十进制 num 值为 000～255）3 位数字的段码分别送到 TData 表格的第 1、2、3 个位置，让 Display 显示函数读取并驱动 8 位数码管显示出来。

在主程序中执行 T0Int_S 函数时，会对定时器 T0 及相关中断进行设置，启动 T0 开始 2ms 计时，T0 定时器每计时 2ms 就会溢出一次，触发 T0Int_Z 定时中断函数每隔 2ms 执行一次→T0Int_Z 每次执行时会执行一次 Display 显示函数→Display 函数第 1 次执行时，其静态变量 i=0（与主程序中变量 i 不是同一个变量），Display 函数从 WMtable 表格读取第 1 位位码（WMtable[i+ShiWei] = WMtable[0]），从 TData 表格读取第 1 个数字（保存在第 1 个位置）的段码（TData[i] = TData[0]），并通过 P0 端口先后发送到位码和段码锁存器，驱动 8 位数码管第 1 位显示 TData 表格的第 1 个数字（num 的最高位数字）→Display 函数第 2 次执行时，其静态变量 i=1，Display 函数从 WMtable 表格读取第 2 位位码，从 TData 表格读取第 2 个数字的段码，通过 P0 端口先后发送到位码和段码锁存器，驱动 8 位数码管第 2 位显示 TData 表格的第 2 个数字（次高位）→Display 函数第 3 次执行时，其静态变量 i=2，Display 函数从 WMtable 表格读取第 3 位位码，从 TData 表格读取第 3 个数字的段码，通过 P0 端口先后发送到位码和段码锁存器，驱动 8 位数码管第 3 位显示 TData 表格的第 3 个数字（最低位）→Display 函数第 4～8 次执行过程与前述相同，由于 TData 表格第 4～6 个位置没有段码，故数码管的第 4～6 位不会显示数字。

在操作增键或减键时，num 值会发生变化，TData 表格的第 1～3 个位置的数字的段码也会发生变化，数码管显示的数字则作相应的显示变化。

第14章

A/D 与 D/A 转换电路与编程

14.1 A/D 与 D/A 转换原理

14.1.1 A/D 转换

1. 模拟信号与数字信号

模拟信号是一种大小随时间连续变化的信号（如连续变化的电流或电压），如图 14-1a 所示。从图中可以看出，在 $0 \sim t_1$ 时间内，信号电压慢慢上升，在 $t_1 \sim t_2$ 时间内，信号电压又慢慢下降，它们的变化都是连续的。

数字信号是一种突变的信号（如突变的电压或电流），如图 14-1b 所示。从图中可以看出，在 $0 \sim t_1$ 期间，信号电压大小始终为 0.1V，而在 t_1 时刻，电压瞬间由 0.1V 上升至 3V，在 $t_1 \sim t_2$ 时间，电压始终为 3V，在 t_2 时刻，电压又瞬间由 3V 降到 0.1V。

a) 模拟信号　　　　　　　　　　　　　b) 数字信号

图 14-1　模拟信号和数字信号

由此可以看出，模拟信号电压或电流的大小是随时间连续缓慢变化的，而数字信号的特点是"保持"（一段时间内维持低电压或高电压）和"突变"（低电压与高电压的转换瞬间完成）。为了分析方便，在数字电路中常将 $0 \sim 1V$ 范围的电压称为低电平，用"0"表示；而将 $3 \sim 5V$ 范围的电压称为高电平，用"1"表示。

2. A/D 转换过程

A/D 转换也称模/数转换，其功能是将模拟信号转换成数字信号。A/D 转换由采样、保持与量化、编码四个步骤完成。A/D 转换过程如图 14-2 所示。

模拟信号　采样　→　保持　→　量化　→　编码　数字信号

图 14-2　A/D 转换过程

（1）采样与保持

采样就是每隔一定的时间对模拟信号进行取值，保持则是将采样取得的信号电压保存下来。采样和保持往往结合在一起应用，图 14-3 为采样和保持电路及有关信号波形。

图 14-3　采样和保持电路及有关信号波形

图 14-3a 中的 S 为模拟开关，实际上一般为晶体管或场效应晶体管。S 的通断受采样脉冲 U_s 的控制，当采样脉冲到来时，S 闭合，输入信号可以通过；采样脉冲过后，S 断开，输入信号无法通过，S 起采样作用。电容 C 为保持电容，它能保存采样过来的信号电压值。

给采样开关 S 输入图 14-3b 所示的模拟信号 U_i，同时给开关 S 控制端加采样脉冲 U_s。当第 1 个采样脉冲到来时，S 闭合，此时正好模拟信号 A 点电压到来，A 点电压通过开关 S 对保持电容 C 充电，在电容 C 上充得与 A 点相同的电压，脉冲过后，S 断开，电容 C 无法放电，所以在电容 C 上保持了与 A 点一样的电压。

当第 2 个采样脉冲到来时，S 闭合，此时正好模拟信号 B 点电压到来，B 点电压通过开关 S 对保持电容 C 充电，在电容上充得与 B 点相同的电压，脉冲过后，S 断开，电容 C 无法放电，所以在电容 C 上保持了与 B 点一样的电压。当第 3 个采样脉冲到来时，在电容 C 上保持了与 C 点一样的电压。

当第 4 个采样脉冲到来时，S 闭合，此时模拟信号 D 点电压到来，由于 D 点电压较电容 C 上的电压（第 3 个脉冲到来时 C 点对电容 C 充得的电压）略高，电容 C 通过开关 S 向输入端放电，放电使电容 C 上的电压下降到与模拟信号 D 点相同，脉冲过后，S 断开，电容 C 无法放电，所以在电容 C 上保持了与 D 点一样的电压。当第 5 个采样脉冲到来时，S 闭合，此时正好模拟信号 E 点电压到来，由于 E 点电压较电容 C 上的电压低，电容 C 通过开关 S 向输入端放电，放电使电容 C 上的电压下降到与模拟信号 E 点相同，脉冲过后，S 断开，电容 C 无法放电，所以在电容 C 上保持了与 E 点一样的电压。

如此工作后，在电容 C 上就得到图 14-3b 所示的 U_o 信号。

（2）量化与编码

量化是指根据编码位数的需要，将采样信号电压分割成整数个电压段的过程。编码是指将

每个电压段用相应的二进制数表示的过程。

以图 14-3b 所示信号为例，模拟信号 U_i 经采样、保持得到采样信号电压 U_o，U_o 的变化范围是 $0 \sim 7.5V$，现在需要用 3 位二进制数对它进行编码，由于 3 位二进制数只有 $2^3 = 8$ 个数值，所以将 $0 \sim 7.5V$ 分成 8 份：$0 \sim 0.5V$ 为第一份（又称第一等级），以 0V 作为基准，即在 $0 \sim 0.5V$ 范围内的电压都当成是 0V，编码时用 000 表示；$0.5 \sim 1.5V$ 为第二份，基准值为 1V，编码时用 001 表示；$1.5 \sim 2.5V$ 为第三份，基准值为 2V，编码时用 010 表示；依此类推，$5.5 \sim 6.5V$ 为第七份，基准值为 6V，编码时用 110 表示；$6.5 \sim 7.5V$ 为第八份，基准值为 7V，编码时用 111 表示。

综上所述，图 14-3b 中的一个周期的模拟信号 U_i 经采样、保持后得到采样电压 U_o，U_o 再经量化、编码后就转换成一串数字信号（100 110 111 111 101 011 001 000 001 100），从而完成了 A/D 转换过程。

14.1.2　D/A 转换

D/A 转换也称数/模转换，其功能是将数字信号转换成模拟信号。 D/A 转换如图 14-4 所示，数字信号输入 D/A 转换电路，当第 1 个数字信号 100 输入时，经 D/A 转换输出 4V 电压，当第 2 个数字信号 110 输入时，经 D/A 转换输出 6V 电压，直到第 10 个数字信号 100 输入时，经 D/A 转换输出 4V 电压，D/A 转换电路输出的电压变化不是连续的，有一定的跳跃变化，经平滑电路平滑后输出较平滑的模拟信号。

图 14-4　D/A 转换过程

14.2　A/D 与 D/A 转换芯片 PCF8591

PCF8591 是一种带 I^2C 总线通信接口的具有 4 路 A/D 转换和 1 路 D/A 转换的芯片。在进行 A/D 转换时，先将输入的模拟信号转换成数字信号，再通过 I^2C 总线将数字信号传送给单片机。在进行 D/A 转换时，先通过 I^2C 总线从单片机读取数字信号，再将数字信号转换成模拟信号输出。

14.2.1　外形与引脚功能说明

PCF8591 的外形与引脚功能说明如图 14-5 所示。

14.2.2　器件地址和功能设置

PCF8591 内部具有 I^2C 总线接口，单片机通过 I^2C 总线与 PCF8591 连接。在通信时，单片机会传送三个字节数据给 PCF8591，第一个字节为 PCF8591 的 7 位器件地址 +1 位读写位，第 2 个字节用于设置 PCF8591 内部电路操作功能，第三个字节为要转换的数据（在 A/D 转换时，单片机从 PCF8591 读取模拟信号转换成的数据，在 D/A 转换时，单片机将需转换成模拟信号的数据写入 PCF8591）。

a) 外形

AIN0 1	16 VDD
AIN1 2	15 AOUT
AIN2 3	14 VREF
AIN3 4	13 AGND
A0 5	12 EXT
A1 6	11 OSC
A2 7	10 SCL
VSS 8	9 SDA

PCF8591

AIN0~AIN3：4 路模拟信号输入端

A0~A2：器件地址设置端

VDD、VSS：电源正、负端 (2.5~6V)

SDA：I²C 总线数据线

SCL：I²C 总线时钟线

OSC：外部时钟输入端或内部时钟输出端

EXT：内部、外部时钟选择端；EXT 接地时使用内部时钟

AGND：模拟信号地

AOUT：D/A 转换输出端

VREF：基准电源端

b) 引脚功能

图 14-5　PCF8591 的外形与引脚功能

1. 器件地址的设置

PCF8591 和其他器件挂接在 I²C 总线时，为了区分它们，需要给每个器件设定一个地址，该地址即为器件地址，挂在同一 I²C 总线上的器件地址不能相同。**PCF8591 有 A0、A1、A2 三个地址引脚，可以设置 8 个不同的器件地址，PCF8591 的器件地址为 7 位，高 4 位固定为 1001，低 3 位由 A0、A1、A2 引脚电平值决定。**PCF8591 的器件地址如图 14-6 所示。当 PCF8591 的 A0、A1、A2 引脚都接地时，器件地址设为 1001000；当 A0、A2 引脚接地，A1 引脚接电源时，器件地址设为 1001010。

| 1 | 0 | 0 | 1 | A2 | A1 | A0 |

高4位固定为1001　　低3位可自主设置

图 14-6　PCF8591 的器件地址设置

2. 器件功能设置

PCF8591 内部有很多电路，单片机通过发送一个控制字节到 PCF8591 内部的控制寄存器，从而控制一些电路的功能。PCF8591 控制字节的含义如图 14-7 所示。

3. 单端输入与差分输入

单端输入和差分输入如图 14-8 所示。**单端输入是以接地线 0V（或一个固定电压）为基准，信号从另一端输入，输入信号为输入线与接地线（或一个固定电压）之间的差值；差分输入采用双输入，双线电压都不固定，输入信号为两根输入线间的差值。**

与单端输入方式相比，差分输入有很好的抗干扰性。以图 14-8 为例，同样是输入 2V 的信号电压，若信号由前级电路传送到输入电路时混入 0.2V 的干扰电压，对于单端输入，由于地线电压始终为 0V，故其输入信号电压由 2V 变为 2.2V，对于差分输入，如果干扰电压同时混入两根输入线（共模干扰信号），两根线的电压差值不变，即输入信号电压仍为 2V。

图 14-7　PCF8591 的控制字节含义

图 14-8　单端输入和差分输入

单端输入方式一般适合用于输入信号电压高（高于 1V）、电路的输入导线短且共用地线的场合；如果遇到输入信号小、电路的输入导线长、电路之间不共用地线的场合，可采用差分输入方式。

14.3　由 PCF8591 构成的 A/D 和 D/A 转换电路与编程

14.3.1　单片机、PCF8591 与 8 位数码管构成的 A/D 和 D/A 转换与显示电路

单片机、PCF8591 与 8 位数码管构成的 A/D 和 D/A 转换与显示电路如图 14-9 所示。

14.3.2　1 路 A/D 转换并显示转换值的程序与说明

图 14-10 是 1 路 A/D 转换并显示转换值的程序，与之对应的电路如图 14-9 所示。电路运行时，8 位数码管显示 3 位数字（显示在第 1~3 位），调节电位器 RP2 使 PCF8591 的 AIN1 端电压在 0~5V 范围内变化时，数码管显示的 3 位数字也会发生变化，变化范围为 000~255。

程序在执行时首先进入 main 函数→在 main 函数中执行并进入 T0Int_S( ) 函数→在 T0Int_S( ) 函数中对定时器 T0 与有关中断进行设置，并启动 T0 定时器开始 2ms 计时→T0 每隔 2ms 产生一次中断来执行 T0Int_Z 函数（定时器中断函数）→T0Int_Z 函数中的 Display 函数（显示函数）执行，读取 TData 表格的第 1 个位置的段码，驱动 8 位数码管的第 1 位显示出段码对应的数字→当 T0 定时器产生第 2 次中断时，Display 函数第 2 次执行，读取 TData 表格的第 2 个位置的段码，驱动 8 位数码管的第 2 位显示出段码对应的数字→如此工作，当数码管显示完 8 位后，Display 函数再次

执行时，又读取 TData 表格的第 1 个位置的段码，驱动 8 位数码管的第 1 位再次显示。

图 14-9　单片机、PCF8591 与 8 位数码管构成的 A/D 和 D/A 转换与显示电路

```
/*从PCF8591的AD CH1通道读取模拟量转换成的数字量并用8位LED数码管显示读取值的程序*/
#include <reg51.h>          //调用reg51.h文件对单片机各特殊功能寄存器进行地址定义
#include <intrins.h>        //调用intrins.h文件对本程序用到的"_nop_()"函数进行声明
#define Nop() _nop_()       //用define(宏定义)命令将Nop()代表_nop_()，程序中Nop()与_nop_()等同
sbit SDA=P2^1;              //用位定义关键字sbit将SDA(数据)代表P2.1端口(也可以使用其他端口)
sbit SCL=P2^0;              //用位定义关键字sbit将SCL(时钟)代表P2.0端口(也可以使用其他端口)
bit ack;                    //用关键字bit将ack定义为位变量

sbit DuanSuo=P2^2;          //用位定义关键字sbit将DuanSuo代表P2.2端口
```

图 14-10　1 路 A/D 转换并显示转换值的程序

```
sbit WeiSuo =P2^3;
#define WDM P0              //用define（宏定义）命令将WDM代表P0，程序中WDM与P0等同
unsigned char code DMtable[]={0x3f,0x06,0x5b,0x4f,0x66,0x6d,0x7d,0x07,    //定义一个DMtable表格，依次
                              0x7f,0x6f,0x77,0x7c,0x39,0x5e,0x79,0x71};   //存放字符0～F的段码
unsigned char code WMtable[]={0xfe,0xfd,0xfb,0xf7,0xef,0xdf,0xbf,0x7f};   //定义一个WMtable表格，依次存放
                                                                          //8位数码管低位到高位的位码
unsigned char TData[8];  //定义一个可存放8个元素的一维数组（表格）TData
```

将模拟I2C总线通信的10个函数加到此处

```
/*以下DelayUs为微秒级延时函数，其输入参数为unsigned char tu(无符号字符型变量tu),tu值为8位,取值范围 0～255.
如果单片机的晶振频率为12MHz，本函数延时时间可用T=（tu×2+5）us 近似计算，比如tu=248，T=501 us≈0.5ms */
void DelayUs（unsigned char tu）     //DelayUs为微秒级延时函数，其输入参数为无符号字符型变量tu
{
  while(--tu);                        //while为循环语句，每执行一次while语句，tu值就减1,
                                       //直到tu值为0时才执行while尾大括号之后的语句
}

/*以下DelayMs为毫秒级延时函数，其输入参数为unsigned char tm（无符号字符型变量tm），该函数内部使用了两个
DelayUs（248）函数，它们共延时1002us（约1ms），由于tm值最大为255，故本DelayMs函数最大延时时间为255ms,
若将输入参数定义为unsigned int tm，则最长可获得65535ms的延时时间*/
void DelayMs(unsigned char tm)
{
  while(tm--)
  {
   DelayUs（248）;
   DelayUs（248）;
  }
}

/*以下为Display显示函数，用于驱动8位数码管动态扫描显示字符，输入参数 ShiWei 表示显示的开始位，如ShiWei
为表示从第一个数码管开始显示，WeiShu表示显示的位数，如显示99两位数应当WeiShu为2 */
void Display(unsigned char ShiWei,unsigned char WeiShu)    //Display(显示)函数有两个输入参数,
{                                                           //分别为ShiWei(开始位)和WeiShu(位数)
  static  unsigned char i;          //声明一个静态(static)无符号字符型变量i(表示当前位，0表示第1位),
                                     //静态变量占用的存储单元在程序退出前不会释放给变量使用
  WDM=WMtable[i+ShiWei];            //将WMtable表格中的第i+ShiWei +1位位码送P0端口输出
  WeiSuo=1;                         //让P2.3端口输出高电平，开通位码锁存器，锁存器中变化时输出会随之变化
  WeiSuo=0;                         //让P2.3端口输出低电平，位码锁存器被封锁，锁存器的输出值被锁定不变

  WDM=TData[i];                     //将TData表格中的第i+1个段码送P0端口输出
  DuanSuo=1;                        //让P2.2端口输出高电平，开通段码锁存器，锁存器在变化时输出会随之变化
  DuanSuo=0;                        //让P2.2端口输出低电平，段码锁存器被封锁，锁存器的输出值被锁定不变

  i++;                   //将i值加1，准备显示下一位数字
  if(i==WeiShu)          //如果i=WeiShu表示显示到最后一位，执行i=0
  {
   i=0;                  //将i值清0，以便从数码管的第1位开始再次显示
  }
}

/*以下为定时器及相关中断设置函数*/
void T0Int_S （void）    //函数名为T0Int_S，输入和输出参数均为void（空）
{
  TMOD=0x01;            //让TMOD寄存器的M1M0=01，设T0工作在方式1（16位计数器）
  TH0=0;               //将TH0寄存器清0
  TL0=0;               //将TL0寄存器清0
  EA=1;                //让IE寄存器的EA=1，打开总中断
  ET0=1;               //让IE寄存器的ET0=1，允许T0的中断请求
  TR0=1;               //让TCON寄存器的TR0=1，启动T0在TH0、TL0初值基础上开始计数
}

/*以下T0Int_Z为定时器中断函数，用"(返回值) 函数名 (输入参数) interrupt n using m"格式定义一个函数名为
T0Int_Z的中断函数，n为中断源编号，n=0～4，m为用作保护中断断点的寄存器组，可使用组寄存器（0～3），每组
有7个寄存器（R0～R7），m=0～3，若只有一个中断，可不写"using m"，使用多个中断时，不同中断应使用不同m*/
void T0Int_Z （void）  interrupt 1   // T0Int_Z为中断函数（用interrupt定义），并且为T0的中断函数
{                                   //（中断源编号n=1）
  TH0=（65536-2000)/256;           //将定时初值的高8位放入TH0，"/"为除法运算符号
  TL0=（65536-2000)%256;           //将定时初值的低8位放入TL0，"%"为相除取余符号
  Display(0,8);                    //执行Display显示函数，从第1位(0)开始显示，共显示8位(8)
}

/*以下ReadADC为读取AD转换值函数，用于从PCF8591读取模拟量转换成的数字量，数字量范围为00H～FFH(16进制表示)
或0～256(10进制表示) */
unsigned char ReadADC(unsigned char Ch)   // ReadADC函数的输入参数为无符号字符型变量Ch，输出参数为
{                                         //                     无符号字符型变量
  unsigned char Val;   //声明一个无符号字符型变量Val
  Start_I2C();         //执行Start_I2C函数，发送开始信号
  SendByte(0x90);      //执行SendByte函数，发送PCF8591的7位器件地址(1001000)和1位读写位(0-写，1-读)
  if(ack==0)           //如果位变量ack=0，表示未接收到ACK信号，执行return(0)并退出函数，ack=1则执行
                       //本if尾大括号之后的语句
   {return(0);}        //将0返回给ReadADC的输出参数，表示发送地址失败，同时退出函数
  SendByte(0x00|Ch);   //执行SendByte函数，给PCF8591发送控制字节，"|"意为位或运算，让CH通道工作
  if(ack==0)           //如果位变量ack=0，表示未接收到ACK信号，执行return(0)并退出函数，ack=1则执行
                       //本if尾大括号之后的语句
   {return(0);}        //将0返回给ReadADC的输出参数，表示发送数据失败，同时退出函数
  Start_I2C();         //执行Start_I2C函数，发送开始信号
  SendByte(0x91);      //执行SendByte函数，发送PCF8591的7位器件地址和1位读写位(0-写，1-读)，执行读操作
  if(ack==0)           //如果位变量ack=0，表示未接收到ACK信号，执行return(0)并退出函数，ack=1则执行
                       //本if尾大括号之后的语句
   {return(0);}        //将0返回给ReadADC的输出参数，表示发送数据失败，同时退出函数
  Val=ReceiveByte();   //执行ReceiveByte函数，从PCF8591的AD CH1通道读取AD转换成的数据，并将该数据赋给变量Val
  NoAck_I2C();         //执行NoAck_I2C函数，发送NACK(非应答)信号，不再接收数据
  Stop_I2C();          //执行Stop_I2C函数，发送停止信号
  return(Val);         //将变量Val的值返回给ReadADC函数的输出参数
}

/*以下为主程序部分*/
void main()
{
  unsigned char num=0;  //声明一个无符号字符型变量num,且让num初值为0
  T0Int_S();           //执行T0Int_S函数，对定时器T0及相关中断进行设置，启动T0计时
  while (1)            //主循环，while首尾大括号内的语句会反复执行
  {
   num=ReadADC(1);    //执行ReadADC函数，从PCF8591的AD CH1通道读取AD转换成的数据，将ReadADC函数的
                      //输出参数(即读取的AD转换值)赋给变量num
   TData[0]=DMtable[num/100];  //以num=236为例，num/100意为num除100取整，num/100=2,即将DMtable表格的
                               //第3个段码(2的段码)传送到TData数组的第1个位置
   TData[1]=DMtable[(num%100)/10];  //num%100意为除100取余，(num%100)/10=36/10=3，即将DMtable表格的
                                    //第4个段码(3的段码)传送到TData数组的第2个位置
   TData[2]=DMtable[(num%100)%10];  //(num%100)%10=36%10=6,即将DMtable表格第7个段码(6的段码)传送到
                                    //TData数组的第3个位置
          //此处可添加其他需要一直工作的程序
   DelayMs(100);      //执行DelayMs函数延时100ms，即每隔100ms从PCF8591读取一次AD转换值
  }
}
```

图 14-10　1 路 A/D 转换并显示转换值的程序（续）

在 main 函数中执行 T0Int_S( ) 函数后，进入 while 主循环，先执行 ReadADC 函数（读取 A/D 转换值函数），从 PCF8591 的 AD CH1 通道读取 A/D 转换成的数据，将 ReadADC 函数的输出参数（即读取的 A/D 转换值）赋给变量 num，再将 num 值（000~255）的 3 位数字的段码分别存到 TData 表格的第 1~3 个位置（即 [0]~[2]），然后执行 DelayMs 函数延时 100ms，在这段时间内，Display 函数每隔 2ms 执行一次，按顺序从 TData 表格第 1~8 个位置读取数字的段码并显示在数码管相应位上，并且反复进行。由于 TData 表格的第 4~8 个位置没有数字的段码，故 8 位数码管只有第 1~3 位显示数字。

ReadADC 函数为读取 A/D 转换值函数，用于从 PCF8591 读取模拟量转换成的数字量，其详细工作过程见该函数内部各条语句说明。

14.3.3　4 路电压测量显示的程序与说明

图 14-11 为 4 路电压测量显示的程序（程序中标有下划线和用框围住的语句为在图 14-10 所示程序基础上增加的部分），与之对应的电路如图 14-9 所示。电路运行后，8 位数码管显示四组数值（每组两位带小数点），调节电位器 RP1 使 PCF8591 的 AIN0 端电压在 0~5V 范围内变化时，8 位数码管的第一组数值在 0.0~5.0 范围内变化，调节电位器 RP2、RP3、RP4 可分别使 8 位数码管的第二、三、四组数值在 0.0~5.0 范围内变化。

```
/*从PCF8591的CH0~CH3 4个AD通道读取模拟量转换成的数字量并用8位LED数码管显示4路电压值的程序*/
#include <reg51.h>            //调用reg51.h文件对单片机各特殊功能寄存器进行地址定义
#include <intrins.h>          //调用intrins.h文件对本程序用到的"_nop_()"函数进行声明
#define Nop() _nop_()         //用define(宏定义)命令将Nop()代表_nop_(),程序中Nop()与_nop_()等同
sbit SDA=P2^1;                //用位定义关键字sbit将SDA(数据)代表P2.1端口(也可以使用其他端口)
sbit SCL=P2^0;                //用位定义关键字sbit将SCL(时钟)代表P2.0端口(也可以使用其他端口)
bit ack;                      //用关键字bit将ack定义为位变量
bit ReadADFlag;

sbit DuanSuo=P2^2;            //用位定义关键字sbit将DuanSuo代表P2.2端口
sbit WeiSuo=P2^3;             //用位定义关键字sbit将WeiSuo代表P2.3端口
#define WDM P0                //用define(宏定义)命令将WDM代表P0,程序中WDM与P0等同
unsigned char code DMtable[]={0x3f,0x06,0x5b,0x4f,0x66,0x6d,0x7d,0x07,    //定义一个DMtable表格,依次
                              0x7f,0x6f,0x77,0x7c,0x39,0x5e,0x79,0x71};   //存放字符0~F的段码
unsigned char code WMtable[]={0xfe,0xfd,0xfb,0xf7,0xef,0xdf,0xbf,0x7f};   //定义一个WMtable表格,依次存放
                                                                         //8位数码管低位到高位的位码
unsigned char TData[8];       //定义一个可存放8个元素的一维数组(表格)TData

    将模拟I2C总线通信的10个函数加到此处

/*以下DelayUs为微秒级延时函数,其输入参数为unsigned char型(无符号字符型变量tu),tu值为8位,取值范围 0~255.
如果单片机的晶振频率为12MHz,本函数延时时间可用T=(tu×2+5)us 近似计算,比如tu=248,T=501us≈0.5ms */
void DelayUs(unsigned char tu)     //DelayUs为微秒级延时函数,其输入参数为无符号字符型变量tu
{
    while(--tu);                   //while为循环语句.每执行一次while语句,tu值就减1,
                                   //直到tu值为0时才执行while尾大括号之后的语句
}

/*以下DelayMs为毫秒级延时函数,其输入参数为unsigned char型(无符号字符型变量tm),该函数内部使用了两个
DelayUs(248)函数,它们共延时1002us(约1ms),由于tm值最大为255,故本DelayMs函数最大延时时间为255ms.
若将输入参数改为unsigned int tm,则最长可获得65535ms的延时时间*/
void DelayMs(unsigned char tm)
{
    while(tm--)
    {
        DelayUs(248);
        DelayUs(248);
    }
}

/*以下为Display显示函数,用于驱动8位数码管动态扫描显示字符,输入参数 ShiWei 表示显示的开始位,如ShiWei
为0表示从第一个数码管开始显示,WeiShu表示显示的位数.如显示99两位数应让WeiShu为2 */
void Display(unsigned char ShiWei,unsigned char WeiShu)    //Display(显示)函数有两个输入参数,
                                                           //分别为ShiWei(开始位)和WeiShu(位数)
{
    static unsigned char i;        //声明一个静态(static)无符号字符型变量i(表示显示位,0表示第1位),
                                   //静态变量占用的存储单元(存储值)在函数退出后不会被释放会保留
    WDM=WMtable[i+ShiWei];         //将WMtable表格中的第i+ShiWei +i位(又称ShiWei位)的位码送给P0端口输出
    WeiSuo=1;                      //让P2.3端口输出高电平,开通位码锁存器,锁存器输入变化时输出会随之变化
    WeiSuo=0;                      //让P2.3端口输出低电平,位码锁存器被封锁,锁存器的输出值被锁定不变

    WDM=TData[i];                  //将TData表格中的第i+1位段码送给P0端口输出
    DuanSuo=1;                     //让P2.2端口输出高电平,开通段码锁存器,锁存器输入变化时输出会随之变化
    DuanSuo=0;                     //让P2.2端口输出低电平,段码锁存器被封锁,锁存器的输出值被锁定不变

    i++;                           //将i值加1,准备显示下一位数字
    if(i==WeiShu)                  //如果i=WeiShu表示显示到最后一位,执行i=0
    {
        i=0;                       //将i值清0,以便从数码管的第1位开始再次显示
    }
}

/*以下为定时器及相关中断设置函数*/
void T0Int_S (void)                //函数名为T0Int_S,输入和输出参数均为void(空)
{
    TMOD=0x01;                     //让TMOD寄存器的M1M0=01,设T0工作在方式1(16位计数器)
    TH0=0;                         //将TH0寄存器清0
    TL0=0;                         //将TL0寄存器清0
    EA=1;                          //让IE寄存器的EA=1,打开总中断
    ET0=1;                         //让IE寄存器的ET0=1,允许T0的中断请求
    TR0=1;                         //让TCON寄存器的TR0=1,启动T0在TH0、TL0初值基础上开始计数
}

/*以下T0Int_Z为定时器T0中断函数,用"(返回值)函数名 (输入参数) interrupt n using m"格式定义一个函数名为
T0Int_Z的中断函数,n为中断源编号,n=0~4,m为用作保护中断断点的寄存器组,可使用4组寄存器(0~3),每组
有4个寄存器(R0~R7),m=0~3,若只有一个中断,可不写"using m",当使用多个中断时,不同中断最好使用不同m*/
void T0Int_Z (void)  interrupt 1   //T0Int_Z为中断函数(用interrupt定义),并且为T0的中断函数
{                                  //(中断源编号n=1)
    static unsigned int num;       //声明一个静态(static)无符号整数型变量num
    TH0=(65536-2000)/256;          //将定时初值的高8位放入TH0,"/"为除法运算符号
```

图 14-11　4 路电压测量显示的程序

```
TL0=(65536-2000)%256;        //将定时初值的低8位放入TL0，"%"为相除取余数符号
Display(0,8);                //执行Display显示函数，从第1位(0)开始显示，共显示8位(8)
num++;                       //将num值加1
if(num==50)                  //如果T0Int_Z函数(或Display)执行50次(约需100ms)后，将num值清0，并位变量ReadADFlag置1
{
  num=0;                     //将num值清0
  ReadADFlag=1;              //将读标志位ReadADFlag置1
}

/*以下ReadADC为读取AD转换值函数，用于从PCF8591读取模拟转换成的数字量，数字量范围为00H~FFH(16进制表示)
  或0~256(10进制表示) */
unsigned char ReadADC(unsigned char Ch)   //ReadADC函数的输入参数为无符号字符型变量Ch，输出参数为
                                          //无符号字符型变量
{
  unsigned char Val;        //声明一个无符号字符型变量Val
  Start_I2C();              //执行Start_I2C函数，发送开始信号
  SendByte(0x90);          //执行SendByte函数，发送PCF8591的7位器件地址(1001000)和1位读写位(0-写，1-读)
  if(ack==0)               //如果位变量ack=0，表示未接收到ACK信号，执行return(0)并退出函数，ack=1则执行
                           //本if尾大括号之后的语句
  {return(0);}             //将返回给ReadADC的输出参数，表示发送数据失败，同时退出函数
  SendByte(0x00|Ch);      //执行SendByte函数，给PCF8591发送控制字节，"|"为位或运算，让Ch通道工作
  if(ack==0)               //如果位变量ack=0，表示未接收到ACK信号，执行return(0)并退出函数，ack=1则执行
                           //本if尾大括号之后的语句
  {return(0);}             //将返回给ReadADC的输出参数，表示发送数据失败，同时退出函数
  Start_I2C();             //执行Start_I2C函数，发送开始信号
  SendByte(0x91);         //执行SendByte函数，发送PCF8591的7位器件地址和1位读写位(0-写，1-读)，执行读操作
  if(ack==0)               //如果位变量ack=0，表示未接收到ACK信号，执行return(0)并退出函数，ack=1则执行
                           //本if尾大括号之后的语句
  {return(0);}             //将返回给ReadADC的输出参数，表示发送数据失败，同时退出函数
  Val=ReceiveByte();      //执行ReceiveByte函数，从PCF8591的AD CH1通道读取AD转换成的数据，并将该数据赋值给变量Val
  NoAck_I2C();            //执行NoAck_I2C函数，发送NACK(非应答)信号，不再接收数据
  Stop_I2C();            //执行Stop_I2C()函数，发送停止信号
  return(Val);           //将变量Val的值返回给ReadADC函数的输出参数
}

/*以下为主程序部分*/
void main()
{
  unsigned char num=0,i;   //声明两个无符号字符型变量num和i，且让num初值为0
  T0Int_S();              //执行T0Int_S函数，对定时器T0及相关中断进行设置，启动T0计时
  DelsyMs(20);            //执行DelayMs函数，延时20ms
  while (1)               //主循环，while首尾大括号内的语句会反复执行
  {
    if(ReadADFlag)        //如果ReadADFlag=1(即Display显示函数执行了50次，读取值持续显示约5s)，再次读取各通道值
    {
      ReadADFlag=0;       //将位变量ReadADFlag清0
      for(i=0;i<5;i++)    //执行5次"num=ReadADC(0)"，连续从PCF8591的AD CH0通道读5次数据，num存放最后一次读取值
      {num=ReadADC(0);}   //执行ReadADC函数，从PCF8591的AD CH0通道读取数据，存入变量num
      num=num*5*10/256;   //将num值扩大50倍再除以256，这样将num值由0~255近似变成0~50，便于直观表示电压大小
      TData[0]=DMtable[num/10]|0x80;  //以num=25为例，num/10意为除10取整，num/10=2，即将DMtable表格的
                                       //第3个段码(2的段码)值与0x80进行位或运算(即让该段码最高位为1以显示
                                       //小数点)，其结果传送到TData数组的第1个位置
      TData[1]=DMtable[num%10];       //num%10意为除10求余，(num%10)/10=25%10=5，即将DMtable表格的
                                       //第6个段码(5的段码)传送到TData数组的第2个位置
      for(i=0;i<5;i++)    //从CH1通道读取模拟量转换成的数据，将数据0~255变成0~50，
      {num=ReadADC(1);}   //并在数码管的第3、4位显示0.0~5.0范围内的数值
      num=num*5*10/256;
      TData[2]=DMtable[num/10]|0x80;
      TData[3]=DMtable[num%10];
      for(i=0;i<5;i++)    //从CH2通道读取模拟量转换成的数据，将数据0~255变成0~50，
      {num=ReadADC(2);}   //并在数码管的第5、6位显示0.0~5.0范围内的数值
      num=num*5*10/256;
      TData[4]=DMtable[num/10]|0x80;
      TData[5]=DMtable[num%10];
      for(i=0;i<5;i++)    //从CH3通道读取模拟量转换成的数据，将数据0~255变成0~50，
      {num=ReadADC(3);}   //并在数码管的第7、8位显示0.0~5.0范围内的数值
      num=num*5*10/256;
      TData[6]=DMtable[num/10]|0x80;
      TData[7]=DMtable[num%10];
    }                     //此处可添加其他需要一直执行的程序
  }
}
```

图 14-11　4 路电压测量显示的程序（续）

　　程序在运行时首先进入 main 函数→在 main 函数中执行并进入 T0Int_S（）函数→在 T0Int_S（）函数中对定时器 T0 与有关中断进行设置，并启动 T0 定时器开始 2ms 计时→T0 每隔 2ms 产生一次中断来执行 T0Int_Z 函数（定时器中断函数）→T0Int_Z 函数中的 Display 函数（显示函数）每隔 2ms 执行一次，按 [0]~[7] 顺序每次从 TData 表格读取一个数字的段码驱动 8 位数码管将该数字显示在相应位上。在 Display 函数中增加了一个静态变量 num（退出 Display 函数时静态变量 num 不会被占用，num 值仍保持），用于对 Display 函数执行次数进行计数，当 Display 函数执行了 50 次（约需 100ms），将读标志位 ReadADFlag 置 1。

　　在 main 函数中执行 T0Int_S（）函数后，进入 while 主循环，先执行检查 ReadADFlag 位值，如果 ReadADFlag=1，表示 Display 函数已执行了 50 次，数码管显示数值持续时间达到 100ms，先将 ReadADFlag 清 0，再执行第 1 个 for 语句，连续从 PCF8591 的 AD CH0 通道读 5 次数据，num 保存最后一次的读取值，然后将 num 值扩大 50 倍后除以 256，这样将 num 值由 0~255 近似转换成 00~50 便于直观显示电压大小，再将转换成的数值的两位数字的段码分别存放到 TData 表格的第 1、2 个位置，以让 Display 函数读取并显示在数码管的第 1 位（带小数点）和第 2 位，用同样的方法读取 CH1、CH2、CH3 通道的数据，转换后显示在 8 位数码管的第 3~8 位上。

　　让 Display 函数执行 50 次（约需 100ms）后再次读取 4 个通道的数值，可以避免前后数值读取时间间隔短而使数码管同一位置显示数值重叠不清。ReadADC 函数为读取 A/D 转换值函数，

用于从 PCF8591 读取模拟量转换成的数字量，其详细工作过程见该函数内部各条语句说明。

14.3.4　D/A 转换输出显示的程序与说明

图 14-12 是 D/A 转换输出显示的程序，与之对应的电路如图 14-9 所示。电路运行时，8 位数码管显示要转换成模拟量的 3 位数字，数字每隔 100ms 递增 1，从 000 一直增到 255 再变为 000后又增大，如此反复进行，在 3 位数字增大的同时，PCF8591 的 D/A 输出端外接的 LED 逐渐变暗，也就是说，当单片机写入 PCF8591 的 D/A 转换器的数字量逐渐增大时，D/A 转换器输出的模拟量电压逐渐升高。

```
/*往PCF8591的DA转换器写入数字量(DA转换器会自动将其转换成模拟量输出)并用8位LED数码管显示写入值的程序*/
#include <reg51.h>            //调用reg51.h文件对单片机各特殊功能寄存器进行地址定义
#include <intrins.h>          //调用intrins.h文件对本程序用到的"_nop_()"函数进行声明
#define Nop() _nop_()         //用define(宏定义)命令将Nop()代表_nop_()，程序中Nop()与_nop_()等同
sbit SDA=P2^1;               //用位定义关键字sbit将SDA(数据)代表P2.1端口(也可以使用其他端口)
sbit SCL=P2^0;               //用位定义关键字sbit将SCL(时钟)代表P2.0端口(也可以使用其他端口)
bit ack;                      //用关键字bit将ack定义为位变量

sbit DuanSuo=P2^2;    //用位定义关键字sbit将DuanSuo代表P2.2端口
sbit WeiSuo=P2^3;
#define WDM P0                //用define(宏定义)命令将WDM代表P0，程序中WDM与P0等同
unsigned char code DMtable[]={0x3f,0x06,0x5b,0x4f,0x66,0x6d,0x7d,0x07,  //定义一个DMtable表格，依次
                              0x7f,0x6f,0x77,0x7c,0x39,0x5e,0x79,0x71};  //存放字符0~F的段码
unsigned char code WMtable[]={0xfe,0xfd,0xfb,0xf7,0xef,0xdf,0xbf,0x7f};  //定义一个WMtable表格，依次存放
                                                                         //8位数码管低位到高位的位码
unsigned char TData[8];       //定义一个可存放8个元素的一维数组(表格)TData

                            将模拟I2C总线通信的10个函数加到此处

/*以下DelayUs为微秒级延时函数，其输入参数为unsigned char tu(无符号字符型变量tu),tu值为8位,取值范围 0~255。
如果单片机的晶振频率为12MHz,本函数延时时间可用T=(tu×2+5) us 近似计算，比如tu=248, T=501 us≈0.5ms */
void DelayUs (unsigned char tu)    //DelayUs为微秒级延时函数，其输入参数为无符号字符型变量tu
{
   while(--tu);                  //while为循环语句，每执行一次while语句，tu值就减1,
                                 //直到tu值为0时才执行while尾大括号之后的语句
}

/*以下DelayMs为毫秒级延时函数，其输入参数为unsigned char tm(无符号字符型变量tm),该函数内部使用了两个
DelayUs(248)函数,它们共延时1002us(约1ms)，由于tm值最大为255,故本DelayMs函数最大延时时间为255ms,
若将输入参数定义为unsigned int tm,则最长可获得65535ms的延时时间*/
void DelayMs(unsigned char tm)
{
  while(tm--)
  {
    DelayUs (248);
    DelayUs (248);
  }
}

/*以下Display显示函数，用于驱动8位数码管动态扫描显示字符，输入参数ShiWei 表示显示的开始位，如ShiWei
为0表示从第一个数码管开始显示，WeiShu表示显示的位数，如显示99两位数应让WeiShu为2 */
void Display(unsigned char ShiWei,unsigned char WeiShu)   //Display(显示)函数有两个输入参数，
                                                          //分别为ShiWei(开始位)和WeiShu(位数)
{
   static  unsigned char i;         //声明一个静态(static)无符号字符型变量i表示显示位，0表示第1位，
                                    //静态变量占用的存储单元在程序退出前不会释放给变量使用
   WDM=WMtable[i+ShiWei];          //将WMtable表格中的第i+ShiWei +1个位码送给P0端口输出
   WeiSuo=1;                       //让P2.3端口输出高电平，开通位码锁存器
   WeiSuo=0;                       //让P2.3端口输出低电平，位码锁存器被封锁，锁存器的输出值被锁定不变

   WDM=TData[i];                   //将TData表格中的第i+1个段码送P0端口输出
   DuanSuo=1;                      //让P2.2端口输出高电平，开通段码锁存器，锁存器输入变化时输出会随之变化
   DuanSuo=0;                      //让P2.2端口输出低电平，段码锁存器被封锁，锁存器的输出值被锁定不变

   i++;                            //将i值加1，准备显示下一个数字
   if(i==WeiShu)                   //如果i=WeiShu表示显示到最后一位，执行i=0
   {
      i=0;                         //将i值清0，以便从数码管的第1位开始再次显示
   }
}

/*以下为定时器及相关中断设置函数*/
void T0Int_S (void)                //函数名为T0Int_S，输入和输出参数均为void(空)
{
   TMOD=0x01;                      //让TMOD寄存器的M1M0=01,设T0工作在方式1(16位计数器)
   TH0=0;                          //将TH0寄存器清0
   TL0=0;                          //将TL0寄存器清0
   EA=1;                           //让IE寄存器的EA=1，打开总中断
   ET0=1;                          //让IE寄存器的ET0=1，允许T0的中断请求
   TR0=1;                          //让TCON寄存器的TR0=1，启动T0在TH0、TL0初值基础上开始计数
}

/*以下T0Int_Z为定时器中断函数，用"(返回值)函数名(输入参数) interrupt n using m"格式定义一个函数名为
T0Int_Z的中断函数，n为中断源编号，n=0~4，m为用作保护中断断点的寄存器组，可使用4组寄存器(0~3)，每组
有7个寄存器(R0~R7)，m=0~3，若只有一个中断，可不写"using m"，使用多个中断时，不同中断应使用不同m*/
void T0Int_Z (void) interrupt 1    //T0Int_Z为中断函数定义，并且为T0的中断函数
{                                  //(中断源编号n=1)
   TH0=(65536-2000)/256;           //将定时初值的高8位放入TH0，"/"为除法运算符号
   TL0=(65536-2000)%256;           //将定时初值的低8位放入TL0，"%"为相除取余数符号
   Display(0,8);                   //执行Display显示函数，从第1位(0)开始显示，共显示8位(8)
}

/*以下WriteDAC为写DA转换值函数，用于将需要转换成模拟量的数据写入PCF8591，数字量范围为
00H~FFH(十六进制表示)或0~256(10进制表示)*/
bit WriteDAC(unsigned char dat)    //WriteDAC函数的输入参数为无符号字符型变量dat，输出参数为位变量
{
   Start_I2C();        //执行Start_I2C函数，发送开始信号
   SendByte(0x90);     //执行SendByte函数，发送PCF8591的7位器件地址(1001000)和1位读写位(0-写，1-读)
   if(ack==0)          //如果位变量ack=0，表示未接收到ACK信号，执行return(0)并退出函数，ack=1则执行
                       //本if尾大括号之后的语句
   {return(0);}        //将0返回给WriteDAC的输出参数，表示发送数据失败，同时退出函数
   SendByte(0x40);     //执行SendByte函数，发送PCF8591的控制字节0x40(即01000000)，允许DA输出
   if(ack==0)          //如果位变量ack=0，表示未接收到ACK信号，执行return(0)并退出函数，ack=1则执行
                       //本if尾大括号之后的语句
   {return(0);}        //将0返回给WriteDAC的输出参数，表示发送数据失败，同时退出函数
   SendByte(dat);      //执行SendByte函数，将变量dat的值写入PCF8591进行DA转换
   if(ack==0)          //如果位变量ack=0，表示未接收到ACK信号，执行return(0)并退出函数，ack=1则执行
                       //本if尾大括号之后的语句
```

图 14-12　D/A 转换输出显示的程序

```
    {return(0);}          //将0返回给WriteDAC的输出参数，表示发送数据失败，同时退出函数
    Stop_I2C();            //执行Stop_I2C()函数，发送停止信号
}

/*以下为主程序部分*/
void main()
{
    unsigned char num=0;   //声明一个无符号字符型变量num,且让num初值为0
    T0Int_S();             //执行T0Int_S函数,对定时器T0及相关中断进行设置,启动T0计时
    while (1)              //主循环,while首尾大括号内的语句会反复执行(每隔100ms执行一次),每执行一次num值增1
    {
        WriteDAC(num);      //执行WriteDAC函数,将num值写入PCF8591的DA转换器,使之将num(数字量)转换成模拟量
        num++;              //将num值加1, num值从0增到255时再加1会变为0,反复循环
        TData[0]=DMtable[num/100];      //以num=236为例,num/100意为num除100取整,num/100=2,即将DMtable表格的
                                        //第3个段码(2的段码)传送到TData数组的第1个位置
        TData[1]=DMtable[(num%100)/10]; //num%100意为除100取余,(num%100)/10=36/10=3,即将DMtable表格的
                                        //第4个段码(3的段码)传送到TData数组的第2个位置
        TData[2]=DMtable[(num%100)%10]; //(num%100)%10=36%10=6,即将DMtable表格第7个段码(6的段码)传送到
                                        //TData数组的第3个位置
        DelayMs(100);       //执行DelayMs函数延时100ms,即每隔100ms往PCF8591的DA转换器写一次要转换的数据
                            //此处可添加其他需要一直工作的程序
    }
}
```

图 14-12　D/A 转换输出显示的程序（续）

程序执行时，首先进入 main 函数→在 main 函数中执行并进入 T0Int_S( ) 函数→在 T0Int_S( ) 函数中对定时器 T0 与有关中断进行设置，并启动 T0 定时器开始 2ms 计时→T0 每隔 2ms 产生一次中断来执行 T0Int_Z 函数（定时器中断函数）→T0Int_Z 函数中的 Display 函数（显示函数）每隔 2ms 执行一次，按 [0]~[7] 顺序每次从 TData 表格读取一个数字的段码驱动 8 位数码管将该数字显示在相应位上，如读 TData[0] 的段码显示在最高位。

在 main 函数中执行 T0Int_S( ) 函数后，进入 while 主循环，先执行 WriteDAC 函数，将 num 值写入 PCF8591 的 D/A 转换器，使之将 num（数字量）转换成模拟量，再将 num 值加 1，然后将 num 值（000~255）的 3 位数字的段码分别存到 TData 表格的第 1~3 个位置（即 [0]~[2]），然后执行 DelayMs 函数延时 100ms，在这段时间内，Display 函数每隔 2ms 执行一次，按顺序从 TData 表格第 1~8 个位置读取数字的段码并显示在数码管相应位上，并且反复进行。由于 TData 表格的第 4~8 个位置没有数字的段码，故 8 位数码管只有第 1~3 位显示数字。

WriteDAC 函数为读取 D/A 转换值函数，用于将单片机写入 PCF8591 的 D/A 转换器的数字量转换成模拟量，其详细工作过程见该函数内部各条语句说明。

第**15**章

51 单片机的硬件系统

51 单片机是目前使用最为广泛的一种单片机，这种单片机的生产厂商很多，同一厂商又有很多不同的型号，但它们都是在 8051 单片机的基础上通过改善和新增功能的方式生产出来的。8051 单片机是 51 单片机的基础，在此基础上再学习一些改善和新增的功能，就能掌握各种新型号的 51 单片机。目前市面上最常用的 51 单片机是宏晶（STC）公司生产的 STC89C5x 系列单片机。

15.1 8051 单片机的引脚功能与内部结构

15.1.1 引脚功能说明

扫一扫看视频

8051 单片机有 40 个引脚，各引脚功能标注如图 15-1 所示。**8051 单片机的引脚可分为三类，分别是基本工作条件引脚、I/O（输入/输出）引脚和控制引脚。**

1. 基本工作条件引脚

单片机的基本工作条件引脚有电源引脚、复位引脚和时钟引脚，只有具备了基本工作条件，单片机才能开始工作。

（1）电源引脚

40 脚（VCC）为电源正极引脚，20 脚（VSS 或 GND）为电源负极引脚。VCC 引脚接 5V 电源的正极，VSS 或 GND 引脚接 5V 电源的负极（即接地）。

（2）复位引脚

9 脚（RST/VPD）为复位引脚。在单片机接通电源后，内部很多电路状态混乱，需要复位电路为它们提供复位信号，使这些电路进入初始状态，然后才开始工作。8051 单片机采用高电平复位，当 RST 引脚输入高电平（持续时间需超过 24 个时钟周期）时，即可完成内部电路的复位。

9 脚还具有掉电保持功能，为了防止掉电使单片机内部 RAM 的数据丢失，可在该脚再接一个备用电源，掉电时，由备用电源为该脚提供 4.5~5.5V 电压，可保持 RAM 的数据不会丢失。

（3）时钟引脚

18、19 引脚（XTAL2、XTAL1）为时钟引脚。单片机内部有大量的数字电路，这些数字电路工作时需要时钟信号进行控制，才能有次序、有节拍地工作。单片机 XTAL2、XTAL1 引脚外接的晶振及电容与内部的振荡器构成时钟电路，产生时钟信号供给内部电路使用；另外，也可以由其他外部电路提供时钟信号，外部时钟信号通过 XTAL2 引脚送入单片机，此时 XTAL1 引脚悬空。

图 15-1　8051 单片机的引脚功能标注

2. I/O（输入/输出）引脚

8051 单片机有 P0、P1、P2 和 P3 共四组 I/O 接口，每组接口有 8 个引脚，P0 端口 8 个引脚编号为 P0.0~P0.7，P1 端口 8 个引脚编号为 P1.0~P1.7，P2 端口 8 个引脚编号为 P2.0~P2.7，P3 端口 8 个引脚编号 P3.0~P3.7。

（1）P0 端口

P0 端口（P0.0~P0.7）的引脚号为 39~32，其功能如下：

1）用作 I/O 接口，既可以作为 8 个输入端，也可作为 8 个输出端。

2）用作 16 位地址总线中的低 8 位地址总线。当单片机外接存储器时，会从这些引脚输出地址（16 位地址中的低 8 位）来选择外部存储器的某些存储单元。

3）用作 8 位数据总线。当单片机外接存储器并需要读写数据时，先让这些引脚成为 8 位地址总线，从这些引脚输出低 8 位地址，与 P2.0~P2.7 引脚同时输出的高 8 位地址组成 16 位地址，选中外部存储器的某个存储单元，然后单片机让这些引脚转换成 8 位数据总线，通过这 8 个引脚往存储单元写入 8 位数据或从这个存储单元将 8 位数据读入单片机。

（2）P1 端口

P1 端口（P1.0~P1.7）的引脚号为 1~8，它只能用作 I/O 接口，可以作为 8 个输入端，也可作为 8 个输出端。

（3）P2 端口

P2 端口（P2.0~P2.7）的引脚号为 21~28，其功能如下：

1）用作 I/O 接口，可以作为 8 个输入端，也可作为 8 个输出端；

2）用作 16 位地址总线中的高 8 位地址总线。当单片机外接存储器时，会从这些引脚输出高

172

8 位地址，与 P0.0~P0.7 引脚同时输出的低 8 位地址组成 16 位地址，选中外部存储器的某个存储单元，然后单片机通过 P0.0~P0.7 引脚往选中的存储单元读写数据。

（4）P3 端口

P3 端口（P3.0~P3.7）的引脚号为 10~17，除了可以用作 I/O 接口，各个引脚还具有其他功能，具体说明如下：

P3.0（RXD），串行数据接收端。外部的串行数据可由此脚进入单片机。

P3.1（TXD），串行数据发送端。单片机内部的串行数据可由此脚输出，发送给外部电路或设备。

P3.2（$\overline{INT0}$），外部中断信号 0 输入端。

P3.3（$\overline{INT1}$），外部中断信号 1 输入端。

P3.4（T0），定时器/计数器 T0 的外部信号输入端。

P3.5（T1），定时器/计数器 T1 的外部信号输入端。

P3.6（$\overline{WR}$），写片外 RAM 的控制信号输出端。

P3.7（$\overline{RD}$），读片外 RAM 的控制信号输出端。

P0、P1、P2、P3 端口具有多种功能，具体应用哪一种功能，由单片机根据内部程序自动确定。需要注意的是，在某一时刻，端口的某一引脚只能用作一种功能。

3. 控制引脚

控制引脚的功能主要有：当单片机外接存储器（RAM 或 ROM）时，通过控制引脚控制外接存储器，使单片机能像使用内部存储器一样使用外接存储器；在向单片机编程（即向单片机内部写入编好的程序）时，编程器通过有关控制引脚使单片机进入编程状态，然后将程序写入单片机。

8051 单片机的控制引脚的功能说明如下：

1）**$\overline{EA}$/VPP**（31 脚），内、外部 ROM（程序存储器）选择控制端/编程电压输入端。

当 $\overline{EA}$=1（高电平）时，单片机使用内、外部 ROM，先使用内部 ROM，超出范围时再使用外部 ROM；当 $\overline{EA}$=0（低电平）时，单片机只使用外部 ROM，不会使用内部 ROM。在用编程器往单片机写入程序时，要在该脚加 12~25V 的编程电压，才能将程序写入单片机内部 ROM。

2）**$\overline{PSEN}$**（29 脚），片外 ROM 选通控制端。当单片机需要从外部 ROM 读取程序时，会从该脚输出低电平到外部 ROM，外部 ROM 才允许单片机从中读取程序。

ALE/$\overline{PROG}$（30 脚），片外低 8 位地址锁存控制端/编程脉冲输入端。单片机在读写片外 RAM 或读片外 ROM 时，该引脚会送出 ALE 脉冲信号，将 P0.0~P0.7 输出的低 8 位地址锁存在外部的锁存器中，然后让 P0.0~P0.7 输出 8 位数据，即让 P0.0~P0.7 先作地址输出端，再作数据输出端。在通过编程器将程序写入单片机时，编程器会通过该脚往单片机输入编程脉冲。

15.1.2 单片机和片外存储器的连接与控制

8051 单片机内部 RAM（可读写存储器，也称数据存储器）的容量为 256B（含特殊功能寄存器），内部 ROM（只读存储器，也称程序存储器）的容量为 4KB，如果单片机内部的 RAM 或 ROM 容量不够用，可以外接 RAM 或 ROM。在 8051 单片机与片外 RAM 或片外 ROM 连接时，使用 P0.0~P0.7 和 P2.0~P2.7 输出 16 位地址，可以最大寻址 2^{16}=65536=64K 个存储单元，每个存储单元可以存储 1 个字节（1Byte），也就是 8 位二进制数（8bit），即 1Byte=8bit，故 8051 单片机外接 RAM 或 ROM 容量最大不要超过 64KB，超出范围

扫一扫看视频

的存储单元无法识别使用。

8051 单片机与片外 RAM 连接如图 15-2 所示。

图 15-2　单片机读写片外 RAM 的连接

当单片机需要从片外 RAM 读写数据时，会从 P0.0~P0.7 引脚输出低 8 位地址（如 00000011），再通过 8 路锁存器送到片外 RAM 的 A0~A7 引脚，它与 P2.0~P2.7 引脚输出并送到片外 RAM 的 A8~A15 引脚的高 8 位地址一起拼成 16 位地址，从 64K 个（即 2^{16} 个）存储单元中选中某个存储单元。如果单片机要往片外 RAM 写入数据，会从 $\overline{WR}$ 引脚送出低电平到片外 RAM 的 $\overline{WE}$ 脚，片外 RAM 被选中的单元准备接收数据。与此同时，单片机的 ALE 端送出 ALE 脉冲信号去锁存器的 C 端，将 1Q~8Q 端与 1D~8D 端隔离开，并将 1Q~8Q 端的地址锁存起来（保持输出不变），单片机再从 P0.0~P0.7 输出 8 位数据，送到片外 RAM 的 D0~D7，存入内部选中的存储单元。如果单片机要从片外 RAM 读取数据，同样先发出地址选中片外 RAM 的某个存储单元，并让 $\overline{RD}$ 端输出低电平去片外 RAM 的 $\overline{OE}$ 端，再将 P0.0~P0.7 引脚输出低 8 位地址锁存起来，然后让 P0.0~P0.7 接收片外 RAM 的 D0~D7 送来的 8 位数据。

如果外部存储器是 ROM（只读存储器），单片机不使用 $\overline{WR}$ 端和 $\overline{RD}$ 端，但会用到 $\overline{PSEN}$ 端，并将 $\overline{PSEN}$ 引脚与片外 ROM 的 $\overline{OE}$ 引脚连接起来，在单片机从片外 ROM 读数据时，会从 $\overline{PSEN}$ 引脚送出低电平到片外 ROM 的 $\overline{OE}$ 引脚，除此以外，单片机读片外 ROM 的过程与片外 RAM 基本相同。

图 15-2 所示的 8051 单片机与片外存储器连接线有地址总线（AB）、数据总线（DB）和控制

总线（CB），地址总线由 A0~A15 共 16 根线组成，最大可寻址 $2^{16}=65536=64K$ 个存储单元，数据总线由 D0~D7 共 8 根线组成（与低 8 位地址总线分时使用），一次可存取 8 位二进制数（即一个字节），控制总线由 RD、WR 和 ALE 共 3 根线组成。单片机在执行到读写片外存储器的程序时，会自动按一定的时序发送地址和控制信号，再读写数据，无须人工编程参与。

15.1.3　内部结构说明

8051 单片机内部结构如图 15-3 所示。从图中可以看出，单片机内部主要由 CPU、电源电路、时钟电路、复位电路、ROM（程序存储器）、RAM（数据存储器）、中断控制器、串行通信接口、定时器/计数器、P0~P3 端口的锁存器和输入/输出电路组成。

扫一扫看视频

图 15-3　8051 单片机内部结构

1. CPU

中央处理器（Central Processing Unit，CPU）主要由算术/逻辑运算器（ALU）和控制器组成。单片机在工作时，CPU 会按先后顺序从 ROM（程序存储器）的第一个存储单元（0000H 单元）开始读取程序指令和数据，然后按指令要求对数据进行算术（如加运算）或逻辑运算（如与运算），运算结果存入 RAM（数据存储器），在此过程中，CPU 的控制器会输出相应的控制信号，以完成指定的操作。

2. 时钟电路

时钟电路的功能是产生时钟信号送给单片机内部各电路，控制这些电路使之有节拍地工作。时钟信号频率越高，内部电路工作速度越快。

时钟信号的周期称为时钟周期（也称振荡周期）。两个时钟周期组成一个状态周期（S），它分为 P1、P2 两个节拍，P1 节拍完成算术、逻辑运算，P2 节拍传送数据。6 个状态周期组成一个机器周期（12 个时钟周期），而执行一条指令一般需要 1~4 个机器周期（12~48 个时钟周期）。如果单片机的时钟信号频率为 12MHz，那么时钟周期为 $1/12\mu s$，状态周期为 $1/6\mu s$，机器周期为 $1\mu s$，指令周期为 $1~4\mu s$。

3. ROM（程序存储器）

ROM（程序存储器）又称只读存储器，是一种具有存储功能的电路，断电后存储的信息不会消失。ROM 主要用来存储程序和常数，用编程软件编写好的程序经编译后写入 ROM。

ROM 主要有下面几种：

1）Mask ROM（掩膜只读存储器）。Mask ROM 中的内容由厂商生产时一次性写入，以后不能改变。这种 ROM 成本低，适用于大批量生产。

2）PROM（可编程只读存储器）。新的 PROM 没有内容，可将程序写入内部，但只能写一次，以后不能更改。如果 PROM 在单片机内部，PROM 中的程序写错了，整个单片机便不能使用。

3）EPROM（紫外线可擦写只读存储器）。EPROM 是一种可擦写的 PROM，采用 EPROM 的单片机上面有一块透明的石英窗口，平时该窗口被不透明的标签贴封，当需要擦除 EPROM 内部的内容时，可撕开标签，再用紫外线照射透明窗口 15~30min，即可将内部的信息全部擦除，然后重新写入新的信息。

4）EEPROM（电可擦写只读存储器）。EEPROM 也称作 E2PROM 或 E^2PROM，是一种可反复擦写的只读存储器，但它不像 EPROM 需要用紫外线来擦除信息，这种 ROM 只要加适当的擦除电压，就可以轻松快速地擦除其中的信息，然后重新写入信息。EEPROM 反复擦写可达 1000 次以上。

5）Flash Memory（快闪存储器）。Flash Memory（闪存）是一种长寿命的非易失性（在断电情况下仍能保持所存储的数据信息）的存储器，数据删除不是以单个字节为单位，而是以固定的区块（扇区）为单位，区块大小一般为 256KB 到 20MB。

Flash Memory 是 EEPROM 的变种，两者的区别主要在于，EEPROM 能在字节水平上进行删除和重写，而大多数 Flash Memory 需要按区块擦除或重写。由于 Flash Memory 断电时仍能保存数据，且数据擦写方便，故使用非常广泛（如手机、数码相机使用的存储卡）。STC89C5x 系列 51 单片机就采用 Flash Memory 作为程序存储器。

4. RAM（数据寄存器）

RAM（数据寄存器）又称随机存取存储器、可读写存储器。RAM 的特点是：可以存入信息（称作写），也可以将信息取出（称作读），断电后存储的信息会全部消失。RAM 可分为 DRAM（动态存储器）和 SRAM（静态存储器）。

DRAM 的存储单元采用了 MOS 管，它利用 MOS 管的栅极电容来存储信息，由于栅极电容容量小且漏电，故栅极电容保存的信息容易消失，为了避免存储的信息丢失，必须定时给栅极电容重写信息，这种操作称为"刷新"，故 DRAM 内部要有刷新电路。DRAM 虽然要有刷新电路，但其存储单元结构简单、使用元器件少、功耗低，且集成度高、单位容量价格低，因此需要大容量 RAM 的电路或电子产品（如计算机的内存条）一般采用 DRAM 作为 RAM。

SRAM 的存储单元由具有记忆功能的触发器构成，它具有存取速度快、使用简单、不需刷新和静态功耗极低等优点，但其使用元器件数量多、集成度低、运行时功耗大，单位容量价格高。因此一般需要小容量 RAM 的电路或电子产品（如单片机的 RAM）一般采用 SRAM 作为 RAM。

5. 中断控制器

当 CPU 正在按顺序执行 ROM 中的程序时，若 INT0（P3.2）或 INT1（P3.3）端送入一个中断信号（一般为低电平信号），如果编程时又将中断设为允许，中断控制器马上发出控制信号让 CPU 停止正在执行的程序，转而去执行 ROM 中已编写好的另外的某段程序（中断程序），中断程序执行完成后，CPU 又返回执行先前中断的程序。

8051 单片机中断控制器可以接收 5 个中断请求：INT0 和 INT1 端发出的两个外部中断请求、T0、T1 定时器/计数器发出的两个中断请求和串行通信接口发出的中断请求。

要让中断控制器响应中断请求，先要设置允许总中断，再设置允许某个或某些中断请求有效，若允许多个中断请求有效，还要设置优先级别（优先级别高的中断请求先响应），这些都可通过编程来设置。另外，还需要为每个允许的中断编写相应的中断程序，比如允许 INT0 和 T1 的中断请求，就需要编写 INT0 和 T1 的中断程序，以便 CPU 响应了 INT0 请求马上执行 INT0 中断程序，响应了 T1 请求马上执行 T1 中断程序。

6. 定时器/计数器

定时器/计数器是单片机内部具有计数功能的电路，可以根据需要将它设为定时器或计数器。如果要求 CPU 在一段时间（如 5ms）后执行某段程序，可让定时器/计数器工作在定时状态，当计到 5ms 后马上产生一个请求信号送到中断控制器，中断控制器则输出信号让 CPU 停止正在执行的程序，转而去执行 ROM 中特定的某段程序。

如果让定时器/计数器工作在计数状态，可以从单片机的 T0 或 T1 引脚输入脉冲信号，定时器/计数器开始对输入的脉冲进行计数，当计数到某个数值（如 1000）时，马上输出一个信号送到中断控制器，让中断控制器控制 CPU 去执行 ROM 中特定的某段程序（如让 P0.0 引脚输出低电平点亮外接 LED 灯的程序）。

7. 串行通信接口

串行通信接口是单片机与外部设备进行串行通信的接口。当单片机要将数据传送给外部设备时，可以通过串行通信接口将数据由 TXD 端输出；外部设备送来的数据可以从 RXD 端输入，通过串行通信接口将数据送入单片机。串行是指数据传递的一种方式，串行传递数据时，数据是一位一位传送的。

8. P0~P3 输入/输出电路和锁存器

8051 单片机有 P0~P3 四组端口，每组端口有 8 个输入/输出引脚，每个引脚内部都有一个输入电路、一个输出电路和一个锁存器。以 P0.0 引脚为例，当 CPU 根据程序需要读取 P0.0 引脚输入信号时，会往 P0.0 端口发出读控制信号，P0.0 端口的输入电路工作，P0.0 引脚的输入信号经输入电路后，分作两路，一路进入 P0.0 锁存器保存下来，另一路送给 CPU；当 CPU 根据程序需要从 P0.0 引脚输出信号时，会往 P0.0 端口发出写控制信号，同时往 P0.0 锁存器写入信号，P0.0 锁存器在保存信号的同时，会将信号送给 P0.0 输出电路（写 P0.0 端口时其输入电路被禁止工作），P0.0 输出电路再将信号从 P0.0 引脚送出。

15.2　8051 单片机 I/O 接口的结构与工作原理

单片机的 I/O 接口是输入信号和输出信号的通道。8051 单片机有 P0、P1、P2、P3 四组 I/O接口，每组有 8 个引脚。要学好单片机技术，应了解这些接口内部电路结构与工作原理。

15.2.1　P0 端口

P0 端口有 P0.0~P0.7 共 8 个引脚，这些引脚除了可用作输入引脚和输出引脚外，在外接存储器时，还可用作地址/数据总线引脚。P0 端口每个引脚的内部电路结构都相同，其内部电路结构如图 15-4 所示。

扫一扫看视频

1. P0 端口用作输出端的工作原理

以单片机需要从 P0.x 引脚输出高电平 "1" 为例。单片机内部相关电路通过控制线送出 "0（低电平）" 到与门的一个输入端和电子开关的控制端，控制线上的 "0" 一方面使与门关闭（即与门的一端为 "0" 时，不管另一端输入何种信号，输出都为 "0"），晶体管 VT1 栅极为 "0" 处于截止状态，地址/数据线送来的信号无法通过与门和晶体管 VT1；另一方面控制电子开关，让电子开关与锁存器的 $\overline{Q}$ 端连接。CPU 再从内部总线送高电平 "1" 到锁存器的 D 端，同时往锁存器的 CL 端送写锁存器信号，D 端的"1"马上存入锁存器并从 Q 和 $\overline{Q}$ 端输出，D 端输入"1"，Q 端输出"1"，$\overline{Q}$ 端则输出"0"，$\overline{Q}$ 端输出"0"经电子开关送到晶体管 VT2 的栅极，VT2 截止，由于 VT1 也处于截止，P0.x 引脚处于悬浮状态，因此需要在 P0.x 引脚上接上拉电阻，在 VT2 截止时，P0.x 引脚输出高电平。

图 15-4　P0 端口的内部电路结构

　　也就是说，当单片机需要将 P0 端口用作输出端时，内部 CPU 会送控制信号"0"到与门和电子开关，与门关闭（上晶体管 VT1 同时截止，将地址/数据线与输出电路隔开），电子开关将锁存器与输出电路连接，然后 CPU 通过内部总线往 P0 端口锁存器送数据和写锁存器信号，数据通过锁存器、电子开关和输出电路从 P0 端口的引脚输出。

　　在 P0 端口用作输出端时，内部输出电路的上晶体管处于截止（开路）状态，下晶体管的漏极处于开路状态（称为晶体管开漏），因此需要在 P0 端口接外部上拉电阻，否则无法可靠输出"1"或"0"。

2. P0 端口用作输入端口的工作原理

　　当单片机需要将 P0 端口用作输入端口时，内部 CPU 会先往 P0 端口锁存器写入"1"（往锁存器 D 端送"1"，同时给 CL 端送写锁存器信号），让 $\overline{Q}=0$，VT2 截止，关闭输出电路。P0 端口引脚输入的信号送到输入三态门的输入端，此时 CPU 再给三态门的控制端送读引脚控制信号，输入三态门打开，P0 端口引脚输入的信号就可以通过三态门送到内部总线。

　　如果单片机的 CPU 需要读取 P0 端口锁存器的值（或称读取锁存器存储的数据），会送读锁存器控制信号到三态门（上方的三态门），三态门打开，P0 锁存器的值（Q 值）给三态门送到内部总线。

3. P0 端口用作地址/数据总线的工作原理

　　如果要将 P0 端口用作地址/数据总线，单片机内部相关电路会通过控制线发出"1"，让与门打开，让电子开关和非门输出端连接。当内部地址/数据线为"1"时，"1"一方面通过与门送到 VT1 的栅极，VT1 导通；另一方面送到非门，反相后变为"0"，经电子开关送到 VT2 的栅极，VT2 截止，VT1 导通，P0 端口引脚输出为"1"。当内部地址/数据线为"0"时，VT1 截止，VT2 导通，P0 端口引脚输出"0"。

　　也就是说，当单片机需要将 P0 端口用作地址/数据总线时，CPU 会给与门和电子开关的控制端送"1"，与门打开，将内部地址/数据线与输出电路的上晶体管 VT1 接通，电子开关切断输出电路与锁存器的连接，同时将内部地址/数据线经非门反相后与输出电路的下晶体管 VT1 接通，这样 VT1、VT2 状态相反，让 P0 端口引脚能稳定输出数据或地址信号（1 或 0）。

15.2.2　P1 端口

P1 端口有 P1.0~P1.7 共 8 个引脚，这些引脚可作输入引脚和输出引脚。 P1 端口每个引脚的内部电路结构如图 15-5 所示。P1 端口的结构较 P0 端口简单很多，其输出电路采用了一个晶体管，在晶体管的漏极接了一只内部上拉电阻，所以在 P1 端口引脚外部可以不接上拉电阻。

图 15-5　P1 端口内部电路结构

（1）P1 端口用作输出端的工作原理

当需要将 P1 端口用作输出端时，单片机内部相关电路除了会往给锁存器的 D 端送数据外，还会往锁存器 CL 端送写锁存器信号，内部总线送来的数据通过 D 端进入锁存器并从 Q 和 $\overline{Q}$ 端输出，如 D 端输入"1"，则 $\overline{Q}$ 端输出"0"（Q 端输出"1"），$\overline{Q}$ 端的"0"送到晶体管的栅极，晶体管截止，从 P1 端口引脚输出"1"。

（2）P1 端口用作输入端的工作原理

当需要将 P1 端口用作输入端时，单片机内部相关电路会先往 P1 锁存器写"1"，让 Q=1、$\overline{Q}=0$，$\overline{Q}=0$ 会使晶体管截止，关闭 P1 端口的输出电路，然后 CPU 往输入三态门控制端送一个读引脚控制信号，输入三态门打开，从 P1 端口引脚输入的信号经输入三态门送到内部总线。

15.2.3　P2 端口

P2 端口有 P2.0~P2.7 共 8 个引脚，这些引脚除了可用作输入引脚和输出引脚外，在外接存储器时，还可用作地址总线（高 8 位）。 P2 端口每个引脚的内部电路结构都相同，如图 15-6 所示。

图 15-6　P2 端口内部电路结构

1. P2 端口用作输入/输出（I/O）端的工作原理

当需要将 P2 端口用作 I/O 接口时，单片机内部相关电路会送控制信号到电子开关的控制端，让电子开关与 P2 锁存器的 Q 端连接。

若要将 P2 端口用作输出端，CPU 会通过内部总线将数据送到锁存器的 D 端，同时给锁存器的 CL 端送写锁存器信号，D 端数据存入锁存器并从 Q 端输出，再通过电子开关、非门和晶体管从 P2 端口引脚输出。

若要将 P2 端口用作输入端，CPU 会先往 P2 锁存器写"1"，让 Q=1、$\overline{Q}$=0，Q=1 会使晶体管截止，关闭 P2 端口的输出电路，然后 CPU 往输入三态门控制端送一个读引脚控制信号，输入三态门打开，从 P2 端口引脚输入的信号经输入三态门送到内部总线。

2. P2 端口用作地址总线引脚的工作原理

如果要将 P2 端口用作地址总线引脚，单片机内部相关电路会发出一个控制信号到电子开关的控制端，让电子开关与内部地址线接通，地址总线上的信号就可以通过电子开关、非门和晶体管后从 P2 端口引脚输出。

15.2.4　P3 端口

P3 端口有 P3.0～P3.7 共 8 个引脚，P3 端口除了可用作输入引脚和输出引脚外，还具有第二功能，其内部电路结构如图 15-7 所示。

图 15-7　P3 端口内部电路结构

1. P3 端口用作 I/O 接口的工作原理

当需要将 P3 端口用作 I/O 接口时，单片机内部相关电路会送出"1"到与非门的一个输入端（第二功能输出端），打开与非门（与非门的特点是：一个输入端为"1"时，输出端与另一个输入端状态始终相反）。

若要将 P3 端口用作输出端，CPU 给锁存器的 CL 端送写锁存器信号，内部总线送来的数据通过 D 端进入锁存器并从 Q 端输出，再通过与非门和晶体管两次反相后从 P3 端口引脚输出。

若要将 P2 端口用作输入端，CPU 会先往 P3 锁存器写"1"，让 Q=1，与非门输出"0"，晶体管截止，关闭 P3 端口的输出电路，然后 CPU 往输入三态门控制端送一个读引脚控制信号，输入三态门打开，从 P3 端口引脚输入的信号经过输入缓冲器和输入三态门送到内部总线。

2. 当 P3 端口用作第二功能时

P3 端口的每个引脚都有第二功能，具体见表 15-1。P3 端口用作第二功能（又称复用功能）时，实际上也是在该端口输入或输出信号，只不过输入、输出的是一些特殊功能的信号。

表 15-1　8051 单片机 P3 端口各引脚的第二功能

端口引脚	第二功能名称及说明	端口引脚	第二功能名称及说明
P3.0	RXD：串行数据接收	P3.4	T0：定时器/计数器 0 输入
P3.1	TXD：串行数据发送	P3.5	T1：定时器/计数器 1 输入
P3.2	$\overline{INT0}$：外部中断 0 申请	P3.6	$\overline{WR}$：外部 RAM 写选通
P3.3	$\overline{INT1}$：外部中断 1 申请	P3.7	$\overline{RD}$：外部 RAM 读选通

当单片机需要将 P3 端口用作第二功能输出信号（如 RD、WR 信号）时，CPU 会先往 P3 锁存器写"1"，Q=1，它送到与非门的一个输入端，与非门打开，内部的第二功能输出信号送到与非门的另一个输入端，反相后输出去晶体管的栅极，经晶体管再次反相后从 P0 端口输出。

当单片机需要将 P3 端口用作第二功能输入信号（如 T0、T1 信号）时，CPU 也会往 P3 锁存器写"1"，Q=1，同时第二功能输出端也为"1"，与非门输出为"0"，晶体管截止，关闭输出电路，P0 端口引脚输入的第二功能信号经输入缓冲器送往特定的电路（如 T0、T1 计数器）。

15.3　8051 单片机的存储器

15.3.1　存储器的存储单位与编址

扫一扫看视频

1. 常用存储单位

位（bit）：它是计算机中最小的数据单位。由于计算机采用二进制数，所以 1 位二进制数称作 1bit，例如 101011 为 6bit。

字节（Byte，单位简写为 B）：8 位二进制数称为一个字节，1B = 8bit。

字（Word）：两个字节构成一个字，即 2Byte = 1Word。

在单片机中还有一个常用术语：字长。所谓字长是指单片机一次能处理的二进制数的位数。51 单片机一次处理 8 位二进制数，所以 51 单片机的字长为 8 位。

2. 存储器的编址与数据的读写说明

图 15-8 是一个容量为 256B 的存储器，内部有 256 个存储单元，每个存储单元可以存放 8 位二进制数。为了存取数据方便，需要对每个存储单元进行编号，也即对存储单元编址，编址采用二进制数，对 256 个存储单元全部编址至少要用到 8 位二进制数，第 1 个存储单元编址为 00000000，编写程序时为了方便，一般用十六进制数表示，二进制数 00000000 用十六进制表示就是 00H，H 表示十六制数，第二个存储单元编址为 01H，第 256 个存储单元编址为 FFH（也可以写成 0FFH）。

要对 256B 存储器的每个存储单元进行读写，需要 8 根地址线和 8 根数据线，

图 15-8　256B 存储器的编址

先送 8 位地址选中某个存储单元，再根据读控制或写控制，将选中的存储单元的 8 位数据从 8 根数据线送出，或通过 8 根数据线将 8 位数据存入选中的存储单元中。以图 15-8 为例，当地址总线 A7~A0 将 8 位地址 0001111（1FH）送入存储器时，会选中内部编址为 1FH 的存储单元，这时再从读控制线送入一个读控制信号，1FH 存储单元中的数据 00010111 从 8 根数据总线 D7~D0 送出。

15.3.2　片内外程序存储器的使用与编址

单片机的程序存储器主要用来存储程序、常数和表格数据。8051 单片机内部有 4KB 的程序存储器（8052 单片机内部有 8KB 的程序存储器，8031 单片机内部没有程序存储器，需要外接程序存储器），如果不够用（或无内部程序存储器），可以外接程序存储器。

8051 单片机最大可以外接容量为 64KB 的程序存储器（ROM），它与片内 4KB 程序存储器统一编址，当单片机的 $\overline{EA}$ 端接高电平（接电源正极）时，片内、片外程序存储器都可以使用，片内 4KB 程序存储器的编址为 0000H~0FFFH，片外 64KB 程序存储器的编址为 1000H~FFFFH，片外程序存储器低 4KB 存储空间无法使用，如图 15-9a 所示；当单片机的 $\overline{EA}$ 端接低电平（接地）时，只能使用片外程序存储器，其编址为 0000H~FFFFH 片内 4KB 程序存储器无法使用，如图 15-9b 所示。

图 15-9　8051 单片机片内、外程序存储器的使用与编址

15.3.3　片内外数据存储器的使用与编址

单片机的数据存储器主要用来存储运算的中间结果和暂存数据、控制位和标志位。8051 单片机内部数据存储大小为 256B，如果不够用也可以外接数据存储器。

8051 单片机最大可以外接容量为 64KB 的数据存储器（RAM），它与片内 256B 数据存储器分开编址，如图 15-10 所示。当 8051 单片机连接片外 RAM 时，片内 RAM 的 00H~FFH 存储单元地址与片外 RAM 的 0000H~00FFH 存储单元地址相同，为了区分两者，在用汇编语言编程时，读写片外 RAM 时要用 "MOVX" 指令（读写片内 RAM 时要用 "MOV" 指令）；在用 C 语言编程时，读写 RAM 时须先声明数据类型（内部数据或外部数据），若读写的数据存放在片内 RAM

中，要声明数据类型为内部数据类型（如用"data"声明），若读写的数据存放在片外 RAM 中，应声明数据类型为外部数据类型（如用"xdata"声明），单片机会根据声明的数据类型自动选择读写片内或片外 RAM。

图 15-10　8051 单片机片内、外数据存储器的使用与编址

15.3.4　数据存储器的分区

8051 单片机内部的数据存储器可分为 128B 的数据寄存器（地址为 00H～7FH）和 128B 的特殊功能寄存器区（地址为 80H～FFH），8052 单片机则可分为 256B 的数据存储器（地址为 00H～FFH）和 128B 的特殊功能寄存器区（地址为 80H～FFH），如图 15-11 所示。

图 15-11　8051、8052 单片机的数据存储器分区

根据功能不同，8051、8052 单片机的数据存储器可分为工作寄存器区（0～3 组）、位寻址区和用户 RAM 区，从图 15-11 可以看出，8052 单片机的用户 RAM 区空间较 8051 单片机多出 128B，该 128B 存储区地址与特殊功能寄存器区（SFR）的地址相同，但两者是两个不同的区域。特殊功能寄存器区的每个寄存器都有一个符号名称，如 P0（即 P0 锁存器）、SCON（串行通信控

制寄存器），特殊功能寄存器区只能用直接寻址方式访问，8052 单片机的新增的 128B 用户 RAM 区只能用间接方式访问。

扫一扫看视频

1. 工作寄存器区

单片机在工作时需要处理很多数据，有些数据要用来运算，有些要反复调用，有些要用来比较校验等，在处理这些数据时需要有地方暂时存放这些数据，单片机提供暂存数据的地方就是工作寄存器。

8051 单片机的工作寄存器区总存储空间为 32B，由 0~3 组工作寄存器组成，每组有 8 个工作寄存器（R0~R7），共 32 个工作寄存器（存储单元），地址编号为 00H~1FH，每个工作寄存器可存储一个字节数据（8 位）。四组工作寄存器的各个寄存器地址编号如下：

组号	R0	R1	R2	R3	R4	R5	R6	R7
0	00H	01H	02H	03H	04H	05H	06H	07H
1	08H	09H	0AH	0BH	0CH	0DH	0EH	0FH
2	10H	11H	12H	13H	14H	15H	16H	17H
3	18H	19H	1AH	1BH	1CH	1DH	1EH	1FH

单片机上电复位后，默认使用第 0 组工作寄存器，可以通过编程设置 PSW（程序状态字寄存器）的 RS1、RS0 位的值来换成其他组工作寄存器。当 PSW 的 RS1 位＝0、RS0 位＝0 时，使用第 0 组工作寄存器，RS1 位＝0、RS0 位＝1 时使用第 1 组工作寄存器，RS1 位＝1、RS0 位＝0 时使用第 2 组工作寄存器，RS1 位＝1、RS0 位＝1 时使用第 3 组工作寄存器，如图 15-12 所示。不使用的工作寄存器可当作一般的数据存储器使用。

			PSW(程序状态字寄存器)							RS1	RS0	工作寄存器组
最高位							最低位			0	0	第0组
D0H (地址)	C	AC	F0	RS1	RS0	OV	F1	P		0	1	第1组
										1	0	第2组
										1	1	第3组

图 15-12 PSW 的 RS1、RS0 位决定使用的工作寄存器组号

2. 位寻址区

扫一扫看视频

位寻址区位于工作寄存器区之后，总存储空间为 16B，有 16 个字节存储单元，字节地址为 20H~2FH，每个字节存储单元有 8 个存储位，一共有 16×8＝128 个存储位，每个位都有地址，称为位地址。利用位地址可以直接对位进行读写。

可位寻址区的 16 个字节单元与 128 个位的地址编号如图 15-13 所示。从图中可以看出，字节单元和存储位有部分相同的地址编号，单片机是以指令类型来区分访问地址为字节单元还是位单元，比如用字节指令访问地址 20H 时，访问的为 20H 字节单元，可以同时操作该字节单元的 8 位数，用位指令访问地址 20H 时，访问的为 24H 字节单元的 D0 位，只能操作该位的数据。

3. 用户 RAM 区

用户 RAM 区又称为数据缓存区，8051 单片机的用户 RAM 区有 80 个存储单元（字节），地址编号为 30H~7FH，8052 单片机的用户 RAM 区有 208 个存储单元（字节），地址编号为 30H~FFH。用户 RAM 区一般用来存储随机数据和中间运算结果等。

图 15-13　位寻址区的 16 个字节单元与 128 个位的地址编号

15.3.5　特殊功能寄存器

扫一扫看视频

特殊功能寄存器（Special Function Register，SFR）主要用于管理单片机内部各功能部件（如定时器/计数器、I/O 接口、中断控制器和串行通信接口等），通过编程设定一些特殊功能寄存器的值，可以让相对应的功能部件进入设定的工作状态。

1. 特殊功能寄存器的符号、字节地址、位地址和复位值

8051 单片机有 21 个特殊功能寄存器（SFR），见表 15-2。每个特殊功能寄存器都是一个字节单元（有 8 位），它们的地址离散分布在 80H ~ FFH 范围内，这个地址范围与数据存储器用户RAM 区（对于 8052 单片机而言）的 80H ~ FFH 地址重叠，为了避免寻址产生混乱，51 单片机规定特殊寄存器只能用直接寻址（直接写出 SFR 的地址或符号）方式访问，8052 单片机新增的128B 用户 RAM 区的 80H ~ FFH 单元只能用间接寻址方式访问。

21 个特殊功能寄存器都能以字节为单位进行访问，其中有一些特殊功能寄存器还可以进行位访问，能访问的位都有符号和位地址，位地址为特殊功能寄存器的字节地址加位号。以特殊功能寄存器 P0 为例，其字节地址为 80H（字节地址值可以被 8 整除），其 P0.0 ~ P0.7 位的位地址为 80H ~ 87H，访问字节地址 80H 时可读写 8 位（P0.0 ~ P0.7 位），访问位地址 82H 时仅可读写

P0.2 位。

　　有位地址的特殊寄存器既可以用字节地址访问整个寄存器（8 位），也可以用位地址（或位符号）访问寄存器的某个位；无位地址的特殊寄存器只能用字节地址访问整个寄存器。当位地址和字节地址相同时，单片机会根据指令类型来确定该地址的类型。单片机上电复位后，各特殊功能寄存器都有个复位初始值，具体见表 15-2，x 表示数值不定（或 1或 0）。

表 15-2　8051 单片机的 21 个特殊功能寄存器（SFR）

符　号	名　称	字节地址	位符号与位地址								复位值
P0	P0 锁存器	80H	87H P0.7	P0.6	P0.5	P0.4	P0.3	P0.2	P0.1	80H P0.0	1111 1111B
SP	堆栈指针	81H									0000 0111B
DPTR DPL	数据指针（低）	82H									0000 0000B
DPTR DPH	数据指针（高）	83H									0000 0000B
PCON	电源控制寄存器	87H	SMOD	SMOD0	-	POF	GF1	GF0	PD	IDL	00x1 0000B
TCON	定时器控制寄存器	88H	8FH TF1	TR1	TF0	TR0	IE1	IT1	IE0	88H IT0	0000 0000B
TMOD	定时器工作方式寄存器	89H	GATE	C/$\overline{\text{T}}$	M1	M0	GATE	C/$\overline{\text{T}}$	M1	M0	0000 0000B
TL0	定时器 0 低 8 位寄存器	8AH									0000 0000B
TL1	定时器 1 低 8 位寄存器	8BH									0000 0000B
TH0	定时器 0 高 8 位寄存器	8CH									0000 0000B
TH1	定时器 1 高 8 位寄存器	8DH									0000 0000B
P1	P1 锁存器	90H	97H P1.7	P1.6	P1.5	P1.4	P1.3	P1.2	P1.1	90H P1.0	1111 1111B
SCON	串口控制寄存器	98H	9FH SM0	SM1	SM2	REN	TB8	RB8	T1	98H R1	0000 0000B
SBUF	串口数据缓冲器	99H									xxxx.xxxx
P2	P2 锁存器	A0H	A7H P2.7	P2.6	P2.5	P2.4	P2.3	P2.2	P2.1	A0H P2.0	1111 1111B
IE	中断允许寄存器	A8H	AFH EA	-	ET2	ES	ET1	EX1	ET0	A8H EX0	0x00 0000B

（续）

符　号	名　称	字节地址	位符号与位地址								复位值
P3	P3 锁存器	B0H	B7H P3.7	P3.6	P3.5	P3.4	P3.3	P3.2	P3.1	B0H P3.0	1111 1111B
IP	中断优先级寄存器	B8H	BFH -	-	PT2	PS	PT1	PX1	PT0	B8H PX0	xx00 0000B
PSW	程序状态字寄存器	D0H	D7H CY	AC	F0	RS1	RS0	OV	F1	D0H P	0000 0000B
ACC	累加器	E0H									0000 0000B
B	寄存器 B	F0H									0000 0000B

2. 部分特殊功能寄存器介绍

单片机的特殊功能寄存器很多，可以分为特定功能型和通用型。对于特定功能型特殊功能寄存器，当向某些位写入不同的值时，可以将其控制的功能部件设为不同工作方式，读取某些位的值，可以了解相应功能部件的工作状态；通用型特殊功能寄存器主要用于运算、寻址和反映运算结果状态。

特定功能型特殊功能寄存器将在后面介绍功能部件的章节说明，下面介绍一些通用型特殊功能寄存器。

（1）累加器（ACC）

累加器又称 ACC，简称 A，是一个 8 位寄存器，其字节地址为 E0H。**累加器是单片机中使用最频繁的寄存器，在进行算术或逻辑运算时，数据大多数先进入 ACC，运算完成后，结果也大多数也送入 ACC。**

（2）寄存器 B

寄存器 B 主要用于乘、除运算，其字节地址是 F0H。在乘法运算时，一个数存放在 A（累加器）中，另一个数存放在 B 中，运算结果得到的积（16 位），积的高字节存放在 B 中，低字节存放在 A 中；在除法运算时，被除数取自 A，除数取自 B，运算结果得到的商（8 位）和余数（8 位），商存放在 A 中，余数存放在 B 中。

（3）数据指针寄存器（DPTR）

数据指针寄存器（DPTR）简称数据指针，是一个 16 位寄存器，由 DPH 和 DPL 两个 8 位寄存器组成，地址分别为 82H、83H。**DPTR 主要在单片机访问片外 RAM 时使用，用于存放片外RAM 的 16 位地址，DPH 保存高 8 位地址，DPL 保存低 8 位地址。**

（4）堆栈指针寄存器（SP）

人们在洗碗碟时，通常是将洗完的碗碟一只一只由下往上堆起来，使用时则是将碗碟从上往下一只一只取走。这个过程有两个要点：一是这些碗碟的堆放是连续的；二是先堆放的后取走，后堆放的先取走。单片机的堆栈与上述情况类似。**堆栈是指在单片机数据存储器中划分出的一个连续的存储空间，这个存储空间存取数据时具有"先进后出，后进先出"的特点。**

在存储器存取数据时，首先根据地址选中某个单元，再将数据存入或取出。如果有一批数据要连续存入存储器，比如将 5 个数据（每个数据为 8 位）依次存入地址为 30H~34H 的 5 个存储单元中，按一般的操作方法是：先选中地址为 30H 的存储单元，再将第 1 个数据存入该单元，然后选中地址为 31H 的存储单元，再将第 2 个数据存入该单元，显然这样存取数据比较麻烦，采用堆栈可以很好地解决这个问题。

在数据存储器中划分堆栈的方法是：通过编程的方法设置堆栈指针寄存器（SP）的值，如让 SP = 2FH，SP 就将存储器地址为 2FH 的存储单元设为堆栈的栈顶地址，2FH 单元后面的连续存储单元就构成了堆栈，如图 15-14 所示。堆栈设置好后，就可以将数据按顺序依次存入堆栈或从堆栈中取出，在堆栈中存取数据按照"先进后出，后进先出"的规则进行。

图 15-14 堆栈的使用

需要注意的是，堆栈指针寄存器（SP）中的值并不是堆栈的第一个存储单元的地址，而是前一个单元的地址，例如 SP = 2FH，那么堆栈的第一个存储单元的地址是 30H，第 1 个数据存入 30H 单元。单片机通电复位后，SP 的初始值为 07H，这样堆栈第一个存储单元的地址就为 08H，由于 08H~1FH 地址已划分给 1~3 组工作寄存器，在需要用到堆栈时，要在编程时设 SP = 2FH，这样就将堆栈设置在数据存储器的用户 RAM 区（30H~7FH）。

（5）程序状态字寄存器（PSW）

程序状态字寄存器（PSW）的地址是 D0H，它是一个状态指示寄存器（又称标志寄存器），用来指示系统的工作状态。 PSW 是一个 8 位寄存器，可以存储 8 位数，各位代表不同的功能。程序状态字寄存器（PSW）的字节地址、各位地址和各位功能如图 15-15 所示。

图 15-15 程序状态字寄存器（PSW）的字节地址、各位地址和各位功能

D7 位（C）：进位标志位。当单片机进行加、减运算时，若运算结果最高位有进位或借位时，C 位置 1，无进位或借位时，C 位置 0。在进行位操作时，C 用作位操作累加器。

D6 位（AC）：半进位标志位。单片机进行加、减运算时，当低半字节的 D3 位向高半字节的 D4 位有进位或借位时，AC 位置 1，否则 AC 位置 0。

D5 位（F0）：用户标志位 0。用户可设定的标志位，可置 1 或置 0。

D4 位（RS1）、D3 位（RS0）：工作寄存器组选择位。这两位有 4 种组合状态，用来控制工作寄存器区（00H~1FH）4 组中的某一组寄存器进入工作状态。

D2 位（OV）：溢出标志位。在进行有符号数运算时，若运算结果超出−128~+127 范围，OV = 1，否则 OV = 0；当进行无符号数乘法运算时，若运算结果超出 255，OV = 1，否则 OV = 0；当进行无符号数除法运算时，若除数为 0，OV = 1，否则 OV = 0。

D1 位（F1）：用户标志位 1。同 F0 位，用户可设定的标志位，可置 1 或置 0。

D0 位（P）：奇偶校验位。该位用于对累加器 A 中的数据进行奇偶校验，当累加器 A 中"1"的个数为奇数值时，P = 1，若累加器 A 中的"1"的个数为偶数值时，P = 0。51 系列单片机总是保持累加器 A 与 P 中"1"的总个数为偶数值，比如累加器 A 中有 3 个"1"，即"1"的个数为奇数值，那么 P 应为"1"，这样才能让两者"1"的总个数为偶数值，这种校验方式称作偶校验。

15.4　STC89C5x 系列单片机介绍

STC 公司（宏晶科技公司）是全球最大的 8051 内核单片机设计公司，其单片机性能出众，使用非常广泛。STC 公司以 8051 单片机为内核，对其功能进行改进、增加或缩减，生产出多个系列的 51 单片机：89 系列、90 系列、10 系列、11 系列、12 系列和 15 系列。89 系列是最基础的 51 单片机，可以完全兼容 Atmel 的 AT89 系列单片机，属于 12T 单片机（1 个机器周期占用 12 个时钟周期）。90 系列是基于 89 系列的改进型产品系列。10 系列和 11 系列是 1T 单片机（1 个机器周期为 1 个时钟周期），运算速度快。12 系列是增强型功能的 1T 单片机，型号标有"AD"的具有 A/D（模/数）转换功能。15 系列是最新推出的产品，最大的特点是内部集成了高精度的 R/C 时钟，可以无须外接晶振和外接复位电路来代替 89 系列。

15.4.1　STC89C5x 单片机的版本、封装形式和引脚

1. 两种版本与封装形式

STC89C5x 系列单片机分为 HD 和 90C 两个版本。两个版本的区别方法是查看单片机表面文字最后一行的最后几个文字，若为 90C 则表示该单片机为 90C 版本，若为 HD 则表示该单片机为 HD 版本，如图 15-16 所示。

最后的文字为90C表示该单片机为90C版本，若为HD则为HD版本

图 15-16　STC89C5x 系列单片机的版本识别方法

HD 版为早期版本，其引脚功能与 8051 单片机更为接近，有 $\overline{EA}$、$\overline{PSEN}$ 引脚，90C 版为改进版本，它将不常用的 $\overline{EA}$、$\overline{PSEN}$ 引脚分别改成了 P4.6、P4.4，并将 ALE 引脚改成了 ALE/P4.5 复用功能引脚。STC89C5x 系列单片机的 HD 版和 90C 版的常用封装形式及引脚区别如图 15-17 所示。

图 15-17 STC89C5x 系列单片机的 HD 版的常用封装形式及引脚区别

STC89C5x 系列单片机采用的封装形式主要有 PDIP、LQFP、PQFP 和 PLCC，这几种封装的实物芯片外形如图 15-18 所示，其中，PDIP、LQFP 封装更为常用。

PDIP	LQFP	PQFP	PLCC
（塑料双列直插式封装）	（薄型方块扁平封装）	（塑料方块扁平封装）	（塑封带引线芯片载体封装）

图 15-18 四种常见的芯片封装形式

2. 引脚功能说明

STC89C5x 系列单片机的引脚功能说明见表 15-3，阴影部分为在 8051 单片机基础上改进或新增的功能引脚。

表 15-3　STC89C5x 系列单片机的引脚功能说明

引　　脚	引 脚 编 号			说　　明
	LQFP-44 PQFP-44	PDIP-40	PLCC-44	
P0.0~P0.7	37-30	39-32	43~36	P0 端口既可作为输入/输出，也可作为地址/数据复用总线使用。当 P0 端口作为输入/输出时，P0 端口是一个 8 位准双向口，上电复位后处于开漏模式。P0 端口内部无上拉电阻，所以作 I/O 接口必须外接 4.7~10kΩ 的上拉电阻。当 P0 端口作为地址/数据复用总线使用时，是低 8 位地址线 [A0~A7]，数据线的 [D0~D7]，此时无须外接上拉电阻
P1.0/T2	40	1	2	P1.0　标准 I/O 接口
				T2　　定时器/计数器 2 的外部输入
P1.1/T2EX	41	2	3	P1.1　标准 I/O 接口
				T2EX　定时器/计数器 2 捕捉/重装方式的触发控制
P1.2	42	3	4	标准 I/O 接口
P1.3	43	4	5	标准 I/O 接口
P1.4	44	5	6	标准 I/O 接口
P1.5	1	6	7	标准 I/O 接口
P1.6	2	7	8	标准 I/O 接口
P1.7	3	8	9	标准 I/O 接口
P2.0~P2.7	18-25	21-28	24~31	P2 端口内部有上拉电阻，既可作为输入/输出，也可作为高 8 位地址总线使用（A8~A15）。当 P2 端口作为输入/输出时，P2 是一个 8 位准双向接口
P3.0/RxD	5	10	11	P3.0　标准 I/O 接口
				RxD　串口 1 数据接收端
P3.1/TxD	7	11	13	P3.1　标准 I/O 接口
				TxD　串口 1 数据发送端
P3.2/$\overline{INT0}$	8	12	14	P3.2　标准 I/O 接口
				$\overline{INT0}$　外部中断 0，下降沿中断或低电平中断
P3.3/$\overline{INT1}$	9	13	15	P3.3　标准 I/O 接口
				$\overline{INT1}$　外部中断 1，下降沿中断或低电平中断
P3.4/T0	10	14	16	P3.4　标准 I/O 接口
				T0　　定时器/计数器 0 的外部输入
P3.5/T1	11	15	17	P3.5　标准 I/O 接口
				T1　　定时器/计数器 1 的外部输入
P3.6/$\overline{WR}$	12	16	18	P3.6　标准 I/O 接口
				$\overline{WR}$　外部数据存储器写脉冲
P3.7/$\overline{RD}$	13	17	19	P3.7　标准 I/O 接口
				$\overline{RD}$　外部数据存储器读脉冲
P4.0	17	—	23	P4.0　标准 I/O 接口
P4.1	28	—	34	P4.1　标准 I/O 接口
P4.2/$\overline{INT3}$	39	—	1	P4.2　标准 I/O 接口
				$\overline{INT3}$　外部中断 3，下降沿中断或低电平中断

（续）

引　脚	引脚编号			说　明	
	LQFP-44 PQFP-44	PDIP-40	PLCC-44		
P4.3/$\overline{INT2}$	6	—	12	P4.3	标准 I/O 接口
				$\overline{INT3}$	外部中断2，下降沿中断或低电平中断
P4.4/$\overline{PSEN}$	26	29	32	P4.4	标准 I/O 接口
				$\overline{PSEN}$	外部程序存储器选通信号输出引脚
P4.5/ALE	27	30	33	P4.5	标准 I/O 接口
				ALE	地址锁存允许信号输出引脚/编程脉冲输入引脚
P4.6/$\overline{EA}$	29	31	35	P4.6	标准 I/O 接口
				$\overline{EA}$	内外存储器选择引脚
RST	4	9	10	RST	复位脚
XTAL1	15	19	21		内部时钟电路反相放大器输入端，接外部晶振的一个引脚。当直接使用外部时钟源时，此引脚是外部时钟源的输入端
XTAL2	14	18	20		内部时钟电路反相放大器的输出端，接外部晶振的另一端。当直接使用外部时钟源时，此引脚可浮空，此时 XTAL2 实际将 XTAL1 输入的时钟进行输出
VCC	38	40	44	电源正极	
GND	16	20	22	电源负极，接地	

15.4.2　STC89C5x 系列单片机的型号命名规则

STC89C5x 系列单片机的型号命名规则如下：

15.4.3　STC89C5x 系列单片机的常用型号的主要参数

　　STC89C5x 系列单片机常用型号的主要参数见表 15-4，为便于比较，表中也列出了部分最新的 15 系列单片机主要参数。

表 15-4　STC89C5x 系列单片机常用型号的主要参数

型　　号	工作电压/V	Flash程序存储器/B	SRAM/B	EEP-ROM/B	定时器	A/D 10位8路	降低EMI	双倍速	最多有I/O接口	支持掉电唤醒外部中断	内置复位	看门狗	ISP	IAP	功能更强 不需外部时钟 不需外部复位 的替代型号 (需修改硬件电路)
STC89C51	5.5-3.8	4K	512	9K	3个	—	√	√	39个	4个	有	有	√	√	STC15W404S
STC89LE51	2.4-3.6	4K	512	9K	3个	—	√	√	39个	4个	有	有	√	√	STC15W404S
STC15W404S	5.5-2.5	4K	512	9K	3个	—	√		42个	5个	强	强	√	√	
STC89C52	5.5-3.8	8K	512	5K	3个	—	√	√	39个	4个	有	有	√	√	STC15W408S
STC89LE52	2.4-3.6	8K	512	5K	3个	—	√	√	39个	4个	有	有	√	√	STC15W408S
STC15W408S	5.5-2.5	8K	512	5K	3个	—	√		42个	5个	强	强	√	√	
STC89C53	5.5-3.8	12K	512	2K	3个	—	√	√	39个	4个	有	有	√	√	IAP15W413S
STC89LE53	2.4-3.6	12K	512	2K	3个	—	√	√	39个	4个	有	有	√	√	IAP15W413S
STC89C14	5.5-3.8	14K	512	–	3个	—	√	√	39个	4个	有	有	√	√	IAP15W413S
STC89LE14	2.4-3.6	14K	512	–	3个	—	√	√	39个	4个	有	有	√	√	IAP15W413S
IAP15W413S	5.5-2.5	13K	512	IAP	3个	—	√		42个	5个	强	强	√	√	
STC89C54	5.5-3.8	16K	1280	45K	3个	—	√	√	39个	4个	有	有	√	√	STC15W1K16S
STC89LE54	2.4-3.4	16K	1280	45K	3个	—	√	√	39个	4个	有	有	√	√	STC15W1K16S
STC15W1K16S	5.5-2.6	16K	1024	13K	3个	—	√		42个	5个	强	强	√	√	
STC89C58	5.5-3.8	32K	1280	29K	3个	—	√	√	39个	4个	有	有	√	√	IAP15W1K29S

（续）

型　号	工作电压/V	Flash程序存储器/B	SRAM/B	EEP-ROM/B	定时器	A/D 10位8路	降低EMI	双倍速	最多有I/O接口	支持掉电唤醒外部中断	内置复位	看门狗	ISP	IAP	功能更强不需外部时钟不需外部复位的替代型号（需修改硬件电路）
STC89LE58	2.4-3.4	32K	1280	29K	3个	—	√	√	39个	4个	有	有	√	√	IAP15W1K29S
IAP15W1K29S	5.5-2.6	29K	1024	IAP	3个		√		42个	5个	强	强	√	√	
STC89C516	5.5-3.8	62K	1280		3个		√		39个	4个	有	有	√	√	IAP15F2K61S
IAP15F2K61S	5.5-3.8	61K	2048	IAP	3个		√		42个	5个	强	强	√	√	
STC89LE516	2.4-3.4	62K	1280		3个		√		39个	4个	有	有	√	√	IAP15L2K61S
IAP15L2K61S	2.4-3.6	61K	2048	IAP	3个		√		42个	5个	强	强	√	√	
STC89C510	5.5-3.8	40K	1280	22K	3个		√		39个	4个	有	有	√	√	
STC89LE510	2.4-3.4	40K	1280	22K	3个		√		39个	4个	有	有	√	√	
STC89C512	5.5-3.8	48K	1280	14K	3个	—	√		39个	4个	有	有	√	√	
STC89LE512	2.4-3.4	48K	1280	14K	3个	—	√		39个	4个	有	有	√	√	
STC89C514	5.5-3.8	56K	1280	6K	3个	—	√		39个	4个	有	有	√	√	
STC89LE514	2.4-3.4	56K	1280	6K	3个	—	√	√	39个	4个	有	有	√	√	

15.4.4　STC89C5x 系列单片机的 I/O 接口

1. I/O 接口上电复位状态与灌电流、拉电流

STC89C5x 系列单片机有 P0、P1、P2、P3 和 P4 端口，P4 端口为新增端口。单片机上电复位后，P1、P2、P3、P4 端口的锁存器均为 1，各端口引脚内部的晶体管截止，晶体管漏极有上拉电阻（阻值很大，称为弱上拉），P0 端口的锁存器也为 1，端口引脚内部的晶体管截止，晶体管漏极无上拉电阻（称为晶体管开漏）。

P0 端口上电复位后内部晶体管无上拉电阻，处于开漏状态，如果该端口用作输入、输出端，需要外接 4.7kΩ~10kΩ 的上拉电阻；如果用作外部存储器的地址/数据线，可不用外接上拉电阻。

　　单片机端口引脚可以流入电流，也可以流出电流，从外部流入引脚的电流称为灌电流，从引脚内部流出的电流称为拉电流，如图 15-19 所示。STC89C5x 系列单片机 P0 端口的灌电流最大为 12mA，其他端口的灌电流最大为 6mA。各端口的拉电流很小，一般在 0.23mA 以下。

图 15-19　单片机的拉电流和灌电流

2. P4 端口的使用

STC89C5x 系列单片机在 8051 单片机的基础上增加了 P4 端口。P4 端口锁存器与 P0～P3 锁存器一样，属于特殊功能寄存器，它是一个 8 位寄存器，由 8 个位锁存器组成。

（1）P4 锁存器的字节地址、位地址与地址定义

P4 锁存器的字节地址和各位地址如图 15-20 所示。

位地址 →	EFH	EEH	EDH	ECH	EBH	EAH	E9H	E8H
字节地址 = E8H	–	P4.6	P4.5	P4.4	P4.3	P4.2	P4.1	P4.0

图 15-20　P4 锁存器的字节地址和各位地址

　　8051 单片机没有 P4 端口，故 C 语言编程时调用的头文件"reg51.h"中也没有 P4 锁存器的地址定义，要使用 P4 端口，编程时需要先定义 P4 锁存器的地址，也可以把 P4 锁存器的地址定义写进"reg51.h"。在 Keil C51 软件中定义 P4 锁存器的字节地址和各位地址如图 15-21 所示。

图 15-21　在 Keil C51 软件中定义 P4 锁存器的字节地址和各位地址

（2）ALE/P4.5 引脚的使用

90C 版本的 STC89C5x 系列单片机的 ALE 引脚具有 ALE 和 P4.5 两种功能，该引脚用作何种

功能可在给单片机下载程序时，在烧录软件中设置，具体如图 15-22 所示，旧版的烧录软件无该设置项。

图 15-22　在烧录软件中设置 ALE 引脚的功能

3. I/O 接口与外部电路的连接

（1）P0 端口与外部电路的连接

P0 端口用作输入或输出端时，内部晶体管漏极与电源之间无上拉电阻，即内部晶体管开漏，需要在引脚外部连接 **4.7kΩ~10kΩ** 的上拉电阻，如图 15-23 所示，**P0 端口用作地址/数据总线端口时，可以不外接上拉电阻**。

（2）P0~P4 端口用作输出端的外部驱动电路

P0~P4 端口用作输出端时，输出电流（上拉电流）很小，很难直接驱动负载，可在引脚外部连接图 15-24 所示的电路。

图 15-23　P0 端口用作输入或输出端口时要外接上拉电阻

图 15-24　P0~P4 端口用作输出端时的外部驱动电路

（3）I/O 接口连接高电压的电路

STC89C5x 单片机的电源为 5V，其内部电路也是按此 5V 供电标准设计的，当 I/O 接口与外部高于 5V 的电路连接时，为避免高电压进入 I/O 接口损坏单片机内部电路，需要给 I/O 接口连接一些隔离保护电路。

当 I/O 接口用作输入电路且连接高电压电路时，可在 I/O 接口连接一个二极管来隔离高电压，如图 15-25a 所示，输入低电平（开关 S 闭合）时，二极管 VD 导通，I/O 接口电压被拉低到 0.7V（低电平），输入高电压（S 断开，VD 负极电压高于 5V）时，VD 截止，I/O 接口电压在内部被拉高，即 I/O 接口输入为高电平。

当 I/O 接口用作输出电路且连接高电压电路时，可在 I/O 接口连接晶体管来隔离电压，如图 15-25b 所示，该电路同时还能放大 I/O 接口的输出信号。

a) I/O 接口用作输入电路时可外接一个二极管来隔离高电压

b) I/O 接口用作输出电路时可外接晶体管来隔离高电压

图 15-25　单片机 I/O 接口连接高电压电路的隔离电路

15.4.5　STC89C5x 系列单片机的程序存储器与数据存储器

1. 程序存储器

程序存储器用于存放用户程序、表格数据和常数等信息。STC89C5x 系列单片机内部集成了 4~62KB 的 Flash 程序存储器。

当用户编写的程序很大时，建议直接选用大容量程序存储器的单片机，尽量不采用小容量单片机加片外程序存储器方式。

2. 数据存储器

数据存储器用于存放程序执行的中间结果和过程数据。STC89C5x 系列单片机内部数据存储器由内部 RAM 和内部扩展 RAM 组成，小容量单片机（如 STC89C51、STC89C14 等）内部集成了 512B 的数据存储器（256B 内部 RAM+256B 内部扩展 RAM），大容量单片机（如 STC89C54、STC89C516 等）内部集成了 1280B 的数据存储器（256B 内部 RAM+1024B 内部扩展 RAM）。

（1）256B 内部 RAM

STC89C5x 系列单片机 256B 内部 RAM 由低 128B 的 RAM（地址为 00H~7FH，与 8051 单片机一样）和高 128B 的 RAM（地址为 80HH~FFH）组成，即 STC89C5x 系列单片机 256B 内部 RAM 的使用与 8052 单片机一样，可参见前图 15-11。

（2）256B 或 1024B 内部扩展 RAM

STC89C5x 系列单片机的内部扩展 RAM 虽然在单片机内部，但单片机将它当作片外 RAM 使用，像 8051 单片机使用片外 RAM 一样访问，不过 P0、P2 端口不会输出地址和数据信号，RD、WR 端也不会输出读、写控制信号。小容量单片机的 256B 内部扩展 RAM 的地址为 00H~FFH，大容量单片机的 1024B 内部扩展 RAM 的地址为 0000H~03FFH。

内部扩展 RAM 的有一部分地址（00H~FFH）与内部 RAM 地址相同，在访问两者都有的地址时，单片机会根据指令的类型（汇编语言编程时）或数据存储类型（C 语言编程时）来区别该地址是指向内部 RAM 或是内部扩展 RAM。

（3）内部扩展 RAM 的使用

若要访问内部扩展 RAM，在用汇编语言编程时，要用到访问外部 RAM 的 MOVX 指令，如 "MOVX　@ DPTA A"、"MOVX　A　@ R1"，在用 C 语言编程时，可使用 xdata 声明存储类型，

如 "unsigned char xdata i = 0;"。

另外，访问内部扩展 RAM 还要设置 AUXR（辅助寄存器，属于特殊功能寄存器）。辅助寄存器 AUXR 的字节地址为 8EH，各位定义及复位值如图 15-26 所示。

字节地址	高位							低位	复位值
8EH	—	—	—	—	—	—	EXTRAM	ALEOFF	xxxxx00

图 15-26　AUXR（辅助寄存器）的字节地址、位定义及复位值

1）EXTRAM：内部/外部扩展 RAM 存取控制位。当 EXTRAM = 0 时，可存取内部扩展 RAM。对于 STC89C5x 系列小容量单片机，可访问 256B 内部扩展 RAM，（地址范围为 00H ~ FFH），一旦访问地址超过了 FFH，单片机会访问片外 RAM；对于 STC89C5x 系列大容量单片机，可访问 1024B 内部扩展 RAM，（地址范围为 00H ~ 3FFH），一旦访问地址超过了 3FFH，单片机会访问片外 RAM。

当 EXTRAM = 1 时，禁止访问内部扩展 RAM，允许存取片外 RAM。访问片外 RAM 的方法与 8051 单片机一样。

2）ALEOFF：ALE 引脚功能关闭。当 ALEOFF = 0 时，在 12 时钟模式（一个机器周期为 12 个时钟周期，又称 12T 模式）时，ALE 引脚固定输出 1/6 晶振频率的信号，在 6 时钟模式（6T）时，ALE 引脚固定输出 1/3 晶振频率的信号。

当 ALEOFF = 1 时，ALE 引脚仅在访问片外存储器时才输出信号，其他情况下无输出，减少对外部电路的干扰。

此外，访问内部扩展 RAM 还要

图 15-27　在烧录软件中设置选用内部扩展 RAM

在烧录程序时在烧录软件中设置内部扩展 RAM 可用，如图 15-27 所示。

15.4.6　STC89C5x 系列单片机的特殊功能寄存器

特殊功能寄存器（SFR）区是单片机内部一个特殊功能的 RAM 区，该区域内的特殊功能寄存器主要用来管理、控制和监视各功能模块。SFR 区的地址范围为 80H ~ FFH，它与单片机内部高 128 字节 RAM 的地址相同，但前者只能使用直接地址访问。

STC89C5x 系列单片机的特殊功能寄存器见表 15-5。它是在 8051 单片机基础上增加了很多特殊功能寄存器，阴影部分为增加的特殊功能寄存器，字节地址最低位为 0 或 8（如 80H、98H、D0H 等）的特殊功能寄存器可位寻址，即这些寄存器直接访问某位。各特殊功能寄存器的用法在后面介绍单片机各功能模块使用时详细说明。

表 15-5　STC89C5x 系列单片机的特殊功能寄存器

符　号	名　称	字节地址	位符号与位地址（字节地址低位为 0 或 8 的寄存器可位寻址）								复位值
P0	P0 锁存器	80H	87H							80H	1111 1111B
			P0.7	P0.6	P0.5	P0.4	P0.3	P0.2	P0.1	P0.0	
SP	堆栈指针	81H									0000 0111B

（续）

符　号	名　称	字节地址	位符号与位地址（字节地址低位为 0 或 8 的寄存器可位寻址）								复位值
DPTR $\begin{array}{c}\text{DPL}\\\hline\text{DPH}\end{array}$	数据指针（低）	82H									0000 0000B
	数据指针（高）	83H									0000 0000B
PCON	电源控制寄存器	87H	SMOD	SMOD0	-	POF	GF1	GF0	PD	IDL	00x1 0000B
TCON	定时器控制寄存器	88H	8FH							88H	0000 0000B
			TF1	TR1	TF0	TR0	IE1	IT1	IE0	IT0	
TMOD	定时器工作方式寄存器	89H	GATE	C/$\overline{\text{T}}$	M1	M0	GATE	C/$\overline{\text{T}}$	M1	M0	0000 0000B
TL0	定时器 0 低 8 位寄存器	8AH									0000 0000B
TL1	定时器 1 低 8 位寄存器	8BH									0000 0000B
TH0	定时器 0 高 8 位寄存器	8CH									0000 0000B
TH1	定时器 1 高 8 位寄存器	8DH									0000 0000B
AUXR	辅助寄存器	8EH	-	-	-	-	-	-	EXTRAM	ALEOFF	xxxx xx00B
P1	P1 锁存器	90H	97H							90H	1111 1111B
			P1.7	P1.6	P1.5	P1.4	P1.3	P1.2	P1.1	P1.0	
SCON	串口控制寄存器	98H	9FH							98H	0000 0000B
			SM0	SM1	SM2	REN	TB8	RB8	T1	R1	
SBUF	串口数据缓冲器	99H									xxxx. xxxx
P2	P2 锁存器	A0H	A7H							A0H	1111 1111B
			P2.7	P2.6	P2.5	P2.4	P2.3	P2.2	P2.1	P2.0	
AUXR1	辅助寄存器 1	A2H	-	-	-	-	GF2	-	-	DPS	xxxx 0xx0B
IE	中断允许寄存器	A8H	AFH							A8H	0x00 0000B
			EA	-	ET2	ES	ET1	EX1	ET0	EX0	
SADDR	从机地址控制寄存器	A9H									0000 0000B
P3	P3 锁存器	B0H	B7H							B0H	1111 1111B
			P3.7	P3.6	P3.5	P3.4	P3.3	P3.2	P3.1	P3.0	
IPH	中断优先级寄存器（高）	B7H	PX3H	PX2H	PT2H	PSH	PT1H	PX1H	PT0H	PX0H	0000 0000B
IP	中断优先级寄存器	B8H	BFH							B8H	xx00 0000B
			-	-	PT2	PS	PT1	PX1	PT0	PX0	

（续）

符　号	名　称	字节地址	位符号与位地址 （字节地址低位为 0 或 8 的寄存器可位寻址）								复位值
SADEN	从机地址掩模寄存器	B9H									0000 0000B
XICON	辅助中断控制寄存器	C0H	C7H PX3	EX3	IE3	IT3	PX2	EX2	IE2	C0H IT2	0000.0000B
T2CON	定时器 2 控制寄存器	C8H	CFH TF2	EXF2	RCLK	TCLK	EXEN2	TR2	C/$\overline{T2}$	C8H CP/$\overline{RL2}$	0000 0000B
T2MOD	定时器 2 工作模式寄存器	C9H	-	-	-	-	-	-	T2OE	DCEN	xxxx xx00B
RCAP2L	定时器 2 重装/捕捉 低 8 位寄存器	CAH									0000 0000B
RCAP2H	定时器 2 重装/捕捉 高 8 位寄存器	CBH									0000 0000B
TL2	定时器 2 低 8 位寄存器	CCH									0000 0000B
TH2	定时器 2 高 8 位寄存器	CDH									0000 0000B
PSW	程序状态字寄存器	D0H	D7H CY	AC	F0	RS1	RS0	OV	F1	D0H P	0000 0000B
ACC	累加器	E0H									0000 0000B
WDT_CONTR	看门狗控制寄存器	E1H	-	-	EN_WDT	CLR_WDT	IDLE_WDT	PS2	PS1	PS0	xx00 0000B
ISP_DATA	ISP/IAP 数据寄存器	E2H									1111 1111B
ISP_ADDRH	ISP/IAP 高 8 位 地址寄存器	E3H									0000 0000B
ISP_ADDRL	ISP/IAP 低 8 位 地址寄存器	E4H									0000 0000B
ISP_CMD	ISP/IAP 命令寄存器	E5H	-	-	-	-	-	MS2	MS1	MS0	xxxx x000B
ISP_TRIG	ISP/IAP 命令触发寄存器	E6H									xxxx xxxxB
ISP_CONTR	ISP/IAP 控制寄存器	E7H	ISPEN	SWBS	SWRST	-	-	WT2	WT1	WT0	000x x000B
P4	P4 锁存器	E8H	EFH -	-	-	-	P4.3	P4.2	P4.1	E8H P4.0	xxxx 1111B
B	B 寄存器	F0H									0000 0000B

第**16**章

电路绘图软件基础

16.1 概　　述

在近年来，电子技术得到飞速的发展，已经渗透到社会的许多领域，根据电子技术应用领域不同，可分为家庭消费电子技术、汽车电子技术、医疗电子技术、IT 数码电子技术、机械电子技术和通信电子技术等等。不管哪个领域的电子技术，它们需要的人才一般有研发设计型人才、生产制造型人才和维护、维修型人才等，在这些人才中，研发设计型人才属于高端人才，生产制造型人才次之，这两类人才在工作时经常要绘制电路图。

在电子电路设计软件出现前，人们绘制电路图基本上是靠手工进行，这种方式不仅效率低，而且容易出错，并且修改也很不方便。20 世纪 80 年代，Protel 电子绘图软件开始进入我国，并逐渐得到广泛的应用，电子设计也就由传统的手工转为计算机辅助设计。

Protel 电路设计软件是由澳大利亚 Protel Technology 公司开发出来，它是众多电子电路设计软件中应用最广泛的一种设计软件，用它可以设计各个领域的电路应用系统。随着电子技术的发展，Protel 软件的版本不断升级，功能也在不断完善。Protel 软件 Windows 版本很多，主要有 Protel 98、Protel 99、Protel 99 SE、Protel DXP、Protel 2004 和 Altium Designer。

在众多的 Protel 软件版本中，应用最广泛的是 **Protel 99 SE**，这主要是由下面一些原因决定的：

1）**Protel 99 SE 功能很完善，完全能满足绝大多数电路设计。** 大多数企业的工程师在进行电路设计时都采用 Protel 99 SE，这样级别的人都使用 Protel 99 SE，初学者更不用说。

2）**大多数省市的电路设计绘图员考试主要以 Protel 99 SE 作为考查对象。**

3）**Protel 99 SE 软件在软件市场比较容易获得。**

4）**Protel 99 SE 运行时对计算机软、硬件要求低。** Protel DXP 和 Protel 2004 要在 Windows2000 以上的操作系统上运行，对软、硬件要求高。另外，与 Protel 99 SE 相比，Protel DXP 和 Protel 2004 更多是软件界面上的变化，功能改进并不是很多。

5）**大多数学校的电子、电工专业的电子绘图设计课程都选用 Protel 99 SE 软件。**

6）**学习了 Protel 99 SE 后，再学习高级版本或其他类型的电子绘图软件会轻而易举。**

正因为 Protel 99 SE 软件容易获得，运行时对计算机的软、硬件要求低，并且功能完全能满足大多数电子电路设计的要求，所以应用十分广泛，因此本章主要介绍如何应用 Protel 99 SE 软件进行电子电路设计。

16.2　Protel 99 SE 的组成与设计流程

16.2.1　Protel 99 SE 的组成

Protel 99 SE 是由几个模块组成的，不同的模块具有不同的功能。**其主要模块有**

1）电路原理图设计模块（Schematic）。电路原理图设计模块主要包括设计电路原理图的原理图编辑器，用于建立、修改元件符号的元件库编辑器和各种报表生成器。

2）印制电路板（PCB）设计模块。印制电路板设计模块主要包括设计印制电路板的编辑器，用于进行 PCB 自动布线的 Route 模块，用于建立和修改元件封装的元件封装编辑器，以及各种报表生成器。

3）可编程逻辑器件（PLD）设计模块。可编程逻辑器件设计模块主要包括具有语法意识的文本编辑器、用于编译和仿真设计结果的 PLD 模块。

4）电路仿真（Simulate）模块。电路仿真模块主要包括一个功能强大的数/模混合信号的电路仿真器，它能进行连续的模拟信号和数字信号的仿真。

16.2.2　使用 Protel 99 SE 电路设计的流程

使用 Protel 99 SE 电路设计一般流程如图 16-1 所示。

图 16-1　Protel 99 SE 电路设计一般流程

16.3　设计文件的建立与管理

16.3.1　设计数据库文件的建立、关闭与打开

1. 设计数据库文件的建立

在 **Protel 99 SE** 中，要进行电路设计，需要先建立一个设计数据库文件，然后再在该数据库文件中建立原理图设计文件和印制电路板文件。设计数据库文件的建立过程如下：

1）启动 Protel 99 SE 软件。安装好 Protel 99 SE 软件后，双击桌面上的 Protel 99 SE 图标，或者单击桌面左下角"开始"按钮，在弹出的菜单中执行"程序→Protel 99 SE→Protel 99 SE"，就可以启动 Protel 99 SE，进入图 16-2 所示的 Protel 99 SE 设计窗口。

2）新建设计数据库文件。执行"File"菜单下的"New"命令，会弹出如图 16-3 所示建立新设计数据库对话框，在对话框中要求：①选择设计文件的保存类型；②输入要建立的数据库文

件名；③选择数据库文件的保存路径。

图 16-2　Protel 99 SE 设计窗口

图 16-3　建立新设计数据库对话框

"Design Storage Type"（设计保存类型）有两个选项：当选择"MS Access Database"项时，设计过程中的全部文件保存在单一的数据库文件中，也就是说电路原理图文件、印制电路板文件等全都保存在一个数据库文件中；当选择"Windows File System"项时，设计过程中的全部文件保存在单一的文件夹（不是数据库文件）中。

3）设置数据库文件密码。如果想给建立的数据库文件设置密码，可单击"Password"选项卡，对话框会出现图 16-4 所示的设置密码信息。

在上述操作完成后，单击"OK"按钮，就在 E:\DZ 目录下建立了一个文件名为 D1.ddb 数据库文件。而在 Protel 99 SE 的文件管理器中同时会出现一个 D1.ddb 数据库文件，如图 16-5 所示。

图 16-4　设置密码信息

图 16-5　建立一个 D1.ddb 数据库文件

2. 设计数据库文件的关闭

在前面已经在 Protel 99 SE 中建立了一个名为 D1.ddb 数据库文件，现在要将它关闭。**关闭数据库文件有下面几种方法：**

1）在工作窗口的设计数据库文件名标签（D1.ddb）上单击鼠标右键，在弹出的菜单上选择"Close"即可，过程如图 16-6 所示。

2）执行"File"菜单下的"Close Design"命令，也可以关闭当前的数据库文件。

3. 设计数据库文件的打开

如果要打开某个数据库文件，可采用以下几种方法：

1）单击主工具栏上的 ☞（打开按钮），会出现打开设计数据库文件对话框，如图 16-7 所示，从中选择需要打开的数据库文件 D1.ddb，再单击"打开"按钮，数据库文件就被打开了。如果 D1.ddb 被设置了密码，单击"打开"按钮就会出现图 16-8 所示的对话框，要求输入文件打开密码，在"name"项中输入"admin（管理员）"，在"Password"项中输入密码，单击"OK"按钮就可以打开 D1.ddb。

图 16-6 关闭数据库文件

图 16-7 打开数据库文件

图 16-8 打开设有密码的数据库文件

2）执行"File"菜单下的"Open"命令，也可以打开数据库文件，操作步骤与第一种方法相同。

16.3.2 Protel 99 SE 设计界面的介绍

Protel 99 SE 设计界面如图 16-9 所示，从图中可以看出，**Protel 99 SE 设计界面主要由标题栏、菜单栏、工具栏、文件管理器、工作窗口、文件标签和状态栏等组成。**

图 16-9 Protel 99 SE 设计界面

16.3.3　文件管理

在前面已经学习了如何建立数据库文件，但这样建立出来的数据库文件还是空的，**如果要绘制原理电路图和印制电路板，必须要在该数据库文件中再建立电路原理图文件和印制电路板文件**。另外，建立好各个文件后，还需要对这些文件进行更名、保存和删除等操作，这些都属于文件管理。

1. 新建文件

下面以在 D1. ddb 数据库文件中建立一个电路原理图文件为例来说明新建文件的方法，**新建文件的操作步骤如下：**

1）单击文件管理器中 D1. ddb 数据库文件下的"Documents"文件夹，在右边工作窗口中就可以看见 Documents 文件夹标签，该文件夹被打开，里面无任何文件。

2）将鼠标移到工作窗口的空白

图 16-10　执行新建文件命令

处，如图 16-10 所示，单击鼠标右键，弹出快捷菜单，在菜单中选择"New"命令，马上会出现新建文件对话框，如图 16-11 所示。

图 16-11　选择新建的文件类型为电路原理图文件

3）在图 16-11 所示的对话框中选择"Schematic Document"，再单击"OK"按钮，就在 D1. ddb 数据库文件中建立了一个默认文件名为"Sheet1. Sch"的电路原理图文件，如图 16-12 所示。

图 16-12　新建一个文件名为"Sheet1. Sch"的电路原理图文件

2. 文件的更名

在新建文件时，新建的文件名是默认的，比如新建的第一个原理图文件名为 Sheet1. Sch，第二个就为 Sheet2. Sch。如果想更改默认的文件名，可以对文件进行更名。

文件更名的常用方法有下面几种：

方法一，在工作窗口需更名的文件上单击鼠标右键，弹出快捷菜单，如图 16-13 所示，在菜单中选择 "Rename（重命名）"，该文件名马上变成可编辑状态，如图 16-14 所示，将文件名更改为 "YL1. Sch"，同时文件管理器中的文件名也变为 YL1. Sch。

方法二，选中工作窗口中需更名的文件，再按键盘上的 "F2" 键，被选中的文件名马上也会变成如图 16-14 所示的可编辑状态，此时即可将文件名更改为 "YL1. Sch"。

图 16-13　文件更名操作　　　　　　图 16-14　文件更名成功

3. 文件的打开、保存

（1）文件的打开

如果要在原理图文件 YL1. Sch 中绘制电路原理图，就需要打开该文件，**打开文件的常用的方法有下面两种：**

方法一，在工作窗口中双击需打开的 YL1. Sch 文件，该文件即被打开，如图 16-15 所示，工作窗口上方的文件标签 YL1. Sch 处于突出状态，工作窗口也转变为原理图编辑窗口。

方法二，在文件管理器中单击 YL1. Sch 文件，该文件也可以打开，文件打开的结果与图 16-15 所示一致。

（2）文件的保存

在 YL1. Sch 文件中绘制好电路原理图后，如果想保存下来，可进行文件保存操作。**文件保存的常用方法有下面几种：**

图 16-15　文件被打开

1）单击主工具栏上的 🖫（保存按钮），当前处于编辑状态的 YL1. Sch 文件就被保存下来了。

2）执行 "File" 菜单下的 "Save" 命令，也可以将当前处于编辑状态的 YL1. Sch 文件保存下来。

如果想将 YL1. Sch 文件保存成另一个新文件 "aYL1. Sch"，可执行 "File" 菜单下的 "Save As（另存为）" 命令，会出现 "Save As" 对话框，在对话框中将默认名改成新文件名 "aYL1. Sch"，再单击 "OK" 按钮，在文件管理器中就会出现一个 aYL1. Sch 新文件，如图 16-16 所示。

如果想将当前打开的所有文件都保存下来，可执行 "File" 菜单下的 "Save All" 命令。

4. 文件的导出与导入

Protel 99 SE 通常是将原理图文件、印制电路文件等各种文件放在一个数据库文件中，原理图文件 YL1. Sch 和印制电路文件 YS1. PCB 都在数据库文件 D1. ddb 的 Documents 文件夹中的，关闭软件后，只能在计算机硬盘上看见一个数据库文件 D1. ddb，由于 YL1. Sch 和 YS1. PCB 放在 D1. ddb 中，所以无法看到。

图 16-16　文件保存成功

（1）文件的导出

文件的导出是指将数据库中的文件导出，使之成为独立的文件保存在计算机磁盘中。**文件的导出方法有下面几种：**

方法一，在工作窗口中选中要导出的文件 YL1. Sch，单击鼠标右键弹出快捷菜单，从中选择"Export（导出）"，马上出现"Export Document"对话框，从中选择导出文件保存的位置，再单击"保存"，YL1. Sch 就成为一个独立的文件保存在 E：/DZ2 目录下。

方法二，在工作窗口中选中要导出的文件 YL1. Sch，然后执行"Flie"菜单下的"Export（导出）"命令，就会出现"Export Document"对话框，选择保存位置后再单击"保存"按钮，就可以将 YL1. Sch 导出到选择的目录中。

（2）文件的导入

文件的导入是指将计算机某个目录中的文件导入到数据库文件中。**文件导入的常用方法有下面几种：**

1）在工作窗口的空白处单击鼠标右键，在弹出快捷菜单中选择"Import（导入）"，马上出现"Import File"对话框，从中选择要导入的文件，再单击"打开"，选择的文件就被导入到 D1. ddb 数据库文件中了。

2）执行"Flie"菜单下的"Import"命令，就会出现"Import File"对话框，选择要导入的文件后，再单击"打开"，就可以将 YL3. Sch 导入到数据库文件中。

16. 3. 4　系统参数的设置

系统参数设置内容较多，这里主要介绍较重要的界面字体设置和自动保存文件设置。

1. 界面字体设置

在未进行界面字体设置前，Protel 99 SE 界面使用默认字体，有些文字无法显示出来。为了解决这个问题，可进行系统字体设置。

界面字体设置方法是：用鼠标左键单击 Protel 99 SE 菜单栏左方的 ![按钮] 按钮，会弹出菜单，选择其中的"Preferences"命令，会马上出现一个对话框，如图 16-17 所示，将对话框中"Use Client System Font…"选项前的勾去掉，也可以单击"Change System Font"进行具体的字体设置，再单击"OK"按钮即可。

2. 自动保存文件设置

在进行电路设计过程中，有时会发生断电或

图 16-17　在弹出的对话框中进行字体设置

计算机死机等情况，为了将损失降到最低，可在 Protel 99 SE 中设置自动保存文件。

设置自动保存文件的方法是：用鼠标左键单击 Protel 99 SE 菜单栏左方的 按钮，会弹出菜单，选择其中的"Preferences"命令，出现一个对话框（见图 16-18），单击"Auto Save Settings（自动保存设置）"，会弹出下一个对话框，如图 16-19 所示，将"Enable（允许）"项打勾，再在"Number"项中设置备份的文件个数，在"Time Interval"项中设置备份文件的间隔时间，然后将"Use backup folder（使用备份文件夹）"项打勾，再单击"Browse（浏览）"按钮来选择备份文件保存的位置，最后单击"OK"按钮即完成自动保存文件设置。

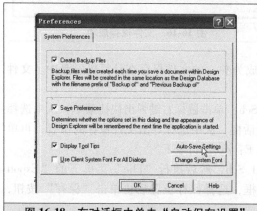

图 16-18　在对话框中单击"自动保存设置"　　　图 16-19　设置自动保存的文件个数、
　　　　　　　　　　　　　　　　　　　　　　　　　　　　间隔时间和保存位置

第17章

电路原理图和图形的绘制

电路原理图的设计是整个电路设计的基础，它决定着后面印制电路板的设计。电路原理图的设计的一般过程如图 17-1 所示。

图 17-1 电路原理图的设计的一般过程

17.1 电路原理图编辑器

在进行电路原理图设计前，首先要启动 Protel 99 SE 软件，新建一个数据库文件 ∗.ddb，然后在数据库文件中建立一个原理图文件 ∗.Sch，这些内容在前文已讲过，接下来就是打开电路原理图编辑器，再进行设计前的各种设置。

17.1.1 电路原理图编辑器界面介绍

首先打开电路原理图编辑器，如图 17-2 所示。在设计管理器中单击原理图文件 YL1.Sch，该文件被打开，就打开了电路原理图编辑器，在工作窗口中会出现一个矩形框，这就是设计图纸，原理图就在该矩形框中设计。

从在图 17-2 可以看出，原理图编辑器界面主要包括菜单栏、主工具栏、设计管理器、工作窗口、状态栏、命令栏和悬浮在工作窗口上的活动工具栏。

1. 菜单栏

菜单栏上有以下菜单：

1）**File，文件菜单**。它的功能是执行文件管理方面的操作，如新建、打开、关闭、保存和打印等。

2）**Edit，编辑菜单**。它的功能是执行编辑方面的操作，如复制、剪切、粘贴、删除和查找等。

图 17-2　电路原理图编辑器界面

3）**View，视图菜单**。它的功能是执行显示方面的操作，如图纸的放大与缩小、工具栏/设计管理器/状态栏/命令栏的显示与关闭等。

4）**Place，放置菜单**。它的功能是执行对象的放置操作，如放置元件和绘制导线等。

5）**Design，设计菜单**。它的功能是进行电路图的设置、元件库的管理、层次原理图的设计和网络表生成等。

6）**Tools，工具菜单**。它的功能是进行原理图编辑器环境设置、元件编号和 ERC 检查等。

7）**Simulate，仿真菜单**。它的功能是进行仿真方面的操作。

8）**PLD，PLD 菜单**。它的功能是进行 PLD 方面的操作。

9）**Reports，信息菜单**。它的功能是进行生成原理图各种报表的操作，如元件的清单、网络比较报表和项目层次表等。

10）**Window，窗口菜单**。它的功能是执行窗口管理方面的操作。

11）**Help，帮助菜单**。

2. 主工具栏

主工具栏可通过执行菜单命令"**View→Toolbars→Main Tools**"来打开或者关闭。主工具栏各按钮的功能说明如图 17-3 所示。

3. 活动工具栏

在原理图编辑器中有 6 个活动工具栏，分别是 **Drawing Tools**（绘图工具栏）、**Wiring Tools**（布线工具栏）、**Power Objects**（电源与接地工具栏）、**Digital Objects**（常用器件工具栏）、**Pld Tools**（PLD 工具栏）和 **Simulation Sources**（信号仿真源工具栏）。在进行电路原理图设计时，直接使用工具栏操作，可以使设计更方便快捷。

这些工具栏浮在工作窗口上对绘图不方便，可将它们移到工作窗口的四周，方法是：将鼠标移到工具栏上方的标题栏上，再按下左键不放，移动鼠标将工具栏拖到工作窗口边沿某处，如图 17-4 所示。同样也可以将工作窗口四周的工具栏拖回到窗口中。

4. 设计管理器

设计管理器包括文件管理器和元件管理。设计管理器可通过执行菜单命令"View→Design Manager"来打开或者关闭。设计管理器上方有"**Explorer**"和"**Browse Sch**"两个选项卡。当单击"**Explorer**"选项卡时，将打开文件管理，如图 **17-5a** 所示；当单击"**Browse Sch**"选项卡时，将打开元件管理器，如图 **17-5b** 所示。

5. 状态栏和命令栏

状态栏和命令栏如图 17-6 所示。**状态栏的作用是显示光标在工作窗口中的坐标位置**。状态栏可通过执行菜单命令"View→Status Bar"来打开或者关闭。**命令栏的作用是显示当前正在执行的命令。命令栏可通过执行菜单命令"View→Command Status"来打开或者关闭。**

	打开或关闭设计管理器，与菜单命令"View→Design Manager"对应
	打开文件，与菜单命令"File→Open"对应
	保存文件，与菜单命令"File→Save"对应
	打印文件，与菜单命令"File→Print"对应
	放大画面，与菜单命令"View→Zoom In"对应
	缩小画面，与菜单命令"View→Zoom Out"对应
	显示整个文档，与菜单命令"View→Fit Document"对应
	层次原理图的层次切换，与菜单命令"Tools→Up/Down Hierarchy"对应
	放置交叉探测点，与菜单命令"Place→Directive→Probe"对应
	剪切，与菜单命令"Edit→Cut"对应
	粘贴，与菜单命令"Edit→Paste"对应
	选择对象，与菜单命令"Edit→Select→Inside"对应
	取消选择，与菜单命令"Edit→DeSelect→All"对应
	移动选中对象，与菜单命令"Edit→Move→Move Selection"对应
	打开或关闭绘图工具栏，与菜单命令"View→Toolbar→Drawing"对应
	打开或关闭布线工具栏，与菜单命令"View→Toolbar→Wiring"对应
	仿真分析设置
	运行仿真器，与菜单命令"Simulate→Run"对应
	加载或移除元件库，与菜单命令"Design→Add/Remove"对应
	浏览已加载的元件库，与菜单命令"Design→Browse Library"对应
	增加元件单元号，与菜单命令"Edit→Increment Part"对应
	取消上次操作，与菜单命令"Edit→Undo"对应
	恢复取消的操作，与菜单命令"Edit→Redo"对应
	查看帮助

图 17-3 主工具栏的工具功能说明

图 17-4 将活动工具栏移到工作窗口的周围

a) 文件管理器 b) 元件管理器

图 17-5 设计管理器 图 17-6 状态栏和命令栏

6. 工作窗口

工作窗口上方为文件标签，中间网格状的矩形区域为图纸，原理图就在此图纸上绘制。下面主要介绍图纸的显示管理，图纸显示管理有以下规律：

1）放大图纸。放大图纸的操作方法很多，常用的有：①按键盘上的"PgUp"键；②单击主工具栏上的 🔎 按钮；③执行菜单命令"View→ZoomIn"；④在图纸上单击鼠标右键，在弹出的快捷菜单执行命令"View→ZoomIn"（该操作方式下面简称执行右键快捷菜单命令）。

2）缩小图纸。常用的操作方法有：①按键盘上的"PgDn"键；②单击主工具栏上的 🔎 按钮；③执行菜单命令"View→ZoomOut"；④执行右键快捷菜单命令"View→ZoomOut"。

3）显示整个电路图及边框。常用的操作方法有：①单击主工具栏上的 ▣ 按钮；②执行菜单命令"View→Fit Document"；③执行右键快捷菜单命令"View→Fit Document"。

4）显示整个电路图，不含边框。常用的操作方法有：①执行菜单命令"View→Fit All Objects"；②执行右键快捷菜单命令"View→Fit All Objects"。

5）放大指定区域。操作方法是：执行菜单命令"View→Area"，光标变成十字状，按下鼠标左键，在需要放大的区域拉出一个矩形选框，松开左键再单击一下左键，选中区域的内容被放大到整个工作窗口。

6）按比例放大图纸。可以按 50%、100%、200%和 400%的比例放大图纸，操作方法是执行菜单命令"View→50%/100%/200%/400%"。

7）刷新图纸。执行菜单命令"View→Refresh"或按键盘上"End"键，就可以对图纸进行刷新，消除图纸上的显示残迹。

17.1.2 图纸大小的设置

设置合适的图纸大小有利于提高显示清晰度和电路图打印质量，还能节省磁盘的存储空间。**进行图纸大小设置有下面两种方法：**

方法一，执行"Design"菜单下的"Options"命令，会弹出一个对话框，如图 17-7 所示。

方法二，在工作窗口的图纸上单击鼠标右键，在弹出的快捷菜单中选择"Document Options"命令，也会弹出图 17-7 所示的对话框。

图 17-7　Document Options 对话框

1. 设置标准尺寸的图纸

在图 17-7 所示的对话框图中，可以在"**Standard Style**"项的下拉列表中选择多种标准尺寸的图纸，当前图纸的尺寸为"A4"。在"Standard Style"项中提供了十多种广泛使用的公制和英制规格图纸供选择，这些规格尺寸大小见表 17-1。

表 17-1　"Standard Style"项下拉列表中提供的多种图纸规格

尺　　寸	宽度×高度/in	宽度×高度/mm
A	9.50×7.50	241.3×190.50
B	15.00×9.50	381.00×241.3
C	20.00×15.00	508.00×381.00
D	32.00×20.00	812.80×508.00
E	42.00×32.00	1066.80×818.80
A4	11.50×7.60	292.10×193.04
A3	15.50×11.10	393.70×281.94
A2	22.30×15.70	566.42×398.78
A1	31.50×22.30	800.10×566.42
A0	44.60×31.50	1132.84×800.10
ORCAD A	9.90×7.90	251.15×200.66
ORCAD B	15.40×9.90	391.16×251.15
ORCAD C	20.60×15.60	523.24×396.24
ORCAD D	32.60×20.60	828.04×523.24
ORCAD E	42.80×32.80	1087.12×833.12
Letter	11.00×8.50	279.4×215.9
Legal	14.00×8.50	355.6×215.9
TABLOID	17.00×11.00	431.8×279.4

2. 自定义图纸尺寸

如果要自己设置图纸的大小，可在"Use Custom style（使用自定义尺寸）"复选框前打勾，如图 17-8 所示，再在下面几项中输入各项数值，然后单击"OK"按钮完成设置。

图 17-8　设置图纸大小

17.1.3　图纸的方向、标题栏、边框和颜色的设置

1. 图纸方向的设置

在图 17-7 所示对话框中，**"Orientation（方位）"**项是用来选择图纸方向的，它有两个选项：Landscape（横向）和 Portrait（纵向），一般选择将图纸方向设为 Landscape。

2. 图纸标题栏的设置

在图 17-7 所示对话框中，**"Title Block（标题块）"**项是用来设置图纸标题的，它有两个选项：Standard（标准型模式）和 ANSI（美国国家标准协会模式）。选择两种不同模式的图纸标题显示效果如图 17-9 所示。

a) Standard（标准型模式）

b) ANSI（美国国家标准协会模式）

图 17-9　图纸标题栏的两种显示模式

3. 图纸边框的设置

在图 17-7 所示对话框中，图纸的边框设置有三项，具体如图 17-10 所示。

"Show Reference Zones"项是设置是否显示图纸参考边框，即图纸的内边框，选中则显示。
"Show Border"项是设置是否显示图纸的边框，即图纸的内边框，选中则显示。
"Show Template Graphics"项是设置是否显示画在图纸内的图形、文字或专用字符。通常为了显示自定义的标题区块或公司的标志才选中该项，一般不选。

图 17-10　设置图纸的边框

4. 图纸颜色的设置

在图 17-7 所示对话框中，**图纸的颜色设置有两项**，具体如图 17-11 所示。

"Border Color"项是用来设置图纸边框的颜色。当在该项的颜色条上单击时，会弹出"Choose Color（选择颜色）"对话框，共有 239 种颜色供选择，如果其中没有所需的颜色，可单击"Define Custom Colors"按钮，会出现自定义颜色对话框，可以自定义颜色。

"Sheet Color"项是用来设置图纸的颜色。它可以与"Border Color"一样进行颜色设置或自定义颜色。

图 17-11　设置图纸的颜色

17.1.4　图纸网格的设置

在图 17-7 所示的对话框中，**图纸网格（即图纸上的网格）设置有多项**，具体如图 17-12 所示。

"SnapOn"项是设置光标移动的步长。选中后可在右框内输入步长值，单位是像素，这里设为5，这样设置的结果是光标在图纸上移动的距离为5像素（最短）或5的整数倍。

"Visible"项是设置是否显示网格（正方形）。选中则显示，并可在右框内输入网格边长数值，单位为像素。

"Enable"项是设置是否自动电气连接。如果选中它，并在"Gird Range"框内输入数值，则在原理图设计连接导线时，会以光标为中心，以"Gird Range"框内输入的值为半径，自动向四周搜索电气结点，当找到最近的结点时，就会自动将光标移到该结点上，并在该结点上显示一个圆点。

图 17-12　设置图纸的网格

17.1.5　图纸文件信息的设置

在图 17-7 所示的对话框中，**"Organization"选项卡**是用来设置图纸文件信息的，单击该选项卡后，会现出现相关设置信息，如图 17-13 所示。

"Organization"项用来填写公司或单位的名称。

"Address"项用来填写公司或单位的地址和联系信息。

"Sheet"项用来填写电路图的编号。其中"No."项填写本张电路图编号，"Total"项填写本设计文档的电路图总数量。

"Document"项用来填写文件的其他信息。其中"Title"项填写本张电路图标题，"No."项填写本张电路图的编号，"Revision"项用来填写电路图的版本号。

图 17-13　设置图纸的文件信息

17.1.6 光标与网格形状的设置

1. 光标的设置

光标设置可以改变光标显示形式。进入光标设置方法是：在工作窗口的图纸上单击鼠标右键，在弹出的快捷菜单中选择"Preference"命令，也可以执行菜单"Tools"下的"Preference"命令，马上出现 Preference 对话框，如图 17-14 所示，单击"Graphical Editing"选项卡，将出现各种设置信息。

其中"**Cursor Type**"项用来设置光标的类型，它有三种光标类型可供选择，如图 17-15 所示，这三种光标分别是"**Large Cursor 90**"大十字形光标、"**Small Cursor 90**"小十字形光标、"**Small Cursor 45**"小 45°十字形光标，如图 17-16 所示。

图 17-14　Preference 对话框　　　　图 17-15　三种光标类型选项

图 17-16　三种光标的形状

a) 大十字形光标　　　b) 小十字形光标　　　c) 小45°十字形光标

2. 网格形状和颜色的设置

在图 17-14 中，"**Visible Grid**"项用来设置网格的形状，有"**Dot Grid（点状网格）**"和"**Line Grid（线状网格）**"两个形状供选择，如图 17-17 所示。这两种形状的网格如图 17-18 所示。

图 17-17　两种网格类型选项

a) 点状网格　　　　b) 线状网格

图 17-18　两种网格的形状

设置网格线颜色的方法是：在图 17-14 的对话框中的"Grid Color"项右边的颜色条上单击，在弹出的对话框中可以选择或自定义网格线的颜色。

17.1.7 系统字体的设置

在设计时，经常要在图纸上插入文字，如果不对这些文字的字体进行单独设置，则文字保持为默认字体，设置系统字体可以改变默认字体。

系统字体的设置方法是：选择"Design"菜单下的"Options"命令，会出现"Document Options"对话框，如图 17-19 所示。单击"Change System Font"按钮，弹出设置字体对话框，从中可以设置字体、字形、大小、效果和颜色等。

图 17-19　设置系统字体

17.2　电路原理图的设计

电路原理图设计是 Protel 99 SE 一个非常重要的功能，也是设计印制电路板的基础，电路原理图的详细设计流程如图 17-20 所示。

打开或新建一个电路原理图文件，同时启动原理图编辑器

在原理图编辑器中装载元件库

在元件库中查找所需的元件，并将它们放置到图纸上

对图纸上的元件进行调整和编辑（该操作也可在放置元件时进行）

用导线将图纸上的元件连接起来

在电路原理图上放置电源和接地符号

在电路原理图上绘制图形，放置文本和图片等对象

如果需要，可生成电路原理图的各种报表

保存电路原理图文件

图 17-20　电路原理图的详细设计流程

17.2.1　装载元件库

Protel 99 SE 软件本身所带的元件是很少的，大量的各种元件放置在元件库文件中，这些库文件放在 C:\Program Files\Design Explorer 99 SE\Library\Sch 文件夹下（这里是指 Protel 99 SE 安装目录为 C:\Program Files\），在该文件夹中，Protel DOS Schematic Libraries. ddb 文件中含有早期采用的元件符号，Miscellaneous Devices. ddb 文件中含有常用的元件符号，各种元件库文件如图 17-21 所示。

图 17-21　软件自带的元件库文件

1. 装载元件库

装载元件库是指将需要的元件库文件装载到电路原理图编辑器的元件管理器中。装载元件库的方法有三种：

方法一，打开原理图文件 YL1. Sch，单击设计管理器上方的 "Browse Sch" 选项卡，打开元件库管理器，然后单击 "Add/Remove" 按钮，如图 17-22 所示，会弹出 "Change Library File List （改变库文件列表）" 对话框，从中选择需要加的元件库文件，再单击 "Add" 按钮，选中的文件即可添加到下面的列表中，重复这样的操作可以将多个元件库文件加入到下面的列表中，最后单击 "OK" 按钮，就可以将列表中的所有库文件装载到元件库管理器中。

图 17-22　装载元件库

方法二，执行 "Design" 菜单下的 "Add/Remove Library" 命令，也会弹出图 17-22 所示的 "Change Library File List （改变库文件列表）" 对话框，以后的操作过程同方法一。

方法三，单击主工具栏上的 图标，也会弹出图 17-22 所示的对话框，后续操作过程同方法一。

2. 移除元件库

移除元件库是指将不需要的元件库文件从元件管理器中移出。与装载元件库相同，移除元件库的方法也有三种，这里只介绍其中的一种，如图 17-23 所示。

图 17-23　移除元件库

17.2.2　查找元件

在设计电路原理图时，必须先要找到需要的元件。查找元件一般在元件管理器中进行，操作如图 17-24 所示。

图 17-24　元件管理器

17.2.3　放置元件

放置元件是指将元件放置在原理图设计图纸上。放置元件的方法有下面几种：

1. 利用工具栏放置元件

利用工具栏可以放置一些常用的元件。先执行菜单命令 "View→Toolbars→Digital Objects"，调出 "Digital Objects" 工具栏。利用工具栏放置元件的步骤如下：

1）单击工具栏上需放置的元件，如图 17-25a 所示。

2）被单击的元件马上跟随鼠标移动，如图 17-25b 所示。

3）在放置处单击鼠标左键，元件就被放置在单击处不动，如图 17-25c 所示，此时跟随鼠标的元件并不消失，鼠标移到别处单击又可以放置第二个同样的元件，如果要取消元件放置，单击鼠标右键即可。

a)　　　　　　　　　　　b)　　　　　　　　　　　c)

图 17-25　利用工具栏放置元件

2. 利用元件管理器来放置元件

利用设计管理器的元件管理器可以放置元件。首先按前面讲述的方法找到需要放置的元件，然后单击元件列表区下方的"Place"按钮，如图 17-26 所示，鼠标将自动跳到图纸上，并且跟随着需放置的元件，移动鼠标，该元件也会随之移动，在图纸某处单击鼠标左键就可以将元件放置下来。

3. 利用右键快捷菜单命令放置元件

利用右键快捷菜单命令也可以放置元件，具体操作过程是：在工作窗口的图纸上单击鼠标右键，在弹出的快捷菜单中选择"Place Part"命令，

图 17-26　利用元件管理器放置元件

会出现图 17-27 所示的"Place Part"对话框，可以在 Lib Ref 项中直接输入元件名，单击"OK"按钮即可在图纸上放置元件。如果不知道元件名，可单击"Browse"按钮，会出现图 17-28 所示的"Browse Libraries（浏览元件库）"对话框，从中选择需要放置的元件，再单击"Close"按钮，回到图 17-27 所示的"Place Part"对话框，单击"OK"按钮就可以将选择的元件放置在图纸上。

图 17-27　放置元件对话框

图 17-28　浏览元件库对话框

4. 利用菜单命令放置元件

利用菜单命令也可以放置元件，放置时执行菜单命令"Place→Part"，如图 17-29 所示，马上出现图 17-27 所示的"Place Part"对话框，后面的操作同上。

菜单命令"Place→Part"的执行除了可以用鼠标单击的方式操作外，还可以用快捷键操作，方法是连续敲击两次键盘上的"P"键，也会出现图 17-29 所示的"Place Part"对话框，敲击第一次"P"键相当于打开"Place"菜单，第二次敲击"P"键时相当于执行菜单下的"Part"命令。图 17-29 所示的"Place"菜单和"Part"命令中的"P"都加了下划线就是表示该含义，比

如先后敲击"P""B"键，其效果与用鼠标先单击"Place"菜单，再单击该菜单下面的"Bus"命令是相同的。掌握快捷键操作有利于加快绘制电路的速度，提高工作效率。

5. 复式元件的放置

有一些集成电路内部有很多相同的单元电路，例如运算放大器集成电路 MC4558，它有 8 个引脚，内部有两个相同的运算放大器，这两个运算放大器的引脚不同，如图 17-30 所示，其中 1、2、3 脚、4 脚（接地）、8 脚（电源）为第一个运算放大器，5、6、7 脚为第二个运算放大器，而元件库中的 MC4558 只是一个运算放大器，如果采用普通放置元件的方法，只能是在图纸放置两个引脚和标号都相同的运算放大器。对于这种情况可采用复式方式放置元件。

图 17-29　放置元件的菜单命令

图 17-30　复式元件（MC4558）

复式元件放置的操作过程如下：

1）在元件库管理器中找到 MC4558 元件，选中后再单击列表下方的"Place"按钮，鼠标马上变成十字状光标，要放置的元件处于悬浮状，并且跟随着光标，这时按下键盘上的"Tab"键，马上弹出元件属性设置对话框，如图 17-31 所示，将其中的"Designator（元件标号）"设为 U1，因为现在放置的是第一个运算放大器，故将"Part"项设为 1，再单击"OK"按钮，设置完毕，将光标移到图纸合适的位置，单击鼠标左键，MC4558 的第一个运算放大器就放置完毕，该运算放大器的标号自动为 U1A。

2）将光标移到图纸另一处，单击鼠标左键，就放置了 MC4558 的第二个运算放大器，该运算放大器引脚自动变化，而标号也变为 U1B，如果连续放置，运算放大器的标号会自动增加，引脚也会作相应的变化，如图 17-32 所示。

图 17-31　设置复式元件属性

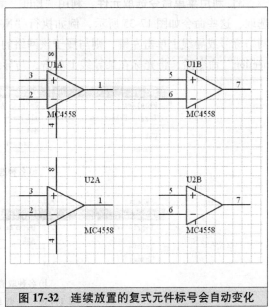

图 17-32　连续放置的复式元件标号会自动变化

17.2.4　元件的编辑

1. 元件位置的调整

（1）元件的选取

要对元件进行各种操作，首先就是要选中它。选取元件的方法很多，常用的方法有以下几种：

1）直接选取元件。 直接选取元件就是在图纸上按下鼠标左键不放拉出一个矩形选框，将选取对象包含在内部，如图 17-33a 所示，再松开鼠标，选框内的对象就处于选中状态，此时被选中的元件周围的标注被隐藏起来，无法看见，如图 17-33b 所示。

2）利用主工具栏的选取工具来选取元件。 在主工具栏中有两个与元件选取有关的工具：区域选取工具和取消选取工具。

利用区域选取工具选取元件的过程是：单击主工具栏中的区域选取工具图标，鼠标马上变为十字状，然后在图纸上合适的位置（即矩形框的起点）单击鼠标左键，此时不用按下鼠标左键就可以拉出一个矩形框，如图 17-34 所示，再在合适的位置（即矩形框的终点）处单击鼠标左键，矩形框内的元件处于选中状态。

取消选取工具的作用是取消图纸上所有元件的选取状态。当单击主工具栏上的取消选取工具后，图纸上所有被选取的元件选取状态被取消，这些元件周围被隐藏的标注又会显示出来。

图 17-33　直接选取元件

图 17-34　用区域选取工具选取元件

3）利用菜单命令选取元件。 利用"Edit"菜单下几个与选取有关的命令也可以对元件进行选取，这些命令如图 17-35 所示，例如执行"Net"命令，鼠标变成十字状光标，将光标移到某网络标号或导线上单击左键，则与属于该网络的所有网络标号和导线都会被选中；如执行"Connection"命令后，将光标在某导线上单击，与导线相连的所有导线均会被选中。

图 17-35　选取与取消选取命令

（2）元件的移动

1）单个元件的移动：

方法一，将鼠标移到元件上，再按下左键不放，鼠标变成十字状，同时在元件周围出现虚线框，表示元件已被选中，如图 17-36 所示，仍保持按下鼠标左键不放，移动鼠标就可以移动元件，移到合适的位置松开左键即可。

方法二，用鼠标在图纸上拉出一个矩形选框，将需移动的元件选中，然后将鼠标移到选中的元件上，按下左键不放就可以移动元件，移到合适的位置松开左键即可。

2）多个元件的移动。**多个元件的移动与单个元件的移动基本相同，**其过程是：用鼠标在图纸上拉出一个矩形选框，将需移动的多个元件选中，然后将鼠标移到其中一个元件上，按下左键不放移动该元件，其他的元件也跟着移动，如图 17-37 所示。

图 17-36 　单个元件的移动

图 17-37 　多个元件的移动

3）特殊的移动。用前面的方法可以移动单个或多个元件，但如果元件已经连接上了导线，再用前面的方法进行移动就会造成元件与导线脱开，如图 17-38 所示，为了解决这个问题，可以采用特殊的移动，**使导线随着元件移动，**如图 17-39 所示。

图 17-38 　普通的移动（导线不会移动）

图 17-39 　特殊的移动（导线随元件移动）

要进行这种特殊的移动可采用以下几种方法：

方法一，执行菜单命令"Edit→Move→Drag"，鼠标变成十字状光标，将光标移到要移动的元件上，再单击鼠标左键，元件周围出现虚线框，此时移动光标（不需按左键），元件及与它相连的导线也随之移动，移到合适的位置单击鼠标左键，元件就不再移动，单击鼠标右键取消移动操作。

方法二，按下"Ctrl"键不放，将鼠标移到要移动的元件上，单击鼠标左键，元件周围出现虚线框，此时再松开"Ctrl"键并移动光标，元件及与它相连的导线也随之移动，移到合适的位置再单击鼠标左键，元件与导线就不再移动。

（3）元件的旋转

如果想改变图纸上元件放置的方向，就要对元件进行旋转操作。**常用的元件旋转操作方法**如下：

方法一，将鼠标移到需要旋转的元件上，按下左键不放，鼠标旁马上出现一个十字形，十字形中心出现一个焦点并自动移到元件的一个引脚上，同时在元件周围有小虚线框出现，如图 17-40a 所示，这时按空格键，元件会以十字形中心为轴旋转 90°，如图 17-40b 所示，每按一次空格键，元件就会在前面的基础上旋转 90°。

a) 在元件上按住鼠标左键不放　　　b) 按空格键旋转元件

图 17-40　通过空格键来旋转元件

方法二，用鼠标拉出一个矩形框，将需要旋转的元件选中，然后在元件上双击鼠标右键，弹出快捷菜单，如图 17-41a 所示，选择"Properties"命令，马上出现 Part 对话框，如图 17-41b 所示，选择"Graphical"选项卡，然后在"Orientation"项中选择"90 Degrees"，再单击"OK"按钮，被选中的元件就以元件中心为轴旋转 90°。

a) 选择"Properties"命令　　　b) 在对话框中设置旋转角度

图 17-41　通过设置属性来旋转元件

（4）元件的排列

为了让绘制出来的电路图的元件排列整齐美观，掌握元件排列规律是必要的。**元件的对齐方式有：左对齐、右对齐、按水平中心线对齐、水平平铺对齐、顶部对齐、底部对齐、按垂直中心线对齐和垂直均分对齐。**

1）元件的左对齐排列。图 17-42 所示的元件是没有进行对齐排列的，如果要对它们进行左对齐排列，可这样操作：首先用鼠标拉出矩形框，将需要对齐排列的元件选中，再执行菜单命令"Edit→Align→Align Left"，如图 17-43 所示，选中的元件就进行了左对齐排列。

2）其他方式的排列。如果要对元件进行右对齐、水平中心线对齐、水平平铺对齐、顶部对齐、底部对齐、按垂直中心线对齐和垂直均分对齐排列，可先选中需排列的元件，再执行菜单命令"Edit→Align"下的相应命令即可，进行各种方式排列的元件如图 17-44 所示。

3）综合方式排列。前面的操作一次只能进行一次操作，**如果要同时进行水平和垂直对齐排列，可使用"Align"命令。**

图 17-42 未对齐的排列的元件

a) 执行左对齐菜单命令   b) 元件进行左对齐排列

图 17-43 元件左对齐操作

a) 右对齐 (Align Right)   b) 水平中心线对齐 (Center Horizontal)   c) 水平平铺对齐 (Distribute Horizontally)

d) 顶部对齐 (Align Top)   e) 底部对齐 (Align Bottom)

f) 垂直中心线对齐 (Center Vertical)   g) 垂直均分对齐 (Distribute Vertically)

图 17-44 元件的各种排列方式

综合方式排列操作过程是：首先用鼠标拉出矩形选框，将需要对齐排列的元件选中，再执行菜单命令 "Edit → Align → Align"，马上弹出 "Align objects" 对话框，如图 17-45 所示，"Horizontal Alignment" 区域为水平排列项，它下面有 5 个选项；"Vertical Alignment" 区域为垂直排列项，它也有 5 个选项。在对话框中将水平和垂直排列都选择为 "Distribute equally（平均分布）"，再单击 "OK" 按钮，被选中的各个元件在水平和垂直方向以平均分布的方式在图纸上排列出来，即排列后的各元件水平间隔和垂直间隔都相同。

图 17-45 综合方式排列设置

2. 元件的删除、复制、剪切与粘贴

（1）元件的删除

元件删除常用的方法有：

方法一，用鼠标在要删除的元件上单击，让元件周围出现虚线框，此元件即被选中，如图 17-46 所示，再按下键盘上的"Delete"键，选中的元件就会被删除。

方法二，用鼠标在图纸上拉出一个矩形选框，将要删除的元件选中，然后执行菜单命令"Edit→Clear"，选中的元件就会被删除，也可以同时按下键盘上的"Ctrl"键和"Delete"键（Ctrl+Delete），选中的元件同样能被删除。

方法三，执行菜单命令"Edit→Delete"，鼠标变成十字形状，将鼠标移到要删除的元件上，单击左键，元件即可被删除，这种方法删除元件、导线和结点等对象非常方便。

图 17-46 选中元件后按 Delete 键删除元件

（2）元件的复制、剪切与粘贴

元件的复制操作过程是：首先用鼠标在图纸上拉出一个矩形选框，将要复制的元件选中，然后执行菜单命令"Edit→Copy"，如图 17-47 所示，选中的元件就会被复制到剪贴板，通过粘贴操作可将剪贴板中的对象取出来。

图 17-47 选中元件后执行复制命令

元件的粘贴操作过程是：在进行复制操作后，再执行菜单命令"Edit→Paste"，鼠标旁马上出现刚复制的元件，并且跟随鼠标移动，将鼠标移到合适的位置单击左键，元件就被放置下来。如果不断执行粘贴操作，就可以在图纸上放置很多相同的元件。

与复制类似的还有一个剪切操作，元件的剪切操作过程是：首先用鼠标在图纸上拉出一个矩形选框，将要剪切的元件选中，然后执行菜单命令"Edit→Cut"，选中的元件就会被剪切到剪贴板，当鼠标在图纸单击时，该元件消失（复制操作时元件不会消失，这就是两者的区别）。进行剪切操作后，再进行粘贴操作就可以在图纸上放置刚剪切的元件。

通过执行菜单命令的方式进行复制、剪切和粘贴操作速度比较慢，为了提高效率，可使用快捷键操作。

复制的快捷键操作方法是：先选中要复制的元件，再同时按下键盘上的 Ctrl 键和 C 键（也可以先 Ctrl 键不放，再按 C 键），选中的元件就被复制到剪贴板上。

粘贴的快捷键操作方法是：在进行复制操作后，同时按下键盘上的 Ctrl 键和 V 键，被复制的元件就出现在图纸上。

剪切的快捷键操作方法是：先选中要剪切的元件，再同时按下键盘上的 Ctrl 键和 X 键，选中的元件就被剪切到剪贴板上。

（3）阵列式粘贴元件

阵列式粘贴是一种特殊的粘贴方式，它可以一次性粘贴多个相同的元件。

阵列式粘贴元件的操作方法是：首先用鼠标在图纸上拉出一个矩形选框，将要复制的元件选中，如复制图 17-49a 中的电阻 R1，在选中 R1 后执行菜单命令"Edit→Copy"，再执行菜单命令"Edit→Paste Array"，马上弹出一个对话框，如图 17-48 所示，在对话框中进行各项设置后单击"OK"按钮，元件就按设置的方式粘贴到图纸上，如图 17-49b 所示，同时粘贴了三个元件，元件标注自动增加。

图 17-48　阵列式粘贴设置

a) 待复制的元件　　　　b) 阵列式粘贴后的元件

图 17-49　阵列式粘贴元件

3. 元件及标注属性的设置

（1）元件属性的设置

前面讲的主要是对元件的一些操作方法，而元件本身也有一些属性需要设置。**进入元件属性设置的方法有几种：**

方法一，在放置元件时，按下键盘上的"Tab"键，就会弹出元件属性设置对话框，如图17-50所示。

图 17-50　元件属性设置对话框

方法二，如果元件已经放置在图纸上，可在元件上双击，也会弹出图17-50所示的对话框。

方法三，在元件上单击鼠标右键，弹出快捷菜单，选择其中的"Properties"命令，会弹出图17-50所示的对话框。

方法四，执行菜单命令"Edit→Change"，鼠标旁出现十字状的光标，将光标移到元件上，再单击左键，同样会弹出图17-50所示的对话框。

在图17-50所示的对话框中可以对元件的各种属性进行设置，如果想进行更详细的设置，可单击"Global"按钮，出现更详细的设置对话框，如图17-51所示。

图 17-51　元件属性设置详细设置对话框（Attributes 选项卡的内容）

在元件属性设置对话框上部有四个选项卡："Attributes""Graphical Attrs""Part Fields"和"Read-Only Fields"。选择不同的选项卡时，对话框中的设置内容就会发生变化，四个选项卡的设置内容分别如图17-52~图17-54所示。在这四个选项卡中，"Attributes"选项卡的内容设置较为常用，其他选项卡一般较少设置。在修改设置元件属性时，有三种修改作用范围供选择，如图17-52所示，单击对话框右下角的下拉按钮能展开三个选项，可根据需要进行选择其中的一项。

元件放置方向（旋转）
元件图形显示模式
元件水平位置坐标
元件垂直位置坐标
方块图填充颜色
方块图边框颜色
元件引脚颜色
选择是否启用上面
三种颜色的设置
选择是否让
元件左右翻转

仅修改选中的元件
修改当前文档中匹配的元件
修改所有文档中匹配的元件

图 17-52　Graphical Attrs 选项卡的内容

图 17-53　Part Fields 选项卡的内容

图 17-54　Read-Only Fields 选项卡的内容

（2）元件标注属性的设置

在元件旁边往往有一些标注，也可以对这些标注进行单独的设置。

标注的设置方法是：在元件标注上双击左键，如在晶体管的"NPN"标注上双击，会出现相应的标注设置对话框，在对话框中可以对标注进行各种设置。

17.2.5　绘制导线和结点

图纸上的元件调整和编辑完成后，接下来就是用导线将各个元件连接起来，如果两根导线十字交叉并且相通，还需要在交叉处放置结点来表示两者相通。**在 Protel 99 SE 中，连接元件的导线和结点都具有电气性能，不能用普通画图工具栏中直线和圆点代替。**

1. 导线的绘制

在图 17-55 中，各个元件之间没有导线连接，现在要在元件之间绘制导线，将元件连接起来。**绘制导线的方法有多种：一种是利用布线工具中的导线绘制工具来绘制；另一种是执行菜单命令来绘制。**

（1）利用布线工具栏中的导线工具来绘制导线

利用导线工具来绘制导线的具体操作过程是：

1）执行菜单命令"View→Toolbars→Wiring Tools"，将图 17-56 所示的布线工具栏调出来。

图 17-55　元导线连接的元件

图 17-56　布线工具栏

2）单击布线工具栏中的 图标，鼠标旁出现一个十字状的光标。

3）将鼠标移到要连接导线的起点处，此时光标中心出现一个黑圆点，如图 17-57a 所示，单击鼠标左键，导线起点被固定下来，再将鼠标移到下一个连接处，光标中心又会出现一个黑圆点，单击鼠标左键，导线在该处又被固定下来，如图 17-57b 所示，此时再移动鼠标可以继续绘制导线。如果需要重新绘制另一条导线，可单击鼠标右键或按"Esc"键，再将鼠标移到新的起点，以后的绘制过程相同。

4）要结束绘制导线，只要双击鼠标右键即可。

a）单击确定导线的起点　　　　　b）单击确定导线的终点

图 17-57　绘制导线

如果需要改变导线的拐弯方式，可在绘制导线时按空格键切换不同的拐弯方式，图 17-58 就是导线的几种拐弯方式。

如果要调整已经画好的导线长度，可在导线上单击鼠标左键，导线上就会出现方形控制点，如图 17-59 所示，将鼠标移到控制点上，再按下左键不放移动鼠标（即拖动）就可以调整导线的长度或方向。另外，在导线出现控制点时，按键盘上的"Delete"可以将导线删除。

图 17-58　导线的几种拐弯方式

a) 选取导线　　　　　　　　　　b) 调整导线

图 17-59　导线的选取与调整

（2）利用菜单命令绘制导线

利用菜单命令绘制导线与用导线工具来绘制导线的操作过程大部分是相同的，不同在于用菜单命令绘制导线时要先执行菜单命令"Place→Wire"，以后的操作过程与用导线工具绘制导线完全相同。

（3）导线属性的设置

如果要设置导线的宽度、颜色等，可进行导线属性设置。

进入导线属性设置的方法有两种：一种方法是在绘制导线时，按键盘上的"Tab"键，会弹出图 17-60 所示的导线属性设置对话框；另一种方法是在需要设置的导线上双击鼠标左键，也会出现图 17-60 所示的对话框。

图 17-60　四种导线宽度选项

在图 17-60 对话框中，"Wire Width"项用来设置导线的宽度，它有最细、细、中和粗四种选择项（见图 17-60）；"Color"项用来设置导线的颜色，在右边的颜色条上单击会出现颜色设置对话，可以设置导线的颜色；"Selection"项用来选择设置完导线属性后，该导线是否处于被选中状态，选中此项，导线就会处于选中状态。设置完成后，单击"OK"按钮，设置就会生效，如果想进行更详细的设置，可单击"Global"按钮，会出现更详细的属性设置对话框。

2. 节点的放置

为了表示电路在交叉处导线相通，可在该处放置节点。

（1）节点的放置

放置节点的操作过程如下：

1）单击布线工具栏中的 🔧，也可以执行菜单命令"Place→Junction"，鼠标旁出现十字状的光标，光标中心有一个节点。

2）将光标节点移到导线交叉处，如图 17-61 所示，再单击鼠标左键，节点就被放置下来。结点完置完成后，光标仍处于节点放置状态，可以继续放置节点，单击鼠标右键退出节点放置状态。

（2）节点属性的设置

进入节点属性设置的方法有以下两种：

方法一，如果节点已经放置，可在节点上单击鼠标左键，出现一个多项选单，如图 17-62a

所示，选择其中的"Junction"项（如果选择另外两个选项则会分别选中横、竖导线），节点被选中，周围出现虚线框，如图 17-62b 所示。同时将鼠标自动移到节点上，在节点上双击鼠标左键，会弹出图 17-63 所示的节点属性设置对话框。

a) 将光标移到导线交叉处　　b) 单击放置一个节点

图 17-61　在导线交叉处放置节点

a) 选择选取节点　　　　b) 节点处于选中状态

图 17-62　选取节点

方法二，如果节点还没有放置，那么在放置节点时，按键盘上的"Tab"键，就会出现图 17-63 所示的对话框。在节点属性设置对话框中，可以设置节点在图纸上的坐标位置、大小、颜色等内容，如果想进行更详细的设置，可单击"Global"按钮，就会出现更详细的设置对话框。

图 17-63　节点属性设置对话框

3. 绘制总线

在绘制一些数字电路系统时，经常需要在两个 IC 之间连接大量的导线，这样绘制电路很不方便，采用总线的形式绘制导线可以解决这个问题。

图 17-64 就是采用总线形式绘制出来的电路图，**在图中粗线称为总线，总线上许多小分支称为总线分支线，分支线旁边的标注（A0、A1…）称为网络标号。**利用总线绘制电路非常方便，又能清楚表示出各电路之间的连接关系，图中 U3 的 10 脚标有网络标号 A0，而 U4 的 10 脚也标有网络标号 A0，这表示 U3 的 10 脚和 U4 的 10 脚是相连的。

图 17-64　采用总线形式绘制出来的电路原理图

（1）总线的绘制

1）绘制总线。**绘制总线可以单击布线工具栏中的** 图标，或者执行菜单命令"Place→Bus"，鼠标旁边出现十字形状的光标，将光标移到画总线的起点处，单击鼠标左键就固定了总线的起点，然后就用与画导线相同的方法画出总线，如图 17-65 所示。

画总线时经常要拐弯，在拐弯处单击鼠标左键就能固定总线的拐弯点，按空格键可转换拐弯样式，要结束本条总线的绘制可单击鼠标右键或按"Esc"键，然后就可以画另一条总线，如果双击鼠标右键，则结束总线的绘制。

2）总线属性的设置。**进入总线属性设置有两种方法：**一种是在绘制总线时，按下"Tab"键，就会弹出图 17-66 所示的总线属性对话框；另一种方法是已经画好的总线上双击左键，也会弹出图 17-66 所示的对话框。在图 17-66 所示的对话框中可以设置总线的粗细、颜色等内容。

图 17-65　单击确定总线的终点

图 17-66　总线属性设置对话框

（2）总线分支线的绘制

1）绘制总线分支线。**绘制总线分支线可以单击布线工具栏中的** 图标，或者执行菜单命令"Place→Bus Entry"，鼠标旁边出现带分支线的十字形光标，将光标移到画分支线的位置，按空格键可以让分支线在四个方向上变化，在放置分支线处单击鼠标左键，分支线就固定在总线上，然后就用相同的方法画出其他的分支线，如图 17-67 所示，双击鼠标右键结束分支线的绘制。

分支线绘制完成后，再用导线将分支线与元件（集成电路）的引脚连接起来。

2）总线分支线属性的设置。**进入总线分支线属性设置有两种方法：**一种方法是在绘制总线分支线时，按下"Tab"键，就会弹出图 17-68 所示的总线分支线属性设置对话框；另一种方法是已经画好的总线分支线上双击鼠标左键，也会弹出图 17-68 所示的对话框。在图 17-68 所示的对话框中可以设置总线分支线起点、终点位置和粗细、颜色等内容。

图 17-67　绘制最后一条总线分支线

图 17-68　总线分支线属性设置对话框

（3）网络标号的放置

网络标号的作用是标识电路的连接关系，相同网络标号的导线是相连的。 在前面图 17-64 所示的电路中，与 U3 的 8 脚相连导线的网络标号为 A2，与 U4 的 8 脚相连导线的网络标号也为 A2，这表示两根导线实际上是连通的。

1）**放置网络标号。放置网络标号的操作过程如下：**

① 单击布线工具栏中的 Net，也可以执行菜单命令"Place→Net Label"，鼠标旁边出现带网络标号的十字状光标。

② 将光标移到需要放置网络标号处，如图 17-69 所示，单击鼠标左键，网络标号就被放置下来，此时光标仍处于网络标号放置状态，可以继续放置网络标号，单击鼠标右键退出放置状态。

图 17-69　放置网络标号

2）网络标号属性的设置。**进入网络标号属性设置有两种方法：** 一种方法是在放置网络标号时，按下"Tab"键，会弹出图 17-70 所示的网络标号属性设置对话框；另一种方法是已经放置的网络标号上双击鼠标左键，也会弹出图 17-70 所示的对话框。在图 17-70 所示的对话框中可以设置网络标号名称、位置和颜色、字体等内容，设置完成后单击"OK"按钮即可。

图 17-70　网络标号属性设置对话框

17.2.6　电源符号的放置

只有元件和导线的电路是无法工作的，必须要给电路加上电源。**电源符号一般包括电源符号和接地符号，两者主要是通过符号旁标注的名称来区分。**

（1）放置电源符号

放置电源符号的操作过程如下：

1）执行菜单命令"View→Toolbars→Power Objects"，将图 17-71 所示的电源工具栏调出来，如果该工具栏已在工作窗口中，该过程可省略。

图 17-71　电源与接地工具栏

2）单击电源工具栏中一种电源符号，或者执行菜单命令"Place→Power Port"，鼠标旁出现带电源符号的十字状光标。

3）将光标移到需放置电源符号处，此时光标中心出现一个黑圆点，如图 17-72 所示，单击鼠标左键，电源符号就放置下来，单击鼠标右键或按"Esc"键，取消电源符号的放置。

4）用同样的方法在电路中放置接地符号，如图 17-73 所示。

图 17-72　放置电源符号

图 17-73　放置接地符号

（2）电源符号属性的设置

进入电源符号属性设置有两种方法：一种方法是在放置电源符号时，按下"Tab"键，就会弹出图 17-74 所示的电源符号属性设置对话框；另一种方法是已经放置的电源符号上双击鼠标左键，也会弹出图 17-74 所示的对话框。在图 17-74 所示的对话框中可以设置电源符号名称、样式、位置和颜色、旋转角度等内容，设置好后单击"OK"按钮即可，在"Style（样式）"一栏中有 7 种样式供选择，它们与电源工具栏 7 种样式相对应。

图 17-74　电源符号属性设置对话框

17.2.7　输入/输出端口的放置

在设计电路时，一个电路与另一个电路的连接，既可以用导线直接连接，也可以用总线的形式连接，还可以用输入/输出端口的形式表示连接。在图 17-75 中，三种连接形式的电气效果是相同的。

在电路设计时，灵活使用这三种连接方式，可以使设计出来的电路图整齐美观。一般地，当电路之间的连接点少并且在一张图纸上时，采用导线直接连接；当电路之间的连接点很多并且在一张图纸上时，采用总线连接；当要连接的电路分别处于不同的图纸上时，采用输入/输出端口更方便。

a) 导线形式的连接　　　　　　　　　b) 总线形式的连接

c) 输入/输出端口形式的连接

图 17-75　三种形式的电路连接

（1）放置输入/输出端口

放置输入/输出端口的操作过程如下：

1）单击布线工具栏中 ▭ 图标，或执行菜单命令"Place→Power Port"，鼠标旁出现带输入/输出端口的十字状光标。

2）将光标移到要放置端口位置，此时光标中心出现一个黑圆点，如图 17-76 所示，单击鼠标左键，端口的起点就放置下来。

3）再将光标移到另一处，如图 17-77 所示，单击鼠标左键，端口的终点就被确定下来，单击鼠标右键或按"Esc"键，可取消端口的放置。

图 17-76　单击确定端口的起点

图 17-77　单击确定端口的终点

（2）输入/输出端口属性的设置

进入输入/输出端口属性设置有两种方法：一种方法是在放置输入/输出端口时，按下"Tab"键，就会弹出图 17-78 所示的输入/输出端口属性设置对话框；另一种方法是在已经放置的输入/输出端口上双击鼠标左键，也会弹出图 17-78 所示的对话框。

在图 17-78 所示的对话框中，"Name"项中可以输入端口的名称；"Style（样式）"项中可以选择端口的样式，共有八种样式供选择，如图 17-79 所示；在"I/O Type（输入/输出类型）"项中有四种类型供选择，如图 17-80 所示；在"Alignment（端口名在端口中显示位置）"项中有三种位置，如图 17-81 所示。另外，在对话框中还可以设置端口长度、端口位置和颜色等内容，设置完成后单击"OK"按钮即可。

图 17-78　输入/输出端口属性设置对话框

图 17-79　八种样式的端口

图 17-80　四种 I/O 端电气特性

图 17-81　端口名的三种显示位置

17.2.8　元件标号的查找、替换与重排

1. 元件标号的查找

在设计电路时，如果电路中的元件数量少，查找某一标号的元件比较容易；**如果设计的电路中元件数量很多，查找元件就很困难，这时可采用元件编号查找功能来查找元件。**

查找元件标号的操作过程如下：

1）执行菜单命令"Edit→Find Text"，弹出查找元件标号对话框，如图 17-82 所示。

2）在"Text to find"项中输入要查找的元件，比如输入查找元件为 C2，然后对其他的项进行设置，再单击"OK"按钮，要查找的元件的电容 C2 马上出现在屏幕中央，并且周围有虚线框。

2. 元件标号的替换

在设计电路时，如果需要对电路中的某些元件的标号进行更改，虽然可以逐个更改，但比较

麻烦，这时可采用元件标号更换的方法来更改大量元件的标号。

图 17-82　查找元件标号对话框

元件标号替换的操作过程如下：

1）执行菜单命令"Edit→Replace Find Text"，马上弹出查找和替换元件标号对话框，如图 17-83 所示。

2）在"Text To Find"项中输入要查找的元件，比如输入查找所有以 C 打头的元件，就在该项右边输入框内输入"C＊"；再在"Replace With"项中输入要替换的标号，比如要将所有以 C 打头的标号替换成以 CAP 打头的标号，就在该项右边输入框内输入"{C＝CAP}"，然后单击"OK"按钮，电路中所有以 C 打头的标号都会替换成以 CAP 打头的标号。

3. 元件标号的重排

在一个电路图中，元件的标号是不能相同的，为了保证整个电路图的元件标号不产生重复，可对电路中的元件标号进行重新排列编号。

图 17-83　查找和替换元件标号对话框

元件重新排列标号的操作过程如下：

1）执行菜单命令"Tools→Annotate"，弹出查找和替换元件标号对话框，对话框中有两个选项卡："Options（选项）"和"Advanced Options（高级选项）"，分别如图 17-84 所示。

2）在"Options（选项）"中进行图示的设置后，单击鼠标左键确认即可。

图 17-84　Options 和 Advanced Options 选项卡的内容

17.3 图形的绘制和文本、图片的编辑

在设计电路图时，经常需要在图纸上增加一些图形和文本，这些图形和文本对电路图的电气特性没有任何影响，它们主要起着对电路图进行辅助说明作用。

图形绘制与文本编辑常使用 "Drawing Tools（画图工具）" 工具栏，执行菜单命令 "View→Toolbars→Drawing Tools" 就可以调出图 17-85 所示的绘图工具栏。

图 17-85 绘图工具栏

17.3.1 直线的绘制

（1）绘制直线

绘制直线的操作过程如下：

1）单击绘图工具栏中的 ╱ 图标，或者执行菜单命令 "Place→Drawing Tools→Line"，鼠标变成十字状光标。

2）将光标移到图纸上某处，单击鼠标左键确定直线的起点。

3）再将光标移到适当的位置，单击鼠标左键确定直线的终点。

4）在绘制直线的过程中，按空格键可以改变直线的拐弯样式，单击鼠标右键可以结束当前直线的绘制而开始绘制下一条直线，双击鼠标右键则结束直线的绘制。

（2）直线属性的设置

进入直线属性设置有两种方法：

第一种方法：在绘制直线的过程中按下键盘上的 "Tab" 键，会弹出图 17-86 所示的直线属性设置对话框。

第二种方法：在已经画好的直线上双击鼠标左键，也会弹出图 17-86 所示的对话框。

图 17-86 直线属性设置对话框

在直线属性设置对话框中可以设置直线的宽度、样式和颜色等。在 "Line Width（直线宽度）" 项中有四个选项，如图 17-87 所示，在 "Line Style（直线形式）" 项中有三个选项，如图 17-88 所示。设置好各项后单击 "OK" 按钮即可。

图 17-87 四种直线宽度

图 17-88 三种直线形式

（3）直线的编辑

如果要改变直线的长度，可在直线上单击鼠标左键，直线上会出现控制点，拖动控制点就能调整直线的长度和方向，拖动整个直线移动就可以改变直线的位置。

17.3.2 矩形的绘制

矩形有普通矩形和圆角矩形，两者绘制基本方法相同，这里只介绍普通矩形的绘制，绘制圆角矩形可以以它作为参考。

（1）绘制矩形

绘制矩形的操作过程如下：

1）单击绘图工具栏中的□图标，或者执行菜单命令"Place→Drawing Tools→Rectangle"，鼠标变成十字状光标。

2）将光标移到图纸上某处，单击鼠标左键确定矩形的一个角的顶点。

3）移动光标移到适当的位置，单击鼠标左键确定矩形另一个对角顶点。

4）单击鼠标右键可以结束当前矩形的绘制而开始绘制下一个矩形，双击鼠标右键则结束矩形的绘制。

（2）矩形属性的设置

进入矩形属性设置有以下两种方法：

第一种方法，在绘制矩形的过程中按下键盘上的"Tab"键，会弹出图 17-89 所示的矩形属性设置对话框。

第二种方法，在已经画好的矩形上双击鼠标左键，也会弹出图 17-89 所示的对话框。

在矩形属性设置对话框中可以设置矩形两个对角的位置、边框线宽度，边框线颜色和填充颜色等。设置好各项后单击"OK"按钮即可。

（3）矩形的编辑

如果要改变矩形的大小，可在矩形上单击

图 17-89　矩形属性设置对话框

鼠标左键，矩形周围会出现控制点，拖动控制点就可以调整矩形的大小，拖动整个矩形移动就可以改变矩形的位置。

17.3.3　多边形的绘制

（1）绘制多边形

绘制多边形的操作过程如下：

1）单击绘图工具栏中的⊠图标，或者执行菜单命令"Place→Drawing Tools→Polygons"，鼠标变成十字状光标。

2）将光标移到图纸上某处，单击鼠标左键确定多边形的一个角的顶点。

3）移动光标移到适当的位置，单击鼠标左键确定多边形另一个对角顶点。用这样的方法可以确定多边形的其他的顶点。多边形的绘制如图 17-90 所示。

4）单击鼠标右键可以结束当前多边形的绘制而开始绘制下一个多边形，双击鼠标右键则结束多边形的绘制。

（2）多边形属性的设置

进入多边形属性设置有两种方法：

第一种方法，在绘制多边形的过程中按下键盘上的"Tab"键，会弹出图 17-91 所示的多边形属性设置对话框。

第二种方法，在已经画好的多边形上双击鼠标左键，也会弹出图 17-91 所示的对话框。

在多边形属性设置对话框中可以设置多边形边框线宽度，边框线颜色和填充颜色等。设置好各项后单击"OK"按钮即可。

（3）多边形的编辑

如果要改变多边形的大小和方向，可在多边形上单击鼠标左键，多边形周围会出现控制点，拖动控制点就可以调整多边形的大小和方向，拖动整个多边形移动就可以改变多边形的位置。

图 17-90 绘制多边形

图 17-91 多边形属性设置对话框

17.3.4 椭圆弧线的绘制

（1）绘制椭圆弧线

绘制椭圆弧线需要确定椭圆的圆心、横向半径、纵向半径和椭圆弧线的起点、终点位置。绘制椭圆弧线的操作过程见表 17-2。

表 17-2 绘制椭圆弧线的操作过程

序号	说　明	操作图	序号	说　明	操作图
1	单击绘图工具栏中的 ⌒ 图标，或者执行菜单命令"Place→Drawing Tools→Elliptical Arcs"，鼠标变成十字状光标，并且光标旁跟随着一个圆弧 确定圆弧的圆心：将光标移到图纸上某处，单击鼠标左键确定椭圆弧线的圆心		4	确定圆弧起点位置：确定纵向半径后，光标自动跳到圆弧起点位置，移动光标可改变圆弧的起点位置，单击鼠标左键确定起点位置	
2	确定圆弧横向半径：确定圆心后，光标自动跳到圆弧横向顶点位置，移动光标可改变圆弧的横向半径，单击鼠标左键确定横向半径		5	确定圆弧终点位置：确定圆弧起点位置后，光标自动跳到圆弧终点位置，移动光标可改变圆弧的终点位置，单击鼠标左键确定终点位置	
3	确定圆弧纵向半径：确定横向半径后，光标自动跳到圆弧纵向顶点位置，移动光标可改变圆弧的纵向半径，单击鼠标左键确定纵向半径		6	单击鼠标右键可以结束当前椭圆弧线的绘制而开始绘制下一个椭圆弧线，双击鼠标右键则结束椭圆弧线的绘制	

（2）椭圆弧线属性的设置

进入椭圆弧线属性设置有两种方法：

第一种方法，在绘制椭圆弧线的过程中按下键盘上的"Tab"键，会弹出图 17-92 所示的椭圆弧线属性设置对话框。

第二种方法，在已经画好的椭圆弧线上双击鼠标左键，也会弹出图 17-92 所示的对话框。

在椭圆弧线属性设置对话框中可以设置椭圆弧线中心位置、横向半径、纵向半径、线宽和弧线起始角度、终止角度、弧线颜色等。设置好各项后单击"OK"按钮即可。

（3）椭圆弧线的编辑

如果要调整椭圆弧线，可在椭圆弧线上单击鼠标左键，椭圆弧线周围会出现控制点，拖动控制点可以对椭圆弧线进行调整，拖动整个椭圆弧线移动就可以改变椭圆弧线的位置。

图 17-92 椭圆弧线属性设置对话框

17.3.5 椭圆的绘制

（1）绘制椭圆

绘制椭圆需要确定椭圆的圆心位置、横向半径、纵向半径。绘制椭圆的操作过程见表 17-3。

表 17-3 绘制椭圆的操作过程

序号	说　明	操作图	序号	说　明	操作图
1	单击绘图工具栏中的 ⬭ 图标，或者执行菜单命令"Place→Drawing Tools→Ellipses"，鼠标变成十字状光标，并且光标旁跟随着一个椭圆		4	确定椭圆纵向半径：确定横向半径后，光标自动跳到椭圆纵向顶点位置，移动光标可改变椭圆的纵向半径，单击鼠标左键确定纵向半径	
2	确定椭圆的圆心：将光标移到图纸上某处，单击鼠标左键确定椭圆的圆心		5	单击鼠标右键可以结束当前椭圆的绘制而开始绘制下一个椭圆，双击鼠标右键则结束椭圆的绘制	
3	确定椭圆横向半径：确定圆心后，光标自动跳到椭圆横向顶点位置，移动光标可改变椭圆的横向半径，单击鼠标左键确定横向半径		6	在绘制椭圆时，如果横向半径和纵向半径相等，就可以绘制出圆形	

（2）椭圆属性的设置

进入椭圆属性设置有两种方法：

第一种方法，在绘制椭圆的过程中按下键盘上的"Tab"键，会弹出图 17-93 所示的椭圆属性设置对话框。

第二种方法，在已经画好的椭圆上双击鼠标左键，也会弹出图 17-93 所示的对话框。

在椭圆属性设置对话框中可以设置椭圆中心位置、横向半径、纵向半径和边框线宽度、颜色及填充颜色等。设置好各项后单击"OK"按钮即可。

（3）椭圆的编辑

如果要调整椭圆，可在椭圆上单击鼠标左键，椭圆周围会出现控制点，拖动控制点可以对椭圆进行调整，拖动整个椭圆移动就可以改变椭圆的位置。

图 17-93　椭圆属性设置对话框

17.3.6　扇形的绘制

（1）绘制扇形

绘制扇形需要确定扇形的圆心、半径和扇形的起点、终点位置。绘制扇形的操作过程见表 17-4。

表 17-4　绘制扇形的操作过程

序号	说　　明	操作图	序号	说　　明	操作图
1	单击绘图工具栏中的 图标，或者执行菜单命令"Place→Drawing Tools→Pie Chars"，鼠标变成十字状光标，并且光标旁跟随着一个扇形		4	确定扇形起点位置：确定半径后，光标自动跳到扇形起点位置，移动光标可改变扇形的起点位置，单击鼠标左键确定起点位置	
2	确定扇形的圆心：将光标移到图纸上某处，单击鼠标左键确定扇形的圆心		5	确定扇形终点位置：确定扇形起点位置后，光标自动跳到扇形终点位置，移动光标可改变扇形的终点位置，单击鼠标左键确定终点位置	
3	确定扇形半径：确定圆心后，光标自动跳到扇形圆周线上，移动光标可改变扇形的半径，单击鼠标左键确定半径		6	单击鼠标右键可以结束当前扇形的绘制而开始绘制下一个扇形，双击鼠标右键则结束扇形的绘制	

（2）扇形属性的设置

进入扇形属性设置有两种方法，具体如下：

第一种方法，在绘制扇形的过程中按下键盘上的"Tab"键，会弹出图 17-94 所示的扇形属性设置对话框。

第二种方法，在已经画好的扇形上双击鼠标左键，也会弹出图 17-94 所示的对话框。

在扇形属性设置对话框中可以设置扇形中心位置、半径、边框线宽、起始角度、终止角度、边框线颜色及填充颜色等。设置好各项后单击"OK"按钮即可。

（3）扇形的编辑

如果要调整扇形，可在扇形上单击鼠标左键，扇形周围会出现控制点，拖动控制点可以对扇形进行调整，拖动整个扇形移动就可以改变扇形的位置。

17.3.7　曲线的绘制

（1）绘制曲线

利用 Protel 99 SE 的 Beziers（贝塞尔曲线）工具可以绘制任何形状的曲线图形。该工具使用较灵活，下面以绘制一条正弦波曲线为例来说明该曲线工具的使用。

绘制正弦曲线的操作过程如下：

1）确定曲线的起点。将光标移到图纸上某处，单击鼠标左键确定曲线的起点，如图 17-95a 所示。

2）确定与曲线相切的两条切线的交点。确定曲线起点后，将光标移到合适的位置，单击鼠标左键确定与曲线相切的两条切线交点位置，如图 17-95b 所示。

图 17-94　扇形属性设置对话框

3）固定曲线。确定切线交点后，再移动光标，此时可看见一条随光标移动而改变形状的曲线，移动光标到合适的位置，双击鼠标左键即可将当前绘制的一段曲线固定下来，该位置同时也是下一条曲线的起点，这样就绘制完成正弦曲线一个半周，如图 17-95c 所示。

4）用同样的方法绘制正弦曲线的另一个半周，绘制过程如图 17-95d、e 所示。

5）单击鼠标右键可以结束当前曲线的绘制而开始绘制下一个曲线，双击鼠标右键则结束曲线的绘制。绘制好的正弦曲线如图 17-95f 所示。

a) 确定起点　　　　　　b) 确定两条切线的交点　　　　　c) 固定一条曲线

d) 开始绘制另一条曲线　　　e) 固定另一条曲线　　　f) 双击鼠标右键退出曲线绘制

图 17-95　绘制正弦波曲线

（2）曲线属性的设置

进入曲线属性设置有两种方法：

第一种方法，在绘制曲线的过程中按下键盘上的"Tab"键，会弹出图 17-96 所示的曲线属性设置对话框。

第二种方法，在已经画好的曲线上双击鼠标左键，也会弹出图 17-96 所示的对话框。

在曲线属性设置对话框中可以设置曲线的线宽和颜色等。设置好各项后单击"OK"按钮即可。

（3）曲线的编辑

如果要调整曲线，可在曲线上单击鼠标左键，曲线周围会出现控制点，如图 17-97a 所示，拖动控制点可以对曲线进行调整，如图 17-97b 所示，拖动整个曲线移动就可以改变曲线的位置。

图 17-96 曲线属性设置对话框

图 17-97 编辑曲线

17.3.8 文本的插入与设置

此处的**文本类型有两种：注释文本和文本框**。注释文本只能输入一行文字，而文本框可以输入多行文字。

1. 注释文本

（1）注释文本的插入

插入注释文本的操作过程如下：

1）单击绘图工具栏中的 **T** 图标，或者执行菜单命令 "Place→Annotation"，鼠标变成十字状光标，并且光标跟随着一个小的虚线框。

2）将光标移到图纸上某处，单击鼠标左键就可将注释文本放置下来。

（2）注释文本的设置

进入注释文本设置有两种方法：

第一种方法，在放置注释文本时按下键盘上的 "Tab"
键，会弹出图 17-98 所示的注释文本设置对话框。

第二种方法，在已经放置好的注释文本上双击鼠标左
键，也会弹出图 17-98 所示的对话框。

在注释文本属性设置对话框中可以设置注释文本的内
容、位置、放置方向、颜色和字体等。设置好各项后单击
"OK" 按钮即可。

图 17-98 注释文本设置对话框

2. 文本框

（1）文本框的插入

插入文本框的操作过程如下：

1）单击绘图工具栏中的 图标，或者执行菜单命令 "Place→Text Frame"，鼠标变成十字状光标，并且光标跟随着一个虚线文本框。

2）将光标移到图纸上某处，单击鼠标左键可确定了文本框左上角，如图 17-99a 所示。

3）再将光标移到合适的位置，此时文本框大小也随光标移动而变化，如图 17-99b 所示，单击鼠标左键，就确定了文本框的右下角，文本框放置完成，放置好的文本框如图 17-99c 所示。

（2）文本框的设置

进入文本框设置有两种方法：

第一种方法，在放置文本框时按下键盘上的 "Tab" 键，会弹出图 17-100a 所示的文本框设置对话框。

| a) 确定文本的左上角 | b) 确定文本的右下角 | c) 放置好的文本框 |

图 17-99 插入文本框

第二种方法，在已经放置好的文本框上双击鼠标左键，也会弹出图 17-100a 所示的对话框。

在文本框属性设置对话框中可以进行有关的设置，要给文本框输入文字时，只要鼠标单击"Text"项中的"Change"按钮，马上出现一个文本输入框，如图 17-100b 所示。在文本输入框内输入文本后，单击"OK"按钮，回到图 17-100a 所示的对话框，设置好有关项后单击"OK"按钮即可。

| a) 文本框属性设置对话框 | b) 在文本框中输入文字 |

图 17-100 文本框属性设置及输入文字

如果要手动调整文本框大小，可在文本框上单击鼠标左键，在文本框四周出现控制点，如图 17-101 所示，拖动控制点即可调节文本框的大小。拖动整个文本框移动就可以改变文本框的位置。

图 17-101 单击可选中文本框

17.3.9 图片的插入与设置

在电路设计图纸上不但可以插入说明文字，还可以插入图片。

（1）图片的插入

插入图片的操作过程如下：

1）单击绘图工具栏中的 图标，或者执行菜单命令"Place→Drawing Tools→Graphic"，马上弹出插入图片文件对话框，如图 17-102 所示，在对话框中选择要插入的图片文件，再单击"打开"按钮。

2）将光标移到图纸上某处，单击鼠标左键可确定图片框左上角。

3）再将光标移到合适的位置，此时图片框大小也随光标移动而变化，单击鼠标左键，就确定了图片的右下角，图片放置完成，此时会自动又弹出插入图片对话框，可以继续插入图片，如果不想继续插入图片，关闭对话框即可。

（2）图片的设置

图片设置有两种方法：

第一种方法，在放置图片时按下键盘上的"Tab"键，会弹出图 17-103 所示的图片设置对话框。

第二种方法，在已经放置好的图片上双击鼠标左键，也会弹出图 17-103 所示的对话框。

在图片属性设置对话框中可以进行有关的设置，如果单击"File Name（文件名）"项右边的"Browse"按钮，就会弹出图 17-102 所示的插入图片对话框，可以选择要插入的图片文件。设置好有关项后单击"OK"按钮即完成图片属性设置。

如果要手动调整图片大小，可在图片上单击鼠标左键，在图片四周出现控制点，拖动控制点就可以调节图片的大小。拖动整个图片移动就可以改变图片的位置。

图 17-102　插入图片文件对话框

图 17-103　图片属性设置对话框

17.4　层次原理图的设计

在进行电路设计时，一些简单的电路可以设计在一张图纸上，而对于一些复杂的电路图，一张图纸往往无法完成，解决这个问题的方法就是将复杂的电路分成多个电路，再分别绘制在不同的图纸上。这种方法称为层次原理图的设计。

17.4.1　主电路与子电路

层次原理图的设计思路是：首先把一个复杂的电路切分成几个功能模块，然后将这几个功能模块电路分别绘制在不同的图纸上，再以方块电路的形式将各功能模块电路的连接关系绘制在一张图纸上。这里的功能模块电路称为子电路，表示各功能模块电路连接关系的方块电路称为**主电路**。下面以 Protel 99 SE 自带的范例文件 Z80 Microprocessor.ddb 来说明主电路和子电路，该文件存放地址是 C：\Program Files\Design Explorer 99 SE\Examples。

图 17-104 Z80 Microprocessor.ddb 数据库文件的结构

打开 Z80 Microprocessor.ddb 数据库文件后，在设计管理器的文件管理器中可以看到一个文件 Z80 Processor.prj，如图 17-104 所示。该文件即为**主电路文件，又称项目文件，它的扩展名为.prj**，单击该文件前的"+"号后展开该文件，可以看见它包含有 6 个子电路文件，子电路文件的扩展名是.sch。

单击文件管理器中的主电路文件 Z80 Processor.prj，可以在右边的窗口中看到该电路，如图 17-105 所示。从主电路可以看出，它由 6 个方块构成，每个方块表示一个子电路，另外主电路还通过端口和导线将子电路之间的连接关系表示出来。

图 17-105 主电路 Z80 Processor.prj

在文件管理器中单击主电路文件 Z80 Processor.prj 下的子电路文件 Memory.Sch 可以看到该电路，如图 17-106 所示。从图中可以看出，子电路实际上就是电路原理图，它是通过 7 个端口与其他的子电路进行连接的，在主电路的该子电路方块上也有这 7 个端口。

设计管理器中子电路文件 Serial Interface.sch 前有"+"，表示它下面还有文件，展开后可以看见它下面还有一个子电路 Serial Baud Clock.sch。打开 Serial Interface.sch 文件，如图 17-107 所示。从图中可以看出，该电路中除了元件外，还有一个方块，此方块就表示该电路下面还有子电路，这个子电路就是 Serial Baud Clock.sch，打开 Serial Baud Clock.sch 子电路文件，如图 17-108 所示。

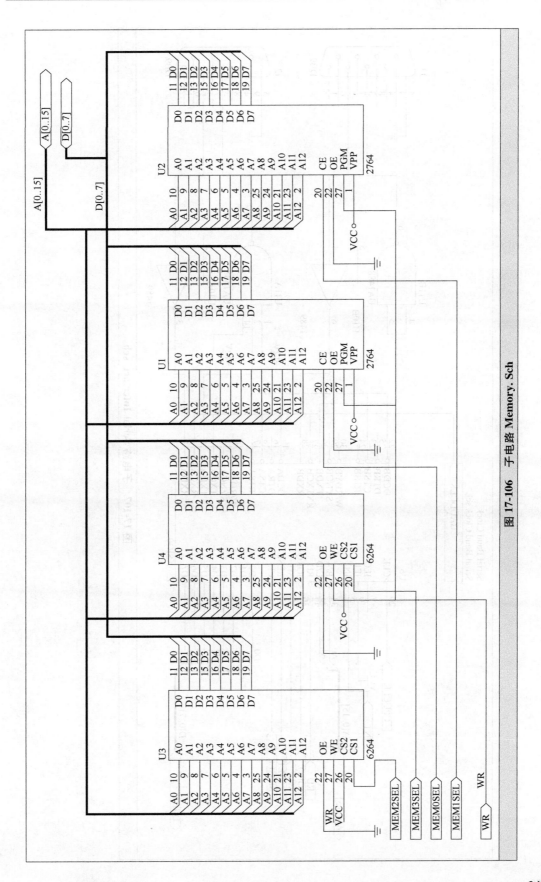

图 17-106 子电路 Memory. Sch

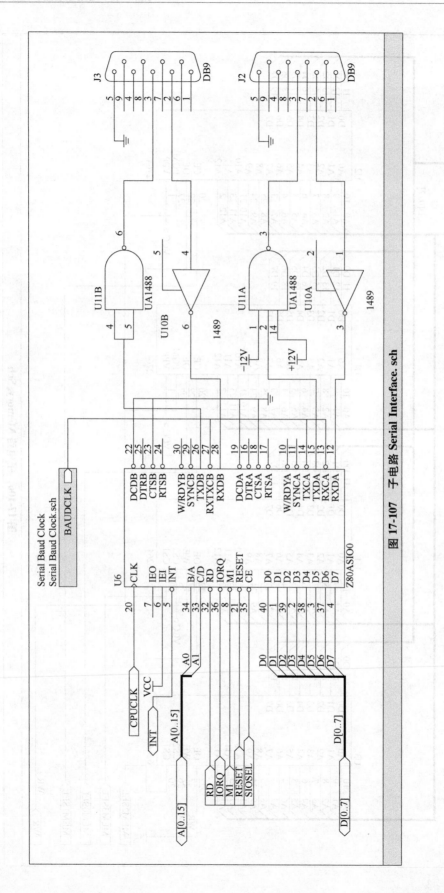

图 17-107 子电路 Serial Interface. sch

图 17-108　子电路 Serial Baud Clock. sch

综上所述，主电路以方块和端口的形式表示复杂电路的整体组成结构和各子电路的连接关系，子电路下面还可以有子电路，各个子电路由下到上连接起来就可以组成整个复杂电路。

17.4.2　由上向下设计层次原理图

由上向下的层次原理图设计思路是：先设计主电路，然后根据主电路图设计子电路。设计时要求主电路文件和子电路文件都放在一个文件夹中。

1. 设计主电路

设计主电路的步骤如下：

第一步，建立项目文件夹。首先建立一个数据库文件 DZ3. ddb，然后在该数据库文件中建立一个项目文件夹，并命名为 Z80。

第二步，建立主电路文件。打开 Z80 文件夹，再执行菜单命令"File→New"，弹出"New Document"对话框，选择"Schematic Document Fold"图标，再单击"OK"按钮，就建立一个默认文件名为"Sheet1. Sch"的文件，将该文件名改为 Z80. prj。

第三步，绘制方块电路图。绘制方块电路图过程如下：

1）打开 Z80. prj 文件，再单击绘图工具栏（Wiring Tools）中的 ，或者执行菜单命令"Place → Sheet Symbol"，鼠标变成十字形状光标，并且旁边跟随着一个方块。

2）设置方块的属性。按键盘上的"Tab"键，弹出方块属性设置对话框，如图 17-109 所示，在对话框中，将

图 17-109　方块属性设置对话框

Filename 项设为"CPU Clock. sch",将"Name"项设为"CPU Clock",其他项保持默认值,再单击"OK"按钮。

3)将光标移到图纸上适当的位置,单击鼠标左键确定方块的左上角,然后将光标到合适位置,单击鼠标左键确定方块的右下角,图纸上就绘制了一个方块,如图 17-110 所示,在方块旁边出现刚才设置的文件名"CPU Clock. sch"和方块名"CPU Clock"。

4)再用同样的方法绘制其他的方块。

第四步,放置方块电路端口。放置方块电路端口过程如下:

1)单击绘图工具栏(Wiring Tools)中的，或者执行菜单命令"Place→Add Sheet Entry",鼠标变成十字形状光标。

2)将光标移到方块上,单击鼠标左键,出现一个浮动的方块端口随光标移动,如图 17-111 所示。

图 17-110 绘制完成的一个方块

图 17-111 随光标移动的方块电路端口

3)设置方块电路端口的属性。按键盘上的"Tab"键,弹出方块属性设置对话框,如图 17-112 所示,在对话框中,将 Name 项设为"CPUCLK",I/O Type(输入/输出类型)项设为"Output",Side(端口放置处)项设为"Right",Style(端口的样式)项设为"Right",其他项保持默认值,再单击"OK"按钮。

4)将光标移到方块上合适位置,单击鼠标左键就在方块上放置好一个端口,如图 17-113 所示。再用同样的方法放置其他的端口。

图 17-112 方块电路端口属性设置对话框

图 17-113 放置完成一个端口

第五步,连接方块电路。将所有的方块电路和方块端口放置好后,再用导线和总线将各方块电路的端口连接起来。将主电路中各个端口连接好后,就完成了主电路的设计,设计完成的主电路如图 17-114 所示。

2. 设计子电路

主电路设计完成后,可以利用主电路的方块可以自动生成相应的子电路文件,不需要重新建立。子电路具体的设计过程如下:

1）在主电路中执行菜单命令"Design→Create Sheet From Symbol"，鼠标变成十字状光标。

图 17-114 设计完成的主电路

2）将光标移到需要生成子电路的方块"CPU Section"上，单击鼠标左键，如图 17-115a 所示，马上弹出图 17-115b 所示的对话框，询问是否改变生成子电路中端口的方向，如果选择"Yes"，生成的子电路中端口方向与主电路的方块中端口方向相反，即主电路的方块中端口为输出，子电路相应的端口将变为输入，如果选择"No"，两者方向相同，这里单击"No"按钮。

a) 在方块上单击   b) 询问是否改变生成子电路中端口的方向

图 17-115 由主电路生成子电路的操作

3）选择对话框中的"No"后，马上在文件管理器的主电路文件下自动生成 CPU Section. sch 子电路文件，同时在右边的工作窗口中可以看到图纸上有主电路的 CPU Section 方块上所有的端口，如图 17-116 所示。

图 17-116 自动生成的子电路文件

4）用绘制电路原理图的方法，在子电路的端口基础上绘制出具体的子电路。

重复上述过程，设计出其他的子电路，这样就完成了复杂电路的层次原理图设计。

17.4.3　由下向上设计层次原理图

由下向上的层次原理图设计思路是：先设计好各个子电路，然后根据子电路图生成主电路。设计时同样要求主电路文件和子电路文件都放在一个文件夹中。

1. 设计子电路

设计子电路的步骤如下：

1）建立子电路文件。首先建立一个数据库文件 DZ4. ddb，然后在该数据库文件中建立一个项目文件夹 Z80，再在 Z80 文件夹中建立一个默认文件名为"Sheet1. Sch"的文件，将该文件名改为 CPU Clock. sch。具体操作过程如前所述。

2）用设计电路原理图的方法绘制出 CPU Clock. sch 文件的原理图。再用同样的方法设计出其他子电路原理图。

2. 设计主电路

设计主电路的过程如下：

1）建立主电路文件。在数据库文件 DZ4. ddb 的 Z80 文件夹中建立一个文件名为"Z80. prj"的文件。

2）打开 Z80. prj 文件，再执行菜单命令"Design→Create Symbol From Sheet"，出现一个对话框，如图 17-117 所示。从中选择需要在主电路中转换成方块的电路，再单击"OK"按钮，又弹出一个对话框，如图 17-118 所示，询问是否改变生成主电路中方块端口的方向，这里选择"Yes"，鼠标旁出现十字光标，并且旁边跟随着一个方块。

图 17-117　选择生成方块的子电路

图 17-118　询问对话

3）在图纸合适的位置单击鼠标左键，方块就放置在了图纸上，方块上同时带有端口。

4）用同样的方法在主电路上放置其他子电路的方块图，所有的方块放置好，再用导线和总线将各方块连接好。这样，一个由下向上的层次原理图设计过程完成。

第18章

新元件及其封装的绘制与使用

18.1 元件库编辑器

18.1.1 元件库编辑器的启动

要制作新的元件先要启动元件库编辑器，启动元件库编辑器的操作过程如下：

1）打开一个数据库文件，如打开 D2. ddb。

2）在文件管理器中单击 D2. ddb 数据库文件内的"Documents"文件夹并打开。

3）执行菜单命令"File→New"，马上弹出"New Document（新建文档）"对话框，如图 18-1 所示，选择其中的"Schematic Library Document（原理图元件库文档）"，再单击"OK"按钮，在 Documents 文件夹就建立一个默认文件名为 Schlib1. Lib 的元件库文件，将它的文件名改为 YJ1. Lib。

4）在文件管理器中单击 YJ1. Lib 文件，元件库编辑器就被启动，出现元件库编辑器界面，如图 18-2 所示。

图 18-1 新建文档对话框

图 18-2 元件库编辑器界面

这样就在 D2. ddb 数据库文件的 Documents 文件夹中建立了一个文件名为 YJ1. Lib 的元件库文件，同时启动了元件库编辑器。

18.1.2　元件库编辑器介绍

在图 18-2 所示的元件库编辑器中，单击设计管理器的"Browse SchLib"选项卡，打开元件库管理器，如图 18-3 所示。从图中可以看出，**元件库编辑器与原理图编辑器界面相似，主要由菜单栏、主工具栏、常用工具栏、元件库管理器、工作区和命令栏等组成。**

图 18-3　元件管理器被打开

元件编辑器中的工具栏主要有两个：元件绘制工具栏（SchLib Drawing Tools）和 IEEE 工具栏。

1. 元件绘制工具栏

元件绘制工具栏默认处于打开状态，如果窗口中没有该工具栏，可单击主工具栏上的 ▧ 图标，或者执行菜单命令"View→Toolbars→Drawing Toolbar"，可将该工具栏打开，悬浮在工作窗口中。该工具栏中各个工具的功能说明如图 18-4 所示。

直线工具，与菜单命令"Place→Line"对应

曲线工具，与菜单命令"Place→Beziers"对应

椭圆曲线工具，与菜单命令"Place→Elliptical Arcs"对应

多边形工具，与菜单命令"Place→Polygons"对应

文字标注工具，与菜单命令"Place→Text"对应

新建元件工具，与菜单命令"Tools→New Component"对应

添加复式元件新单元工具，与菜单命令"Tools→New Part"对应

直角矩形工具，与菜单命令"Place→Rectangle"对应

圆角矩形工具，与菜单命令"Place→Round Rectangle"对应

椭圆工具，与菜单命令"Place→Ellipses"对应

插入图片工具，与菜单命令"Place→Graphic"对应

阵列式粘贴工具，与菜单命令"Edit→Paste Array"对应

引脚放置工具，与菜单命令"Place→Part"对应

图 18-4　元件绘图工具栏各工具的功能说明

2. IEEE 工具栏

IEEE 工具栏（见图 18-5）主要是用来放置一些工程符号，打开或关闭 IEEE 工具栏可单击主工具栏上的 图标，或执行菜单命令"View→Toolbars→IEEE Toolbar"。该工具栏中各个工具的功能说明如图 18-5 所示。

○	放置低态符号(反向符号)，与菜单命令"Dot"(即"Place→IEEE Symbols→Dot"命令)对应
←	放置信号左向流动符号，与菜单命令"Right Left Signal Flow"对应
▷	放置上升沿触发时钟脉冲符号，与菜单命令"Clock"对应
⊥	放置低电平触发符号，与菜单命令"Active Low Input"对应
⊿	放置模拟信号输入符号，与菜单命令"Analog Signal In"对应
✳	放置无逻辑性连接符号，与菜单命令"Not Logic Connection"对应
⌐	放置延迟输出特性符号，与菜单命令"Postponed Output"对应
◻	放置集电极开路符号，与菜单命令"Open Collector"对应
▽	放置高阻态符号，与菜单命令"HiZ"对应
▷	放置大电流输出符号，与菜单命令"High Current"对应
Л	放置脉冲符号，与菜单命令"Pulse"对应
⊢	放置延迟符号，与菜单命令"Delay"对应
]	放置多条输入和输出线的组合符号，与菜单命令"Group Line"对应
}	放置多位二进制符号，与菜单命令"Group Binary"对应
⊢	放置输出低电平有效信号，与菜单命令"Active Low Output"对应
π	放置π符号，与菜单命令"Pi Symbol"对应
≥	放置≥符号，与菜单命令"Greater Equal"对应
◻	放置有上拉电阻的集电极开路符号，与菜单命令"Open Collector Pull Up"对应
◇	放置发射极开路符号，与菜单命令"Open Emitter"对应
◈	放置有下拉电阻的发射极开路符号，与菜单命令"Open Emitter Pull Up"对应
#	放置数字输入信号符号，与菜单命令"Digital Signal In"对应
▷	放置反相器符号，与菜单命令"Invertor"对应
◄►	放置双向输入/输出符号，与菜单命令"Input Output"对应
←	放置左移符号，与菜单命令"Shift Left"对应
≤	放置≤符号，与菜单命令"Less Equal"对应
Σ	放置求和符号，与菜单命令"Sigma"对应
⊓	放置具有施密特功能的符号，与菜单命令"Schmitt"对应
→	放置右移符号，与菜单命令"Shift Right"对应

图 18-5　IEEE 工具栏各工具的功能说明

18.2　新元件的制作与使用

18.2.1　绘制新元件

如果在元件库中找不到某个元件，可以使用元件编辑器进行绘制，下面以在元件库文件 YJ1.Lib 中绘制如图 18-6 所示的七段数码管为例来说明新元件的绘制。

七段数码管的绘制过程如下：

1）打开元件库编辑器。打开元件库文件 YJ1.Lib，进入元件库编辑器界面，再单击设计管理器中的"Browse SchLib"选项卡，切换到元件库管理器。

2）**新建元件名称**。单击元件绘制工具栏中的 🗋 图标，或者执行菜单命令"Tools→New Component"，马上弹出"New Component Name"对话框，如图 18-7 所示，将对话框中的默认元件名 COMPONENT_2 改为 LED_8，再单击"OK"键，就新建了一个名称为 LED_8 的新元件。

3）**设置工作区环境**。执行菜单命令"Options→Document Option"，弹出"Library Editor Workspace"对话框，如图 18-8 所示。在对话框中可以设置工作区的样式、方向和颜色等内容，通常保持默认值，单击"OK"按钮结束设置。

图 18-6　七段数码管符号

图 18-7　新建元件名称对话框

图 18-8　设置工作区环境对话框

4）**绘制元件形状**。具体有以下几个步骤：

① 单击元件绘图工具栏中的 🔲 工具，在工作区的十字坐标的第四象限绘制一个 8 格×10 格的矩形，如图 18-9a 所示。

② 单击元件绘图工具栏中的 ╱ 工具，在刚绘制好的矩形上绘制一个"日"字，如图 18-9b 所示。

③ 单击元件绘图工具栏中的 ⬭ 工具，在工作区空白处绘制一个圆，再在圆上双击鼠标左键，弹出设置对话框，将圆的 X-Radius 和 Y-Radius 都设为 3，然后将该圆移到矩形的"日"字右下角，如图 18-9c 所示。

a) 绘制矩形　　　　b) 绘制"日"形　　　　c) 绘制小数点 (小圆)

图 18-9　绘制七段数码管的外形

5）**放置元件引脚**。具体有下面几个步骤：

① 引脚属性设置。单击元件绘图工具栏中的 🖊 工具，鼠标变成光标状，并且旁边跟随着

一个引脚，按键盘上的"Tab"键，弹出引脚属性设置对话框，如图 18-10 所示，将对话框中的"Name"项设为 A，"Number"项设为 1，其他保持默认值，再单击"OK"键，设置属性完毕。

②　放置元件引脚。元件引脚属性设置完成后，将光标移到数码管矩形旁，单击鼠标左键，就放置了一个引脚，如图 18-11a 所示。如果需要改变引脚方向，可在放置引脚的同时按空格键，引脚方向会依次改变 90°。

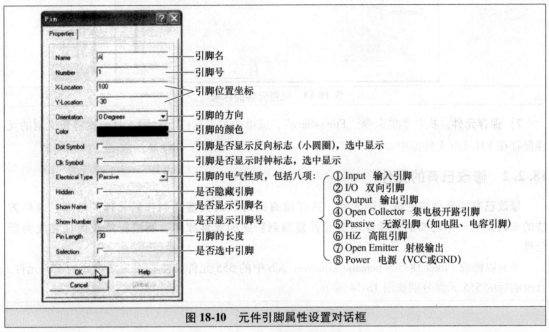

引脚名
引脚号
引脚位置坐标
引脚的方向
引脚的颜色
引脚是否显示反向标志（小圆圈），选中显示
引脚是否显示时钟标志，选中显示
引脚的电气性质，包括八项：
①Input　输入引脚
②I/O　双向引脚
③Output　输出引脚
④Open Collector　集电极开路引脚
⑤Passive　无源引脚（如电阻、电容引脚）
⑥HiZ　高阻引脚
⑦Open Emitter　射极输出
⑧Power　电源（VCC或GND）
是否隐藏引脚
是否显示引脚名
是否显示引脚号
引脚的长度
是否选中引脚

图 18-10　元件引脚属性设置对话框

再用同样的方法放置好其他引脚，并对各引脚属性作相应的设置，放置好引脚的数码管如图 18-11b 所示。

③　元件引脚特殊的设置。从图 18-11b 可以看出，数码管的 8 脚名称 COM 与小数点产生重叠。为了解决这个问题，可在 8 脚的属性对话框中将"Show Name（显示名称）"项后面的勾去掉，即让 COM 字符不显示出来。为了让 8 脚在别处显示 COM 字符，可单击元件绘图工具样中的 **T** 工具，利用该工具在 8 脚下方放置 COM 字符，如图 18-12 所示。

a) 放置完第一个引脚　　　　b) 放置完所有引脚

图 18-11　放置数码管的引脚

图 18-12　放置 COM 字符

6)　**设置元件的标号。** 元件绘制好后，需要设置它的标号，方法是执行菜单命令"Tools→Description"，弹出图 18-13 所示的对话框，将"Default Designator"项设为"LED?"，再单击"OK"按钮即可。

图 18-13　设置元件的标号

7）保存元件。执行菜单命令"File→Save"，或单击主工具栏上的 ■ 工具，就将新绘制的元件保存在 YJ1. Lib 文件库中。

18. 2. 2　修改已有的元件

修改已有的元件使它成为新元件，这样做有时可以大大提高制作新元件的效率。这种方法的思路是将一个已有的元件库中某元件复制到新建的元件库中，再进行修改而让它成为新元件。

下面以修改 Protel DOS Schematic Libraries. ddb 中的 555 元件，使它成为新样式的 555 元件，修改前后的 555 元件分别如图 18-14 所示。

a）修改前　　　　　　　b）修改后

图 18-14　修改前后的 555 元件

修改已有元件使之成为新元件的操作过程如下：

1） 打开或新建一个元件库文件，如打开 YJ1. Lib 文件。

2） 新建元件名称。单击元件绘制工具栏中的 ◨ 图标，或者执行菜单命令"Tools→New Component"，马上弹出"New Component Name"对话框，如图 18-15 所示，将对话框中的默认元件名 COMPONENT_3 改为 555_1，再单击"OK"按钮，就新建了一个名称为 555_1 的新元件。

3） 查找元件。单击设计管理器的"Browse SchLib"选项卡，切换到元件库管理器，再单击其中的"Find"按钮，如图 18-16 所示，马上弹出图 18-17 所示的"Find Schematic Component（查找原理图元件）"对话框。在"By Library Reference"项中输入要查找的元件名称 555，在"Scope"项中选择查找范围为"Specified Path（按指定路径查找）"，在"Path"项中输入元件查找位置为 C：\Program Files\Design Explorer 99 SE\Library\Sch，也可以单击 ⃛ 按钮选择查找位置，再单击"Find Now"按钮，系统马上开始在指定的位置查找名称为 555 的元件，查到后会在"Components"区域显示出元件名称"555"。

图 18-15　新建元件名称对话框

图 18-16　单击元件库管理器中的 Find 按钮

4）复制已有元件到新元件库中。主要有以下两个步骤：

① 复制元件。在图 18-17 所示的对话框中，单击"Edit"按钮，就打开了 555 元件所在的元件库，并且 555 元件也显示在工作区，如图 18-18 所示，用鼠标拖出一个矩形框将 555 元件全部选中，然后执行菜单命令"Edit→Copy"，对 555 元件进行复制。

图 18-17　查找电路原理图元件对话框

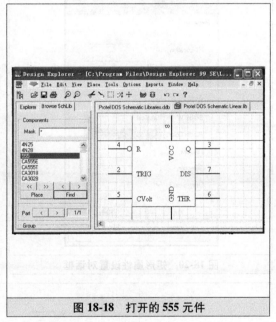

图 18-18　打开的 555 元件

② 粘贴元件。打开 YJ1. Lib 元件库文件，并在元件库管理器中选择新建的 555_1 元件，然后执行菜单命令"Edit→Paste"，将 555 元件粘贴到新建的 555 元件工作区中，如图 18-19 所示。然后移动光标将元件放置在工作区的第四象限，再单击主工具栏上的 工具，取消元件的选取状态。

5）修改元件。主要有以下两个步骤：

① 修改元件的形状。在元件的矩形块上双击鼠标左键，弹出图 18-20 所示的对话框，将其中的"Y1-Location"项改为−110（原值为−80），再单击"OK"按钮，555 元件的矩形块发生变化，如图 18-21 所示。

② 修改元件的引脚排列。用鼠标将 555 元件的每个引脚都拖离矩形方块，如图 18-22a 所示，然后重新排列引脚，排列好引脚的 555 元件如图 18-22b 所示，在排列时如果引脚方向不对，可

261

在拖动引脚时按空格键切换引脚的方向。

图 18-19 粘贴 555 元件到新建的 555 元件工作区中

图 18-20 矩形属性设置对话框

图 18-21 555 元件矩形块发生变化

a) 将引脚拖离矩形方块　　b) 引脚重排的555元件

图 18-22 修改元件引脚的排列

　6) **设置元件的标号**。元件修改好后，需要设置它的标号，具体方法是执行菜单命令"Tools→Description"，弹出图 18-23 所示的对话框，将"Default Designator"项设为"IC?"，再单击"OK"按钮即可。

7）保存修改的元件。执行菜单命令
"File→Save"，或单击主工具栏上的 💾 工
具，即可将新绘制的元件保存在 YJ1. Lib
元件库文件中。

18.2.3　绘制复合元件

　　复合元件有两个或两个以上的相同
单元，这些单元的图形相同，只是引脚
不同，它们是在标号中的附加 **A**、**B**、**C**、
D 等来表示不同的单元。集成电路 7426
是一个由四个相同与非门构成的与非门

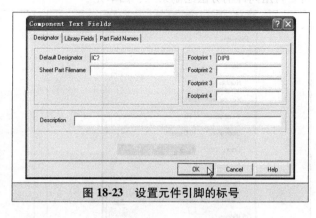

图 18-23　设置元件引脚的标号

集成电路，它的四个单元如图 18-24 所示。这里以绘制 7426 的四个与非门单元为例进行说明。
　　绘制复合元件的操作过程如下：
　　1）打开或新建一个元件库文件，如打开 YJ1. Lib 文件。
　　2）新建元件名称。单击元件绘制工具栏中的 🗔 图标，或者执行菜单命令"Tools→New
Component"，马上弹出"New Component Name"对话框，在对话框中的默认元件名改为 7426，再
单击"OK"按钮，就新建了一个名称为 7426 的新元件。
　　3）绘制第一个单元。在工作区的第四象限绘制一个与非门，绘制时用元件绘图工具中的 ╱
工具绘制与非门的半矩形部分，用 ⌒ 工具绘制半圆形部分，再用 ⌐ 工具放置三个引脚，如
图 18-25 所示。

图 18-24　集成电路 7426 的四个与非门单元

图 18-25　绘制 7426 的第一个单元

　　4）设置第一单元引脚属性。在第 1 引脚上双击鼠标左键，弹出引脚属性设置"Pin"对话
框，如图 18-26 所示，将其中的"Name"项设为空，"Number"项设为"1"，"Electical Type"
项选择"Input"，再单击"OK"按钮，第 1 引脚属性设置完毕。然后对第 2 引脚进行相同的设
置（但要将 Number 项设为"2"）。在设置第 3 引脚时，将的"Name"项设为空，"Number"项
设为"3"，将"Electical Type"项选择"Output"，并且勾选"Dot Symbol"项。设置好引脚属性
的第一单元与非门如图 18-27 所示。同时在元件管理器的"Part"区域显示"1/1"，表示当前为
7426 的第一单元。
　　5）绘制第二、三、四单元。单击元件绘制工具栏中的 ⊐ 图标，或者执行菜单命令"Tools→
New Part"，工作区马上更新为空白，同时在元件管理器的 Part 区域显示"2/2"，表示当前处于
第二单元编辑状态。用前面的方法绘制第二单元，也可将第一单元复制过来，再更改引脚号即

可。再用同样的方法绘制第三、四单元。

图 18-26 元件引脚属性设置对话框

图 18-27 绘制完成的第一个单元

6）给第一单元放置电源和地引脚。单击元件管理器 Part 区域的 ‹ 按钮，切换到 7426 的第一单元，再给它放置两个引脚，对其中一个引脚属性进行这样设置："Name"项设为"GND"，"Number"项设为"7"，"Electical Type"项勾选"Power，Show Name"和"Show Number"；对另一个引脚属性这样设置："Name"项设为"VCC"，"Number"项设为"14"，"Electical Type"项勾选"Show Name"和"Show Number"。放置好电源和地引脚的第一单元如图 18-28 所示。然后将两个引脚的属性中的"Hidden"项选中，将 7、14 脚隐藏起来即可。

7）设置元件的标号。执行菜单命令"Tools→Description"，弹出图 18-29 所示的对话框，将"Default Designator"项设为"IC?"，将"Footprint1（封装）"设为"DIP14"，将"Footprint2"设为"SO-14"，再单击"OK"按钮。

图 18-28 在第一单元放置
电源和接地引脚

图 18-29 设置元件的标号和封装形式

8）保存复合元件。 执行菜单命令"File→Save"，或单击主工具栏上的 工具，就将绘制的复合元件保存在 YJ1. Lib 元件库文件中。

18.2.4　新元件的使用

新元件绘制好后就可以使用了，使用新元件的操作方法有多种。

1. 方法一

1）在文件管理器中单击原理图文件 YL. Sch 和新建的元件库文件 YJ1. Lib，将两个文件都打开，在工作区上方出现 YL. Sch 和 YJ1. Lib 文件标签，如图 18-30 所示。

图 18-30　打开 YL. Sch 和 YJ1. Lib 文件

2）单击工作区上方的 YJ1. Lib 文件标签，切换到 YJ1. Lib，再单击文件管理器上方的"Browse SchLib"选项卡，打开元件库管理器，如图 18-31 所示。

图 18-31　利用元件库管理器放置新元件

3）在元件库管理器中找到并选择要放置的新建元件，单击 ![Place] 按钮，系统会自动切换到 YL. Sch 的原理图编辑状态，鼠标旁跟随着元件出现在 YL. Sch 的工作区中。

4）将鼠标移到 YL. Sch 的工作区合适位置，单击左键就可以在工作区（图纸）上放置元件。

2. 方法二

1）在文件管理器中单击原理图文件 YL. Sch，将该文件打开。

2）单击文件管理器上方的"Browse SchLib"选项卡，切换到元件库管理器。

3）在元件库管理器中找到新建的元件库 YJ1. Lib，如果没有该文件，可单击 Add/Remove... 按钮，将该元件库文件加载到元件管理器中，再在 YJ1. Lib 元件库中找到要放置的新元件，单击 Place 按钮，然后将鼠标移到工作区，就可以在 YL. Sch 文件的工作区上放置新元件。

3. 方法三

1）在文件管理器中单击新建的元件库文件 YJ1. Lib，将该文件打开，在工作区上方出现 YJ1. Lib 文件标签。

2）单击文件管理器上方的"Browse SchLib"选项卡，切换到元件库管理器。

3）在元件库管理器中找到要放置的新元件，单击 Place 按钮，系统会自动新建一个默认文件名为 Sheet1. Sch 原理图文件，并进入该文件原理图编辑状态。

4）将鼠标移到 Sheet1. Sch 文件的图纸上，即可放置新元件。

18.3　元件报表的生成与元件库的管理

18.3.1　元件报表的生成

在元件编辑器中可以产生三种报表：**Component Report**（元件报表）、**Library Report**（元件库报表）和 **Component Rule Check Report**（元件规则检查报表）。利用元件报表可以了解元件各方面的信息，为绘制新元件带来很多方便。

1. 元件报表的生成

元件报表的生成操作过程如下：

1）打开元件库文件并选择要生成报表的元件。如打开元件库文件 YJ1. Lib，并选择其中的 555_1 元件，如图 18-32 所示。

2）执行菜单命令"Report→Component"，系统马上生成元件报表，生成的报表如图 18-33 所示。

图 18-32　选择要生成报表的元件

图 18-33　生成的元件报表文件

元件报表文件的扩展名为 . cmp，在报表中列出了 555_1 元件的所有相关信息，如引脚数量、标注名称及有关属性。

2. 元件库报表的生成

元件库报表的生成操作过程如下：

1）打开元件库文件。如打开元件库文件 YJ1. Lib。

2）执行菜单命令"Report→Library"，系统马上生成元件报表，生成的报表如图 18-34 所示。

元件库报表文件的扩展名为.rep，在报表中列出了 YJ1.Lib 元件库中所有元件的有关信息。

3. 元件规则检查报表的生成

元件规则检查报表主要用于帮助设计者进行元件的检验工作，包括检查元件库中的元件有无错误，并能将错误列出来，指明错误原因。

图 18-34　生成的元件库报表文件

元件规则检查报表的生成操作过程如下：

1）打开元件库文件。如打开元件库文件 YJ1.Lib。

2）执行菜单命令"Report→Component Rule Check"，会弹出检查设置对话框，如图 18-35 所示，进行设置后，单击"OK"按钮，系统马上生成元件规则检查报表，生成的报表如图 18-36 所示。

图 18-35　元件规则检查对话框

图 18-36　生成的元件规则检查报表

元件规则检查报表文件的扩展名为.ERP，在报表中列出了 YJ1.Lib 元件库中的出错元件的出错信息，表中信息显示出 555_1 的 6、7 脚标号重复（即两引脚标号都为 6），而 LED_8 的 4、5 脚也出现同样的问题。

18.3.2　元件库的管理

元件库的管理可以通过两种方式：一种是用元件库管理器来管理元件库；另一种是用 **Tools** 菜单下的各种命令来管理元件库。

1. 用元件库管理器来管理元件库

利用元件库管理器可以管理元件库，单击设计管理器上方的"Browse SchLib"选项卡，将设计管理器切换到图 18-37 所示的元件库管理器。从图中可以看出，**元件管理器有四个区域：Components（元件）区域、Group（组）区域、Pins（引脚）区域和 Mode（模式）区域。**

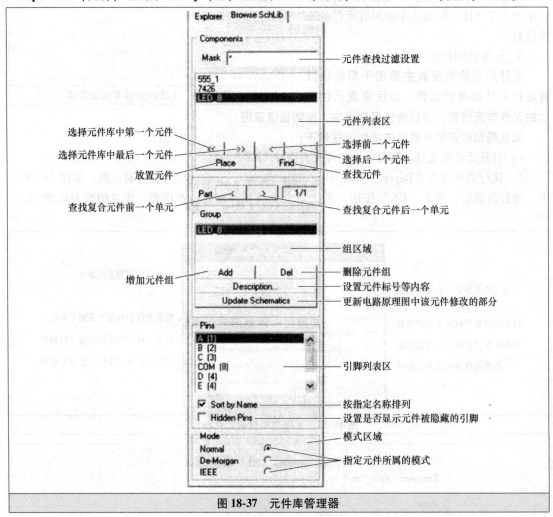

图 18-37　元件库管理器

1) **Components（元件）区域：其主要功能是查找、显示、选择和放置元件。**当设计人员打开一个元件库时，该元件库中的元件名称会在元件列表区显示出来。

当在列表区选择某个元件并单击"Place"按钮时，就可以放置选择的元件。其他项的功能说明见图 18-37 该区域标注所示。

当单击"Find"按钮时，就会弹出查找元件对话框，可以在该对话框中设置查找条件，并进行元件的查找。

2) **Group（组）区域：其主要功能是查找、显示、选择和放置元件集。**元件集是指共用元件符号的元件，例如 74xx 的元件集有 74LSxx、74Fxx 等，它们都是非门，引脚名称与编号都相同，它们可以共用元件符号。

当单击"ADD"按钮时，会出现图 18-38 所示的对话框，输入要加入元件组的元件名称，单击"OK"按钮就

图 18-38　添加元件组名称对话框

可以将该元件加入到元件组中。

当单击"Description"按钮时，会弹出图 18-39 所示的对话框，对话框有三个选项卡："Designator""Library Fields"和"Part Field Names"，这些选项卡中"Designator"选项卡内容设置较为常用。

图 18-39　Component Text Fields 对话框

3）**Pins（引脚）区域**：它的功能是将当前工作中的元件引脚号和名称显示在引脚列表区中。

4）**Mode（模式）区域**：它的功能是指定元件的模式，有 **Normal**、**De-Morgan** 和 **IEEE** 三种模式。

2. 用 Tools 菜单下的各种命令来管理元件库

管理元件库除了可以使用元件管理器外，还可以采用 **Tools** 菜单下的各种命令来管理，Tools 菜单下有些命令与元件管理器中的按钮功能相同。Tools 菜单下的各种命令如图 18-40 所示，各命令的功能说明见图标注。

图 18-40　Tools 菜单下的各种命令

18.4　元件封装库编辑器

元件封装库编辑器是 **Protel 99 SE** 一个重要组成模块，它的作用就是制作和编辑元件封装。

18.4.1　元件封装库编辑器的启动

启动元件封装库编辑器有两种常用的方法：一是通过新建一个元件封装库文件启动编辑器；二是打开一个已有的元件封装库文件启动编辑器。下面以新建一个元件封装库文件来启动编辑器，具体操作过如下：

1）打开一个数据库文件，如打开 DZ2. ddb 文件，然后执行菜单命令"File→New"，弹出图 18-41 所示的对话框，选择"PCB Libraty Document"图标，再单击"OK"按钮，这样就在数据库文件 DZ2. ddb 中新建一个元件封装库文件，默认文件名为 PCBLIB1. LIB。

2）将元件封装库文件的默认文件名改为 FZ8. LIB，在工作窗口中用鼠标左键双击该文件，FZ8. LIB 文件被打开，同时元件封装库编辑器也被启动。

图 18-41　新建元件封装库文件

18.4.2　元件封装库编辑器介绍

从图 18-42 可以看出，元件封装库编辑器主要由菜单栏、主工具栏、元件封装库管理器、工作窗口、放置工具栏和状态命令栏等组成。

图 18-42　元件封装库编辑器

1）**菜单栏**：主要提供制作、编辑和管理元件封装的各种命令。

2）**主工具栏**：它提供了很多常用工具，这些工具的功能也可以通过执行菜单中相应的命令来完成，但操作主工具栏上的工具较执行菜单命令更快捷、方便。

3）**元件封装管理器**：它主要用来对元件封装进行管理。

4）**工作窗口**：它是制作、编辑元件封装的工作区。

5）**放置工具栏**：它包含了各种制作元件封装的放置工具，如放置连线、焊盘、过孔、圆弧等工具。

6）**状态命令栏**：主要是显示光标的位置和正在执行的命令。

18.5　制作新元件封装

制作新元件封装可采用两种方式：一种方式是直接用手工制作；另一种方式是利用向导制作新元件封装。

18.5.1　手工制作新元件封装

在制作新元件封装前，先要了解实际元件的有关参数，如实际元件的外形轮廓和尺寸等，然后再来制作该元件的元件封装。

下面以制作一个图 18-43 所示元件封装为例来说明元件封装的制作，该元件封装的有关参数是：焊盘外径为 50mil，内径为 30mil；焊盘垂直间距为 100mil，水平间距为 30mil；外形轮廓长为 200mil、宽为 200mil，圆弧半径为 25mil；焊盘与轮廓边沿距离为 50mil。

图 18-43　待制作的元件封装

手工制作新元件封装的操作过程如下：

1）**新建或打开一个元件封装库文件**。这里打开 FZ8.LIB 文件。

2）**设置有关工作环境参数**。如使用的工作层、计量单位、栅格尺寸和显示颜色等，进入工作环境参数设置的方法是执行菜单命令"Tools→Library Options"和"Tools→Preferences"，具体的设置可参照前述相关内容，一般情况下不用设置，保持默认值。

3）**新建元件封装**。在新建元件封装库文件时，系统会自动新建一个 PCBCOMPONENT_1 的元件封装，如果想再建立一个元件封装，可单击元件封装库管理器中的"Add"按钮，或执行菜单命令"Tools→New Component"，弹出图 18-44 所示的对话框，单击"Cancel"按钮，会建立一个新的元件封装，在元件封装库管理器中可以看到新建的元件封装名。

单击元件封装库管理器中新建的元件封装 PCBCOMPONENT_1，在右边工作窗口中会出现一个十字形编辑区，如图 18-45 所示，十字形中心坐

图 18-44　新建元件封装向导对话框

标为（0mil，0mil），如果工作窗口没有十字形就可以先关闭当前的元件封装库文件 FZ8.LIB，然后再打开它，工作窗口中就会出现十字形。

4）**放置焊盘**。单击放置工具栏中的 ⊙ 工具或者执行菜单命令"Place→Pad"，鼠标变成有焊盘跟随的十字光标，按下键盘上的"Tab"键，弹出焊盘属性设置对话框，如图 18-46 所示，将其中的"X-Size""Y-Size"都设为"50mil"，"Hole-Size"设为"30mil"，"Designator"设为 1，再单击"OK"按钮结束设置。

图 18-45　新建的元件封装文件

　　将光标移到编辑区十字中心，单击鼠标左键，就放置了第一个焊盘，再用同样的方法按顺序放置其他三个焊盘，在放置时要注意焊盘垂直间距为 100mil，水平间距为 300mil（在放置焊盘时，可观察窗口底部状态栏显示的光标坐标来确定每个焊盘的间距）。放置好的四个焊盘如图 18-47 所示。

图 18-46　焊盘属性设置对话框

图 18-47　放置好的四个焊盘

　　在第一个焊盘上双击鼠标右键，弹出图 18-46 所示的属性设置对话框，在"Shape"项下拉列表中选择"Rectangle（正方形）"，单击"OK"按钮，就将该焊盘改为正方形。另外注意，四个焊盘的标号要逆时针依次为 1、2、3、4，若不是可在属性对话框中进行设置。

　　5）绘制元件外形轮廓的半圆部分。 单击放置工具栏上的 ⊙，或者执行菜单命令"Place→Arc（Center）"，在焊盘附近随意绘制出一个圆弧，然后在该圆弧上双击鼠标右键，弹出图 18-48a 所示的对话框，在对话框中如按下设置："X-Center（圆心横坐标）"：150mil；"Y-Center（圆心纵坐标）"：4050mil；"Radius（半径）"：25mil；"Start Angle（起始角度）"：180.000；"End Angle（终止角度）"：360.000。

　　设置好后单击"OK"按钮，就绘制了图 18-48b 所示的半圆弧。

　　6）绘制元件外形轮廓的方形部分。 单击放置工具栏上的 ～ 或者执行菜单命令"Place→Track"，在半圆弧的基础上再绘制一个长为 200mil、宽为 200mil 的方形，在绘制时如果连线拐角不是直角，可连续按"Shift+空格键"，将拐角切换到 90°，绘制过程如图 18-49 所示。

a) 设置圆弧属性　　　　　　　　　　b) 绘制出的半圆弧

图 18-48　绘制半圆弧

a) 绘制开始　　　　　　　　　　b) 绘制结束

图 18-49　绘制元件外形轮廓的方形部分

7）设置元件封装的参考坐标。元件封装绘制完成后要设置参考坐标。在菜单"Edit→Set Reference"下有三个设置参考坐标的命令："Pin1（以元件封装的 1 脚作为参考坐标）""Center（以元件封装中心作为参考坐标）""Location（根据设计者选择点作为参考坐标）"。一般选择元件封装的 1 脚作为参考坐标，执行菜单命令"Edit→Set Reference→Pin1"就将元件封装 1 脚设为参考坐标。

8）元件封装的改名与保存。新建元件封装时，系统会自动给它命名，如果要重命名，可在元件封装管理器中选中该元件封装，再单击下方的"Rename"按钮，弹出图 18-50 所示的对话框，在对话框中将默认名改成新的名称，单击"OK"按钮，改名生效。

图 18-50　元件封装重命名

如果要将制作好的元件封装保存下来，可单击主工具栏上的 ![保存图标] 或执行菜单命令"File→Save"，就可以将元件封装保存在元件封装库中。在设计 PCB 时，只要将该元件封装所在的封装库文件装载到 PCB 设编辑器中，就可以像其他元件封装一样使用该元件封装。

18.5.2　利用向导制作新元件封装

除了可以手工的方式来制作元件封装外，**Protel 99 SE** 还提供了元件封装生成向导来制作元件封装。下面仍以制作图 18-43 所示的元件封装为例来说明。利用向导制作元件封装的操作过程如下：

1）打开或新建一个元件封装库文件。这里打开元件封装库文件 FZ8. LIB。

2）单击元件封装库管理器中的"Add"按钮，或执行菜单命令"Tools→New Component"，弹出图 18-51 所示的元件制作向导对话框，单击"Next"按钮，出现图 18-52 所示的对话框。

图 18-51 元件制作开始向导

图 18-52 选择元件封装形式

3）在图 18-52 所示的对话框中，有 12 种元件封装形式供选择。

① "Ball Grid Arrays（BGA）"：BGA 球栅阵列封装。

② "Capacitors"：电容封装。

③ "Diodes"：二极管封装。

④ "Dual in-line Package（DIP）"：双列直插封装。

⑤ "Edge Connectors"：边连接器封装。

⑥ "Leadless Chip Carrier（LCC）"：LCC 无引线芯片载体封装。

⑦ "Pin Grid Arrays（PGA）"：PGA 引脚网格阵列封装。

⑧ "Quad Packs（QUAD）"：QUAD 四边形引出扁平封装。

⑨ "Resistors"：电阻封装。

⑩ "Small Outline Package（SOP）"：SOP 小尺寸封装。

⑪ "Staggered Ball Grid Array（SBGA）"：SBGA 交错球栅阵列封装。

⑫ "Staggered Pin Grid Array（SPGA）"：SPGA 交错引脚网格阵列封装。

这里选择 "Dual in-line Package（DIP）" 项，单击 "Next"，会弹出图 18-53 所示的对话框。

4）在图 18-53 所示的对话框中，可以设置焊盘的各项数值，设置时只要用鼠标选中相应的数值，再输入新的数值即可，设置好后单击 "Next" 按钮，弹出图 18-54 所示的对话框。

图 18-53 设置焊盘的各项数值

图 18-54 设置焊盘之间的垂直和水平间距

5）在图 18-54 所示的对话框中，可以设置焊盘的垂直和水平间距数值，设置时用鼠标选中相应的数值，再输入新的数值，设置好后单击 "Next" 按钮，弹出图 18-55 所示的对话框。

6）在图 18-55 所示的对话框中，可以设置轮廓线数值，设置时用鼠标选中相应的数值，再输入新的数值，设置好后单击 "Next" 按钮，弹出图 18-56 所示的对话框。

图 18-55　设置轮廓线的数值

图 18-56　设置元件封装引脚的个数

7）在图 18-56 所示的对话框中，可以设置元件封装引脚个数，设置好后单击"Next"按钮，弹出图 18-57 所示的对话框。

8）在图 18-57 所示的对话框中，输入新建元件封装的名称，再单击"Next"按钮，弹出图 18-58 所示的对话框。

图 18-57　设置新建元件封装的名称

图 18-58　结束向导

9）在图 18-58 所示的对话框中，单击"Finish"按钮，结束新建元件封装向导，系统就会在元件封装库中生成一个元件封装，如图 18-59 所示。

图 18-59　利用向导生成的元件封装

18.6　元件封装的管理

18.6.1　查找元件封装

在元件封装管理器中可查找元件封装，元件封装管理器如图 18-60 所示。

在管理器的"Mask"项内可输入元件查找条件，如输入"D∗"，就会在下面的元件列表框中显示出所有以 D 打头的元件封装。

当在元件列表框中选中某元件时，在元件引脚列表框中会显示元件所有的引脚。

在元件列表框下方有四个按钮，单击"<"按钮可选中上一个元件，单击">"按钮可选中下一个元件，单击"<<"按钮可选中元件列表框的第一个元件，单击">>"按钮可选中最后一个元件。这 4 个按钮的功能与菜单命令"Tools→Next Component""Tools→Prev Component""Tools→First Component"和"Tools→Last Component"一一对应。

图 18-60　元件封装库管理器

18.6.2　更改元件封装名称

如果要更改元件列表中某个元件封装的名称，可选中该元件封装，然后单击元件列表框中的"Rename"按钮，会弹出对话框，在对话框中输入新的名称即可。

18.6.3　放置元件封装

如果要将元件列表中的某个元件封装放置到某个 PCB 中，可打开该 PCB 文件，然后返回到元件封装库文件，在元件封装管理器的元件列表中选中某个元件封装，再单击"Place"按钮，系统自动切换到打开的 PCB 文件，就可以在该 PCB 文件的电路板上放置刚选中的元件封装。如果没有打开任何 PCB 文件，单击"Place"按钮，系统将自动新建一个 PCB 文件，可以在该文件中放置元件封装。

18.6.4　删除元件封装

如果要删除元件列表中的某个元件封装，可先选中该元件封装，然后单击列表框下方的"Remove"按钮，会弹出图 18-61 所示的对话框，询问是否删除元件封装，单击"Yes"确认，选中的元件封装就被删除。

图 18-61　询问是否删除元封装

18.6.5　编辑元件封装引脚焊盘

元件封装引脚焊盘是元件封装最重要的部分。在设计电路时，经常会遇到原理图元件的引脚标注与元件封装的引脚标注不一致的情况，如图 18-62 所示。二极管的元件原理图符号正极标注为"1"，负极标注为"2"，而二极管的元件封装正极标注为"A"，负极标注为"K"，这样采用自动设计印制电路板时会产生错误，解决方法是将两者的标注改成相同。

a) 二极管的原理图符号　　　　　b) 二极管的元件封装符号

图 18-62　二极管的电路原理图符号和元件封装符号

下面将二极管的元件封装的引脚标号改成与原理图符号标号一致，具体操作过程如下：

1）打开二极管封装所在的数据库文件 Advpcb.ddb，该文件的位于 C:\Program Files\Design Explorer 99 SE\Library\Pcb\Generic Footprints 文件夹中（当 Protel 99 SE 安装在 C:\Program Files 时）。

2）打开 Advpcb. ddb 数据库中的 PCB FootPrints. lib 元件封装库文件，在该文件的元件封装库
管理器中找到二极管的元件封装 DIODE0. 4，并单击打开它，如图 18-63 所示。

图 18-63　二极管的元件封装

3）在元件引脚列表框中选中引脚 A，再单击下方的"Edit Pad"按钮，马上弹出焊盘属性
设置对话框，将对话框中的"Designator"项文本框中的 A 改成 1，再用同样的方法将引脚 K 改
成 2，然后单击主工具栏上的 ![save]，或执行菜单命令"File→Save"，就可以将改动的元件封装保存
在元件封装库中。

如果单击"Jump"按钮，不会弹出属性设置对话框，而是将选中的焊盘放大到整个工作窗
口大小。

如果单击"UpdatePCB"按钮，系统会将该元件封装所做的修改反映到 PCB 中。

第**19**章

手工设计印制电路板

设计印制电路板有两种方式：手工设计和自动设计。手工设计方式比较适合设计简单的印制电路板，并且在设计前无须绘制电路原理图。本章将介绍如何在 Protel 99 SE 的 PCB 编辑器中用手工的方式设计印制电路板。

19.1　印制电路板设计基础

19.1.1　印制电路板的基础知识

印制电路板又称 PCB，是在塑料板上印制导电铜箔，用铜箔取代导线，只要将各种元件安装在印制电路板上，铜箔就可以将它们连接起来而组成一个电路或电子设备。

1. 印制电路板的种类

根据层数分类，印制电路板可分为单面板、双面板和多层板。

（1）单面板

单面印制电路板如图 **19-1** 所示，它只有一面有导电铜箔。单面板在使用时，通常在没有导电铜箔的一面安装元件，将元件引脚通过插孔穿透到有导电铜箔的一面，导电铜箔将元件引脚连接起来就可以构成电路或电子设备。单面板成本低，但因为只有一面有导电铜箔，不适用于复杂的电子设备。

a) 有导电铜箔面　　　　　b) 无导电铜箔面

图 19-1　单面电路板

（2）双面板

双面板有两层，即顶层（Top Layer）和底层（Bottom），两层都有导电铜箔，每层都可以直接焊接元件，两层之间可以通过穿过的元件引脚连接，也可以通过过孔来实现连接。过孔是一种穿透印制电路板并将两层的铜箔连接起来金属化导电圆孔。其双结构示意图如图 19-2 所示。

（3）多层板

多层板是具有多个导电层的电路板，它除了具有双面板一样的顶层和底层外，在内部还有导电层，内部层一般为电源或接地层，顶层和底层通过过孔与内部的导电层相连。多层板一般将多个双面板采用压合工艺制作而成的，适用于复杂的电路系统。多层板结构示意图如图 19-3 所示。

图 19-2 双面电路板

图 19-3 多层电路板

2. 元件的封装

印制电路板是用来安装元件的，而同类型的元件，比如电阻，即使阻值一样，也有体积大小之分，那么在设计印制电路板时，就要求电路板上大体积元件焊接孔的孔径要大、距离要远。为了让生产出来的电路板可以安装大小和形状符合要求的各种元件，要求在设计 PCB 时，用铜箔表示导线，而用与实际元件形状和大小相关的符号表示元件，当然这里的形状与大小是指实际元件在印制电路板上的投影。这种与实际元件形状和大小相同的投影符号称为元件封装。例如，电解电容的投影是一个圆形，那么它的封装就是一个圆形符号。

（1）元件封装的分类

元件的封装形式主要有两种：针脚式元件封装和表面粘贴式元件封装。常见的元件封装如图 19-4 所示。

图 19-4 常见的元件封装

1）针脚式元件封装：一些常见的元件，如电阻、电容、晶体管和一些集成电路就是这种封装形式。针脚式元件在安装时，一般是从印制电路板的顶层将引脚经通孔插到底层，然后在底层进行焊接。

2）表面粘贴式元件封装：随着电子制造技术的发展，越来越多的元件被制成片状，如片状电阻、片状电容、片状晶体管和片状集成电路等，这些元件通常是通过机器粘贴在印制电路板上，所以称为表面粘贴式元件。

（2）元件封装的编号

元件封装编号规律是：**元件类型+焊盘+元件外形尺寸**。根据元件封装编号可知道其封装规格，例如 AXIAL0.4 表示该元件为轴形封装，两引脚焊盘的距离为 400mil（mil 即毫英寸，1 英寸 = 1000 毫英寸 = 25.4mm）；RB.2/.4 表示极性电容类元件封装，引脚距离为 200mil，元件的直径为 400mil；DIP24 表示双排引脚封装，两排共有 24 个引脚。

3. 铜箔导线

印制电路板以铜箔作为导线将安装在上面的元件连接起来，所以铜箔导线简称为导线（**Track**）。印制电路板的设计主要是布置铜箔导线。

与铜箔导线类似的有一种线，称为飞线，又称预拉线。飞线主要是表示各个焊盘的连接关系，指引铜箔导线的布置，它不是实际的导线。

4. 焊盘

焊盘的作用是在焊接元件时放置焊锡，将元件引脚与铜箔导线连接起来。焊盘的形式有圆形、方形和八角形，如图 19-5 所示。焊盘有表面粘贴式和针脚式，表面粘贴式焊盘无须钻孔，而针脚式焊盘要求钻孔，它有通孔直径和焊盘直径两个参数，如图 19-6 所示。

在设计焊盘时，要求考虑到元件的形状、引脚的大小、安装形式、受力情况和受力、振动大小等情况，如果某个焊盘通过电流大、受力大并且易发热，可设计成泪滴状（后面会介绍）。

圆形焊盘　　方形焊盘　　八角形焊盘　　表面粘贴式焊盘

图 19-5　常见焊盘形状

图 19-6　针脚式焊盘的两个参数

5. 助焊膜和阻焊膜

为了让印制电路板的焊盘上更容易粘上焊锡，通常在焊盘上涂上一层助焊膜（**TOP or Bottom Solder**）。另外，为了防止印制电路上板不能沾上焊锡的铜箔不小心沾上焊锡，在这些铜箔上一般会涂上一层绝缘层（通常是绿色透明的膜），这层膜称为阻焊膜（**TOP or Paste Mask**）。

6. 过孔

双面板和多层板有两个以上的导电层，每个导电层是相互绝缘的，如果需要将某一层和另一层进行电气连接，可以通过过孔来实现。过孔一般的制作方法：在多层需要连接处钻一个孔，然后在孔的孔壁上沉积导电金属（又称电镀），这样就可以将不同的导电层连接起来。**过孔主要有穿透式和盲过式两种形式**，如图 19-7a 所示，穿透式过孔从顶层一直通到底层，而盲过孔可以从顶层通到内层，也可以从底层通到内层。

过孔有内径和外径两个参数，如图 19-7b 所示，过孔的内径和外径一般要比焊盘的内径和外径小。

图 19-7　过孔的参数与形式

7. 丝印层

PCB 除了有导电层外，还有丝印层。**丝印层主要是用丝印印刷方法在 PCB 的顶层和底层上印制元件的标号、外形和一些厂商的信息。**

19.1.2　PCB 的设计过程

PCB 的设计过程简单来说，就是在图纸上放置元件封装，再用铜箔导线将放置的元件连接起来。PCB 的设计过程一般如下：

1. 绘制电路原理图

设计电子产品 PCB 时，首先要设计出该产品的电路原理图，在确保原理图无误后，再由原理图生成网络表。对于简单的电子产品，可不用设计电路原理图，直接进行 PCB 设计即可。

2. 规划印制电路板

规划印刷板电路主要包括确定 PCB 的大小、电气边界、电路板的层数和各种元件的封装形式等。

3. 设置设计参数

在 Protel 99 SE 的 PCB 编辑器中设置 PCB 的层数、布局和布线等有关参数。这是重要的设计步骤，有些参数可采用默认值，有些参数设置一次后，在以后设计时几乎不用改变。

4. 装入原理图的网络表和元件封装

原理图的网络表是设计 PCB 时自动布线的依据，PCB 是按照网络表的内容要求进行自动布线的。元件封装就是元件的外形，设计原理图是在图纸上放置元件符号，这样设计生产出来的印刷板才能安装实际的元件。

5. 元件的布局

元件的布局就是将元件封装放置在图纸上合适的位置，它有自动布局和手动布局两种方式。装载原理图生成的网络表后，可以让 Protel 99 SE 自动装载元件封装，并对元件进行自动布局。如果觉得自动布局出来的结果不合适，可进行手动布局进行调整。

6. 自动布线

元件布局完成后，可使用 Protel 99 SE 进行自动布线，将元件封装按网络表的要求自动用导线连接起来。如果有关参数设置正确、元件布局合理，自动布线成功率非常高，几乎可达到 100%。

7. 手工调整

自动布线完成后，如果觉得不满意，可以进行手动调整。

8. 文件保存输出

布线完成后，PCB 设计基本完成，这时就要将设计好的 PCB 文件保存下来，还可以利用打印机等输出设备输出 PCB 的设计图，如果需要的话，还可以生成各种报表。

19.1.3　PCB 设计编辑器

PCB 设计编辑器是 Protel 99 SE 中的一个模块，**设计 PCB 需要在其中进行。**

1. PCB 设计编辑器的启动与关闭

打开或新建一个 PCB 文件就可以启动 PCB 设计编辑器，这里以新建一个 YS1. PCB 文件为例来说明如何启动 PCB 设计编辑器。

启动 PCB 设计编辑器的操作过程如下：

1) 打开一个数据库文件，再打开其中的 Documents 文件夹，如打开先前 D2. ddb 数据库文件中的 Documents 文件夹。

2) 执行菜单命令"File→New"，马上弹出"New Documents"对话框，在对话框中选择其中的"PCB Document"，再单击"OK"按钮，就在 D2. ddb 数据库文件的 Documents 文件夹中新建了一个默认文件名为 PCB1. PCB 文件，将文件名改为 YS1. PCB。

3) 在文件管理器中单击 YS1. PCB 文件，就启动了 PCB 设计编辑器，如图 19-8 所示，然后就可以在工作窗口的图纸上设计 PCB。

图 19-8　PCB 设计编辑器界面

4) 如果要关闭 PCB 设计编辑器，可在工作窗口上方的 YS1. PCB 文件标签上单击鼠标右键，在弹出的快捷菜单中选择"Close"命令即可。另外，执行菜单命令"File→Close"也可以关闭编辑器。

2. PCB 设计编辑器界面介绍

从图 19-8 可以看出，**PCB 设计编辑器主要由菜单栏、主工具栏、设计管理器、工作窗口、PCB 设计工具栏和状态栏、命令栏组成，在工作窗口上方是文件标签、下方是工作层标签。**

（1）PCB 设计编辑器界面的管理

1) 单击主工具栏上的 工具或执行菜单命令"View→Design Manager"，可以打开和关闭设计管理器。

2) 单击设计管理器上方的"Browse PCB"，可切换到元件封装库管理器；单击设计管理器上方的"Explorer"，可切换到文件管理器。

3) 单击工作窗口上方的文件标签，可以打开该文件，在文件标签上单击鼠标右键，在弹出的快捷菜单中选择"Close"命令，就可以将该文件关闭。

4) 单击工作窗口下方的工作层标签，可以打开该工作层。

5) 执行菜单命令"View→status Bar"，可打开和关闭状态栏。

6) 执行菜单命令"View→Command status"，可打开和关闭命令栏。

（2）工具栏的管理

PCB 设计编辑器主要有四个工具栏，分别是 Main Toolbar （主工具栏）、Placement Tools

（放置工具栏）、**Component Placement**（元件位置调整工具栏）和 **Find Selections**（查找被选元件工具栏）。各种工具栏如图 19-9 所示。

a) 主工具栏

b) 放置工具栏　　　c) 查找被选元件工具栏　　　d) 元件位置调整工具栏

图 19-9　PCB 设计编辑器的各种工具栏

执行菜单命令"View→Toolbars→Main Toolbars"，可以打开和关闭主工具栏；执行菜单命令"View→Toolbars→Placement Tools"，可以打开和关闭放置工具栏；执行菜单命令"View→Toolbars→Component Placement"，可以打开和关闭元件位置调整工具栏；执行菜单命令"View→Toolbars→Find Selections"，可以打开和关闭查找被选元件工具栏。

19.1.4　PCB 设计前的设置

在设计 PCB 前，先要对 PCB 的工作层和 PCB 设计编辑器的工作环境进行一定的设置。下面对 PCB 工作层的设置进行说明。

1. 工作层的种类

PCB 具有多层次结构，根据各层的功能不同，工作层可分为信号层、内部电源/接地层、机械层、阻焊层、锡膏防护层、丝印层和其他层等。在设计 PCB 时，可以根据需要增减不同的层，如果想知道当前设计环境中这些层的情况，可执行菜单命令"Design→Options"，马上出现图 19-10 所示的 Document Options 对话框，在对话框中显示了各层的有关情况。

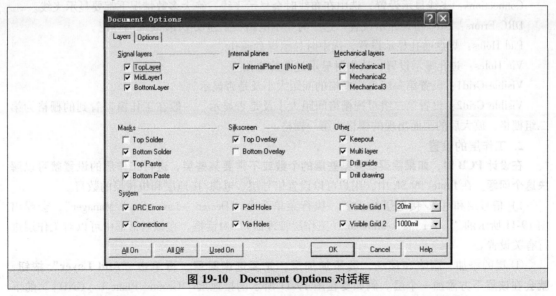

图 19-10　Document Options 对话框

1) Signal layers（信号层）。**该层包括 TopLayer（顶层）、MidLayer1（中间层）和 Bottom-Layer（底层）**。在对话框中，如果在信号层前打勾，那么在当前 PCB 设计编辑器中，该层处于打开状态，否则被关闭。

Protel 99 SE 中提供了 32 个信号层，包括一个顶层、一个底层和 30 个中间层。**顶层用来放置**

元件或布线，底层用来布线和焊接元件，中间层夹在两者之间，中间层是无法放置元件的，该层一般是铜箔导线，中间层的作用与横过公路的地下通道相似，当在地面上无法横过公路时，可以通过地下通道到达公路的对面。

2）Internal planes（内部电源/接地层）。**该层位于 PCB 内部，主要为各信号层提供电源和接地，在 Protel 99 SE 中提供了 16 个内部电源/接地层。**内部电源/接地层的作用与城市中的埋设在地下电缆相似，首先由地面上的供电站将电源传送给地下电缆，地下电缆在其他处可以接出地面，为该处地面上的用户供电，这样可以避免地面上到处乱拉电缆。

3）Mechanical layers（机械层）。**该层一般用于设置电路路板的外形、大小、数据标记、对齐标记、装配说明有关信息。**在 Protel 99 SE 中提供了 16 个机械层。

4）Masks（防护层）。**该层包括 Top Solder（顶层阻焊）、Bottom Solder（底层阻焊）和 Top Paste（顶层助焊）、Bottom Paste（底层助焊）。**阻焊层通常是在焊盘外的地方涂上绝缘漆，主要是避免铜箔导线上沾上焊锡，还可以防止一些可能发生的短路；助焊层一般是在焊盘上涂助焊材料，使焊锡与焊盘容易粘贴。

5）Silkscreen（丝印层）。**该层包括顶层丝印层和底部丝印层，丝印层的作用是印刷一些元件符号、标注信息。**

6）Other（其他层）。**该层包括下面几个层：**

Keepout（禁止布线层）：该层主要是规划放置元件和布线有效区，在有效区外的地方不能自动布线。

Multi layer（多层）：该层主要用来放置焊盘和穿透孔，将此层关闭，绘制的焊盘和过孔将隐藏。

Drill guide（钻孔层）：该层主要提供印刷板生产时的钻孔信息。Protel 99 SE 提供了 Drill Gride（钻孔指示图）和 Drill drawing（钻孔图）两个层。

另外，在图 19-10 所示的对话框中，System 区域还有以下几项：

Connections：飞线显示设置，选中在布线时会显示飞线，绝大多数情况下都要显示飞线。

DRC Errors：DRC 错误显示设置，选中时显示电路板上违反 DRC 规则的标记。

Pad Holes：焊盘通孔显示设置，选中时显示焊盘通孔。

Via Holes：过孔显示设置，选中时显示过孔的通孔。

Visible Grid1：设置第一组可视栅格的间距大小及是否显示。

Visible Grid2：设置第二组可视栅格间距大小及是否显示。一般在工作窗口看到的栅格为第二组栅格，放大后的画面出现的栅格为第一栅格。

2. 工作层的设置

在设计 PCB 时，如果需要改变某些层的个数或不需要某些层，进行工作层的设置就可以解决这个问题。在 Protel 99 SE 中，用户可以设置信号层、电源/接地层和机械层的数目。

1）信号层和电源/接地层的设置。执行菜单命令"Design→Layer Stack Manager"，会弹出图 19-11 所示的"Layer Stack Manager（工作层管理器）"对话框，在该对话框中可以对工作层进行有关设置。

① 层的添加、删除和移动。**要添加加层，先要选中某层，再单击"Add Layer"按钮，就会在该层下方添加一个层。**例如要在图 19-11 所示的接地层"Ground Plane 1［GND］"的下方添加一个信号层，可先在对话框的左方选中该层，然后单击右方的"Add Layer"按钮，就可以在该层下方添加一个信号层；如果单击"Add Plane"按钮，就会在该层下方添加一个电源/接地层。

要删除层，只要选中要删除的层，再单击"Delete"按钮即可。

图 19-11　工作层管理器对话框

　　要移动层，只要选中要移动的层，再单击"**Move Up**"按钮，该层就会向上移动，每单击一次可往上移动一层；如果单击"**Move Down**"按钮，就可以下移该层。

　　② 层的编辑。如果想改变层的名称和铜箔厚度，可单击"**Propertics（属性）**"按钮，会弹出图 19-12 所示对话框，在对话框中的"Name"项中可以输入层的名称，在"Copper thickness（铜箔厚度）"项输入该层的铜箔厚度数值，再单击"OK"按钮即可。

　　2）钻孔层的设置。印制电路板并不都是从底层到顶层钻穿透孔，有的可能是底层与内部某层钻通。钻孔层的设置就是设置钻孔起始和终止层。单击图 19-11 所示的"Layer Stack Manager"对话框中的"Drill Pairs"按钮，马上会弹出图 19-13 所示的对话框。其中列出了两种钻孔方式：一种是从元件层（顶层）钻到焊接层（底层）；另一种是从焊接层钻到"Ground Plane 1 [GND]"；从中选择一种方式再单击"OK"按钮即可。

图 19-12　编辑层对话框

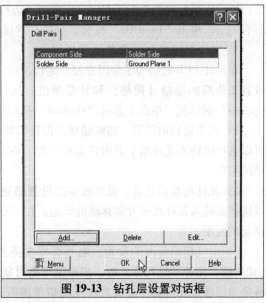

图 19-13　钻孔层设置对话框

如果单击"Add""Delete"或"Edit"按钮，就可以增加、删除和编辑钻孔方式。

3）机械层的设置。执行菜单命令"Design→Mechanical Layer"，会弹出图19-14所示的对话框。其中共列出了16个机械层，如果单击选中某个机械层的复选框，该层就会被打开，并可以设置名称，设置该层是否可见和设置是否在单层显示时同其他层一起显示。

图 19-14　机械层设置对话框

将各层设置完成后，如果再打开"Document Options"对话框，就会发现该对话框有一些变化。

4）工作层的打开与关闭。**在设计印制电路板电路时，如果要关闭或打开某个层，可执行菜单命令"Design→Options"**，会出现"Document Options"对话框，该对话框显示出当前设计的印制电路板工作层情况。如果要关闭编辑器中某个层，可将该层前的勾去掉，打勾则是打开工作层；如果用鼠标左键单击"All On"按钮，会打开所有的层；如果单击"All Off"按钮，会关闭所有的层；单击"Used On"按钮，会打开常用的工作层。

3. 工作层栅格和计量单位的设置

在设计PCB时，为了绘图方便、定位准确，与原理图编辑器一样，**PCB设计编辑器也可以设置工作层的栅格（网格）和计量单位。**执行菜单命令"Design→Options"，打开"Document Options"对话框，单击上方的"Options"选项卡，对话框切换成图19-15所示的内容。

1）捕获栅格的设置。**捕获栅格的设置实际上就是设置光标移动的间距。**在"Snap X"项中可以选择或输入光标水平方向移动的间距，在"Snap Y"项中可以选择或输入光标垂直方向移动的间距。

2）元件栅格的设置。**元件栅格的设置是设置元件移动的间距。**在"Component X"项中可以选择或输入元件水平方向移动的间距，在"Component Y"项中可以选择或输入元件垂直方向移动的间距。

3）电气栅格范围的设置。**电气栅格主要是方便布线而设置的特殊栅格。在移动导电对象（如导线、元件和过孔等）时，如果该导电对象进入另一个导电对象的电气栅格范围内时，两者将会自动连接在一起。**要设置电气栅格范围时，先要选中"Electrical Grid"（即在该复选框打勾），然后在"Range（范围）"项中选择或输入电气栅格范围，一般设置的数值应小于捕获栅格间距。

图 19-15 "Document Options" 对话框的 "Options" 选项卡内容

4）可视栅格类型的设置。**可视栅格是在屏幕上可以看见的栅格。**可视栅格类型有线状（Lines）和点状（Dots）两种，在"Visible Kind"项中可以选择电气栅格的类型。

5）计量单位的设置。**Protel 99 SE 用到的计量单位有两种：英制（Imperial）和公制（Metric），默认的为英制单位。**元件封装的大多采用英制单位，例如贴片式 IC 相邻两个引脚距离一般为 0.05in（英寸），所以在设计时尽量使用英制单位。英制单位有 in（英寸）和 mil（毫英寸），公制单位有 cm（厘米）和 mm（毫米），1mil = 0.0254mm。计量单位可在"Measurement Unit"项中进行设置。

19.1.5 PCB 设计编辑器参数设置

PCB 设计编辑器参数设置内容较难理解，如果已有一定印制电路板设计基础，可阅读下面的内容，对于初学者简单浏览一下即可，或者直接跳过这些内容，这并不影响后面章节的学习。

在进行印制电路板设计时，如果想让 PCB 设计环境更个性化，可根据自己的习惯和爱好对 PCB 设计编辑器的有关参数进行设置。

PCB 设计编辑器参数设置内容主要包括显示状态、工作层颜色、默认参数、信号完整性和一些特殊功能等。这些参数设置好后一般不用经常更改。

进入 PCB 设计编辑器参数设置的方法是执行菜单命令"Tools→Preference"，会弹出图 19-16 所示对话框，在对话框中有 6 个选项卡："Options""Display""Colors""Show/Hide""Defaults"和"Signal Integrity"。

1. "Options" 选项卡的设置

在"Preferences"对话框中，"Options"选项卡默认处于打开状态，如果没有打开，可单击"Options"选项卡。在该选项卡中有 6 个区域，主要是设置一些特殊的功能。

（1）"Editing options"区域

1）"Online DRC"：选择是否在线进行 DRC 检查。

2）"Snap To Center"：该项在选中时，若用光标选取元件，光标会自动移到元件的第 1 脚处；若用光标移动字符，光标会移到字符的左下角；若该项未选中，会以光标所在的坐标位置选中对象。

图 19-16　"Preference" 对话框（默认打开 "Options" 选项卡）

3）"Extend Selection"：选中该项时，那么在执行选取操作时可以连续选取多个对象，否则选取最后一个对象。

4）"Remove Duplicates"：选中该项时，可自动删除重复的对象。

5）"Confirm Global Edit"：选中该项时，当进行整体编辑操作后会出现要求确认的对话框。

6）"Protect Locked Objects"：选中该项时，可以保护锁定的对象，使它不能执行移动、删除动作。

（2）"Autopan options" 区域

1）"Style"：用于设置自动移过功能模式，共有下面 7 种模式供选择。

①"Disable"：关闭自动移边模式。

②"Re-Center"：以光标处为新的编辑区中心。

③"Fixed Size Jump"：当选择该项时，当光标移到编辑区边缘时，系统会以 Step 文本框设定值移边，当按下 Shift 键后，系统会以 Shift Step 文本框设定值移边。

④"Shift Accelerate"：当选择该项时，按住 Shift 键会提高移边速度。

⑤"Shift Decelerate"：当选择该项时，自动移边时，按 Shift 键会减慢移边速度。

⑥"Ballistic"：当选择该项时，光标越往编辑区边缘移动，移动速度越快。

⑦"Adaptive"：自动适应模式，以 Speed 文本框的设定值来控制移边操作的速度，该项为系统默认值。

2）Speed：用于移动速率值，默认为 1200。

3）Mils/Sec：移动速率单位（毫英寸/秒）

4）Pixels /Sec：另一种移动速率单位（像素/秒），在设置时可选择其中一种单位。

（3）"Polygon Repour" 区域

该区域主要进行多边形填充绕过设置。

1）"Repour" 项：有三个选项供选择。

"Never" 项：如果选择该项，当移动多边形填充区域后，一定会出现确认对话框，询问是否重建多边形填充。

"Threshold"项：如果选择该项，当移动多边形填充区域偏离距离比 Threshold 设定值小时，会出现确认对话框，否则不出现确认对话框。

"Always"项：如果选择该项，无论如何移动多边形填充区域，都不会出现确认对话框，系统会直接重建多边形填充区域。

2）"Threshold"项：在此可输入绕过的临界值。

（4）"Other"区域

1）"Rotation Step"项：用来设置元件的旋转角度，默认值为90°。

2）"Undo/Redo"项：用来设置操作撤销和重复的次数，默认为30次。

3）"Cursor Type"项：设置光标的形状，它有三种形状供选择 Large 90（大十字形光标）、Small 90（小十字形光标）和 Small 45（叉形光标）。

（5）"Interactive routing"区域。

该区域用于设置交互式布线的参数。

1）"Mode"项：设置交互式布线的模式，它有"Ignore Obstacle（忽略障碍，直接覆盖）"、"Avoid Obstacle（绕开障碍）"和"Push Obstacle（推开障碍）"三种模式供选择。

2）"Plow Through Polygons"项：如果选中该项，则多边形填充会绕过导线。

3）"Automatically Remove Loops"项：如果选中该项，将自动删除形成回路的走线。

（6）"Component drag"区域

该区域用于设置元件拖动模式。它只有一个"Mode"项，如果选择"None"，在拖动元件时，只拖动元件本身，如果选择"Connected Track"，在拖动元件时，该元件的连线也会随之移动。

2. "Display"选项卡的设置

在"Preferences"对话框中，单击"Display"选项卡，可打开该选项卡，如图 19-17 所示。该选项卡中有 3 个设置区域。

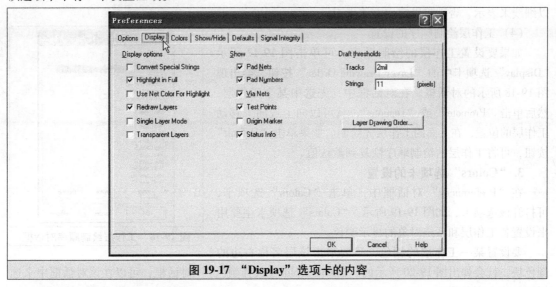

图 19-17　"Display"选项卡的内容

（1）"Display options"区域

该区域有 6 个选项。

1）"Convert Special Strings"项：用来确定是否将特殊字符串转化为它所代表的文字。

2）"Highlight in Full"项：用来确定是否高亮状态显示。选中该项时，选中的对象将被填满白色，否则选中的对象只加上白色的外框。

3）"Use Net Color For Highlight"项：选中该项时，选中的网络将以该网络所设置的颜色来显示。设置网络颜色的方法是在 PCB 管理器中切换到"Browse PCB"选项卡，在"Browse"下拉列表中选取"Nets"选项，然后在网络列表框内选取工作网络的名称，再单击"Edit"按钮打开"Net"对话框，在"Color"框内选取相应的颜色即可。

4）"Redraw Layers"项：当选中该项时，每次切换板层系统都要重绘各工作层的内容，而工作层将绘在最上层，否则切换工作层时就不进行重绘操作。

5）"Single Layer Mode"项：用来确定是否单层显示。当选中该项时，工作窗口上将只显示当前工作层的内容，否则工作窗口上将所有使用层的内容都显示出来。

6）"Transparent Layers"：用来确定是否透明显示。当选中该项时，所有层的内容和被覆盖的对象都会显示出来。

（2）"Show"区域

在工作窗口处于合适的缩放比例时，下面所选中的选项属性值将会显示出来。

1）"Pad Nets"项：连接焊盘的网络名称。

2）"Pad Numbers"项：焊盘序号。

3）"Via Nets"项：连接过孔的网络名称。

4）"Test Points"项：测试点。

5）"Origin Marker"项：原点。

6）"Status Info"项：状态信息。

（3）"Draft thresholds"区域

在该区域可设置在草图模式中走线宽度和字符串长度的临界值。

1）"Tracks"项：在此可输入走线宽度临界值，默认值为 2mil，大于该值的走线将以空心线来表示，否则以细直线来表示。

2）"Strings"项：在此可输入字符串长度临界值，默认值为 11pixels，大于该值的字符串将以细线来表示，否则将以空心方块来表示。

（4）工作层绘制顺序的设置

如果要设置工作层的绘制顺序，可单击图 19-17 所示"Display"选项卡中的"Layer Drawing Order"按钮，会出现图 19-18 所示的对话框。在对话框中，先选中某个工作层，然后单击"Promote"或"Demote"，就可以向上或向下移动工作层的位置，在上面的工作层先绘制。如果单击"Default"按钮，可将工作层的绘制顺序恢复到默认值。

图 19-18　工作层绘制顺序对话框

3. "Colors"选项卡的设置

在"Preferences"对话框中，单击"Colors"选项卡，可打开该选项卡，如图 19-19 所示。"Colors"选项卡主要用来设置各工作层和系统对象的显示颜色。

要设置某一工作层的颜色，只要单击该层名称右边的颜色块，就会弹出图 19-20 所示的"Choose Color（选择颜色）"对话框，可以在该对话框中来选择颜色或自定义颜色。

一般情况下，最好不要改动颜色设置，否则容易出现颜色混乱，带来不必要的麻烦，万一出现颜色混乱情况，可单击"Default Colors（系统默认颜色）"或"Classic Colors（传统颜色）"按钮，所有对象颜色会恢复到系统的默认值。

图 19-19　"Colors"选项卡的内容

图 19-20　选择颜色对话框

4. "Show/Hide"选项卡

在"Preferences"对话框中，单击"Show/Hide"选项卡，可打开该选项卡，如图 19-21 所示。"Show/Hide"选项卡主要用来设置系统对象的显示模式。

在该选项卡中，可以对 10 个对象进行显示模式设置，这 10 个对象分别是："Arcs（弧线）""Fills（矩形填充）""Pads（焊盘）""Polygons（多边形填充）""Dimensions（尺寸标注）""Strings（字符串）""Tracks（导线）""Vias（过孔）""Coordinates（坐标标注）"和"Rooms（布置空间）"。每个对象都有三种模式供选择："Final（最终图稿）""Draft（草图）"和"Hidden（隐藏）"。设置为"Final"时对象显示效果最好，而设置为"Draft"显示效果最差，设置为"Hidden"时对象不会在工作窗口显示出来。

如果分别单击"All Final""All Draft"和"All Hidden"三个按钮，则会分别将所有的对象同时设定为最终图稿、草图和隐藏模式。

图 19-21　"Show/Hide"选项卡的内容

5. "Defaults"选项卡

在"Preferences"对话框中，单击"Defaults"选项卡，可打开该选项卡，如图 19-22 所示。"Defaults"选项卡主要是设置电路板对象的默认属性值。

在该选项卡下，如果要编辑某个对象的默认属性，先在"Primitive type（基本类型）"列表框中选择要编辑的对象，再单击"Edit Values"按钮，会弹出对象属性设置对话框并进行设置；

单击"Reset"按钮，可以将所选对象的属性设置值恢复到原始状态；单击"Reset All"按钮，可以将所有对象的属性设置值恢复到原始状态；单击"Save As"按钮，可将当前各对象属性值保存成一个扩展名为.dft的文件中；如果单击"Load"按钮，就可以将该文件加载到系统中。

图 19-22 "Defaults"选项卡的内容

在"Defaults"选项卡中有个"Permanent"复选框，如果该项未选中，在放置对象时，按Tab键可以打开属性对话框进行属性设置，而且设置后的属性值会应用到后续的相同对象上；如果该项被选中，就会将所选对象属性值锁定，在放置对象时，按下Tab键，仍可以设置对象属性值，但不会应用到后面相同对象上。

6. "Signal Integrity"选项卡

在"Preferences"对话框中，单击"Signal Integrity"选项卡，可打开该选项卡，如图 19-23所示。"Signal Integrity"选项卡主要是设置元件的标号和元件类型之间的对应关系，为信号的完整性分析提供依据。

图 19-23 "Signal Integrity"选项卡的内容

在图 19-23 中，单击"Add"按钮，系统将弹出如图 19-24 所示的元件类型设置对话框，用来定义一个新的元件类型。在"Designator Prefix（序号标头）"文本框中，输入元件的序号标头，一般电阻类元件用R表示，电容类元件用C表示等；在"Component Type（元件类型）"下拉列表中选取元件的类型，可选取的元件类型有"BJT（双结型晶体管）""Capacitor（电容）"

"Connector（连接器）" "Diode（二极管）" "IC（集成电路）" "Inductor（电感）" 和 "Resistor（电阻）"，单击 "OK" 按钮，设置好的元件类型就添加到图 19-23 中的 "Designator mapping" 列表框中。

图 19-24　元件类型设置对话框

如果要编辑元件的属性，在 "Designator Mapping" 列表框中选择元件类型，再单击 "Remove" 按钮即可，单击 "Edit" 按钮可以修改所选类型元件的属性值。这里要说明一点，没有归类的元件会被视为 "IC" 类型。

19.2　手工设计印制电路板步骤

设计印制电路板简单来说，就是先规划印制板（如设置印制板的工作层和大小），再在上面放置各种对象，并将它们的位置调整好，这些称为布局，然后用连线将各元件连接起来，这称作布线。布局和布线完成后，印制板基本上就设计完成了。

19.2.1　放置对象

1. 放置元件封装

放置元件封装的操作过程如下：

1) 单击 "PlacementTools" 工具栏（放置工具栏）的工具，或者执行菜单命令 "Place→Component"，会弹出图 19-25 所示的 "Place Component" 对话框。

2) 在该对话框的 "Footprint" 项中输入要放置的元件封装名称（如 AXIAL0.3），在 "Designator" 项中输入元件的标号（如 R1），在 "Comment" 项中输入元件型号或标称值（如 56k），然后单击 "OK" 按钮，光标旁就跟随着放置元件，如图 19-26 所示，单击鼠标左键，就在 PCB 工作窗口放置了一个 AXIAL0.3 元件封装。

图 19-25　放置元件对话框

图 19-26　放置元件封装

在放置时，按空格键就可以旋转元件封装。一个元件封装放置完毕，又会自动弹出下一个元件的 "Place Component" 对话框，可以在该对话框中按上述方法选择和设置一个元件封装，单击该对话框中的 "Cancel（取消）" 按钮，可取消元件封装的放置。

在放置元件封装时，如果不知道元件封装的名称，可在图 19-25 所示的 "Place Component" 对话框中单击 "Browse" 按钮，弹出图 19-27 所示的对话框，在 "Libraries" 区域的下拉列表中可选择要查找元件封装库，如果当前元件封装库没有需要的元件封装，可单击 "Add/Remove（添加/移除）" 按钮，能将其他的元件封装库加载进来；在 "Components" 区域的 "Mask" 项中可输入查找条件，如输入 "A*"，再按回车键，马上在下面的列表框中出现所有以 A 打头的元件封装，选择其中一种，在该对话框右方会显示当前选中元件封装的形状，显示区下方的三个按钮是用来缩放显示区图形的，其中，"Zoom All"意为放大到整个显示区大小；"Zoom In"意为放大；"Zoom Out"意为缩小。单击"Close"按钮就选择了选中的元件封装同时关闭该对话框，返回到图19-25 所示的对话框。

如果元件封装已经放置下来，要设置元件封装的属性，只要在元件封装上双击鼠标左键，就会弹出图19-28 所示对话框，**如果正处于元件封装放置状态，可按"Tab"键，**同样会弹出该对话框。

在对话框中可以对元件封装属性进行设置，设置好后单击"OK"按钮即可。

图 19-27 浏览元件库查找元件对话框

元件的标号
元件的型号或标称值
元件的封装形式
元件所在的层
元件的旋转角度
元件所在的位置坐标
选中此项，元件封装图形不能分解开
选中此项，元件被锁定，不能进行删除、移动操作
选中此项，元件被选中

图 19-28 元件封装属性设置对话框

2. 放置焊盘

在放置元件封装时，元件封装本身带有焊盘，但电路板有些地方需要有独立的焊盘，以便在这些焊盘上焊接导线以便与别的独立器件（如扬声器）连接。

（1）焊盘的放置

放置焊盘的操作过程如下：

1）单击"Placement Tools"工具栏（放置工具栏）的 ⊙ 工具，或者执行菜单命令"Place→Pad"，光标中央会跟随焊盘，如图19-29 所示，将焊盘移到合适处，单击鼠标左键，就将焊盘放置下来。

2）焊盘放置完成后，光标仍处于放置焊盘状态，可以移动光标可继续放置焊盘，单击鼠标右键可取消焊盘的放置。

图 19-29 放置焊盘

（2）焊盘属性的设置

如果焊盘已经放置下来，要设置焊盘的属性，只要在焊盘上双击鼠标左键，就会弹出图19-30

所示对话框；**如果正处于焊盘放置状态，可按"Tab"键，同样会弹出该对话框。**在对话框中有 3 个选项卡。

1）"Properties"选项卡。该选项卡的各项功能说明如图 19-30 标注所示。

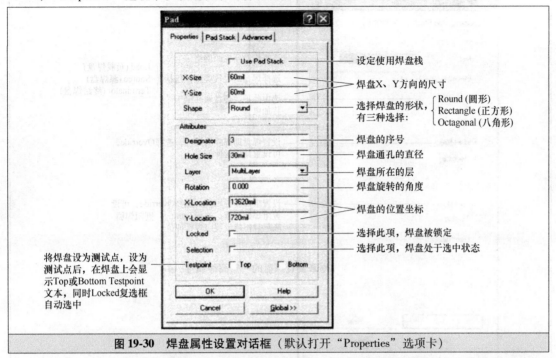

图 19-30　焊盘属性设置对话框（默认打开"Properties"选项卡）

2）"Pad Stack"选项卡。该选项卡主要是设置焊盘栈（多层焊盘），只有"Properites"选项卡中的"Use Pad Stack"项选中时，该选项卡才有效。"Pad Stack"选项卡功能说明如图 19-31 标注所示。

图 19-31　"Pad Stack"选项卡的内容

3）"Advanced"选项卡。该选项卡用来设置焊盘的一些高级属性，各设置项功能说明见图 19-32 标注所示。

图 19-32 "Advanced"选项卡的内容

3. 放置过孔

过孔的作用是连接电路板不在同一层的导电层。

（1）过孔的放置

放置过孔的操作过程如下：

1）单击"Placement Tools"工具栏（放置工具栏）的 工具，或者执行菜单命令"Place→Via"，光标中央会跟随过孔，如图 19-33 所示，将过孔移到合适处，单击鼠标左键，过孔就放置下来。

2）过孔放置完成后，光标仍处于放置状态，可以移动光标继续放置其他过孔，单击鼠标右键可取消过孔的放置。

图 19-33 放置过孔

（2）过孔属性的设置

如果过孔已经放置下来，要设置过孔的属性，只要在过孔上双击鼠标左键，就会弹出图 19-34 所示对话框，如果正处于过孔放置状态，可按**"Tab"**键，同样会弹出图 19-34 所示的对话框。在对话框中可以设置过孔的属性，各项属性说明见图 19-34 标注所示。

4. 放置导线

导线的作用是将印制电路板上的元件进行电气连接。

（1）导线的放置

放置导线的操作过程如下：

1）单击"Placement Tools"工具栏（放置工具栏）的 工具，或者执行菜单命令"Place→

Interactive Routing（交叉式布线）"，鼠标会变成十字形光标。

右侧标注（从上到下）：
- 过孔的直径
- 过孔的通孔直径
- 过孔开始层
- 过孔终止层
- 过孔的位置坐标
- 过孔所属的网络
- 锁定过孔
- 选中过孔

左侧标注：
- 设置过孔为测试点
- 设置过孔阻焊膜属性

图 19-34　过孔属性设置对话框

2）绘制直线导线。将光标移到合适的位置，单击鼠标左键，确定导线的起点，再将光标移到导线的终点，单击鼠标左键，就确定了导线的终点，如图 19-35 所示，单击鼠标右键结束一条导线的绘制。

3）绘制折线导线。用 ┏˚ 工具不但可以绘制直线导线，还可以绘制折线导线。在单击鼠标左键确定导线起点后，斜着移动光标，会出现图 19-36 所示的折线，折线一段为实线，另一段为虚线；如果单击鼠标左键，可以固定实线部分；如果双击鼠标左键，虚线部分也会变成实线，从而绘制成一条折线导线。

图 19-35　绘制直线导线　　　　**图 19-36　绘制折线导线**

在绘制导线时，单击鼠标右键，结束一条导线的绘制，可以接着绘制另一条导线，要取消导线的绘制，可双击鼠标右键。

（2）导线属性的设置

导线属性设置与前面一些对象不同，它要进行两方面的设置：

1）在绘制导线过程中（已确定了导线起点，还未确定终点时），按下键盘上的"Tab"键，会弹出图 19-37 所示的对话框，在该对话框可以设置导线所在的工作层，以及导线的宽度和过孔的内外径大小。

图 19-37　导线属性设置对话框（一）

2）在导线已绘制好后，在导线上双击鼠标左键，弹出图 19-38 所示的"Track"对话框，对话框中各项功能见图中的标注说明，设置好后单击"OK"按钮完成设置。

图 19-38　导线属性设置对话框（二）

（3）导线的编辑

导线放置好后，还可以对它进行编辑，方法是：在导线上单击鼠标左键，导线上会出现三个控制块，如图 19-39a 所示。在左边的一个控制块上单击鼠标左键，鼠标旁出现十字形光标，移动光标可以改变导线的方向，如图 19-39b 所示；在中间的控制块上单击左键，鼠标旁出现十字形光标，移动光标可以改变导线的形状，如图 19-39c 所示；如果是折线，单击其中的一段，该段会出现控制块，在这段导线上按下鼠标左键不放移动，就可以将它移离另一段导线，从而一分为二。

5. 放置连线

连线与导线是不同，它没有电气特性，连线通常是用来绘制电路板的边界、元件的边界和禁止布线边界等。

a) 选中导线　　　　　　　b) 改变导线方向

c) 改变导线形状　　　　　　d) 断开折线

图 19-39　编辑导线

（1）连线的放置

放置连线的操作过程如下：

1）单击 "Placement Tools" 工具栏（放置工具栏）的 工具，或者执行菜单命令 "Place→Line"，鼠标会变成十字形光标。

2）绘制连线的具体方法与导线相同，这里不再说明。

（2）连线属性的设置

在放置连线过程中，按 "Tab" 键，会弹出图 19-40 所示的对话框，在对话框中可设置线的宽度和所在的工作层。

如果要对连线属性进行更详细的设置，可在已绘制好的连线上双击，会弹出 "Track" 对话框，在该对话框中可以对连线进一步进行设置。

6. 放置字符串

在设计印制电路板时，常常需要在一些地方放置一些说明文字，这些文字称为字符串，如电路板的各种标注文字。这些字符串一般放置在丝印层或机械层。

（1）字符串的放置

放置字符串的操作过程如下：

1）单击 "Placement Tools" 工具栏（放置工具栏）的 **T** 工具，或者执行菜单命令 "Place→String"，鼠标会变成十字光标，并且光标旁跟随着字符串，如图 19-41 所示。

线宽
连线所在层

图 19-40　连线属性设置对话框

图 19-41　放置字符串

2）按下 "Tab" 键，会弹出图 19-42 所示的对话框，各项功能见图标注说明，设置完成后单击 "OK" 按钮关闭对话框，然后将光标移到合适的位置，单击鼠标左键就放置了一个字符串。

（2）字符串属性的设置

在已经放置好的字符串上双击鼠标左键，也会弹出图 19-42 所示的对话框，这里着重说明 "Text" 项的设置。

"Text"项可以直接输入文字，也可以在下拉列表中选择系统提供的特殊字符串。如果输入文字，在电路板上会显示出输入的文字，打印出来也是输入的文字，如果选择是下拉列表中的特殊字符串，例如在下拉列表中选择特殊字符串".Print_Data"，设置完后，在编辑区中看见的字符仍是".Print_Data"，但打印出来的是设计印制电路板的时间："19-Aug-2006"。

在选择特殊的字符串后，默认屏幕显示仍为特殊字符串文字，如果想知道解释后字符串内容，可执行菜单命令"Tools→Preferences"，打开"Preferences"对话框，将"Display"选项卡中的"Convert Special Strings"复选框选中，那么在屏幕将会显示解释的字符。

右侧标注（从上到下）：
- 字符串的内容
- 字符串高度
- 字符串宽度
- 字符串字体
- 字符串所在的层
- 旋转角度
- 字符串位置坐标
- 选择是否镜像
- 锁定字符串
- 选中字符串

图 19-42　字符串属性设置对话框

（3）字符串的编辑

1）字符串的选取。在字符串上单击鼠标左键，字符串左下角会出现一个小十字形，右下有出现一个小圆，此时字符串就处于选取状态，如图 19-43a 所示。

2）字符串的移动。将鼠标移到字符串上，再按下左键不放进行移动，就可以移动字符串。

3）字符串的旋转。如果仅需按 90°角旋转字符串，可先选中字符串，然后将鼠标放在字符串上按左键不放，再按空格键，字符串就会以 90°角进行旋转；如果想以任意角旋转字符串，可先选中字符串，然后将鼠标移到字符串的右下角的圆上，单击左键，鼠标旁出现光标，如图 19-43b 所示，此时移动光标就能以字符串左下角的小十字为轴任意旋转字符串。

a) 选中字符串　　　　　　　　　b) 旋转字符串

图 19-43　字符串的编辑

7. 放置填充

在印制电路板布线完成后，一般要在电路板上没有导线、过孔和焊盘的空白区放置大面积的铜箔进行填充，来作为电源或接地点，这样做有利于散热和提高电路的抗干扰性。填充有两种方式：一种是矩形填充；另一种是多边形填充。

（1）放置矩形填充

1）放置矩形填充的操作过程：单击"Placement Tools"工具栏（放置工具栏）的▢工具，或者执行菜单命令"Place→Fill"，鼠标会变成十字光标，在编辑区合适位置单击鼠标左键，确定矩形的一个顶点，再移动光标拉出一个矩形，再单击左键就放置了一个矩形填充，如图 19-44 所示。

图 19-44　绘制矩形填充

2）矩形填充的属性设置：在放置矩形填充过程中，按下"Tab"键，会弹出图 19-45 所示的对话框，各项功能见图标注说明，设置完成后单击

"OK"按钮关闭对话框。

图 19-45 矩形填充属性设置对话框

3）矩形填充的编辑：在矩形填充上单击鼠标左键，周围出现控制块，此时矩形填充就处于选中状态；矩形填充处于选取状态时，按下键盘上的"Del"键可以将它删除；拖动矩形填充周围的控制块就可以缩放大小；将鼠标移到矩形填充的中间小圆上单击左键，鼠标指针旁出现十字光标，移动光标其可以旋转。

（2）放置多边形填充

1）放置多边形填充的操作过程：单击"Placement Tools"工具栏（放置工具栏）的工具，或者执行菜单命令"Place→Polygon Plane"，马上会弹出图 19-46 所示的"Polygon Plane"对话框，可以在对话框中设置多边形填充的属性，也可以保持默认值，单击"OK"按钮完成设置。这时鼠标旁出现光标，单击左键确定多边形填充的起点，然后在每个拐弯处单击确定各个顶点，如图 19-47a 所示，最后在终点处单击鼠标右键，起点和终点自动连接起来，并且多边形被填充，如图 19-47b 所示。

图 19-46 多边形填充设置对话框

a) 绘制多边形   b) 多边形填充完成

图 19-47 绘制多边形填充

2）多边形填充属性的设置：如果对多边形填充默认属性不满意，可在图 19-46 所示的"Polygon Plane"对话框中进行设置。

1）"Net Options"区域可设置多边形填充与电路网络间的关系。

①"Connect to Net"项：在该项可以通过下拉列表选择所属的网络名称；

②"Pour Over Same Net"项：如果选中该项，在填充时遇到连接网络就直接覆盖；

③"Remove Dead Copper"项：如果选中该项，在遇到死铜（已经设置与某个网络连接，但实际并没有与该网络连接的多边形填充，也称为孤岛）时，就会将它删除。

2）"Plane Settings"区域。

①"Grid Size"项：设置多边形填充的栅格间距；

②"Track Width"项：设置多边形填充的线宽；

③"Layer"项：设置多边形填充所在的工作层。

3）"Hatching Style"区域设置多边形填充的样式。

它有"90-Degree Hatch（90°格子）""45-Degree Hatch（45°格子）""Vertical Hatch（垂直格子）""Horizontal Hatch（水平格子）"和"No Hatching（没有格子）"5种填充样式，分别如图 19-48 所示。

a) 90-Degree Hatch　　b) 45-Degree Hatch　　c) Vertical Hatch　　d) Horizontal Hatch　　e) No Hatching

图 19-48　五种填充形式

4）"Surround Pads With"区域用来设置多边形填充环绕焊盘的形式，如图 19-49 所示。

①"Octagons"项：八角形环绕；

②"Arcs"项：圆弧形环线。

5）"Minimum Primitive Size"区域用来设置多边形填充内最短的走线长度。

矩形填充与多边形填充是不同的：矩形填充将所有矩形区域用覆铜填充，该区域内所有的导线、焊盘、过孔都会被覆铜覆盖；多边形填充则是以覆铜填充多边形区域，但不会覆盖具有电气特性的对象。两种填充效果如图 19-50 所示。

a) 八角形环绕　　b) 圆弧形环绕

图 19-49　两种多边形填充环绕焊盘形式

a) 矩形填充效果　　b) 多边形填充效果

图 19-50　矩形与多边形填充效果的区别

8. 放置切分多边形

切分多边形与多边形类似，只不过它是用来切分印制电路板内部电源或接地层（**Internal Plane**）。在放置切分多边形时一般要求当前设计的 PCB 中有内部电源层或接地层，否则将无法放置。

放置切分多边形的操作过程如下：单击"Placement Tools"工具栏（放置工具栏）的工具，

或者执行菜单命令"Place→Split Plane"，会弹出图 19-51 所示的属性设置对话框，在对话框中设置多边形的线宽、所在的工作层和所属的网络，再单击"OK"按钮完成设置。这时鼠标指针旁出现十字光标，在合适位置单击左键，确定多边形的起点，然后在每个拐弯处单击确定多边形其他顶点，最后在终点单击鼠标右键，起点和终点自动连接起来，就绘制好了一个切分多边形。

需要说明的是，切分多边形只能在电源/接地层上绘制，如果当前层不是这类层，系统会自动切换到电源/接地层。

9. 放置坐标

放置坐标就是将当前光标所在位置的坐标值放置在工作层上。坐标通常放在非电气层上。

（1）坐标的放置

放置坐标的操作过程如下：单击"Placement Tools"工具栏（放置工具栏）的 ⁺ᴵ⁰,¹⁰ 工具，或者执行菜单命令"Place→Coordinate"，鼠标会变成十字光标，并且光标旁跟随着坐标值，如图 19-52 所示，光标移动，坐标值也会变化，单击鼠标左键，就放置了一个坐标值。

图 19-51　切分多边形属性设置对话框

图 19-52　放置坐标

（2）坐标属性的设置

在已放置的坐标上双击鼠标左键或在放置坐标时按下"Tab"键，会弹出图 19-53 所示的对话框，各项功能见图中标注说明，设置完成后单击"OK"按钮结束坐标属性设置。

图 19-53　坐标属性设置对话框

10. 放置尺寸标注

放置尺寸就是将某些对象的尺寸标注（如电路板尺寸等）放置在电路板上。尺寸标注通常放在机械层上。

（1）尺寸标注的放置

放置尺寸标注的操作过程如下：

单击"Placement Tools"工具栏（放置工具栏）的 工具，或者执行菜单命令"Place→Dimension"，鼠标会变成十字光标，移动光标到尺寸的起点，单击左键确定起点，再向任意方向移动光标，光标旁显示尺寸的数值不断变化，如图 19-54 所示，移到合适的位置单击鼠标左键，确定尺寸的终点，这样就放置了一个尺寸标注。

（2）尺寸标注属性的设置

在已放置的尺寸标注上双击鼠标左键或在放置尺寸标注时按下"Tab"键，会弹出图 19-55 所示的对话框，进行属性设置完成后单击"OK"按钮即可。

图 19-54　放置尺寸标注

图 19-55　尺寸标注属性设置对话框

11. 放置圆弧

PCB 绘图工具提供了三种绘制圆弧的工具和一种绘制圆的工具。

（1）圆弧的绘制

① **利用边缘法绘制圆弧**：它是利用确定圆弧的起点和终点来绘制圆弧。

该方法的绘制操作过程是：单击"Placement Tools"工具栏（放置工具栏）的 工具或者执行菜单命令"Place→Arc（Edge）"，鼠标会变成十字光标，在合适的位置单击左键确定圆弧的起点，再将光标移到终点处，单击左键确定圆弧的终点即可，如图 19-56 所示。

图 19-56　绘制圆弧

② **利用中心法绘制圆弧**：它是利用确定圆弧的中心、半径、起点和终点来绘制圆弧。

该方法的绘制操作过程是：单击"Placement Tools"工具栏（放置工具栏）的 工具或者执行菜单命令"Place→Arc（Center）"，鼠标会变成十字光标，在合适的位置单击左键确定圆弧的中心，再移动光标拉出一个圆，单击鼠标左键确定圆的半径，这时光标会自动跳到圆的右侧水平位置，移动光标到某位置并单击左键，确定圆弧的起点，再移动光标到另一处，单击左键确定圆弧的终点，就绘制好了圆弧。

③ **利用角度旋转法绘制圆弧**：它是利用确定圆弧的起点、圆心和终点来绘制圆弧。

该方法的绘制操作过程是：单击"Placement Tools"工具栏（放置工具栏）的⊙工具或者执行菜单命令"Place→Arc（Any Angle）"，鼠标会变成十字光标，在合适的位置单击左键确定圆弧的起点，再移动光标拉出一个圆，在某处单击鼠标左键确定圆弧的圆心，圆心确定好后，光标会自动跳到圆的右侧水平位置，移动光标到某位置并单击左键，确定圆弧的终点，圆弧就绘制好了。

（2）圆的绘制

圆是通过确定圆心和半径来绘制的。圆的绘制过程如下：单击"Placement Tools"工具栏（放置工具栏）的⊙工具或者执行菜单命令"Place→Full Circle"，鼠标会变成光标状，在合适的位置单击鼠标左键确定圆的圆心，再移动光标拉出一个圆，在某处单击鼠标左键确定圆半径，这样就绘制好了一个圆。

（3）圆弧属性的设置

在已放置的圆弧上双击鼠标左键或在放置圆弧时按下"Tab"键，会弹出图 19-57 所示的对话框，各项功能见图标注说明，设置完成后单击"OK"按钮结束圆弧属性的设置。

右侧标注：圆弧线的宽度 / 所在的层 / 所属的网络 / 圆弧中心坐标 / 圆弧半径 / 起始角度 / 终止角度

图 19-57　圆弧属性设置对话框

19.2.2　手工布局

在设计 PCB 时，布局主要包括规划印制电路板（如设置印制电路板的工作层和大小等），然后在上面放置各种对象，再设置属性并将它们的位置调整好。

Protel 99 SE 具有自动布局功能，但需要首先设计出电路原理图，对于一些简单的电路可以不用设计原理图，而是用手工法直接进行设计。这里以设计图 19-58a 所示的放大电路的 PCB 为例来说明手工布局方法。最终完成布局的放大电路的 PCB 如图 19-58b 所示。

a) 电路原理图　　　　　　　　b) 布局完成的印制电路板

图 19-58　放大电路原理图与元件的布局

1. 布局印制电路板

布局印制电路板主要是设置原点、工作层和电路板的大小等内容。

（1）设置原点

设计印制电路板是在 PCB 设计编辑器的工作窗口中进行的。在工作窗口中采用了坐标来精确定位对象的位置，工作窗口的左下角为坐标原点（0，0），这个坐标原点称为绝对原点（Absolute Origin）。为了更方便布局电路板，可以根据需要将工作窗口中的某点设作原点，这个原点称为相对原点（Relative Origin），该相对原点坐标为（0，0），后面放置对象的坐标就以该原点作为基准。比如在工作窗口中央绘制一个矩形电路板范围，可将该矩形的左下角定为相对原点。

设置和取消相对原点的方法如下：

1）单击"Placement Tools"工具栏（放置工具栏）的⊠工具或者执行菜单命令"Edit→Origin→Set"，鼠标会变成光标状，将光标移到要设作相对原点的位置，单击鼠标左键，该处就被定为相对原点，工作窗口将以该原点作为基准点（0，0）。

2）如果要取消相对原点，可执行菜单命令"Edit→Origin→Reset"即可。

（2）设置电路板的工作层数量

由于设计的放大电路很简单，可以采用单面板来设计。**单面板主要需要以下几层：**

1）顶层（TopLayer），用来放置元件。

2）底层（BottomLayer），用来布线和焊接元件。

3）禁止布线层（KeepOutLayer），用来绘制电路板的边框（即物理边界）。

4）顶层丝印层（TopOverlay），用来放置一些标注字符。

5）多层（MultiLayer），用来放置焊盘。

当新建一个 PCB 文件时，该文件会自动建立上面五个工作层，在工作窗口下方可以看见这些层的标签，如图 19-59 所示，如果要打开或关闭某些工作层，具体操作方法见本章第一节 PCB 的工作层的设置内容，这里不再说明。

```
\TopLayer /BottomLayer /TopOverlay /KeepOutLayer /MultiLayer /
```

图 19-59　工作层标签

如果要切换工作层，可用鼠标单击工作窗口下方的工作层标签，也可按键盘的右边小键盘的"＋"或"－"键，还可按小键盘上的"＊"键在顶层和底层进行切换。

（3）设置电路板的形状和大小

在设计电路板时要设置电路板的形状和大小，这可以通过在禁止布线层上绘线来确定。**设置电路板的形状和大小的操作方法如下：**

1）选择禁止布线层（KeepOutLayer），用鼠标左键单击工作窗口下方的 KeepOutLayer 标签，切换到禁止布线层。

2）设置相对原点，单击"Placement Tools"工具栏的⊠工具，将工作窗口某处设为相对原点。

3）绘制矩形边界，单击"Placement Tools"工具栏的≈工具，鼠标会变成光标状，以相对原点为起点，绘制一条长为 4000mil 的水平直线（在直线的终点，状态栏显示的坐标为 X：4000mil，Y：0mil），然后用同样的方法以原点为起点绘制一条长为 3000mil 的竖线（该直线终点坐标为 X：0mil，Y：3000mil），再绘制两条直线与这两条直线连接起来构成一个长为 4000mil、高为 3000mil 的矩形框边界，后面设计印制电路板电路就在这个矩形框中进行。

如果对矩矩形绘制的不满意，可双击边框线，在弹出的对话框中设置边框线的粗细和长度等属性。

2. 装载、查找与放置元件封装

印制电路板工作层和大小设置好后，接下来就是往电路板上放置元件封装。Protel 99 SE 默认安装的元件封装库中的元件封装数量并不多，可能没有要放置的元件封装，解决方法就是将外部的元件封装库装载进 PCB 设计编辑器中。

（1）装载元件封装库

Protel 99 SE 在外部提供了常见的元件封装库，这些元件封装库的位置是\Design Explorer 99 SE\Library\Pcb，在 Pcb 文件夹中有 3 个文件夹：Connectors 文件夹（内含多个连接元件封装库）；Generic Footprints 文件夹（内含多个普通元件封装库）和 IPC Footprints 文件夹（内含多个 IPC 元件封装库），在这 3 个文件夹中比较常用的元件库有 Advpcb.ddb、Dc to Dc.ddb 和 General IC.ddb，它们都在 Generic Footprints 文件夹中。

在图 19-58a 所示的放大电路中，各个元件及元件封装所在的元件库文件见表 19-1。

表 19-1　放大电路各个元件及元件封装所在的元件库文件

元 件 名 称	元 件 标 号	元件所在 SCH 库	元 件 封 装	元件所属 PCB 元件库
RES2	RB1	Miscellaneous Devices.ddb	AXIAL0.4	Advpcb.ddb
RES2	RB2	Miscellaneous Devices.ddb	AXIAL0.4	Advpcb.ddb
RES2	RE	Miscellaneous Devices.ddb	AXIAL0.4	Advpcb.ddb
RES2	RC	Miscellaneous Devices.ddb	AXIAL0.4	Advpcb.ddb
RES2	RL	Miscellaneous Devices.ddb	AXIAL0.4	Advpcb.ddb
ELECTR01	C1	Miscellaneous Devices.ddb	RB.2/.4	Advpcb.ddb
ELECTR01	C2	Miscellaneous Devices.ddb	RB.2/.4	Advpcb.ddb
ELECTR01	CE	Miscellaneous Devices.ddb	RB.2/.4	Advpcb.ddb
NPN	T	Miscellaneous Devices.ddb	TO-5	Advpcb.ddb
接插件	JP	Miscellaneous Devices.ddb	SIP6	Advpcb.ddb

装载元件库封装的方法与装载元件基本相同，具体操作过程如下：

1）单击主工具栏上的工具，也可以执行菜单命令"Design→Add/Remove Library"，还可以单击元件封装库管理器中的 "Add/Remove"，都会弹出图 19-60 所示的添加/删除元件封装库对话框。

2）在图 19-60 所示的对话框中，先选中要加载的元件封装库文件，然后单击 "Add" 按钮，选中的元件封装库文件就被加入到对话框下面的列表框中，如果想删除列表框中某个元件封装库文件，只要在列表框中选中该文件，再单击 "Remove" 按钮，选中的文件会被删除，单击 "OK" 按钮，列表框中的所有的元件封装库文件都会加载到 PCB 编辑器中。

图 19-60　添加/删除元件封装库对话框

（2）查找与放置元件封装

查找与放置元件封装有两种方式：一种是利用元件封装库管理器；另一种方法是利用 **"Browse Libraries"** 对话框。

利用元件封装库管理器来查找和放置元件封装的操作过程如下：

1）单击设计管理器上方的 Browse PCB，将设计管理器切换到图 19-61 所示的元件封装库管理器。

2）在元件封装管理器中可以这样查找元件：单击 A 处的下拉按钮，在下拉列表中选择 Libraries，在 B 区会显示元件封装库文件（如果没有需要的元件封装库文件，可单击"Add/Remove"按钮加载需要的元件封装库文件），在 B 区选中需查找的库文件，在 C 区会显示出该库文件中所有的元件封装，在 C 区选中某元件封装，在 D 区会显示出该元件封装外形。

3）在 C 区查找到需要的元件封装后，选中该元件封装，再单击下面的"Place"按钮，就可以将该元件封装放置到电路板上。

利用"Browse Libraries"对话框来查找和放置元件封装的操作过程如下：

1）单击主工具栏上的 图标，或执行菜单命令"Design→Browse Components"，会弹出"Browse Libraries"对话框，如图 19-62 所示。

图 19-61 元件封装库管理器

图 19-62 浏览元件封装库对话框

2）单击"Libraries"区域的下拉按钮，从下拉列表中选择要查找的元件封装库文件（如果没有需要的库元件封装库文件，可单击下面的"Add/Remove"按钮加载需要的库文件），选择要查找的库文件后，在"Components"区域会显示该库文件中所有的元件封装，当选中某个元件封装时，会在对话框右边的区域显示该元件封装的外形。

3）在"Components"区域找到需要的元件封装后，选中该元件封装，再单击下面的"Place"按钮，该对话框会自动关闭，选中的元件封装就会出现在电路板上，如图 19-63 所示，移动元件封装到合适的地方，单击鼠标左键就将该元件封装放置下来。

按表 19-1 放置好各种元件封装的 PCB 如图 19-64 所示。

3. 元件的布局

按原理图将元件封装（后面简称元件）放置到电路板后，元件位置可能不合要求，这时就需要调整，重新进行布局。**元件的布局操作主要包括选取、移动、旋转、排列和调整标注等。**

（1）元件的选取

元件的选取方法较多，常用的方法主要如下：

方法一，按住鼠标左键不放，拖出一个矩形框，将要选取的元件包含在内部，松开左键，元件高亮显示，处于选取状态，用鼠标左键单击主工具栏上的 ✕ 工具，可取消所有对象的选择。

图 19-63　放置元件封装

图 19-64　各元件封装放置完成

方法二，单击主工具栏上的 ▦ 工具，鼠标变成光标状，拖动光标拉出一个矩形框，将要选取的元件包含在内部，松开左键，再单击一下左键，元件高亮显示，处于选取状态。

方法三，利用菜单命令选取元件。在"Edit"菜单下的"Select"为选取命令，"Deselect"为取消选取命令，其中"Select"又有很多子命令，如图 19-65 所示，各命令的功能说明见图标注。

图 19-65　菜单"Edit→Select"下的各种选取命令

（2）元件的移动

元件的移动方法也比较多，较常用的方法如下：

方法一，将鼠标移到要移动的元件上，按下左键不放移动鼠标，元件也会随之移动，移到合适位置松开左键即可。

方法二，首先选取要移动的元件，然后单击主工具栏上的 ✛ 工具，鼠标变成光标状，将光标移到要移动的元件上单击左键，再移动光标，该元件也会随之移动。

方法三，利用菜单命令移动元件。在"Edit"菜单下的"Move"为移动命令，它有很多子命令，如图 19-66 所

图 19-66　"Edit"菜单"Move"下的各种移动命令

示，各命令的功能说明见图标注。

（3）元件的旋转

旋转元件的常用方法如下：

方法一，将鼠标移到要旋转的元件上，按下左键不放，再按空格键或 X、Y 键，元件就会旋转，按这三个键元件旋转方式是不一样的，每按一次空格键元件会顺时针旋转 90°，按 X 键元件会在水平方向旋转 180°，而按 Y 键元件会在垂直方向旋转 180°。

方法二，利用菜单命令旋转元件。具体操作过程是

① 选取要旋转的元件。

② 执行菜单命令 "Edit→Move→Rotate Selection"，马上会弹出图 19-67a 所示的对话框，在对话框中输入要旋转的角度，再单击 "OK" 按钮。

③ 将光标移到要旋转元件的旋转基点上，单击鼠标左键，元件就会旋转设定的角度，如图 19-67b 所示。

a) 旋转角度设置对话框　　　　b) 旋转中的元件

图 19-67　旋转元件

（4）元件的排列

元件的排列可以利用 **"Component Placement"** 工具栏（元件位置调整工具栏），也可以执行 **"Tools→Interactive Placement"** 菜单下的子命令，两种方式功能是一一对应的。"Component Placement" 工具栏及命令说明如图 19-68 所示。

左对齐(与选取的元件中最左边的元件对齐)，与菜单命令 "Align Left" 对应

按选取元件的水平中心线对齐，与菜单命令 "Center Horizontal" 对应

右对齐，与菜单命令 "Align Right" 对应

水平平铺对齐，与菜单命令 "Make Equal" 对应

增大选取的元件水平间隔，与菜单命令 "Increase" 对应 ⎤ 菜单命令在
缩小选取的元件水平间隔，与菜单命令 "Decrease" 对应 ⎦ Horizontal Spacing 下

顶部对齐，与菜单命令 "Align Top" 对应

按选取元件的垂直中心线对齐，与菜单命令 "Center Vertical" 对应

底部对齐，与菜单命令 "Align Bottom" 对应

垂直平铺对齐，与菜单命令 "Make Equal" 对应

增大选取的元件垂直间隔，与菜单命令 "Increase" 对应 ⎤ 菜单命令在
缩小选取的元件垂直间隔，与菜单命令 "Decrease" 对应 ⎦ Vertical Spacing 下

将选取的元件定义在一个空间内部排列，与菜单命令 "Arrange Within Room" 对应

将选取的元件定义在一个矩形内部排列，与菜单命令 "Arrange Within Rectangle" 对应

将选取的元件移到栅格上，与菜单命令 "Move To Grid" 对应

综合对齐，与菜单命令 "Align" 对应

a)　　　　　　　　　　　　　　　　b)

图 19-68　元件放置工具栏

元件排列的操作过程如下：

1）选中要排列的元件。

2）单击"Component Placement"工具栏的某个工具，或执行"Tools→Interactive Placement"菜单下相应的子命令，如单击工具栏的▤工具（左对齐，对应于菜单子命令"Align Left"），选取的元件马上左对齐排好，如图 19-69 所示。

a）排列前   b）排列后

图 19-69 左对齐排列

图 19-70 综合排列设置对话框

工具栏大多数工具一次只能对元件进行一种方式排列，如果想同时进行两种方式排列，可按下面的方法操作：选中要排列的元件，再单击"Component Placement"工具栏的▥工具（对应于菜单子命令"Align"），会弹出图 19-70 所示的对话框，在对话框中"Horizontal"区域选择水平排列方式，在"Vertical"区域选择垂直排列方式，设置好后单击"OK"按钮，选取的元件会同时按这两种方式进行排列。

（5）元件标注的调整

元件标注会在放置元件时同时被放在电路板上，有时可能会出现方向和大小不符合要求，虽然不会影响电路的正确性，但会使设计出来的电路不美观，对元件标注的调整可以解决这个问题。**元件标注调整原则是：标注的方向尽量一致；标注要尽量靠近元件，以便指示准确；标注不要放在焊盘和过孔上。**

1）元件标注位置和方向的调整：将鼠标移到需要调整的标注上，按下鼠标左键不放，就可以移动和旋转标注，操作方法与移动元件和旋转元件一样。

2）元件属性的调整：将鼠标移到需要调整的标注上，双击鼠标左键，会弹出属性设置对话框，在对话框中可以设置标注的内容、大小和字体等，设置好后单击"OK"按钮即可。

手工布局完成的放大电路的 PCB 电路如前图 19-58b 所示。

19.2.3 手工布线

布局完成后，接下来就是用导线将布局好的元件连接起来，这就是手工布线。

1. 布线的注意事项

在布线时，不仅是要用导线将元件连接起来，还要注意以下事项：

1）绘制信号线时，在拐弯处不能绘成直角。

2）绘制两条相邻导线时，要有一定的绝缘距离。

3）绘制电源线和地线时，布线要短、粗，这样才能很减少干扰和有利于导线的散热。

2. 导线模式的选择

在设计 PCB 时，**Protel 99 SE** 提供了 6 种导线模式：45°转角、45°圆弧转角、90°转角、90°圆弧转角、任意角转角和平滑圆弧。这 6 种模式的导线如图 19-71 所示。

在绘制导线时，按"Shift+空格"键，可以切换这 6 种导线模式。

图 19-71　6 种模式的导线

3. 电源线和地线的加宽

与其他的导线相比，电源线和地线流过的电流比较大，容易发热，加宽电源线和地线有利于散热，并能提高电路的抗干扰性。

加宽电源和地线的操作方法如下：

1）在绘制好的电源线或地线上双击，会弹出图 19-72 所示的对话框，在对话框中将"Width"项的"10mil"改成"20mil"甚至更大即可。

2）如果正在绘制电源线或地线，可按键盘上的"Tab"键，也会弹出图 19-72 所示的对话框，在对话框中将线宽设大就能绘制出更粗的电源线或地线。

图 19-72　在对话框中设置加宽电源线和地线

4. 元件标注的调整

如果布线后发现元件标注不合适或者布局时没有调整元件标注，在布线后仍可以对标注进行调整，调整方法与布局时的标注调整一样，主要是调整标注的位置、方向、大小和字体等，这里不再叙述。

5. 补泪滴

在导线与焊盘连接时，导线与焊盘之间连接面不多，这样会导致两者连接不牢固。**增大导线与焊盘的连接面，使它们连接更牢固，这种操作称为补泪滴**。补泪滴操作前后的焊盘与导线的连接效果如图 19-73 所示。

补泪滴的操作过程如下：

1）用鼠标拉出一个矩形选框，选中要补泪滴的焊盘。

2）执行菜单命令"Tools→Teardrops"，弹出补泪滴对话框，如图 19-74 所示，对话框各项功能说明见图中标注，如果只对当前选中的焊盘进行补泪滴，可按图示进行设置，然后单击"OK"按钮，选中的焊盘与连接导线的连接面就会加宽。

图 19-73　补泪滴前后

图 19-74　补泪滴设置对话框

手工布线完成的放大电路的印制电路板如图 19-75 所示。

图 19-75 手工布线完成的放大电路的 PCB

第20章

自动设计印制电路板

与手工设计印制电路板比较，自动设计的方式更适合设计复杂的印制电路板，但如果采用自动的方式设计，必须要先设计出电路原理图，再开始自动设计印制电路板。

20.1 基 础 知 识

20.1.1 印制电路板的自动设计流程

在手工设计印制电路板时，每个设计步骤都要手工来完成，这样比较麻烦，但由于手工设计可以不用设计原理图而直接进行印制电路板的设计，所以在设计简单电路的印制电路板时，常采用手工设计。对于复杂电路，一般采有自动设计的方法来设计印制电路板。

自动设计印刷电路板并不是说一切设计工作都由系统来完成，而是指系统可以完成设计中的一些重要工作，另一些设计工作还需人工参与。另外，如果对于自动设计有不满意的地方，还可以人工进行修改。自动设计印制电路板的设计流程如图 20-1 所示。

20.1.2 利用原理图生成网络表

设计电子产品的印制电路板，如果是采用自动设计的方法，那么首先要用原理图编辑器绘制出该电子产品的电路原理图，然后根据原理图生成网络表，并将原理图的网络表装载进 PCB 设计编辑器中，再让系统自动进行印制电路板的设计。本章以设计图 20-2 所示放大电路为例来说明印制电路板的自动设计方法。

在设计图示电路的印制电路板前，先要生成该电路的网络表，生成网络表的操作过程如下：

1）打开图 20-2 所示的放大电路原理图。

2）执行菜单命令"Design→Create Netlist"，弹出图 20-3 所示的对话框并进行设置，这里保持

在原理图编辑器中设计电路原理图

生成电路原理图的网络表

利用印制电路板生成向导生成并规划好一个印制电路板文件，同时PCB设计编辑器被打开

在PCB设计编辑器中装载元件封装和电路原理图的网络表

让PCB设计编辑器对印制电路板上的元件封装进行自动布局

手工调整元件布局

让PCB设计编辑器对印制电路板上的元件自动进行布线而连接起来

手工调整元件的布线

如果需要，可生成印制电路板的报表文件

保存印制电路板文件

图 20-1 自动设计印制电路板的设计流程

默认值，再单击"OK"按钮，系统开始自动生成原理图的网络表，生成的网络表一部分内容如图 20-4 所示。

图 20-2　放大电路原理图

图 20-3　网络表设置对话框

图 20-4　生所的网络表

20.2　自动设计印制电路板步骤

20.2.1　自动规划印制电路板

规划印制电路板主要是指设置电路板的工作层和边界。本节将介绍利用系统自带的电路板生成向导来规划电路板。

利用电路板生成向导规划电路板的操作过程如下：

1）执行菜单命令"File→New"命令，弹出"New Document"对话框，选择"Wizards"选项卡，如图 20-5 所示，在该选项卡中再选择"Print Circuit Board Wizard"图标，单击"OK"按钮，会弹出图 20-6 所示的向导对话框。

2）在图 20-6 所示的对话框中单击"Next"按钮，弹出图 20-7 所示的对话框，要求选择印制电路板的模板，如果要自定义印制电路板规格，可选择"Custom Made Board"项，再单击"Next"按钮，弹出图 20-8 所示的对话框。

图 20-5 新建文档对话框

图 20-6 向导对话框

图 20-7 选择印制电路板模板

图 20-8 设置印制电路板有关参数

3）在图 20-8 所示的对话框中，可按要求对印制电路板进行各项设置，也可保持默认值，设置完成后，单击"Next"按钮，弹出图 20-9 所示的对话框。

4）在图 20-9 所示的对话框中，可对印制电路板的边框长、宽进行设置，将鼠标移到长或宽数值上，该数值马上变成输入框，可在输入框中改变边框的长、宽数值，设置完成后单击"Next"按钮，弹出图 20-10 所示的对话框。

5）在图 20-10 所示的对话框中，可设置印制电路板的四个边角的大小，将鼠标移到边角数值时，该数值马上变成输入框，可在输入框中设置四个边角大小，设置完成后单击"Next"按钮，弹出图 20-11 所示的对话框。

图 20-9　设置印制电路板边框参数

图 20-10　设置印制电路板四个边角开口大小

6）在图 20-11 所示的对话框中，可设置印制电路板的电气边界和物理边界（外边框）的距离，设置完成后单击"Next"按钮，将弹出图 20-12 所示的对话框。

7）在图 20-12 所示的对话框中，可输入电路板有关信息，设置完成后单击"Next"按钮，弹出图 20-13 所示的对话框。

图 20-11　设置电气边界与物理边界的距离

图 20-12　设置标题块中的信息

8）在图 20-13 所示的对话框中，可设置印制电路板中信号层的数量、类型和电源/接地层数量，该向导不能生成单层板，最少是双层板，设置完成后单击"Next"按钮，弹出图 20-14 所示的对话框。

图 20-13　设置信号层的层数等参数

图 20-14　设置过孔类型

9）在图 20-14 所示的对话框中，可设置印制电路板的过孔类型（穿透式过孔和盲过孔、隐藏过孔），双层板只能使用穿透式过孔，设置完成后单击"Next"按钮，弹出图 20-15 所示的对话框。

10）在图 20-15 所示的对话框中，要求选择印制电路板布线技术，具体要选择的内容有：印制电路板采用的表面粘贴式元件和针脚式元件哪种更多、允许印制电路板两焊盘之间有几根线穿过，设置完成后单击 "Next" 按钮，弹出图 20-16 所示的对话框。

11）在图 20-16 所示的对话框中，可设置导线的尺寸、过孔内外径宽度和导线最小间距，设置完成后单击 "Next" 按钮，弹出图 20-17 所示的对话框。

图 20-15　设置布线技术

图 20-16　设置最小的尺寸限制

图 20-17　保存为模板文件

12）在图 20-17 所示的对话框中，询问是否保存当前模板，如果选择（在复选框中打勾），对话框中会出现两个输入框，要求输入模板的名称及该模板的说明，设置完成后单击"Next"按钮，弹出图 20-18 所示的对话框。

图 20-18　向导结束对话框

13）在图 20-18 所示的对话框中，单击"Finish"按钮完成印制电路板的生成，生成并规划好的印制电路板如图 20-19 所示。利用向导生成的电路板文件名为默认的，将文件名改成 YS8.PCB。

图 20-19　利用向导生成并规划好的印制电路板

20.2.2　装载元件封装和网络表

印制电路板规划完成后，接下来就是在 **PCB** 设计编辑器中装载原理图的网络表及相关元件封装。

1. 网络表与元件封装

网络表是用来描述电路原理图的文件，是印制电路板设计的依据。如何来理解网络表的功能呢？可以从以下几方面入手：

1）网络表以文字的形式描述电路原理图，包括电路原理图所有元件和元件之间连接关系。图 20-20 为放大电路网络表中的一部分内容，网络表前一部分是描述元件，表中说明的是 R3 采用 AXIAL0.4 封装，标注为 6k；后一部分是描述元件的连接关系，表中说明的是 R3 的 1 脚与 C2 的 1 脚、R3 的 1 脚和 T 的 2 脚相连。当然，这里只列出了网络表中描述元件 R3 及其与其他元件的关系内容，完整网络表会描述出原理图中所有的元件及它们之间的连接关系。

```
[
R3
AXIAL0.4
6k
]

(
NetR3_1
C2-1
R3-1
T-2
)
```

图 20-20　网络表中的一部分内容

2）网络表是印制电路板自动设计的依据。在自动设计时，PCB 设计编辑器根据网络表中各个元件描述，先从元件封装库中调出它们相应的元件封装，然后再根据网络表中各个元件连接关系描述，将各个元件封装连接起来。

打个比方，一位厨师要做一道新菜，那么除了把菜谱（网络表）给他外，还要给他提供菜谱中要用到所有原料（元件封装），他才能按菜谱的说明将原料从仓库中取出来并做成新菜。这就相当于要用 PCB 设计编辑器设计新电路板，除了要网络表外，还要提供网络表中要求的元件封装，这样 PCB 设计编辑器才能按网络表的描述，将要用到的元件封装从元件封装库中取出来，并按网络表的说明将各元件封装连接起来，从而设计出印制电路板。

这里要着重说明一点：**如果先设计原理图，然后生成网络表，再根据网络表来自动设计印制电路板，一定要在设计原理图时设置每个元件的元件封装**，否则网络表中就没有元件封装描述内容，PCB 设计编辑器也就无法知道调用哪个元件封装来设计电路板。

在原理图中设置元件的元件封装方法很简单，下面以设置图 20-2 所示放大电路中的电阻 R3 元件封装为例进行介绍。在 R3 上双击鼠标左键，弹出图 20-21 所示的对话框，在"Footprint"项输入框中输入元件封装形式，如输入元件封装为 AXIAL0.4，单击"OK"按钮就完成了元件封装形式的设置。如果没有设置元件封装形式，生成的网络表的元件描述就没有封装说明，也就是说网络表描述内容与原理图是一致的。

2. 装载元件封装库

在装载电路原理图生成的网络表前，先要在 PCB 设计编辑器中装载元件封装库，装载的元件封装库要求包含有原理图中所有元件的元件封装。如果不知道哪个元件封装库包含原理图所有元件的元件封装，可将所有的元件封装库装载进 PCB 设计编辑器中，编辑器会自动从装载进来的元件封装库中查找要用的元件封装，只是当装入的元件封装库较多时，查找时间会长一些。

图 20-2 所示的放大电路中所有元件的元件封装都在库文件 Advpcb.ddb 中，将它装载进 PCB 设计编辑器中即可，如图 20-22 所示。

3. 装载网络表

下面以将网络表 YS8.NET 文件（由原理图文件 YS8.Sch 生成）装载进 YS8.PCB 的编辑器中为例来说明装载网络表的方法。**装载网络表的操作过程如下：**

1）打开要设计的印制电路板文件 YS8.PCB。

2）执行菜单命令"Design→Load Nets"，弹出图 20-23 所示的对话框，在对话框的"Netlist File"项，单击"Browse"按钮，弹出图 20-24 所示的对话框，在该对话框中可以在当前的数据库文件中选择要装载的网络表文件，如果当前数据库中没有要装载的网络表文件，可单击"Add"按钮，去查找其他的数据库文件，选择要装载的网络表文件后单击"OK"按钮，系统就会开始装载网络表。

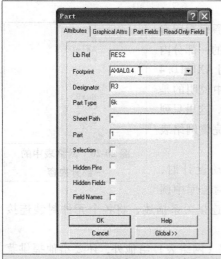

图 20-21　设置电阻 R3 的封装形式

图 20-22　添加/删除元件封装库对话框

图 20-23　装载网络表对话框

图 20-24　选择要装载的网络表文件

　　系统装载选择的网络表文件后，会回到图 20-25 所示的对话框，并在该对话框的列表中显示有关信息。图中显示出一条出错信息"Add new component R1；Error：Footprint not found in Library"，该信息的含义是说在加载新元件 R1 时，元件封装库中找不到该元件封装，图中的出错是因为在原理图文件 YS8. Sch 中没有设置 R1 的元件封装，解决方法是在原理图文件 YS8. Sch 中设置 R1 的元件封装，再重新生成网络表，然后重新装载新的网络表，出错信息就不会出现。

　　在装载网络表文件时，常会出现的出错信息如下：

　　① Net not found，找不到对应的网络。

　　② Component not found，找不到对应的元件。

　　③ New footprint not matching old footprint，新的元件封装与旧的元件封装不一致。

　　④ Footprint not found in Library，在元件封装库中找不到对应的元件封装。

　　在设计过程中，如果对原理图进行了修改，那么相应地要对印制电路进行修改，一般的处理方法是将修改后的原理图重新生成网络表，再重新导入新生成的网络表。在图 20-25 对话框的"Netlist File"输入框下面有"Delete components not in netlist"和"Update footprints"两个复选框，它们在这种情况下就会起作用。当选中"Delete components not in netlist"时，系统在装载网络表文件时，会将网络表中元件封装与当前印制电路板中存在的元件封装进行比较，如果已存在的元件封装而网络表中没有，印制电路板上这些多余的元件将会被删除；如果选中"Update footprints"，在装载网络表时，系统会自动将网络表中存在的元件替换当前电路板上相同的元件的封装。

3）在图 20-25 所示的对话框中单击"Execute"按钮，网络表就被装入当前的 PCB 设计编辑器中，在编辑器的工作窗口的电路板上出现了放大电路的各个元件的元件封装，不过全部重叠在一起，如图 20-26 所示。

图 20-25　已装载网络表的对话框

图 20-26　元件封装重叠在一起

4. 用同步法将原理图直接生成印制电路板

（1）利用同步法直接由原理图生成印制电路板

利用同步法生成印制电路板的具体操作过程如下：

1）新建一个 PCB 文件 YS8A. PCB 文件或者打开一个空白 PCB 文件。

2）打开原理图文件 YL8. Sch，然后执行菜单命令"Design→Updata PCB（更新 PCB）"，弹出图 20-27 所示的选择目标文件对话框，在对话框中选择生成的印制电路板放置在目标文件 YS8A. PCB 中，单击"Apply"按钮，会弹出图 20-28 所示的同步参数设置对话框。

图 20-27　选择目标文件对话框

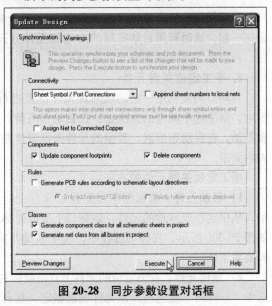

图 20-28　同步参数设置对话框

3）在图 20-28 所示的对话框中，有以下参数设置项：

"Connectivity" 区域，用来设置原理图与 PCB 图之间的连接类型。

"Components" 区域，用来设置对原理图中的元件进行哪些改动。

另外，在对话框的右下角有个 "Preview Changes" 按钮，单击会弹出列表框，可以在列表框中查看原理图进行了哪些改动。

设置完成（通常可保持默认值）后，单击 "Execute" 按钮，系统开始根据原理图生成印制电路板，生成的印制电路板如图 20-29 所示，图中的矩形方块为 Room，一般不需要它，可以选中再删掉。图中的元件与元件之间有线连接，这种线并不是铜箔导线，它只是表示各个元件之间的连接关系，称为飞线，在设计电路板时，可以根据飞线的指示来绘制铜箔导线。

图 20-29 由电路原理图直接生成的印制电路板

（2）原理图和印制电路板之间的互相更新

在设计时，若对原理图进行了改动，如更改了某元件的封装形式，这时也希望印制电路板上的该元件换成改动后的封装，利用同步法可以解决这个问题。具体操作方法是：在改动的原理图文件中执行菜单命令 "Design→Update PCB" 命令，会弹出图 20-27 所示的选择目标文件对话框，从中选择要更新的印制电路板文件，再按前述方法进行操作，结果就会发现印制电路板相应元件发生变化，与改动后的原理图一致。

另外，若更改了印制电路板，这时希望原理图也作相应的变化，可在改动的印制电路板文件中执行菜单命令 "Design→Update Schematic"，会弹出与图 20-27 相似的选择目标文件对话框，从中选择要更新的原理文件。这样原理图会随印制电路板发生改变，使两者保持一致。

20.2.3 自动布局元件

利用网络表的方法将元件装载进 PCB 设计编辑器后，在电路板上会看见所有的元件全部重叠在一起，这时可用自动布局的方法将元件分开，并自动对元件的位置进行调整，如果仍不满意，再用手工的方法调整元件布局。

1. 手工定位关键元件

自动布局是利用一定的规则对元件位置进行调整的，但布局结果往往与设计者的要求差距很大，解决这个问题的方法是：**在自动布局前，先用手工的方法将一些关键元件固定在合适的位置不动，在自动布局时，其他的元件围绕着这些元件进行布局，这样元件的布局就比较合符设计者的要求。**

手工定位关键元件的方法如下：

1）移动元件。 将鼠标移到重叠的元件上，单击左键，弹出元件列表菜单，如图 20-30a 所示，从中选择要移动的元件，鼠标马上变成光标状，这时移动光标，选中的元件也会跟着移动，如图 20-30b 所示，在移动过程中，按空格键要旋转元件，移到合适的位置，单击左键，元件就被放置下来。

2）定位元件。 在要定位的元件上双击鼠标右键，弹出元件属性设置对话框，如图 20-31 所示，选中 "Locked" 复选框，该元件就被锁定，在自动布局时就不会移动，如果想移动它，只要取消

"Locked"的选择即可。手工定位的元件布局如图 20-32 所示。

a) 选择元件　　　　　　　　　　b) 移动元件

图 20-30　选择并移动元件

图 20-31　元件属性设置对话框

图 20-32　手工定位的元件布局

2. 自动布局

在用手工的方法将一些关键元件定位后，接下来就是在手工定位的基础上再对元件进行自动布局。

自动布局的操作方法如下：

1）执行菜单命令"Tools→Auto Placement→Auto Placer"，弹出自动布局对话框，如图 20-33 所示，在该对话框中有两种自动布局的方式：

"Cluster Placer"为集群式布局方式。这种方式是根据元件的连通性将元件分组，然后让它们按照一定的几何位置进行布局，这种方式为默认布局方式，适合布局比较少的元件（元件数少于 100 个），在该对话框下面有一个"Quick Component Placement"复

图 20-33　自动布局对话框（集群式布局方式）

选框，选中该项可以使布局速度快，但布局效果不是很理想。

2）如果选择对话框中的"Statistical Placer"布局方式，对话框内容就会变化，如图 20-34 所示，这种方式称为统计式布局方式，它采用统计算法，按照连线最短的原则来进行布线，最适合元件数量较多的布局，在该对话框中有以下几项：

"Group Components"项，若选中该项，布局时将当前网络中连接密切的元件合为一组整体考虑，如果印制电路板面积小，一般不要选择该项。

"Rotate Components"项，若选中该项，布局时会根据需要旋转元件。

"Power Nets"项，在文本框中输入的网络名称不会被布局，这样可以缩短自动布局的时间，电源网络一般属于这种网络。

"Ground Nets"项，该项含义同上，可以在文本框中输入接地网络名称。

"Grid Size"项，用来设置布局时的栅格间距，默认为"20mil"。

3）由于当前布局的元件少，故选择"Cluster Placer"（集群式布局方式），然后单击"OK"按钮，系统就开始对元件进行自动布局，布局需要一定的时间，如果想停止正在进行的自动布局，可执行菜单命令"Tools→Auto Placement→Stop Auto Placer"。自动布局的结果如图20-35所示。

图 20-34　自动布局对话框（统计式布局方式）

图 20-35　自动布局的结果

20.2.4　手工调整布局

自动布局元件后，可能有些地方并不完全符合设计要求，特别是元件的标注排列很乱，这时可以通过手工的方法来调整某些元件布局。**手工调整元件布局主要是对元件及其标注进行选取、移动、旋转、和排列等操作**，具体方法在前面章节已作了介绍，这里不再说明。手工调整后的元件布局如图20-36所示。

20.2.5　自动布线

元件布局完成后，接下来就是按飞线指示的连接关系，用铜箔导线将元件连接起来，这个过程称为布线。在自动布线前，先要设置自动布线的规则，在布线时系统会根据设置的规则来进行自动布线。

1. 设置自动布线规则

设置自动布线规则的操作方法如下：

第一步，打开自动布线规则对话框。在已布局好元件的 PCB 设计编辑器中执行菜单命令"Design→Rules"，会弹出图20-37所示"Design Rules（设计规则）"对话框，在该对话框中有6个选项卡，可以进行6大类规则设置，布线规则设置主要在"Routing"选项卡中进行。

第二步，进行布线规则设置。设置内容在"Rule Classes"区域，在该区域内可进行以下各项设置。

（1）"Clearance Constraint（安全间距）"的设置

安全间距是指同一个工作层上的导线、焊盘、过孔等之间的最小间距。单击对话框右下角的"Properties"按钮，会弹出安全间距设置对话框，如图20-38所示，该对话框设置内容有两项：

图 20-37　设计规划对话框

1）"Rule scope（规则适用范围）"，一般情况下可设置规则适用于"Whole Board（整个电路板）"。

2）"Rule Attributes（规则属性）"，用来设置最小间距的数值及所适用的网络，这里输入数值为 10mil，适用范围有"Different Nets Only（不同网络）""Same Net Only（同一网络）"和"Any Net（任何网络）"，这里保持默认选择"Different Nets Only"。

设置完成后单击"OK"按钮，即可返回到图 20-37 所示"Design Rules"对话框。

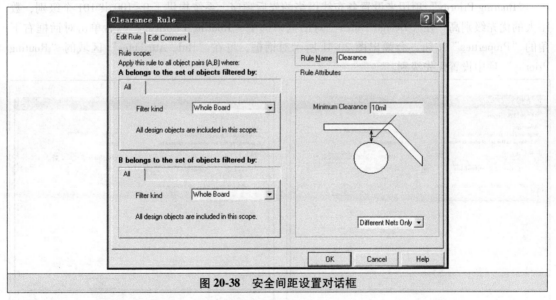

图 20-38　安全间距设置对话框

（2）"Routing Corners（布线的拐角模式）"的设置

"Routing Corners"项主要是设置布线时拐角的形状、拐角垂直距离最小值及最大值。在"Design Rules"对话框中选中"Routing Corners"，然后单击对话框右下角的"Properties"按钮，会弹出图 20-39 所示对话框，该对话框设置内容有两项：

1）"Rule scope（规则适用范围）"，一般情况下可设置规则适用于"whole Board"。

2）"Rule Attributes（规则属性）"，用来设置拐角的类型，在"Style"项中有"45 Degrees（45°拐角）""90 Degrees（90°拐角）"和"圆角"3 个选项，默认为"45 Degrees"，拐角垂直距离最小和最大值均为"100mil"。

（3）"Routing Layers（布线工作层）"的设置

"Routing Layers"项用来设置布线的工作层和在该层上的布线方向。在"Design Rules"对话框中选中"Routing Layers"，然后单击对话框右下角的"Properties"按钮，会弹出图20-40所示对话框，该对话框设置内容有两项：

1）"Rule scope（规则适用范围）"，一般情况下可设置规则适用于"whole Board"。

2）"Rule Attributes（规则属性）"，用来设置工作层和布线的方向，由于在

图 20-39　布线拐角模式设置对话框

当前的电路板中只设置顶层和底层为布线层，所以在对话框中32个工作层只有顶层和底层有效，在顶层和底层下拉列表中可以选择布线的方向，布线方向主要有"Horizontal（水平方向）""Vertical（垂直方向）""Any（任何方向）"等共10种。为了尽量减小布线形成的分布电容，一般要求顶层和底层布线方向相互垂直。另外，如果是单面板，可将顶层布线设为"Not Used"，底层布线设为"Any"。

（4）"Routing Priority（布线优先级）"的设置

"Routing Priority"项用来设置各布线网络的先后顺序。系统提供了0~100共101个级别，数字大的优先级别高。在"Design Rules"对话框中选中"Routing Priority"，然后单击对话框右下角的"Properties"按钮，会弹出图20-41所示对话框，可在"Rule Attributes"区域的"Routing Priority"项中设置优先级别。

图 20-40　布线工作层设置对话框

图 20-41　布线优先级设置对话框

（5）"Routing Topology（布线拓扑结构）"的设置

"Routing Topology"项用来设置布线的拓扑结构。这里的拓扑结构是指以焊盘为点，以连接各焊盘的导线为线构成的几何图形。在"Design Rules"对话框中选中"Routing Topology"，然后单击对话框右下角的"Properties"按钮，会弹出图20-42所示对话框，在"Rule Attributes"区域的下拉列表中可以选择布线的拓扑结构，供选择的拓扑结构有"Shortest（连线最短）""Horizontal（水平连线）""Vertical（垂直连线）"等7种。默认拓扑结构为"Shortest"。

（6）"Routing Via Style（过孔类型）"的设置

"Routing Via Style"项用来设置过孔的类型。在"Design Rules"对话框中选中"Routing Via Style"，然后单击对话框右下角的"Properties"按钮，会弹出图 20-43 所示对话框。在"Rule Attributes"区域的"Via Diameter"项的"Min""Max"和"Preferred"框中分别输入过孔外径的最小值、最大值和首选值；"Via Hole Size"项用于设置过孔内径的各项值。

图 20-42　布线拓扑结构设置对话框

图 20-43　过孔类型设置对话框

（7）"Width Constraint（布线宽度）"的设置

"Width Constraint"项用来设置布线的导线宽度。在"Design Rules"对话框中选中"Width Constraint"，然后单击对话框右下角的"Properties"按钮，会弹出图 20-44 所示对话框。在"Rule Attributes"区域的可分别设置导线的"Minimum Width（最小宽度值）""Maximum Width（最大宽度值）"和"Preferred Width（首选宽度值）"。

图 20-44　布线宽度设置对话框

另外，在 Design Rules 对话框中还有以下选项：

"SMD Neck-Down Constraint"项，该项用来设置 SMD 焊盘宽度与引出导线的宽度的百分比。

"SMD To Corner Constraint"项，该项用来设置 SMD 焊盘走线拐弯处的约束距离。

"SMD To Plane Constraint"项，该项用来设置 SMD 到电源/接地层的限制距离。

2. 进行自动布线

布线规则设置完成后，就可以开始进行自动布线了。进行自动布线操作方法是单击菜单**"Auto Route"**，会出现图 20-45 所示的菜单，菜单中列出各种与布线有关的命令，各命令功能见图标注说明。

（1）全局布线（All）

全局布线是对整个电路板进行布线。全局布线的操作过程如下：

1）执行菜单命令"Auto Route→All"，弹出自动布线设置对话框，如图 20-46 所示。

图 20-45　"Auto Route" 菜单下的各种布线命令

图 20-46　自动布线设置对话框

2）在图 20-46 所示的对话框中，一般保持默认值，默认只有 3 项没被选中，这 3 项的含义说明如下：

"Evenly Space Tracks" 项，如果选中该项，当焊盘只有一条走线通过时，会让走线从焊盘间距的中间通过。

"Add Testpoints" 项，如果选中该项，将为电路板的每条网络线都加一个测试点。

"Lock All Pre-routes" 项，如果选中该项，在自动布线时，可以保留所有的预布线。

3）在对话框中设置完毕，单击 "Route All" 按钮，系统开始对整个电路板进行布线，布线结束后会弹出一个对话框，如图 20-47 所示，在该对话框中显示布线的有关信息，如布通率、完成布线的条数、没有完成的布线条数和布线所花的时间。

电路板进行全局布线的结果如图 20-48 所示。

图 20-47　布线信息对话框

图 20-48　全局布线完成的印制电路板

（2）对选中的网络进行布线（Net）

自动布线不但可以对整个电路板进行布线，也可对选中的网络进行布线。对选中的网络布线操作过程为：执行菜单命令 "Auto Route→Net"，鼠标变成光标状，将光标移到某条飞线上，单击鼠标左键，就会对飞线所在的网络进行布线，布线结果如图 20-49 所示。

（3）对选中的飞线进行布线（Connection）

对选中的飞线进行布线操作过程为：执行菜单命令 "Auto Route→Connection"，鼠标变成光标状，将光标移到某条飞线上，单击鼠标左键就会对这条飞线进行布线，布线结果如图 20-50 所示。

图 20-49　对选中的网络进行布线

图 20-50　对选中的飞线进行布线

（4）对选中的元件进行布线（Component）

对选中的元件进行布线操作过程为： 执行菜单命令 "Auto Route→Component"，鼠标变成光标状，将光标移到某个元件上，如移到晶体管 T 上，单击鼠标左键，就会对与这个元件相连的所有飞线进行布线，布线结果如图 20-51 所示。

（5）对选中的区域进行布线（Area）

对选中的区域进行布线操作过程为： 执行菜单命令 "Auto Route→Area"，鼠标变成光标状，用光标拉出一个矩形选区，将要布线的部分包括在内部，如将 R1、R3 包括在选区内，再单击鼠标左键，系统就会对选中区域内的对象进行布线，布线结果如图 20-52 所示。

图 20-51　对选中的元件进行布线

图 20-52　对选中的区域进行布线

自动布线时，如果是比较简单的电路，布线的布通率一般可以达到 100%，如果没有达到 100%，要找出原因，再单击主工具栏上的 ↩ 工具，或者按 "Alt+Backspace" 键，撤销先前的布线，重新布线，如果只有少数几条线没布通，可采用手工布通。

20.2.6　手工调整布线

对印制电路板进行自动布线后，有些地方不是很令人满意，这时就需要进行手工调整布线。

1. 拆除布线

如果觉得自动布线某些地方不理想，可先将自动布线拆除，再用手工的方法进行布线。拆除布线有四个命令，它们都在菜单 "Tools→Un-Route" 下，这四个命令功能说明如下：

1）"All"，用来拆除电路板上所有的导线。当执行该命令时，系统会弹出图 20-53 所示的对

图 20-56 所示。

（2）添加接插件端子

　　在实际生产中，焊盘端子需要先焊接导线，再与其他电路板或设备相连，如果焊盘端子比较多，这样很不方便。给电路板添加接插件端子可以很好解决这个问题。下面以给电路板添加 4 个引脚接插件为例来说明，**添加接插件端子的操作过程如下：**

　　1）放置接插件。在电路板合适的位置放置 4 个引脚的接插件，并将其标注设置为 JP，如图 20-57 所示。

　　2）设置接插件每个引脚所属的网络。在

图 20-56　4 个焊盘被布线

接插件某个引脚上双击，如双击最上面的一个引脚，弹出如图 20-55 所示一样的属性设置对话框，选择"Advanced"选项卡，再单击"Net"项下拉按钮，在其中选择焊盘所属的网络，这里选择所属网络为+12V，即设引脚属于电源网络，然后单击"OK"按钮，引脚上马上出现一条飞线与电路板上电源网络相连。用同样的方法将其他 3 个引脚所属网络分别设为"GND""IN""OUT"，设置好后，这 3 个引脚都出现飞线与所属网络相连。

　　3）自动布线。执行菜单命令"Auto Route→All"，对整个电路板进行重新自动布线，接插件的 4 个引脚同时也被布线连接起来，如图 20-58 所示。

图 20-57　在印制电路板上放置 4 个引脚的接插件

图 20-58　接插件的 4 个引脚被布线

　　添加接插件端子除了可以用上面的方法外，还可以用网络表管理器来完成。**用网络表管理器添加接插件端子的操作过程如下：**

　　1）放置接插件。在电路板上放置图 20-57 所示的 4 个引脚接插件，将标注改为"JP、4Pin"。

　　2）设置网络表管理器。执行菜单命令"Design→Netlist Manager"，弹出网络管理器对话框，如图 20-59 所示，左边是网络类列表框，中间是网络列表框，右边列表框中列出了网络中包含的元件名称，图中显示意思是说 R1-2、R3-2 属于+12V 网络，也可以说与+12V 网络相连的有 R1 的 2 脚、R3 的 2 脚。

　　如果要将接插件 JP 的 1 脚与+12V 网络相连，可选中中间列表框中的+12V 网络，然后单击下面的"Edit"按钮，会弹出图 20-60 所示编辑网络对话框，在对话框左边的列表中选择"4Pin-1"（接插件的 1 脚），单击图示的右移按钮，"4Pin-1"就会被加到右边的列表框中，再单击

"OK"按钮就将"4Pin-1"加到+12V网络中，并且关闭当前的对话框，返回到图20-59所示对话框。

图 20-59　网络表管理器对话框

图 20-60　编辑网络对话框

在图20-59所示的对话框中，用同样的方法将"4Pin-2""4Pin-3""4Pin-4"分别加到"GND""IN""OUT"网络中，设置完成后，单击"Close"按钮关闭网络表管理器对话框，结果会发现电路板上接插件的4个引脚分别有飞线与相应的网络相连。

3）自动布线。执行菜单命令"Auto Route→All"，对整个电路板进行重新自动布线，接插件的4个引脚同时也被导线连接起来，布局结果与图20-58所示一样。

3. 加宽电源/接地线

在工作时，电路板上的电源线和地线流过的电流比较大，为了更好散热和防止大电流烧坏电源/接地线，通常要对电源线和接地线进行加宽。但一般的自动布线方法不会自动加宽电源/接地线。**加宽电源/接地线可以采用两种方法：一是通过设置自动布线规则来加宽导线；二是通过设置导线的属性来加宽导线。**

（1）设置自动布线规则来加宽导线

通过设置自动布线规则加宽导线的操作过程如下：

1）执行菜单命令"Design→Rules"，弹出布线规则设置对话框，如图20-61所示，在"Routing"选项卡的"Rule Classes"区域选中"Width Constraint（布线宽度）"项，再单击"Add"按钮，马上弹出图20-62所示的"Max-Min Width Rule（最大-最小宽度规则）"对话框。

图 20-61　布线规则设置对话框

图 20-62　最大-最小宽度规则设置对话框

2）在图 20-62 所示的对话框的"Rule scope"区域，在"Filter kind"项中通过下拉按钮选择"Net"，在"Net"项中通过下拉按钮选择"+12V"，再在"Rule Attributes"区域将"Minimum Width""Maximum Width""Preferred Width"三项都设为"30mil"，然后单击"OK"按钮，关闭当前的对话框，返回到图 20-61 所示的对话框，在对话框下面的列表中增加了图 20-63 所示的线宽设置项。

再单击对话框中的"Add"按钮，用同样的方法设置 GND 的线宽。

图 20-63　增加的线宽设置项

3）执行菜单命令"Auto Route→All"，对电路板进行重新自动布线，电路板上的电源线和接地线都被加宽，布局结果如图 20-64 所示。

图 20-64　加宽电源线和接地线的印制电路板

（2）设置导线的属性来加宽导线

通过设置导线的属性来加宽导线的操作过程如下：

1）在要加宽的+12V 电源导线上双击，弹出导线属性设置对话框，如图 20-65 所示，单击"Global>>"按钮，展开更详细的设置内容，同时"Global>>"按钮也变成了"<<Local"按钮。

2）在图 20-65 所示的对话框中，将"Width"项设置为"30mil"，将"Attributes To Match By"区域内的"Net"项设置为"Same"，将"Copy Attributes"区域内的"Width"项选中，再

单击"OK"按钮，会弹出图 20-66 对话框，如果选择"Yes"，将加宽所有与+12V 电源相连的导线，选择"No"只加宽当前选中的导线，这里选择"Yes"，电路板上的电源线被加宽，如图 20-67 所示。

图 20-65　导线属性设置对话框

图 20-66　询问对话框

图 20-67　加宽了电源线的印制电路板

3）在电路板的接地线上双击，弹出与图 20-65 相同的导线属性设置对话框，再用同样的方法对接地线进行加粗设置。

4. 调整和添加文字标注

如果在手工调整元件布局时，没有对电路板上的文字标注进行调整，可现在进行调整，调整文字标注主要是对标注文字进行移动、旋转、删除和更改标注内容等，这些调整方法在前面已经介绍过，这里不再叙述。下面通过给接插件加标注来说明如何在电路板上添加标注内容，**添加标注内容操作过程如下：**

1）单击工作窗口下方的"TopOverlay（顶层丝印层）"标签，切换到该层。

2）单击"Placement Tools"工具栏上的 **T** 工具，可以开始放置文字标注，在放置过程中，按"Tab"键，弹出属性设置对话框，在"Text"项输入+12V，其他项可保持默认值，也可自行设置，设置好后在接插件第 1 个引脚旁单击，就在该脚放置"+12V"文字标注。再用同样的方法在接插件的 2、3、4 脚分别放置"GND""IN""OUT"文字标注。放置好的文字标注如图 20-68 所示。

图 20-68　放置好的
文字标注

5. 放置固定螺孔

为了固定电路板，一般要在电路板上钻出螺孔，螺孔与过孔、焊盘是不同的，它一般不要涂导电层。**放置固定螺孔通常采用放置焊盘的方式，放置螺孔的操作过程如下：**

1）单击"Placement Tools"工具栏上的 ⊕ 工具，开始放置焊盘，在放置时按下键盘上的"Tab"键，弹出图 20-69 所示的属性设置对话框。

2）在图 20-69 所示的对话框中，将"X-Size""Y-Size"和"Hole-Size"项都设为一样大，这样设置的目的是让焊盘呈圆形，并且取消焊盘口铜箔。另外，单击对话框中的"Advanced"选项卡，去掉该选项卡中"Plated"项的选择，即去掉焊盘通孔壁上的电镀层。最后单击"OK"按钮，退出设置。

3）将鼠标（跟随着焊盘）移到要放置螺孔的位置，单击左键就放置了一个螺孔，用同样的方法在其他位置放置螺孔。放置好螺孔的电路板如图 20-70 所示。

图 20-69　焊盘属性设置对话框

图 20-70　放置好固定螺孔的印制电路板

20.3　PCB 的显示

在设计电路板时，各个工作层会同时显示出来，系统以不同的颜色来区分不同的层，如果电路板上的元件较多，各工作层的对象同时显示出来，查看很不方便。系统提供了一些特殊的显示模式，常用的有单层显示模式和三维显示模式。

20.3.1　单层显示模式

单层显示模式可以单独显示电路板的各个工作层。让 PCB 工作层单独显示的操作过程如下：

1）执行菜单命令"Tools→Preferences"，在弹出的对话框中选择"Display option"选项卡，然后选中该选项卡下的"Single Layer Mode（单层显示模式）"项，再单击"OK"按钮关闭对话框。

2）单击 PCB 设计编辑器工作窗口下方的工作层标签"TopLayer（顶层）""BottomLayer（底层）""TopOverlay（顶层丝印层）""MultiLayer（多层）"，就可以查看各工作层单独显示内容，图 20-71 就是几个层单独显示内容。

a) TopLayer 顶层　　　　　　　　　　　b) BottomLayer 底层

c) TopOverlay 顶层丝印层　　　　　　　d) MultiLayer 多层

图 20-71　几个层单独显示的内容

20.3.2　三维显示模式

三维显示模式简称 **3D** 显示模式，它能将设计的电路板以三维的形式显示出来，让设计者能看到接近实际效果的电路板。让 **PCB** 进行三维显示的操作过程如下：

1）执行菜单命令"View→Board 3D"或者单击主工具栏上的 工具，在工作窗口就会生成电路板的三维图，如图 20-72 所示。

图 20-72　三维显示的电路板

2）按键盘上的"PgUp"键或主工具栏上的放大工具，可放大三维图；按"PgDn"键或主工具栏上的缩小按钮，可缩小三维图；按下鼠标右键，鼠标变成手状，移动鼠标可移动三维图；按"End"键可刷新三维图。

3）另外，在 PCB 设计编辑器右边的设计管理器中，选中"Browse PCB 3D"选项卡，也可以对三维图进行操作。

在"Brower Nets"的列表框中选中+12V，再单击下方的"HighLight（高亮）"按钮，三维图中的+12V 网络线就会高亮显示，如图 20-73 所示，要去除高亮显示，只要单击"Clear"按钮即可。

在"Display"区域，去除"Components"项的选择，三维图中的元件将不会显示出来，如图 20-74 所示，"Silkscreen"意为丝印，"Copper"意为铜箔导线，"Text"意为文字，去掉它们的选择，三维图中相应的部分将不会显示。

如果去掉"Wire Frame"的选择，三维图将以空心线来显示，如图 20-75 所示。

将鼠标移到设计管理器的底部小窗口中，鼠标会变成有箭头的十字形，按下左键移动鼠标，工作窗口中的三维图将会旋转，如图 20-76 所示。

图 20-73 高亮显示网络线的三维图

图 20-74 去掉元件显示的三维图

图 20-75 空心显示的三维图

图 20-76 旋转三维图